Christian Schlieder

Autodesk® Inventor® 2015

Grundlagen in Theorie und Praxis

Viele praktische Übungen am
Konstruktionsobjekt 4-Takt-Motor

Christian Schlieder

Autodesk® Inventor® 2015

Grundlagen in Theorie und Praxis

Viele praktische Übungen am
Konstruktionsobjekt 4-Takt-Motor

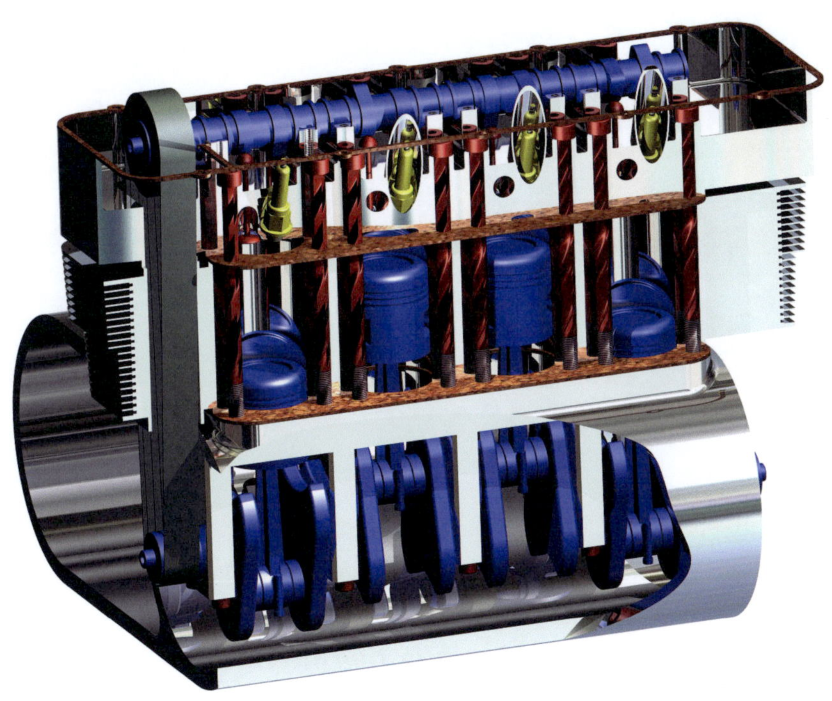

Weiterführende Literatur

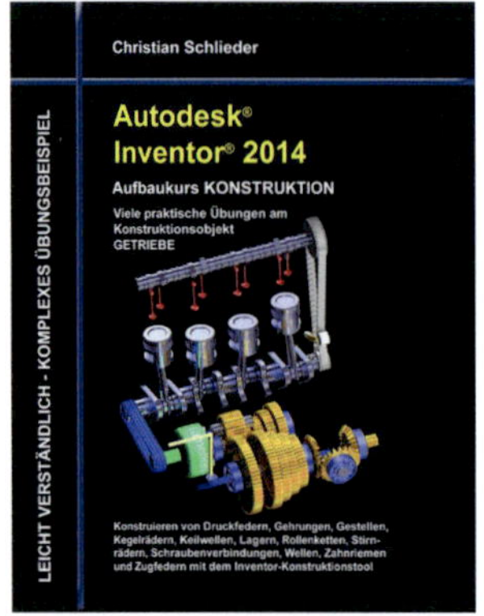

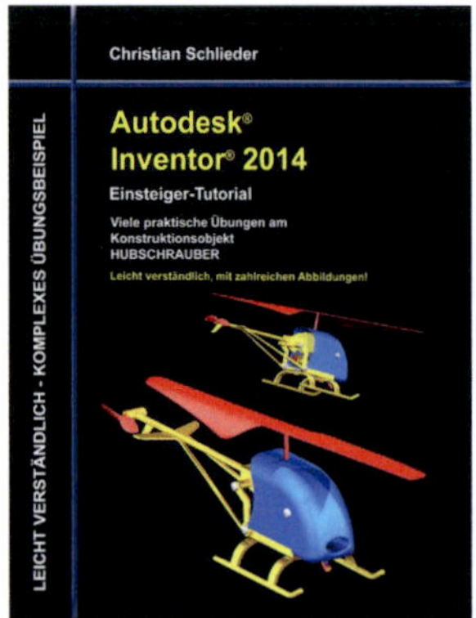

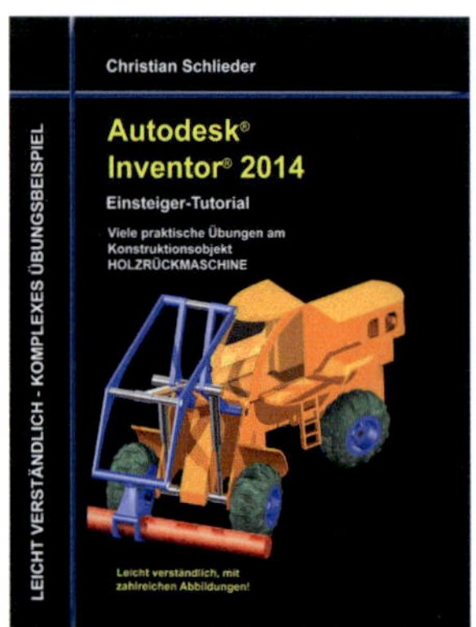

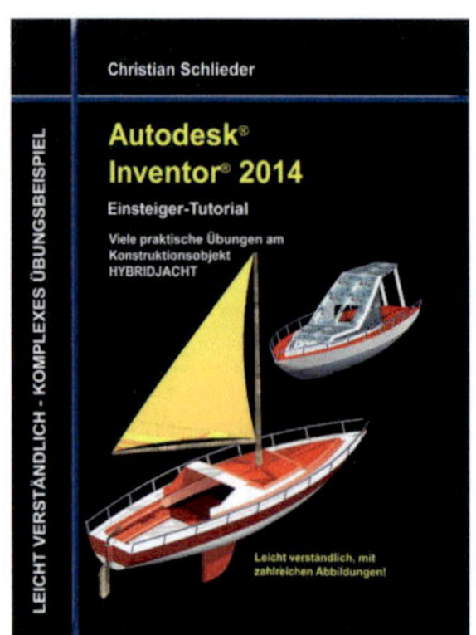

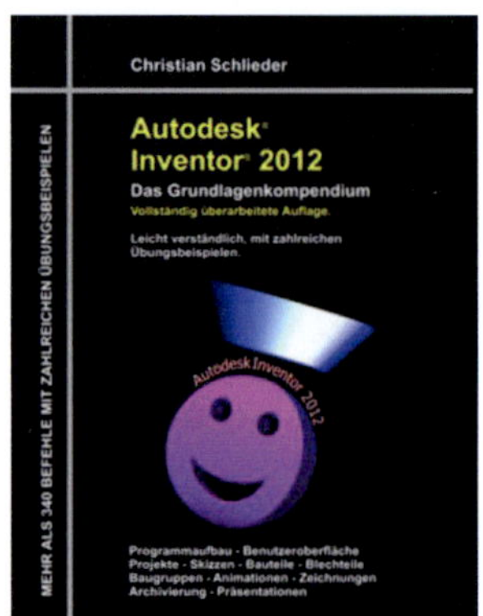

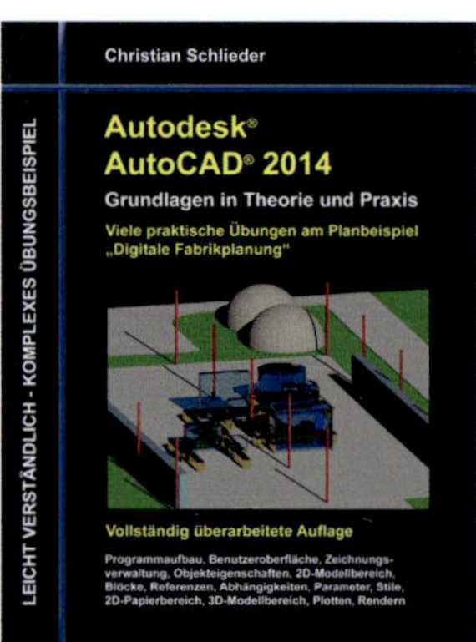

Eine Übersicht über alle Bücher finden Sie im Internet unter:

http://www.cad-trainings.de/html/Literatur.html

ISBN

9-783-7357-7574-0

IMPRESSUM

Dipl.- Ing. Christian Schlieder
www.cad-trainings.de.de
Fax: +49 (0) 3212 - 1122290

HERSTELLUNG UND VERLAG

Books on Demand GmbH, Norderstedt
www.BoD.de

INHALTSVERZEICHNIS

1 Der Umgang mit dem Buch

1.1 Zielgruppe und Aufbau des Buches

Dieses Übungsbuch für **Autodesk® Inventor® 2015** richtet sich an alle interessierten Personen, die den Umgang mit dieser Software von Grund auf erlernen möchten. Die Bereiche 2D-Skizze, 3D-Modellierung, Baugruppe (Zusammenfügen), Zeichnungserstellung (Ansichten platzieren, Mit Anmerkung versehen) und Präsentation werden ausführlich behandelt. Viele wichtige Befehle des Programms werden.

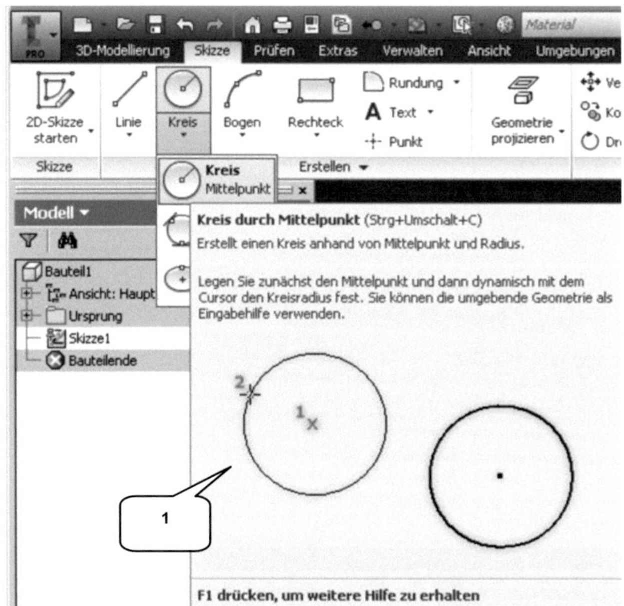

erläutert und in kleinen Schritten praktisch gefestigt. Als Übungsbeispiel dient ein Viertaktmotor, dessen Bauteile schrittweise erzeugt und später in einer Hauptbaugruppe miteinander verbunden werden.

Um Befehle besser verstehen zu können, bietet das Programm gute Hilfen. Lassen Sie den Mauspfeil einige Sekunden lang auf einem Befehl stehen, um sich eine grafische Vorschau des Befehls anzeigen zu lassen (1). Zusätzlich kann die Taste: **F1** verwendet werden.

1.2 Digitales Zubehör zum Buch

Erzeugen Sie zuerst auf Ihrem PC an geeigneter Stelle einen Ordner **Übung-4-Takt-Motor-2015**. Laden Sie dann die zu diesem Buch gehörende Übungsdatei (ZIP-Format) von der folgenden Webseite herunter:

> **http://www.cad-trainings.de/html/Download.html**

Wählen Sie das passende Buch, speichern Sie die zugeordnete ZIP-Datei auf Ihrem PC in dem vorher erzeugten Ordner und entpacken Sie die Datei dort hinein. Die darin enthaltenen Dateien werden später benötigt.

2 Die ersten Schritte mit dem Programm

2.1 Bearbeiten der Anwendungsoptionen

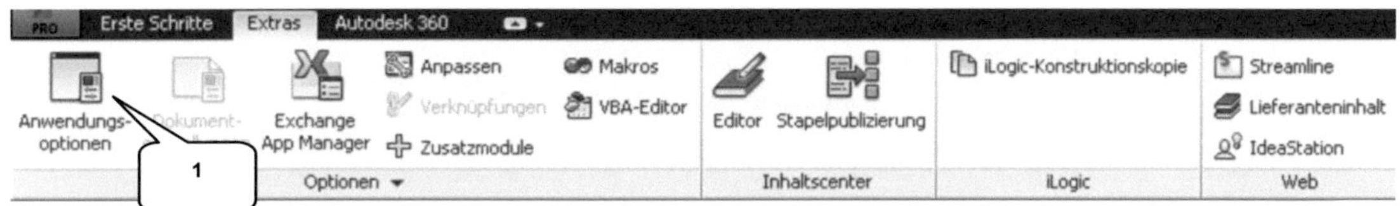

Um die Übungen fehlerfrei umsetzen zu können wird empfohlen, einige Grundeinstellungen des Programms zu ändern. Wechseln Sie hierfür ins Register **Extras** um dort den Befehl 🖳 **Anwendungsoptionen** (1) zu starten und beginnen Sie mit dem Reiter **Anzeige** (2):

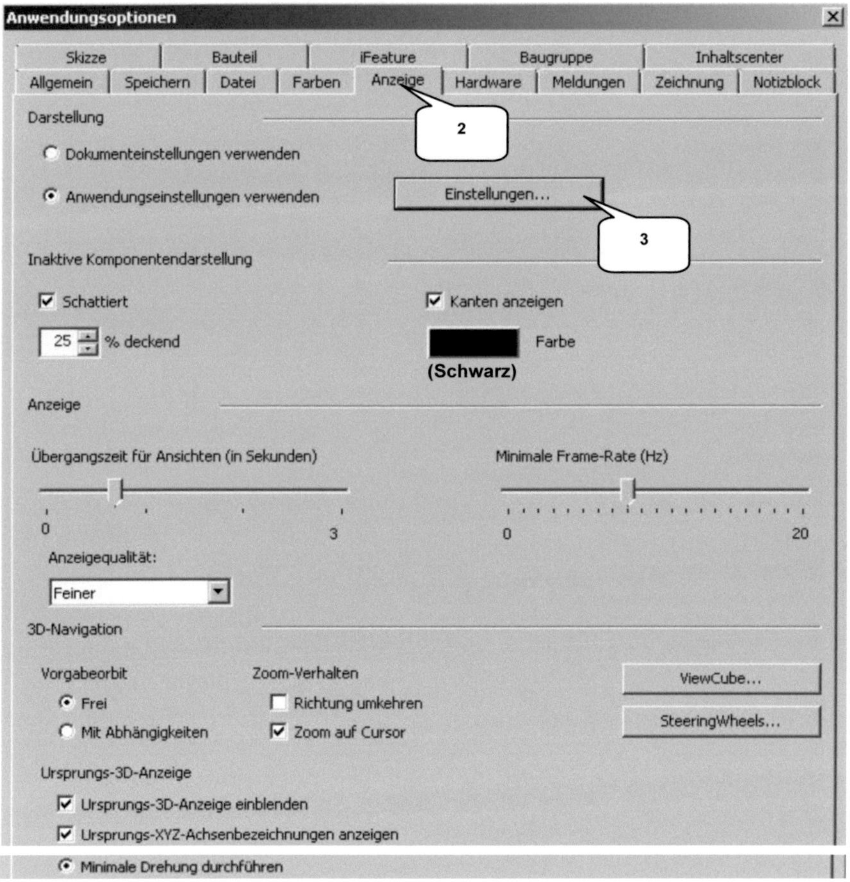

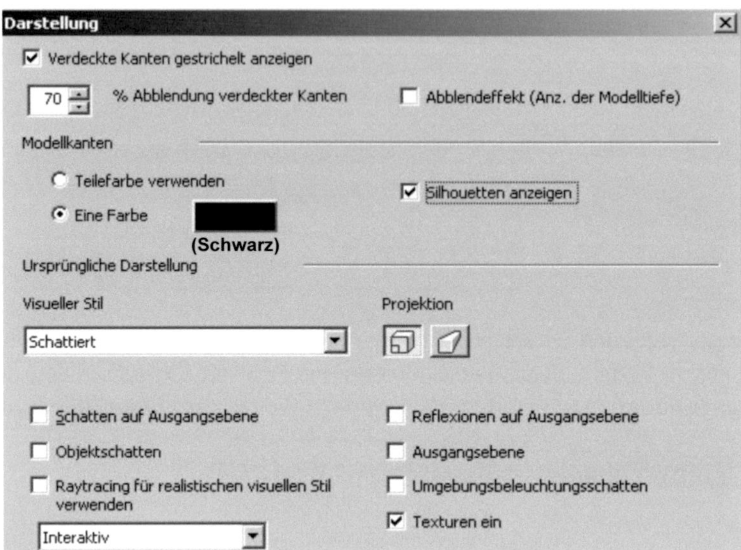

In den *Einstellungen* (3) sind die oben stehenden Änderungen zu übernehmen um dann im Reiter *Zeichnung* (4) die folgenden Grundeinstellungen umzusetzen:

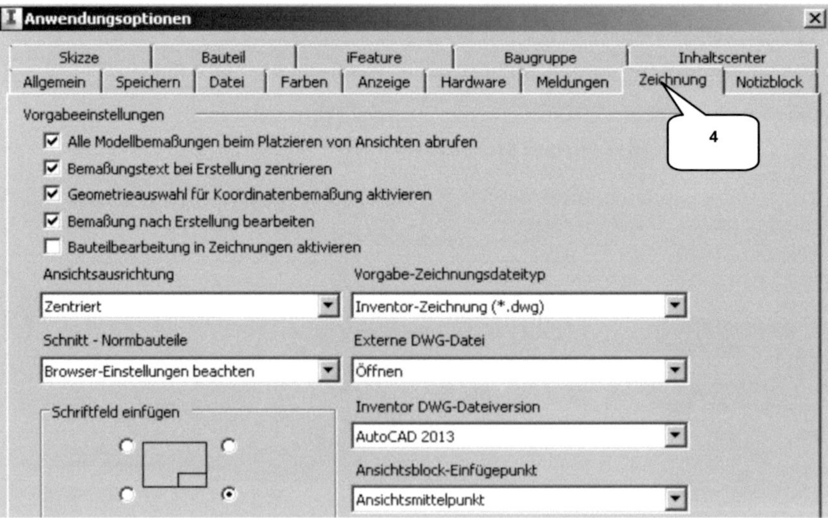

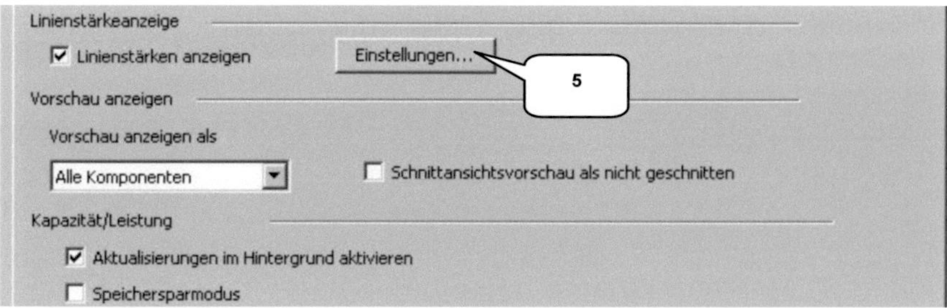

Über die **Einstellungen** (5) gelangt man zu den **Linienstärken**, die ebenfalls zu ändern sind:

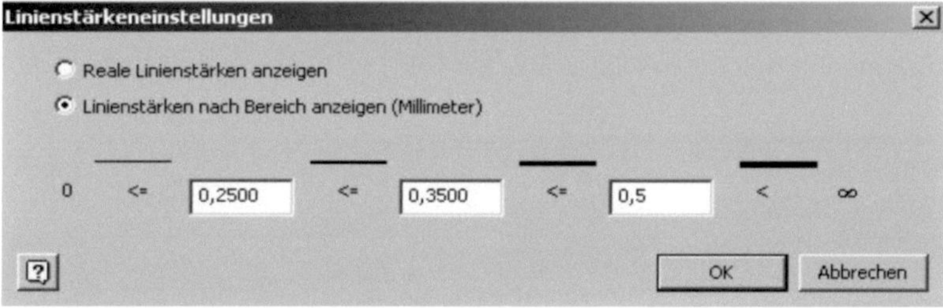

Im Reiter **Baugruppe** (6) sind dann die folgenden Änderungen zu übernehmen:

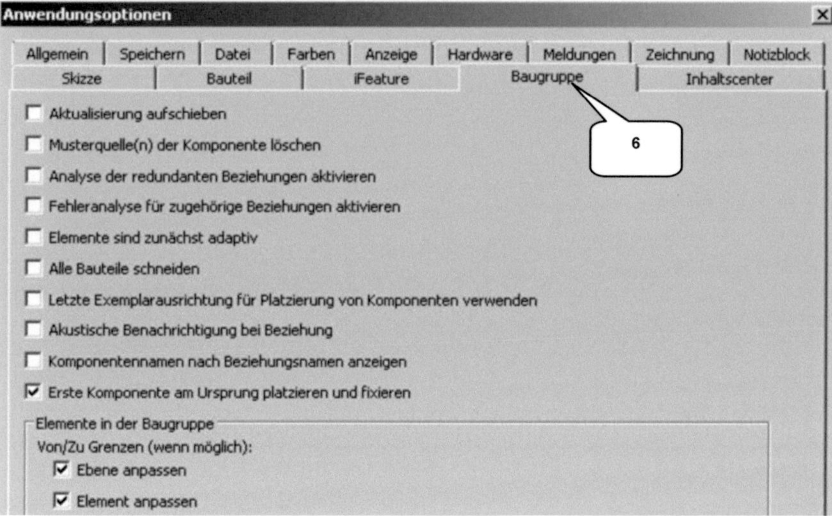

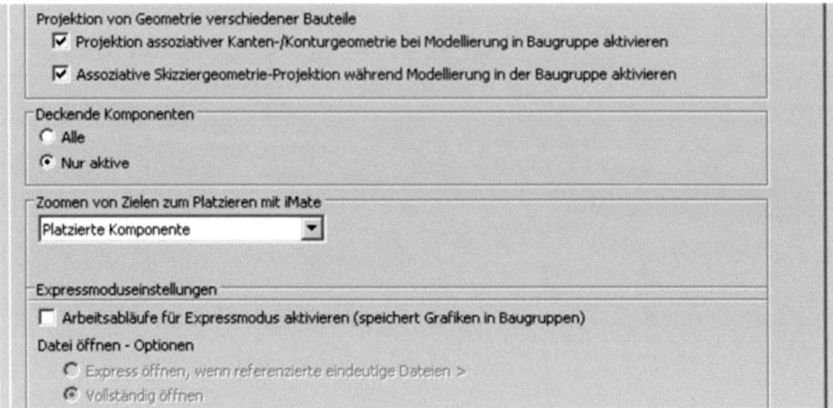

Weitere Änderungen erfolgen im Reiter **Bauteil** (7):

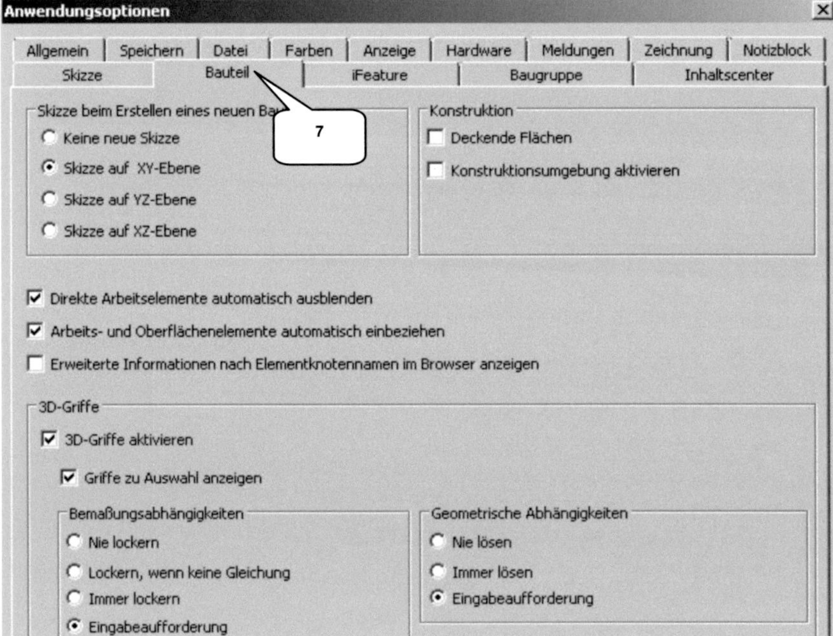

Abschließend sind die Einstellungen im Reiter **Skizze** vorzunehmen (8):

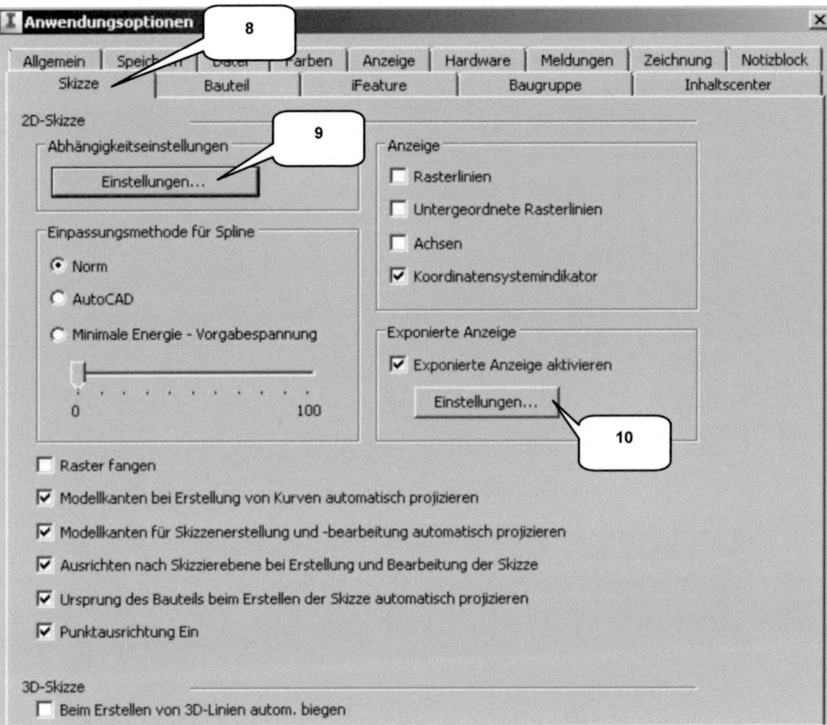

In den ***Abhängigkeitseinstellungen*** (9) sollten die darin befindlichen drei Reiter wie folgt übernommen werden:

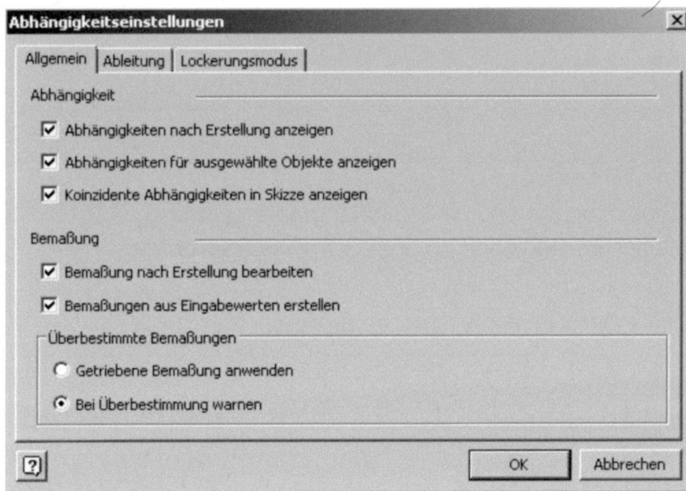

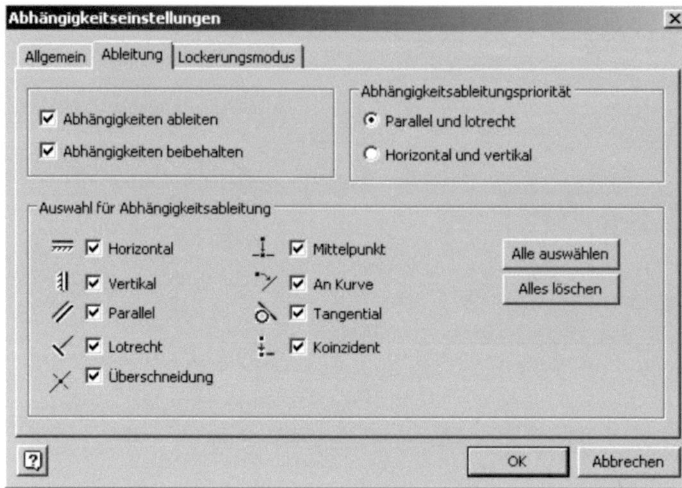

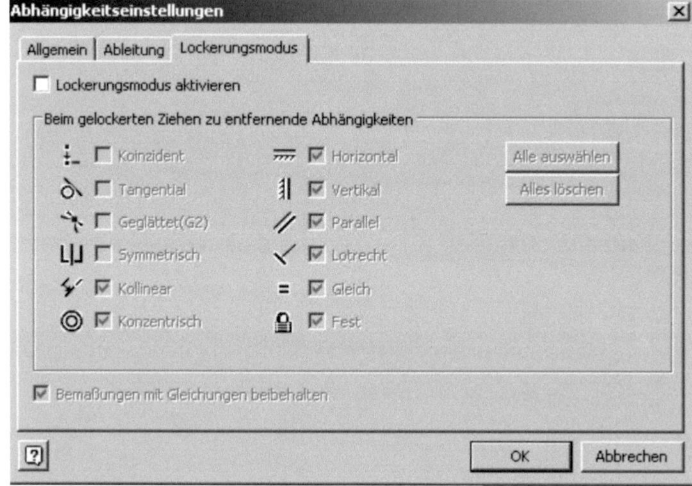

Abschließende Einstellungen sind im Bereich **Exponierte Anzeige** (10) zu kontrollieren. Die Anwendungsoptionen können danach mit **OK** (11) bestätigt werden.

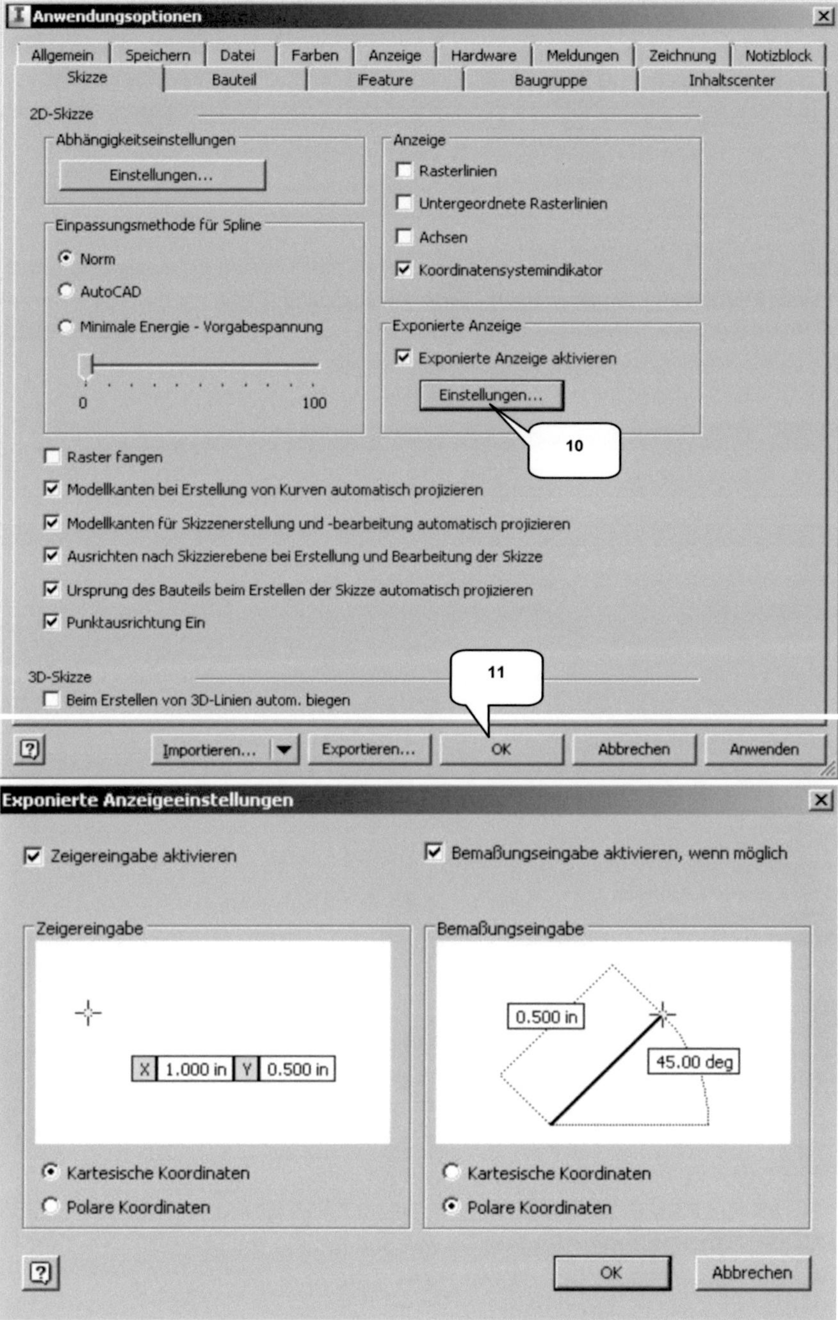
Anwendungsoptionen
Allgemein | Speichern | Datei | Farben | Anzeige | Hardware | Meldungen | Zeichnung | Notizblock
Skizze | Bauteil | iFeature | Baugruppe | Inhaltscenter
2D-Skizze
Abhängigkeitseinstellungen
Einstellungen...
Einpassungsmethode für Spline
Norm
AutoCAD
Minimale Energie - Vorgabespannung
0
100
Anzeige
Rasterlinien
Untergeordnete Rasterlinien
Achsen
Koordinatensystemindikator
Exponierte Anzeige
Exponierte Anzeige aktivieren
Einstellungen...
10
Raster fangen
Modellkanten bei Erstellung von Kurven automatisch projizieren
Modellkanten für Skizzenerstellung und -bearbeitung automatisch projizieren
Ausrichten nach Skizzierebene bei Erstellung und Bearbeitung der Skizze
Ursprung des Bauteils beim Erstellen der Skizze automatisch projizieren
Punktausrichtung Ein
3D-Skizze
Beim Erstellen von 3D-Linien autom. biegen
11
Importieren... | Exportieren... | OK | Abbrechen | Anwenden

Exponierte Anzeigeeinstellungen
Zeigereingabe aktivieren
Bemaßungseingabe aktivieren, wenn möglich
Zeigereingabe
X 1.000 in Y 0.500 in
Kartesische Koordinaten
Polare Koordinaten
Bemaßungseingabe
0.500 in
45.00 deg
Kartesische Koordinaten
Polare Koordinaten
OK | Abbrechen

2.2   Ein neues Projekt erstellen

Inventor® arbeitet grundsätzlich in Projekten, was die Koordination zusammenhängender Dateien und Einstellungen vereinfacht. Eine Projektdatei (*.ipj) sichert alle Informationen und Querverweise eines Projektes. Das ist wichtig, wenn später komplexe Projekte archiviert oder von einem PC auf einen anderen übertragen werden sollen.

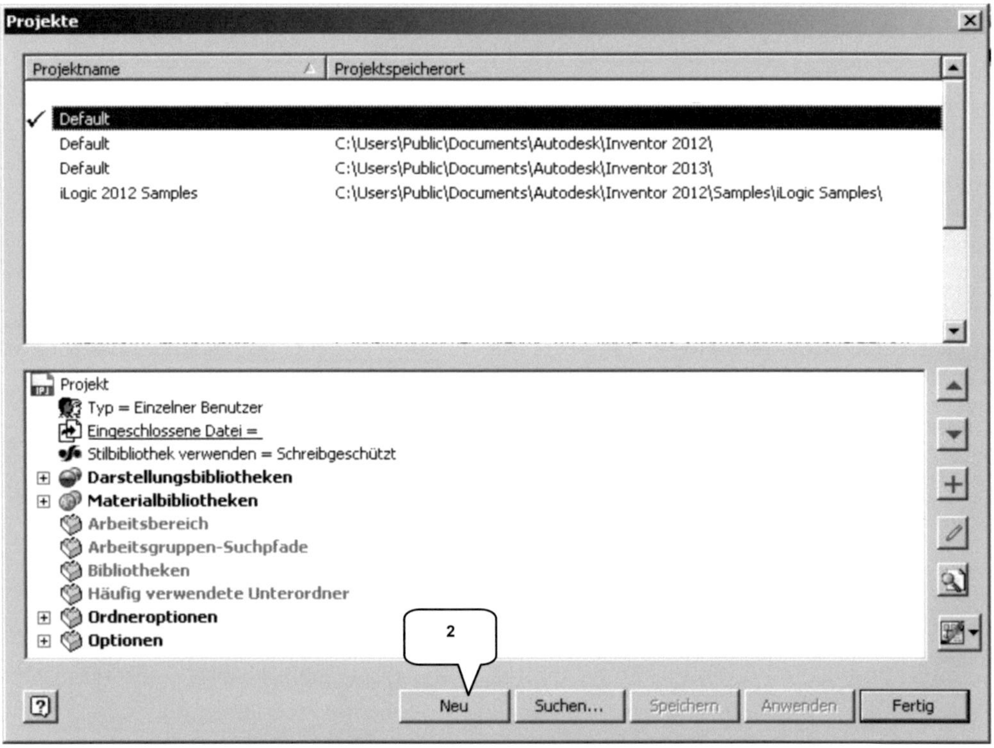

Starten Sie im Register *Erste Schritte* den Befehl *Projekte* (1). Mit den Optionen *Neu* (2) und *Neues Einzelbenutzer-Projekt* (3) soll das Projekt *Inventor-2015-4-Takt-Motor* (4) erstellt werden. Ebenfalls ist der Projektordner *Übung-4-Takt-Motor-2015* (5) zu wählen. *Fertig stellen* (6) beendet den Vorgang.

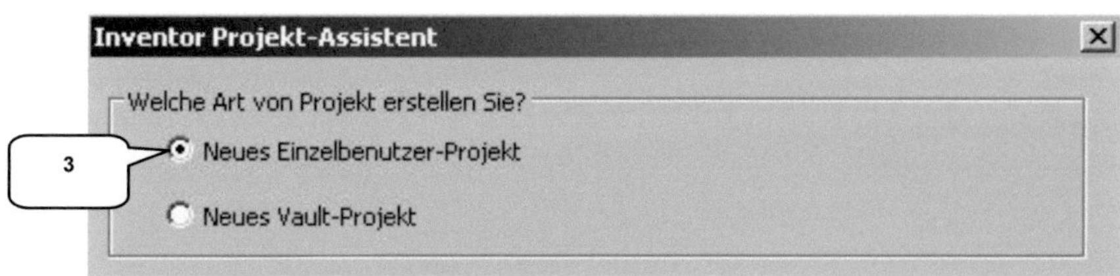

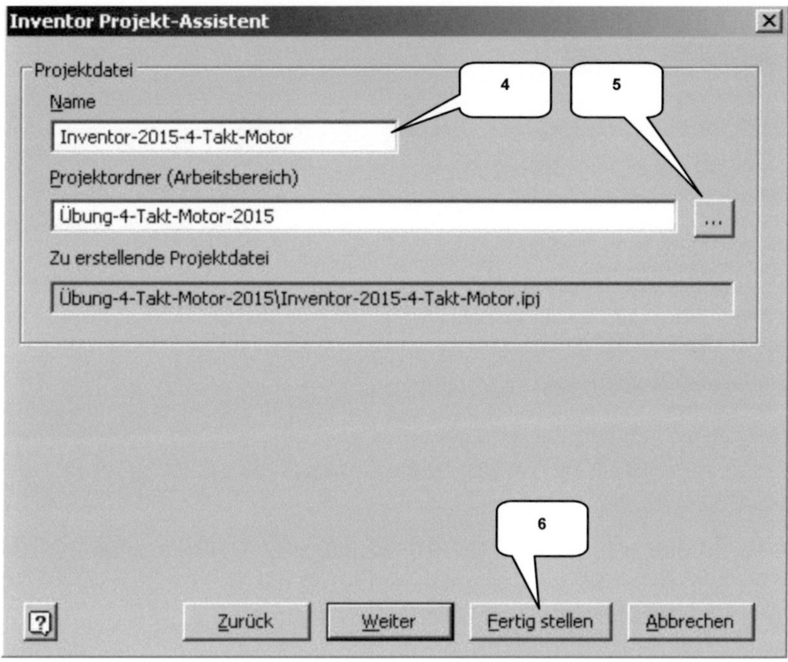

> 📁 **Projekte** (1)
> [Neu] **Neu** (2)
> Option: **Einzelbenutzer-Projekt** (3)
> [Weiter] **Weiter**
> Name: **Inventor-2015-4-Takt-Motor** (4)

> [...] Projektordner: Pfad zum Ordner **Übung-4-Takt-Motor-2015** wählen (5)
> [Fertig stellen] **Fertig stellen** (6)
> [Fertig] **Fertig** (7)

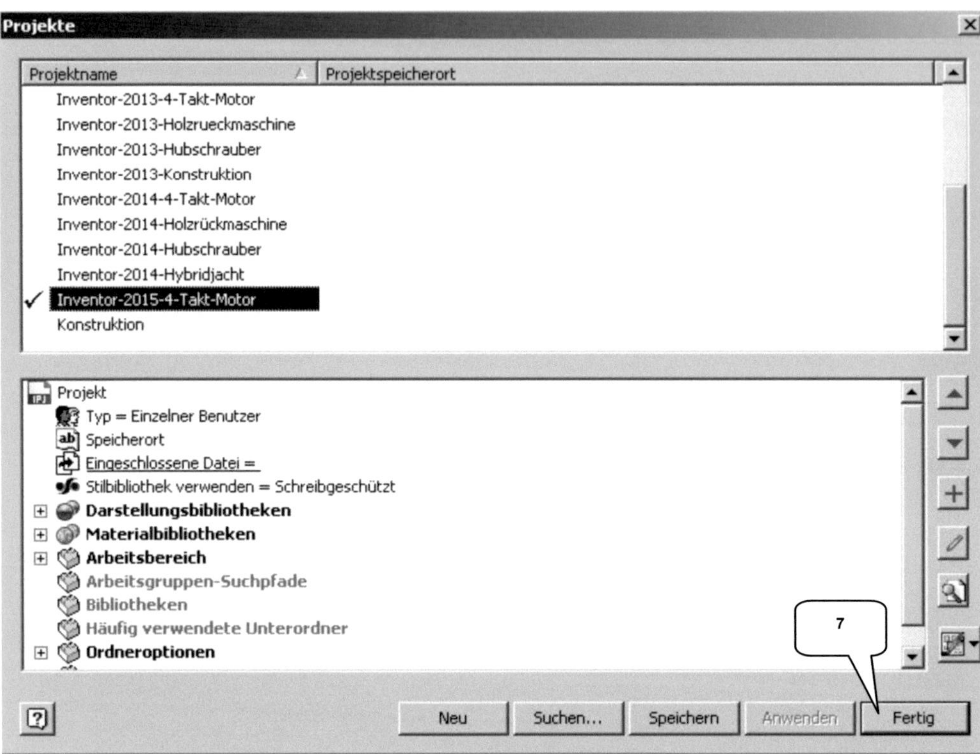

Das neue Projekt wird automatisch aktiviert, was durch einen kleinen Haken in der entsprechenden Zeile signalisiert wird. Bei der späteren Arbeit mit dem Programm sollte das jeweils aktive Projekt nach Programmstart stets kontrolliert werden.

So kann vermieden werden, dass Dateien unbeabsichtigt an einem falschen Speicherort gesichert und damit einem anderen Projekt zugeordnet werden.

3 SKIZZEN und BAUTEILE

3.1 Bauteil: Ventil

3.1.1 Erstellen einer neuen Datei

Um eine neue Datei zu erstellen, ist im Register **Erste Schritte** (1) der Befehl ⬜ **Neu** (2) zu starten. Im Fenster **Neue Datei erstellen** (3) können dann verschiede Datei-Typen und Vorlagen ausgewählt werden. Alle vorhandenen Vorlagen (Templates) sind hier in Ordner eingeteilt (Englisch, Metrisch, Mold Design). Bei aktiviertem Hauptordner **Templates** (4) erscheinen auf der rechten Seite des Fensters die Bereiche **Bauteil**, **Baugruppe**, **Zeichnung** und **Präsentation**.

Die folgenden Vorlagen befinden sich in den Templates:

- ➤ **Blech.ipt**   erzeugt ein neues Blechbauteil
- ➤ **Norm.ipt**   erzeugt ein neues Bauteil
- ➤ **Norm.iam**   erzeugt eine neue Baugruppe
- ➤ **Schweißkonstruktion.iam**   erzeugt eine neue Schweißbaugruppe
- ➤ **Norm.dwg**   erzeugt eine neue AutoCAD-Zeichnung (*.dwg)
- ➤ **Norm.idw**   erzeugt eine neue Inventor®-Zeichnung (*.idw)
- ➤ **Norm.ipn**   erzeugt eine neue Präsentation (Sprengbild)

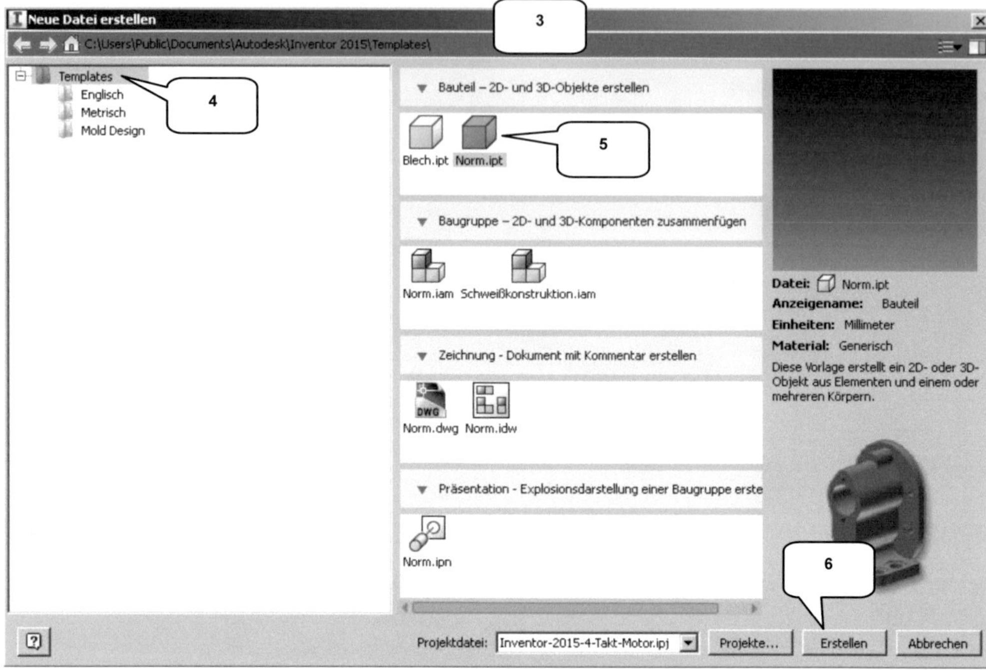

Wählen Sie im Bereich **Bauteil** die Vorlage **Norm.ipt** (5) und erzeugen Sie damit ein neues Bauteil.

> ☐ **Neu** (2)
> Templates (4)

> ⬜ Norm.ipt (5)
> [Erstellen] **Erstellen** (6)

Das Programm erstellt jetzt ein neues Bauteil. Durch die Voreinstellungen in den Anwendungsoptionen im vergangenen Kapitel erzeugt das Programm auf der XY-Ebene automatisch eine neue 2D-Skizze und wechselt danach in den Skizzenbereich.

3.1.2 Projizieren der drei Hauptachsen

Jedes Bauteil verfügt über drei Hauptachsen (X, Y, Z) und drei Hauptebenen (XY, XZ, YZ). Auf den Ebenen können neue Skizzen erzeugt werden, die Achsen dienen u.a. zur Ausrichtung der geometrischen Zeichenelemente im Skizzenbereich. Grundlegend sollten im Skizzenbereich gezeichnete Objekte am Koordinatensystem ausgerichtet und auch möglichst symmetrisch zu diesem gezeichnet werden. Dies vereinfacht die Konstruktion eines Bauteils und eröffnet dem Anwender in späteren Konstruktionsschritten viele Möglichkeiten.

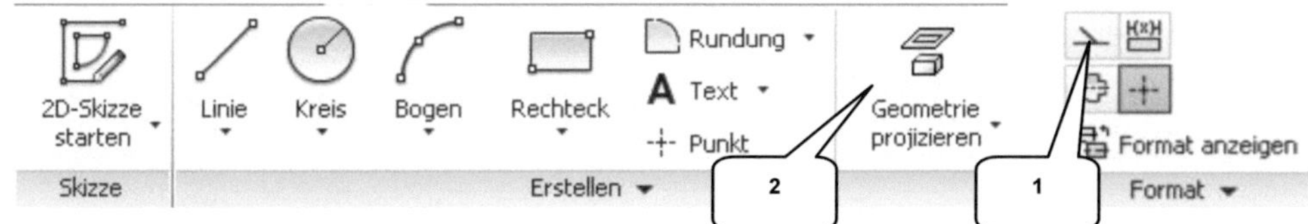

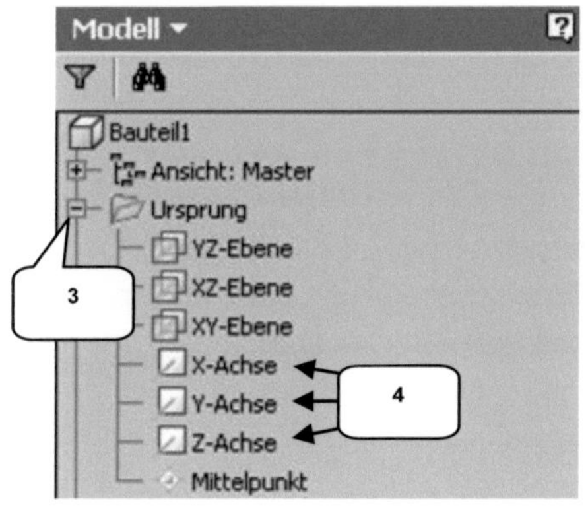

Jedes Bauteil verfügt über ein eigenes Koordinatensystem, das allerdings nicht sofort im Skizzenbereich verwendet werden kann. Zuerst muss es dorthin übertragen werden. Es sollte als Hilfslinie (Konstruktionslinie) in die Skizze übernommen werden, um später im 3D-Bereich keine Probleme bei der Erkennung der eigentlichen Zeichengeometrie zu bereiten. Folgen Sie jetzt Schritt für Schritt der nachfolgenden Befehlskette, um das Koordinatensystem in den Skizzenbereich zu übernehmen und die entstandenen Linien als Hilfslinien (Konstruktionslinien) zu definieren.

- ➤ ⎯ *Konstruktion* aktivieren (1)
- ➤ *Geometrie projizieren* (2)
- ➤ Ordner: Ursprung aufklappen (3)
- ➤ 3 Achsen nacheinander anklicken (4)

- ➤ Taste: *ESC* drücken (Beendet den Befehl Geometrie projizieren)
- ➤ ⎯ *Konstruktion* deaktivieren (1)

HINWEIS: Dieser erste Schritt (Projizieren des Koordinatensystems in den Skizzenbereich eines Bauteils- *Geometrie projizieren*) sollte in jeder neuen Skizze angewandt werden. Anschließend ist dringend darauf zu achten, die Option *Konstruktion* wieder zu deaktivieren, da ansonsten alle weiteren Zeichenobjekte fehlerhaft erzeugt werden könnten.

3.1.3   Das Register SKIZZE im Überblick

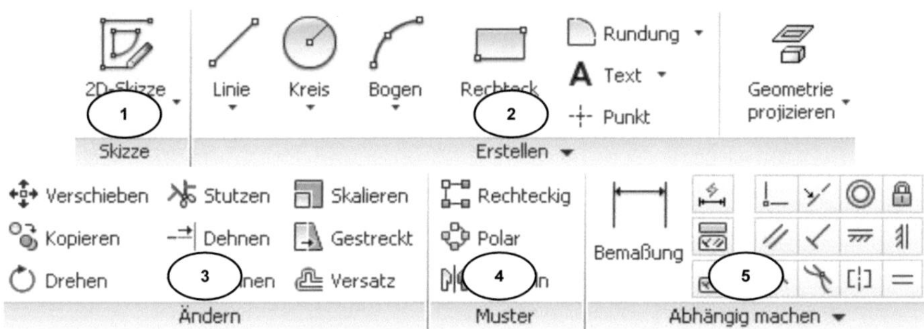

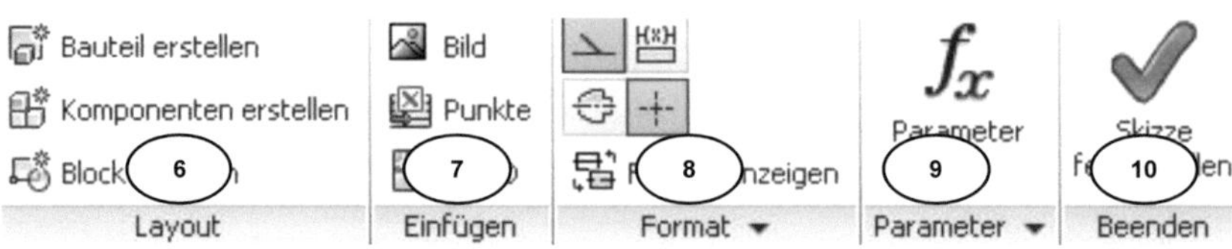

OPTIONEN

1) Erzeugen einer neuen Skizze (2D/3D)
2) Grundzeichenbefehle
3) Bearbeiten vorhandener Objekte
4) Rechteckige, polare oder gespiegelte Kopien erzeugen
5) Bemaßungen und Abhängigkeiten einfügen

6) Objekte als Bauteile, Baugruppen oder Gruppierungen exportieren
7) Importieren von Bildern, Tabellen- punkten oder AutoCAD-Zeichnungen
8) Eigenschaften von Linien, Punkten und Bemaßungen ändern
9) Parameter in die Skizze einfügen
10) Beenden der Skizze

3.1.4 Zeichnen der ersten Linien

Nachdem das Koordinatensystem in den Skizzenbereich übernommen wurde, kann mit dem Zeichnen der ersten Linien begonnen werden. Hierfür ist der Befehl ✏ **Linie** (1) zu starten. Es sollte jetzt noch einmal kontrolliert werden, ob die Option **Konstruktion** (2) wirklich wieder deaktiviert wurde, also nicht blau sondern <u>grau</u> hinterlegt ist.

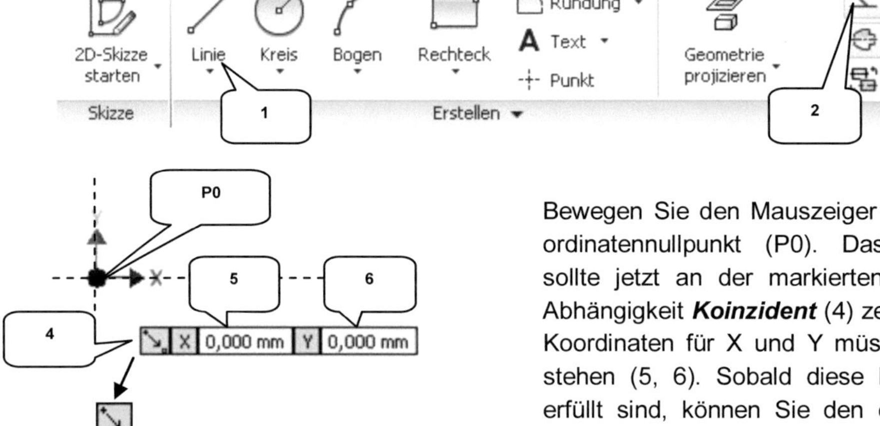

Bewegen Sie den Mauszeiger auf den Koordinatennullpunkt (P0). Das Programm sollte jetzt an der markierten Stelle eine Abhängigkeit **Koinzident** (4) zeigen und die Koordinaten für X und Y müssten auf null stehen (5, 6). Sobald diese Bedingungen erfüllt sind, können Sie den ersten Punkt der Linie mit der linken Maustaste bestätigen.

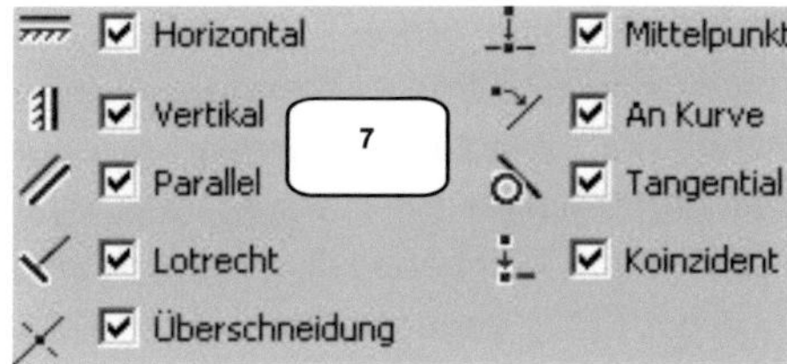

An dieser Stelle ein kurzer Hinweis zu den Abhängigkeiten: Inventor® wird (so wie in den Anwendungsoptionen vorgegeben) alle Abhängigkeiten in den Skizzenbereich übernehmen, wenn diese während des Zeichnens vom Programm erkannt und angezeigt werden (4). Folgende Abhängigkeiten (7) stehen zur Verfügung:

> **Horizontal**   eine Linie wird parallel zur X-Achse ausgerichtet
> **Vertikal**   eine Linie wird parallel zur Y-Achse ausgerichtet
> **Parallel**   zwei Linien werden parallel zueinander ausgerichtet
> **Lotrecht**   zwei Linien werden in einem Winkel von 90° zueinander angeordnet
> **Überschneidung**   ein Punkt wird am Schnittpunkt zweier Objekte befestigt
> **Mittelpunkt**   ein Punkt wird am Mittelpunkt eines Objektes (Linie/ Bogen) befestigt
> **An Kurve**   ein Punkt wird auf einen Strahl gelegt
> **Tangential**   zwei Objekte werden tangential aneinander befestigt
> **Koinzident**   zwei Punkte werden aneinander befestigt

HINWEIS: Beim Zeichnen sollte stets darauf geachtet werden, ob das Programm eine dieser Abhängigkeiten anzeigt. Wird an dieser Stelle nämlich ein Punkt eines Objektes abgelegt (linke Maustaste), wird diese Abhängigkeit automatisch in den Skizzenbereich übernommen. Beim späteren Bemaßen der Zeichenobjekte kann es dann zu Problemen kommen, weil unbeabsichtigt gesetzte Abhängigkeiten in Widerspruch zu den gewollt erzeugten Maßen stehen könnten.

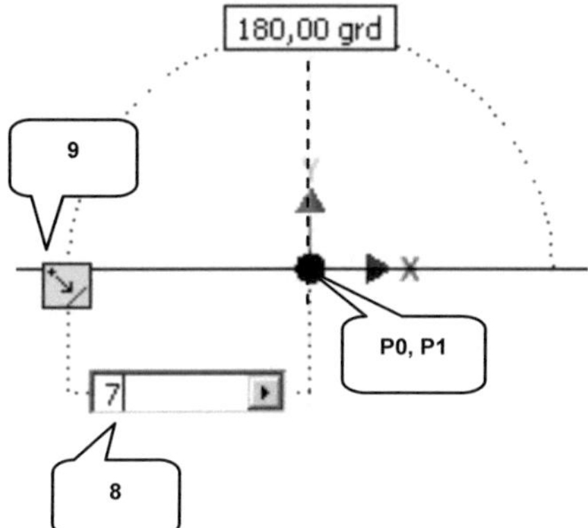

Der erste Punkt der Linie (P1) wurde bereits im Koordinatenursprung abgelegt, und das Programm erwartet jetzt weitere Punkte, um ein Linienobjekt erzeugen zu können. Ziehen Sie die Maus entlang der projizierten X-Achse nach links (die Abhängigkeit **An Kurve** (9) sollte angezeigt werden) und tragen Sie in das Eingabefeld für die Linienlänge (8) den Wert **7 mm** ein. Bestätigen Sie mit der Taste: **ENTER**. Da es in den Anwendungsoptionen so festgelegt wurde, wird die Bemaßung anschließend automatisch eingefügt.

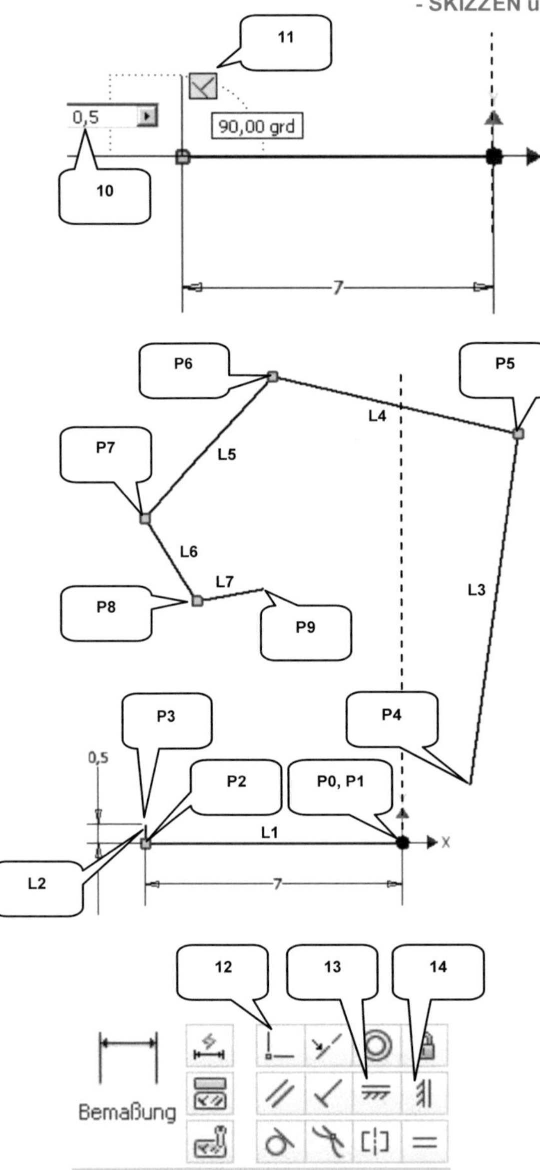

Ziehen Sie die Maus in gerader Linie nach oben und tragen Sie in das Einga-befeld der Linienlänge den Wert **0,5 mm** ein (10). Achten Sie darauf, dass wäh-rend des Zeichnens die Abhängigkeit *Lotrecht* (11) angezeigt wird. Bestätigen Sie die Eingabe mit der Taste: **ENTER** und beenden Sie den Zeichenbefehl mit der Taste: **ESC**.

Starten Sie den Linienbefehl erneut und zeichnen Sie fünf zusammenhängende Linien durch Setzen der einzelnen Linienpunkte (P4...P9). Alle Linien sind leicht schräg zu zeichnen, so wie in der linken Abbildung dargestellt. Achten Sie darauf, dass beim Ablegen der Punkte keine Abhängigkeiten angezeigt werden.

> ✎ *Linie*
> (P4) frei ablegen (linke Maustaste)
> (P5) frei ablegen (linke Maustaste)
> (P6) frei ablegen (linke Maustaste)
> (P7) frei ablegen (linke Maustaste)
> (P8) frei ablegen (linke Maustaste)
> (P9) frei ablegen (linke Maustaste)
> Taste: **ESC**

Abhängigkeiten können bereits während des Zeichnens gesetzt (wie bei den ers-ten beiden Linien L1, L2) oder nachträg-lich platziert werden. Um die schrägen Linien (L3...L7) nachträglich in Form zu bringen, soll die zuletzt erwähnte Option verwendet werden.

Starten Sie die Abhängigkeit ∟ **Koinzi-dent** (12), um den Punkt (P4) auf den Koordinatenursprung (P0) zu platzieren.

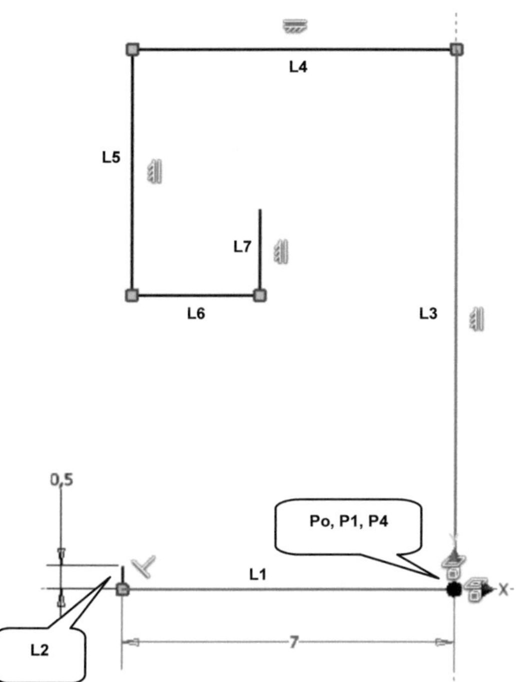

> └ *Koinzident* (12)
> (P0) wählen (linke Maustaste)
> (P4) wählen (linke Maustaste)
> Taste: **ESC**

Mit den Abhängigkeiten ═ *Horizontal* (13) und ∦ *Vertikal* (14) sind die restlichen Linien zu bearbeiten.

> ═ *Horizontal* (13)
> Linien (L4) und (L6) wählen
> Taste: **ESC**

> ∦ *Vertikal* (14)
> Linien (L3), (L5) und (L7) wählen
> Taste: **ESC**

HINWEIS: Alle in einer Skizze existierenden Abhängigkeiten können mit der Taste: **F8** ein- und mit der Taste: **F9** wieder ausgeblendet werden. Die kleinen Symbole deuten die jeweiligen Abhängigkeiten an. Um eine falsch gesetzte Abhängigkeit zu löschen, klicken Sie auf das jeweilige Abhängigkeitssymbol (es wird dann rot dargestellt) und drücken die Taste: **ENTF**.

3.1.5 *Bemaßung und Bearbeitung von Zeichenelementen*

Die ersten beiden Linien (L1, L2), die mit dynamischer Werteeingabe gezeichnet wurden, sind bereits bemaßt. Die restlichen Linien (L3...L7) müssen noch bemaßt werden. Hierfür ist der Befehl ⊓ *Bemaßung* (1) zu verwenden.

Dieser Befehl kann verschiedene Objekte anhand ihrer Eigenschaften bemaßen (Längen, Winkel, Abstände, Radien, Durchmesser, Bogenlängen u. v. m.). Nach der Auswahl des zu bemaßenden Objektes wird in der Regel das Maß selbst abgelegt. Der Klick mit der rechten Maustaste <u>vor</u> dem Ablegen eines Maßes eröffnet weitere Optionen.

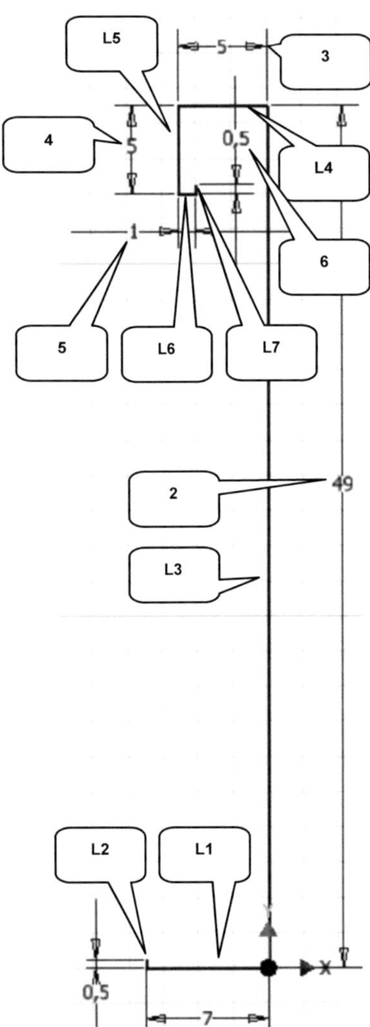

Eine Linie z. B. kann je nach Ausrichtung im Raum horizontal, vertikal oder ausgerichtet bemaßt werden (*rechte Maustaste* vor dem Ablegen des Maßes).

Starten Sie den Befehl ⊓ *Bemaßung* (1) und bemaßen Sie die Linien wie folgt:

> ⊓ *Bemaßung* (1)
> Linie (L1) wählen, dann Linie *L4* wählen und Maß an Pos. (2) ablegen
> Wert eingeben: [49 mm] > Taste: *ENTER*
> Linie (L4) wählen und Maß an Pos. (3) ablegen
> Wert eingeben: [5 mm] > Taste: *ENTER*
> Linie (L5) wählen und Maß an Pos. (4) ablegen
> Wert eingeben: [5 mm] > Taste: *ENTER*
> Linie (L6) wählen und Maß an Pos. (5) ablegen
> Wert eingeben: [1 mm] > Taste: *ENTER*
> Linie (L7) wählen und Maß an Pos. (6) ablegen
> Wert eingeben: [0,5 mm] > Taste: *ENTER*
> Taste: *ESC*

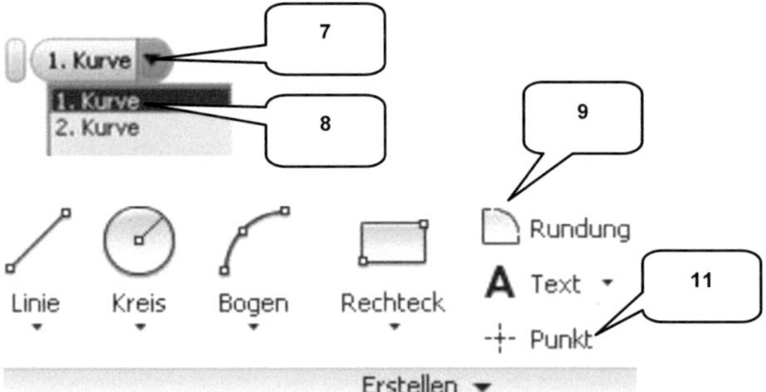

HINWEIS: Liegen mehrere Objekte (z. B. Linien) zu dicht aneinander, kann ein Objekt möglicherweise nicht richtig ausgewählt werden. Hier bietet das Programm die Möglichkeit, die Auswahl zu differenzieren. Halten Sie in diesem Fall den Mauszeiger eine Weile auf das gewünschte Objekt und warten Sie, bis ein Auswahlmenü (7) erscheint. Im Popup-Menü (8) kann das Objekt dann direkt gewählt werden. Eine Vorschau markiert das jeweils ausgewählte Objekt.

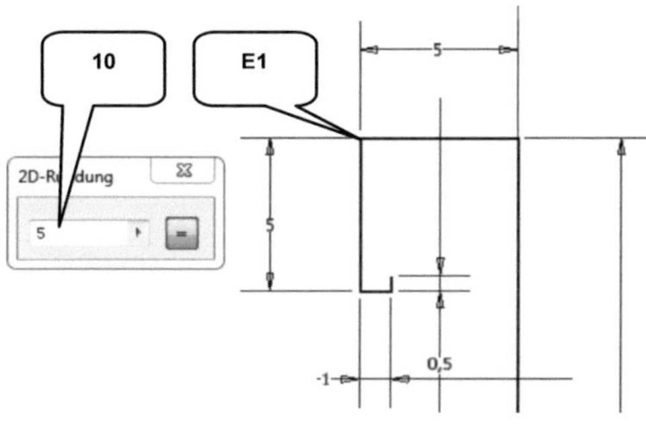

In der folgenden Übung soll die Ecke **E1** mittels Befehl ▭ *Rundung* (9) in einem Radius von **5 mm** abgerundet werden.

> ▭ *Rundung* (9)
> Radius: [5 mm] eingeben (10)
> Eckpunkt (E1) wählen
> Taste: **ESC**

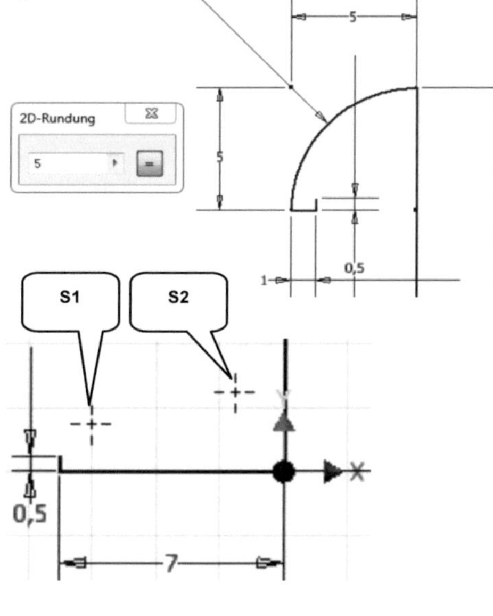

Im unteren Bereich der Skizze sollen jetzt zwei ✛ *Punkte* (11) platziert werden. Diese sind mittels Koordinateneingabe (per Tastatur) zu positionieren.

> ✛ *Punkt* (11)
> Taste: **TAB** > X-Koordinate: [-6 mm]
> Taste: **TAB** > Y-Koordinate: [1,5 mm]
> Taste: **ENTER**
> Taste: **TAB** > X-Koordinate: [-1,5 mm]
> Taste: **TAB** > Y-Koordinate: [2,5 mm]
> Taste: **ENTER**
> Taste: **ESC**

Starten Sie den Befehl ╱ *Linie* und erzeugen Sie, beginnend im Punkt **P9** (oberer Teil der Skizzenkontur), zwei weitere Linien (L8, L9).

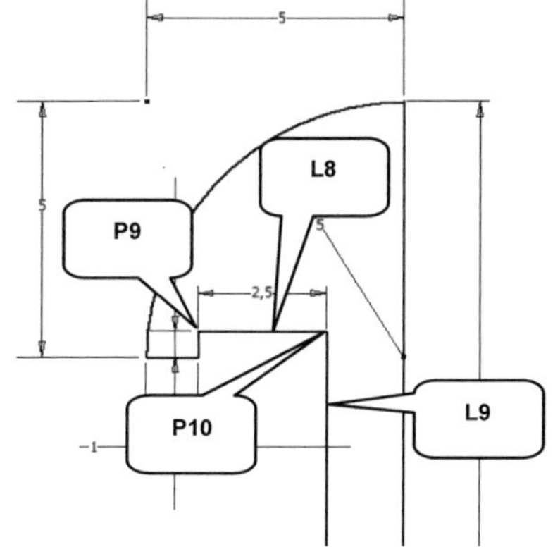

> ╱ *Linie*
> Startpunkt (P9) wählen
> Linie gerade nach rechts ziehen
> Länge eingeben: [2,5 mm]
> Taste: **ENTER**
> Linie gerade nach unten ziehen und auf den Punkt (S2) klicken
> Taste: **ESC**

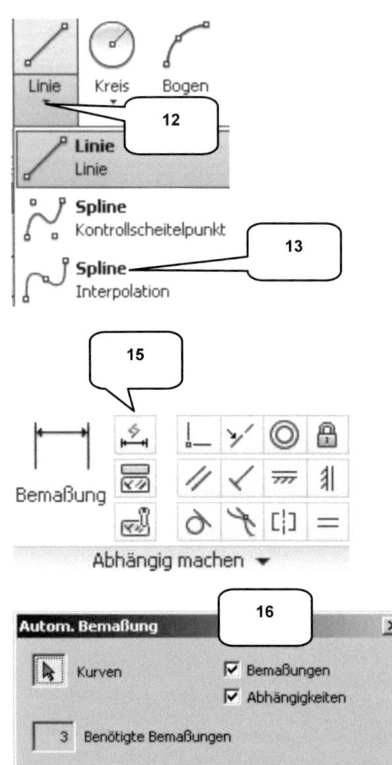

Der untere Teil der Skizzengeometrie muss noch geschlossen werden. Erweitern Sie den Befehl **Linie** durch einen Klick auf das kleine Dreieck (12) und starten Sie den Befehl *Spline Interpolation* (13).

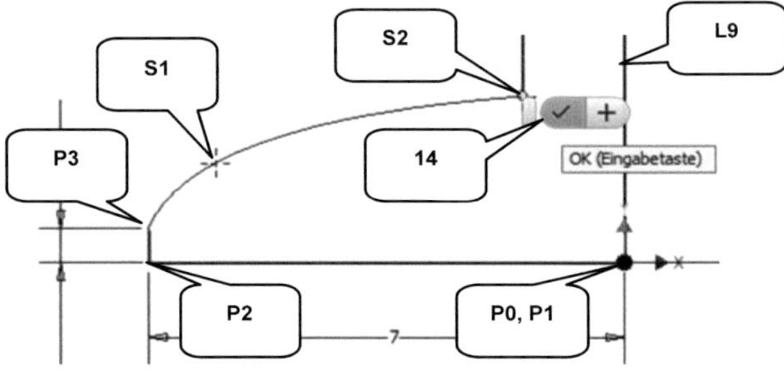

> *Spline Interpolation* (13)
> Punkt (P3) wählen
> Punkt (S1) wählen
> Punkt (S2) wählen
> *OK* (14)

Fehlende Bemaßungen müssen jetzt mit dem Befehl *Automatisches Bemaßen* (15) ergänzt werden.

> *Automatisches Bemaßen* (15)
> Einstellungen übernehmen (16)
> Anwenden **Anwenden**
> Fertig **Fertig**

Autom. Bemaßung (16)

Kurven	☑ Bemaßungen
	☑ Abhängigkeiten

3 Benötigte Bemaßungen

[?] Anwenden   Entfernen   Fertig

fx Parameter — Parameter

✔ Skizze fertig stellen (17) — Beenden

Die Basisskizze wurde um die letzten fehlenden Maße ergänzt und der Skizzenbereich kann geschlossen werden. Mit dem Befehl ✔ *Skizze fertig stellen* (17) wird der Skizzenbereich verlassen und das Programm wechselt in den Modellbereich.

3.1.6 Das Register 3D-MODELLIERUNG im Überblick

OPTIONEN

1) Neue 2D/ 3D-Skizzen erzeugen

2) Volumenkörper-Basiselemente erzeugen (Quader, Kugel, Zylinder…)

3) Volumen- oder Flächenkörper aus Skizzen erzeugen

4) Bearbeiten vorhandener Volumen- oder Flächenkörper

5) Ebenen, Achsen oder Punkte erzeugen

6) Rechteck/ polar anordnen, Spiegel

7) Flächen erstellen

8) Konturen vereinfachen

9) Freiformelemente erzeugen

10) Parameter verwalten

11) Kunststoffelemente erzeugen

12) Messwerkzeuge

13) Daten importieren/ exportieren

14) Kabelbaumelemente einfügen

15) Bauteile importieren/ exportieren

16) Belastungsanalyse/ Simulation

17) Volumen in Blechkörper konvertieren

3.1.7 Volumenkörper erzeugen

Nach dem Verlassen des Skizzenbereiches wechselt das Programm ins Register **3D-Modellierung**. Die soeben erzeugte Skizze befindet sich links im Modellbaum (1) und kann dort jederzeit geöffnet und bearbeitet werden (**rechte Maustaste > Skizze bearbeiten**). Die gezeichnete Kontur aus dem Skizzenbereich soll jetzt in einen Volumenkörper konvertiert werden.

Starten Sie den Befehl 🔄 **Drehung** (2) und erweitern Sie das Befehlsfenster, indem Sie auf das kleine Dreieck (3) klicken.

Das **Profil** (4) (Kontur aus der Skizze) wird automatisch erkannt. Als **Achse** (5) wählen Sie die projizierte **Y-Achse** der Skizze. Im Auswahlbereich **Größe** ist die Option **Voll** (6) zu wählen. Weitere Einstellungen sind nicht erforderlich, und der Befehl kann durch OK **OK** (7) bestätigt werden.

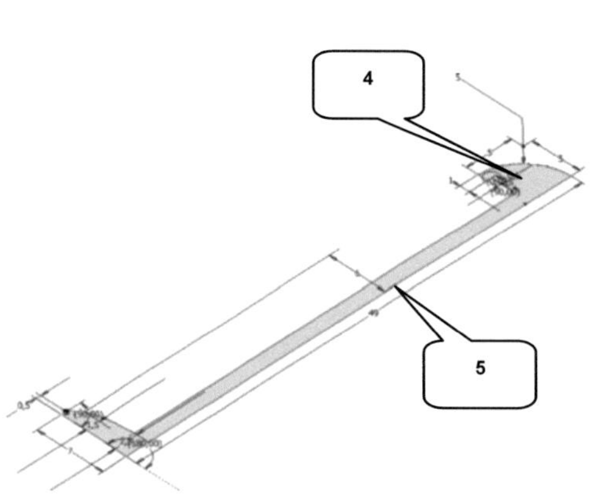

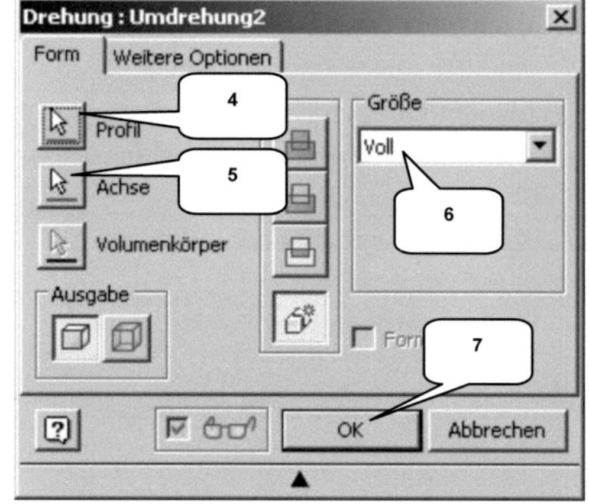

HINWEIS: Sollte das Profil nicht automatisch vom Programm erkannt werden, beenden Sie den Drehbefehl (Taste: **ESC**) und öffnen die **Skizze1** (1) im Modellbaum. Markieren Sie eine der gezeichneten Linien, wählen Sie mit der rechten Maustaste die Option **Kontur schließen** und folgen Sie den Anweisungen.

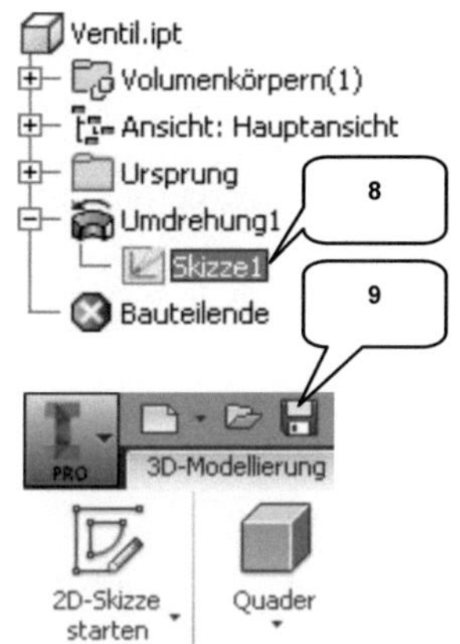

Die Skizze mit der Basisgeometrie wurde in den Befehl Umdrehung integriert (8). Um den Befehl **Umdrehung** bearbeiten zu können, muss mit der **rechten Maustaste** darauf geklickt und die Option **Element bearbeiten** gewählt werden. Zur Bearbeitung der Skizze ist die Option **Skizze bearbeiten** zu verwenden.

Das Bauteil kann jetzt gespeichert werden. Starten Sie den Befehl ▉ **Speichern** (9) und verwenden Sie die Bezeichnung **Ventil**. Achten Sie auf den korrekten Speicherort (Ordner **Übung-4-Takt-Motor-2015**).

3.2 Bauteil: Kurbelwelle-Riemenrad

3.2.1 Erzeugen der Basisskizze

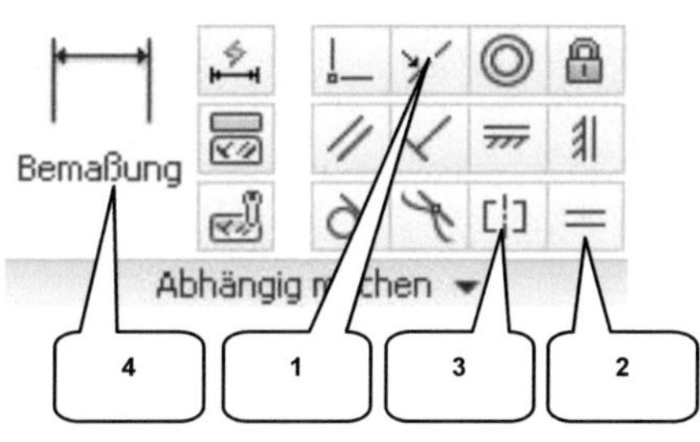

Die Vorgehensweise bei der Konstruktion dieses Bauteils ist der der Konstruktion des vorherigen Bauteils ähnlich. Erzeugen Sie ein **neues Bauteil** im Format **Norm.ipt** und folgen Sie der Befehlskette:

> ☐ **Neu**
> ☐ Norm.ipt
> Erstellen **Erstellen**

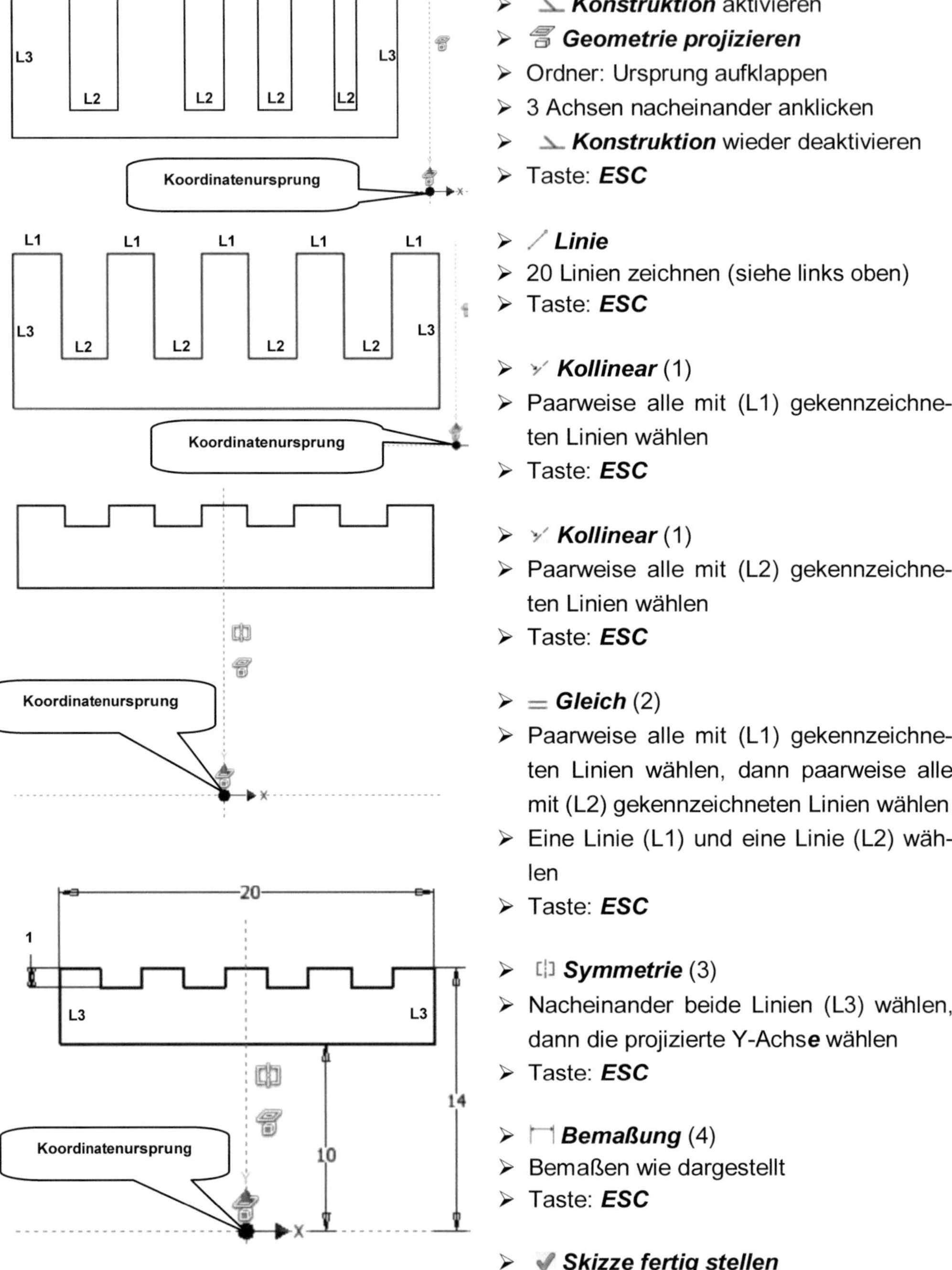

- ➢ ⟋ *Konstruktion* aktivieren
- ➢ *Geometrie projizieren*
- ➢ Ordner: Ursprung aufklappen
- ➢ 3 Achsen nacheinander anklicken
- ➢ ⟋ *Konstruktion* wieder deaktivieren
- ➢ Taste: *ESC*

- ➢ ⟋ *Linie*
- ➢ 20 Linien zeichnen (siehe links oben)
- ➢ Taste: *ESC*

- ➢ ⟍ *Kollinear* (1)
- ➢ Paarweise alle mit (L1) gekennzeichneten Linien wählen
- ➢ Taste: *ESC*

- ➢ ⟍ *Kollinear* (1)
- ➢ Paarweise alle mit (L2) gekennzeichneten Linien wählen
- ➢ Taste: *ESC*

- ➢ = *Gleich* (2)
- ➢ Paarweise alle mit (L1) gekennzeichneten Linien wählen, dann paarweise alle mit (L2) gekennzeichneten Linien wählen
- ➢ Eine Linie (L1) und eine Linie (L2) wählen
- ➢ Taste: *ESC*

- ➢ ⊡ *Symmetrie* (3)
- ➢ Nacheinander beide Linien (L3) wählen, dann die projizierte Y-Achs*e* wählen
- ➢ Taste: *ESC*

- ➢ ⊓ *Bemaßung* (4)
- ➢ Bemaßen wie dargestellt
- ➢ Taste: *ESC*

- ➢ ✔ *Skizze fertig stellen*

3.2.2 Volumenkörper erzeugen

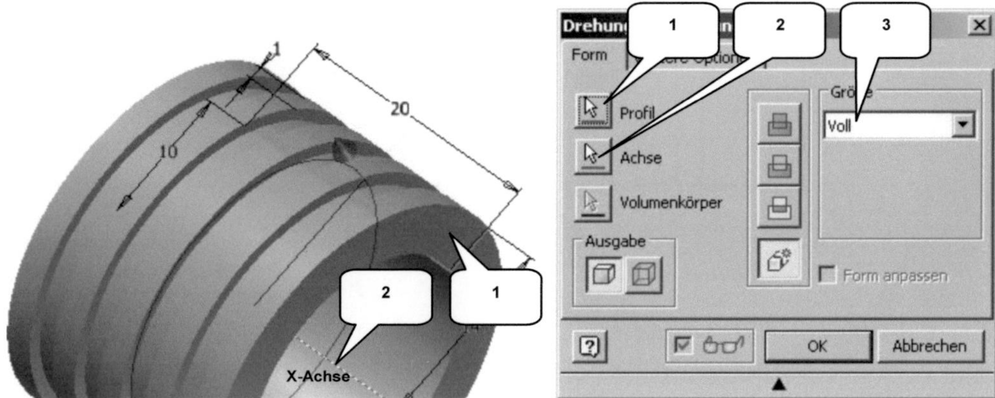

Starten Sie den Befehl 🔄 *Drehung* und übernehmen Sie die oben dargestellten Optionen. Wenn die Linienkontur korrekt geschlossen gezeichnet wurde, sollte das *Profil* (1) automatisch erkannt werden. Als Rotationsachse (2) ist die *X-Achse* zu verwenden, als Größe die Option *Voll* (3). Der Befehl kann abschließend mit ⟨ OK ⟩ *OK* bestätigt werden.

3.2.3 Erzeugen einer Passfederaussparung

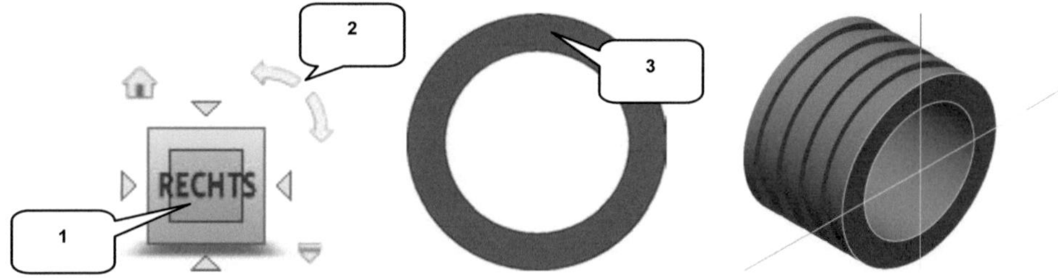

Die Riemenscheibe muss noch um ein Detail ergänzt werden: Um Riemenscheibe und Welle später formschlüssig miteinander verbinden zu können, muss im inneren Bereich der Riemenscheibe Material entfernt werden. Hierfür ist eine weitere Skizze zu erzeugen. Wechseln Sie am *ViewCube* zur Ansicht *RECHTS* (1), um die Seitenansicht der Riemenscheibe zu aktivieren.

HINWEIS: Mit dem *ViewCube* kann die Ansicht auf ein Objekt geändert werden. Ein einfacher Klick auf eine der Seiten, Ecken oder Kanten aktiviert die jeweilige Ansicht. Bei gedrückter linker Maustaste auf den Würfel und zeitgleichem Bewegen der Maus dreht sich die Ansicht stufenlos. Die beiden Pfeile (2) drehen die Ansicht um jeweils 90°.

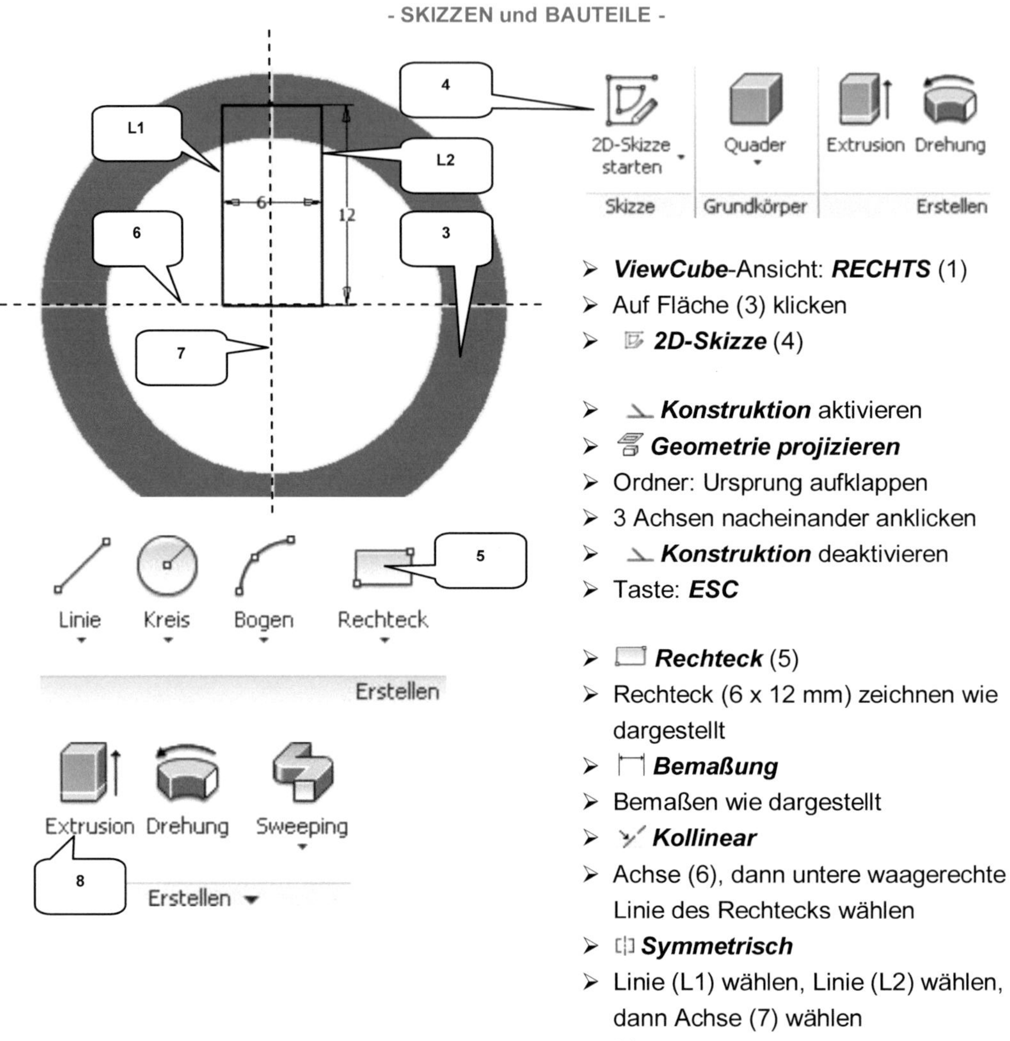

> **ViewCube**-Ansicht: **RECHTS** (1)
> Auf Fläche (3) klicken
> ☑ **2D-Skizze** (4)

> ↘ **Konstruktion** aktivieren
> ☰ **Geometrie projizieren**
> Ordner: Ursprung aufklappen
> 3 Achsen nacheinander anklicken
> ↘ **Konstruktion** deaktivieren
> Taste: **ESC**

> ▭ **Rechteck** (5)
> Rechteck (6 x 12 mm) zeichnen wie dargestellt
> ⊓ **Bemaßung**
> Bemaßen wie dargestellt
> ⤢ **Kollinear**
> Achse (6), dann untere waagerechte Linie des Rechtecks wählen
> ⧉ **Symmetrisch**
> Linie (L1) wählen, Linie (L2) wählen, dann Achse (7) wählen
> ✔ **Skizze fertig stellen**

Neben der Option 🗗 **Vereinigung** stehen jetzt aufgrund des bereits vorhandenen Volumenkörpers zwei weitere boolesche Optionen zur Verfügung. Mit der 🗗 **Differenz** haben Sie die Möglichkeit, Material aus dem vorhandenen Volumenkörper zu entfernen, und mit der 🗗 **Schnittmenge** wird aus zwei Volumenkörpern eine gemeinsame Schnittmenge erzeugt.

HINWEIS: Grundsätzlich stehen bei Befehlen im 3D-Bereich drei boolesche Operation zur Verfügung: bei der 🗗 **Vereinigung** wird bereits vorhandenes Material um weiteres Material ergänzt, bei der 🗗 **Differenz** wird vorhandenes Material entfernt, und bei der 🗗 **Schnittmenge** bleibt lediglich die gemeinsame Schnittmenge erhalten.

Aus dem vorhandenen Volumenkörper soll Material entfernt werden. Als **Profil** ist das **Rechteck** zu wählen, als Option für die boolesche Operation die 🖶 **Differenz** und als **Grö-ße** die Option **Alle**.

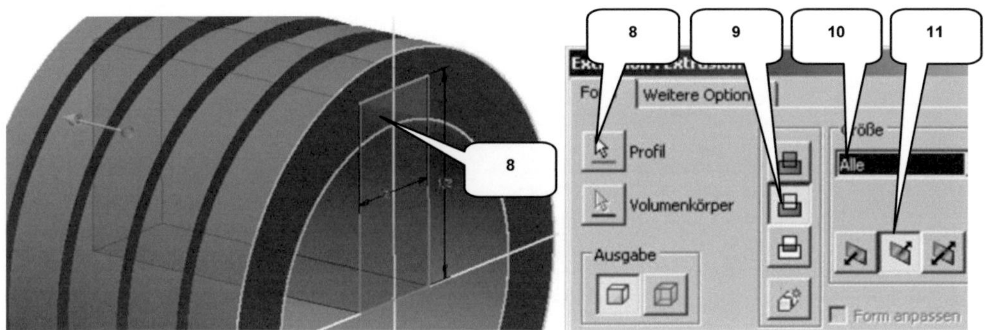

> 🗍 **Extrusion**
> Profil: Rechteck (8)
> Verfahren: Differenz (9)

> Größe: Alle (10)
> Richtung: Richtung 2 (11)
> ⬚ OK **OK**

Das Bauteil ist dann als **Kurbelwelle-Riemenrad** im Projektordner zu 🖫 **speichern**. Die Datei soll allerdings noch geöffnet bleiben.

HINWEIS: Sollten Sie den Befehl beendet haben und Ihnen im Nachhinein Fehler auffallen, kann die Extrusion durch Doppelklick auf **Extrusion1** im Modellbaum korrigiert werden (alternativ: **rechte Maustaste > Element bearbeiten**).

3.3 Bauteil: Nockenwelle-Riemenrad

3.3.1 Bearbeiten bereits vorhandener Objekte

Das Bauteil muss jetzt erneut gespeichert werden. Erweitern Sie das **Hauptmenü** (1), starten Sie den Befehl **Speichern unter** (2) und speichern Sie das Bauteil als **Nockenwelle-Riemenrad**.

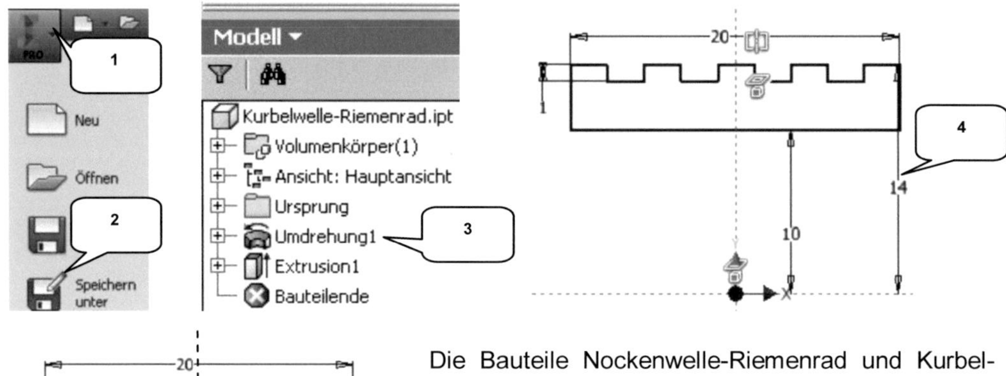

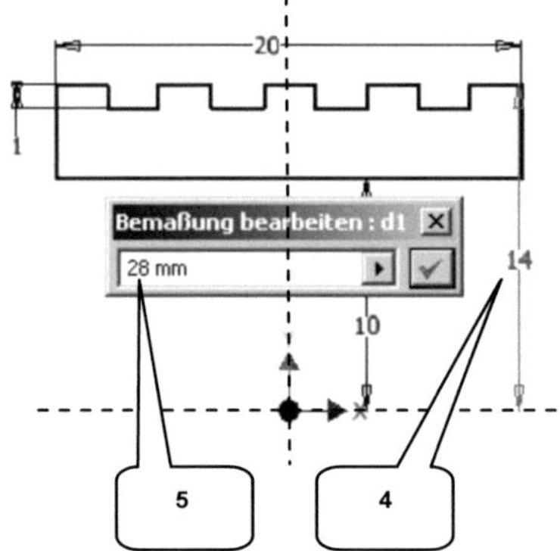

Die Bauteile Nockenwelle-Riemenrad und Kurbelwelle-Riemenrad sind grundsätzlich identisch, sie unterscheiden sich lediglich im Außendurchmesser. Klicken Sie mit der **rechten Maustaste** im Modellbaum auf den Befehl **Umdrehung1** (3) und wählen Sie die Option **Skizze bearbeiten**. Doppelklicken Sie auf das Maß **14 mm** (4) und ändern Sie dieses auf **28 mm** (5). Die Taste: **ENTER** bestätigt die Änderungen, und ✔ **Skizze fertig stellen** beendet die Skizze. **Speichern** und schließen Sie die Datei anschließend.

3.4 Bauteil: Zündkerze

3.4.1 Hinzufügen einer Sechskant-Form

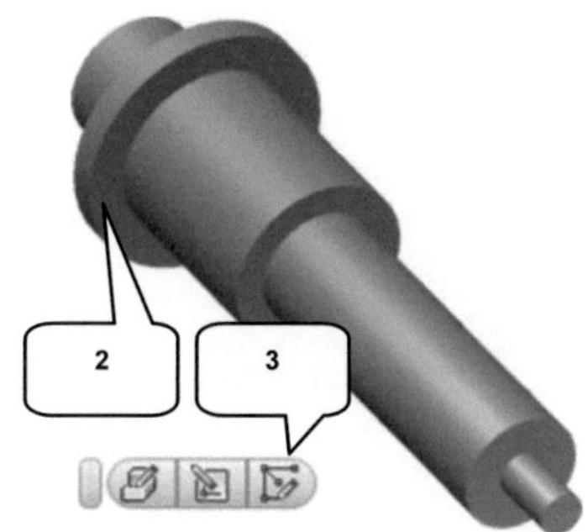

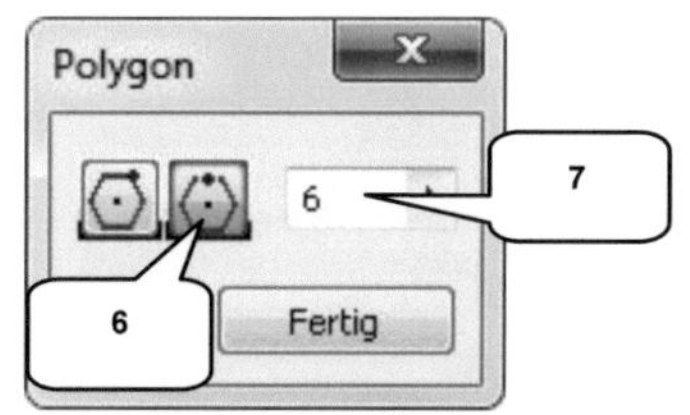

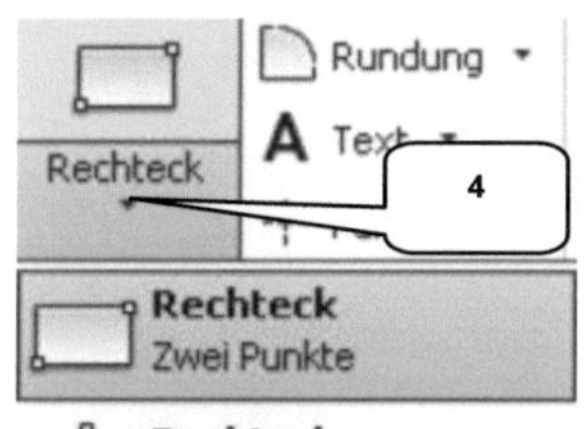

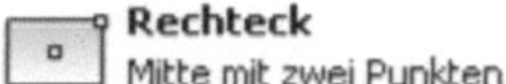

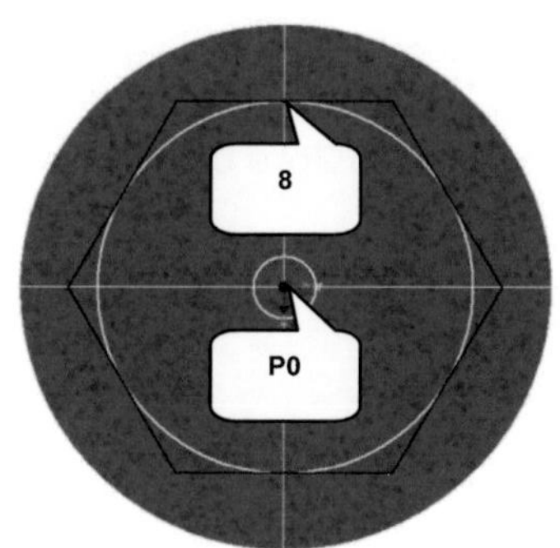

Öffnen Sie im Projektordner die Datei **Zuendkerze** (vorhandene Übungsdatei, siehe Kapitel 1.2). Erstellen Sie mit der Schnellstartoption auf der markierten Fläche eine neue **2D-Skizze**.

- *ViewCube*-Ansicht: *HINTEN* (1)
- Markierte Fläche mit linker Maustaste anklicken (2)
- Option **2D-Skizze** wählen (3)

- **Konstruktion** aktivieren
- **Geometrie projizieren**
- Ordner: Ursprung aufklappen
- 3 Achsen nacheinander anklicken
- **Konstruktion** deaktivieren
- Taste: *ESC*
- Taste: *F7* (Skizze aufschneiden)

- Befehl **Rechteck** erweitern (4)
- **Polygon** (5)
- Option: Umschrieben (6)
- Anzahl der Seiten: [6] (7)
- Mittelpunkt des Polygons mit linker Maustaste in Koordinatenursprung (P0) ablegen
- Zweiten Punkt auf Schnittstelle zwischen dem projizierten Kreis und der X-Achse ablegen (8)
- **Skizze fertig stellen**

HINWEIS: Mit der Taste: *F7* können Sie eine Skizze freilegen. Wenn Sie z. B. innerhalb eines Volumenkörpers zeichnen wollen, können Sie so den Sichtbereich bis hin zur Skizze ausblenden. Diese Funktion gibt es allerdings nur im 2D-Skizzenbereich.

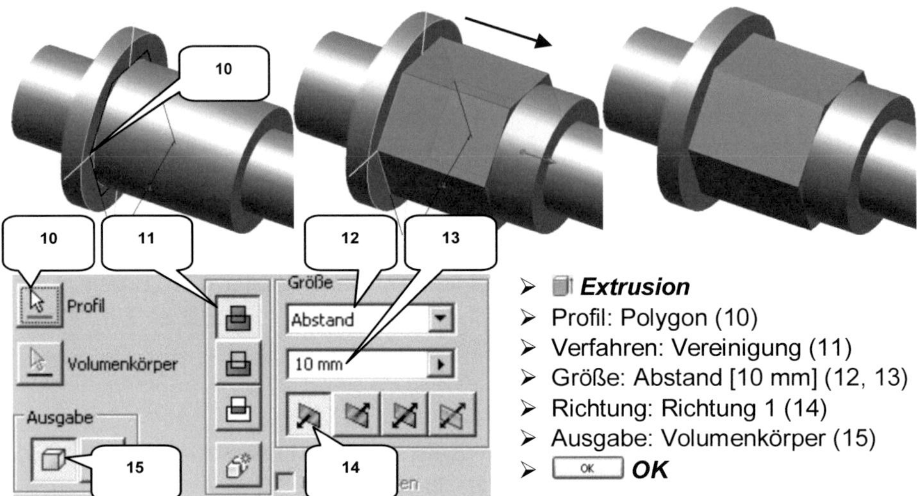 **Extrudieren** Sie das Polygon jetzt um **10 mm**.

> 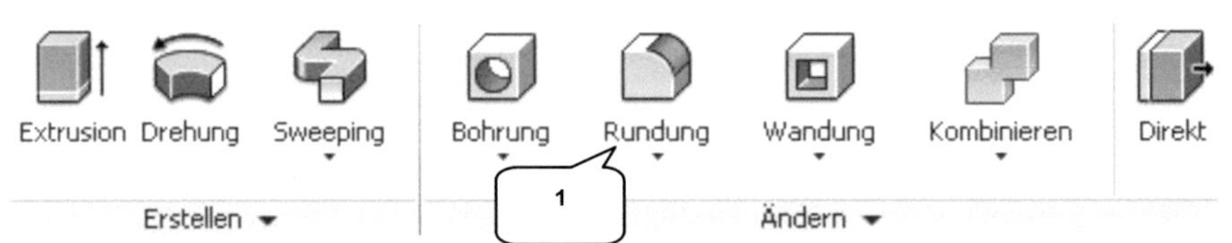 **Extrusion**
> Profil: Polygon (10)
> Verfahren: Vereinigung (11)
> Größe: Abstand [10 mm] (12, 13)
> Richtung: Richtung 1 (14)
> Ausgabe: Volumenkörper (15)
> ☐ OK ☐ **OK**

3.4.2 Runden des Isolators

Mit dem Befehl 🗋 **Rundung** (1) können Kanten oder Ecken mit konstanten oder variablen Rundungen versehen werden. Starten Sie den Befehl und erweitern Sie dessen Befehlsfenster bei Bedarf (2). Im Eingabebereich ist in der vorhandenen ersten Zeile der Radius **1 mm** einzutragen und die markierte Kante der Zündkerze zu wählen.

Anschließend ist die Option **Hinzu: Klicken** zu aktivieren und in der dadurch aktivierten zweiten Zeile ist der Radius **0,5 mm** einzugeben. Als Kante ist die markierte Kante zu wählen.

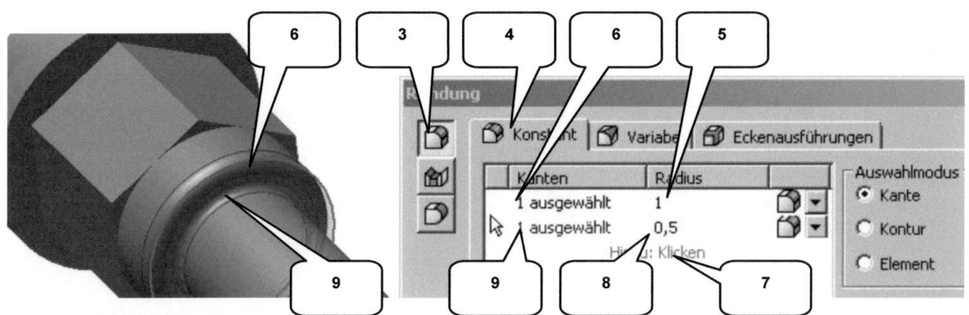

> ***Rundung*** (1)
> Befehlsfenster ggf. erweitern (2)
> Option: Kantenabrundung (3)
> Reiter: Konstant (4)
> Radius: [1 mm] eintragen (5)

> Kante 1: Markierte Kante wählen (6)
> Hinzu: Klicken (7)
> Radius: [0,5 mm] eintragen (8)
> Kante 2: Markierte Kante wählen (9)

Der Befehl soll noch geöffnet bleiben. Wählen Sie die Option ***Hinzu: Klicken*** erneut, tragen Sie in der dritten Zeile den Radius ***2 mm*** ein und wählen Sie die markierte Kante.

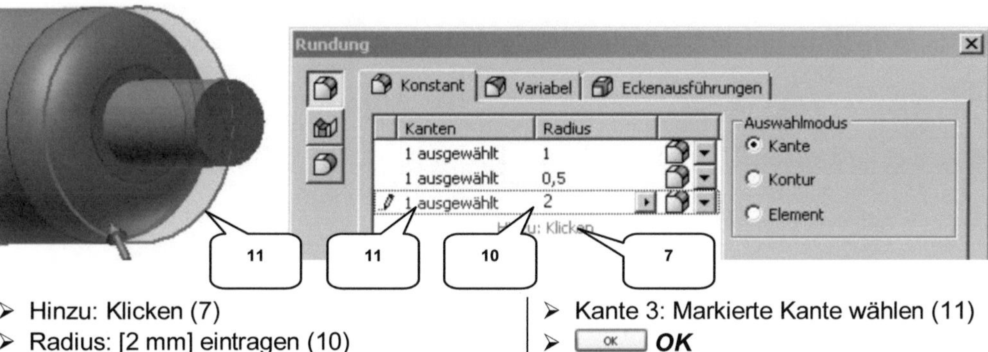

> Hinzu: Klicken (7)
> Radius: [2 mm] eintragen (10)

> Kante 3: Markierte Kante wählen (11)
> ☐ OK ***OK***

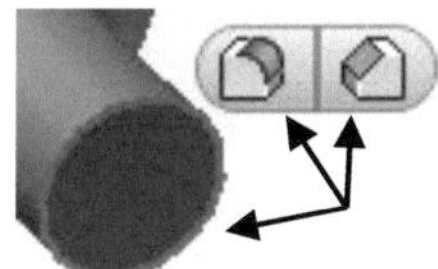

HINWEIS: Der Klick mit der linken Maustaste auf die Kante eines Volumenkörpers oder Flächenelements öffnet eine Schnellauswahl. Hier werden die beiden Befehle ☐ ***Rundung*** und ⬡ ***Fase*** angeboten, die darüber direkt gestartet werden können.

3.4.3 Gewinde an vorhandenen Zylinderflächen erzeugen

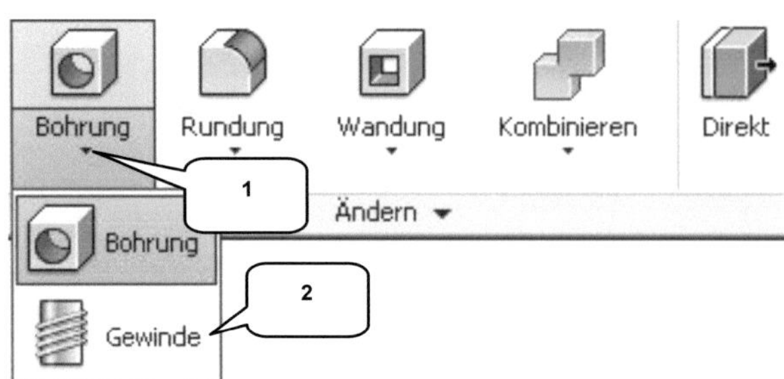

Mit dem Befehl ▤ *Gewinde* (2) können zylindrische und kegelförmige Oberflächen mit einem Gewinde versehen werden. Der Befehl befindet sich unter dem Befehl ▣ *Bohrung*, der erst erweitert werden muss (1). Anhand der verwendeten Geometrie (Durchmesser des Zylinders/ Kegels)

ermittelt das Programm automatisch die passende Gewindegröße. Spezifische Daten zum Gewinde (Gewindetyp und -länge, Gewindesteigung, Gewinderichtung) können separat definiert werden. Starten Sie den Befehl und wählen Sie als *Fläche* die markierte Zylinderfläche. Im Reiter *Spezifikation* sind dann weitere Einstellungen vorzunehmen.

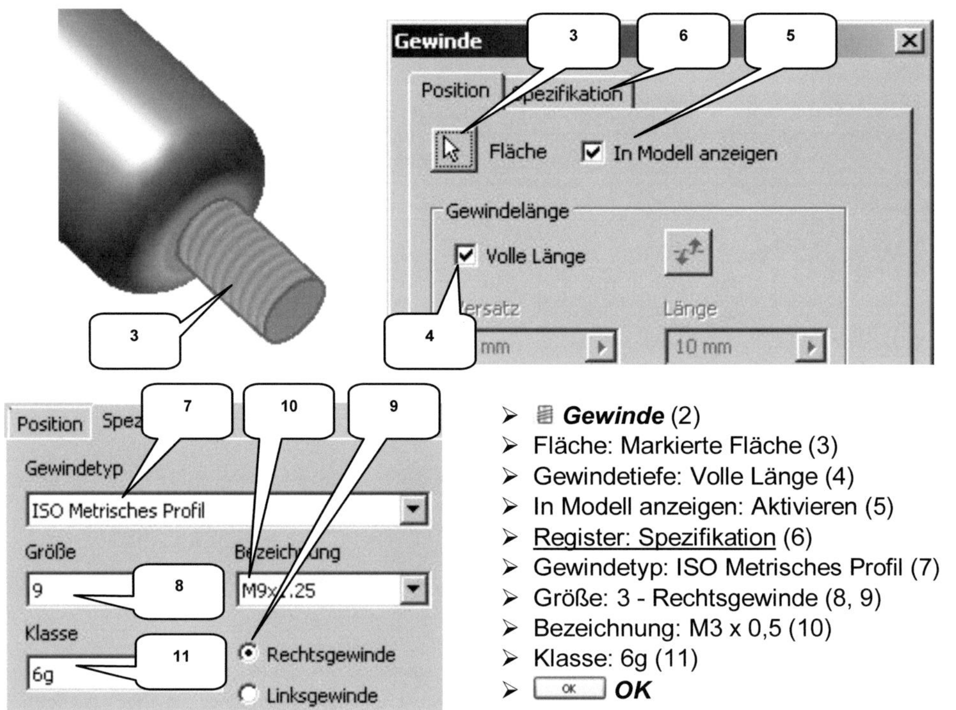

> ▤ *Gewinde* (2)
> Fläche: Markierte Fläche (3)
> Gewindetiefe: Volle Länge (4)
> In Modell anzeigen: Aktivieren (5)
> <u>Register: Spezifikation</u> (6)
> Gewindetyp: ISO Metrisches Profil (7)
> Größe: 3 - Rechtsgewinde (8, 9)
> Bezeichnung: M3 x 0,5 (10)
> Klasse: 6g (11)
> ▭ OK *OK*

Auf der entgegengesetzten Seite der Zündkerze wird ein weiteres Gewinde benötigt.

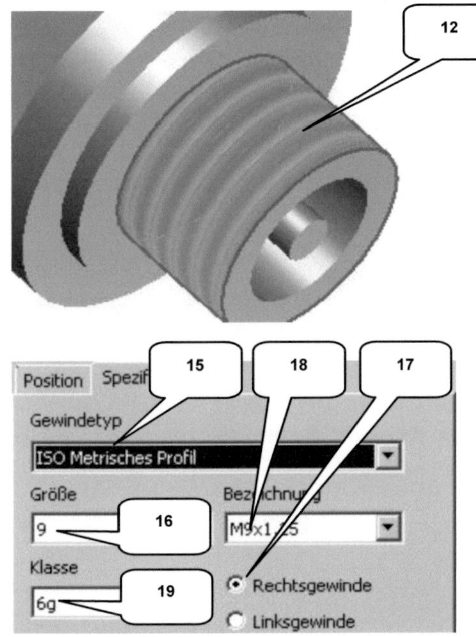

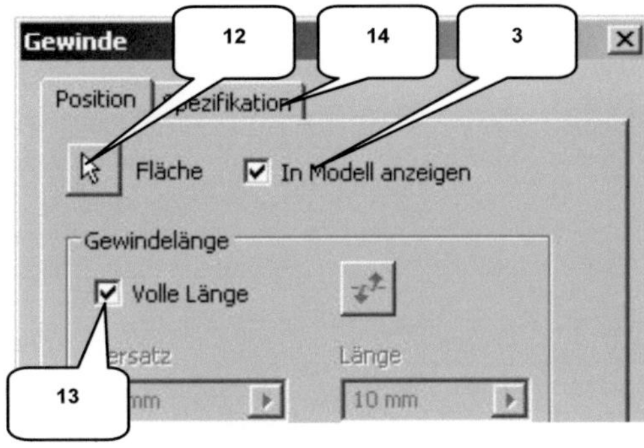

- ⬛ ***Gewinde*** (2)
- Fläche: Markierte Fläche (12)
- Gewindetiefe: Volle Länge (13)
- <u>Register: Spezifikation</u> (14)
- Gewindetyp: ISO Metrisches Profil (15)
- Größe: 9 - Rechtsgewinde (16, 17)
- Bezeichnung: M9 x 1,25 (18)
- Klasse: 6g (19)
- ⬛ ***OK***

3.4.4 Erzeugen einer Fase

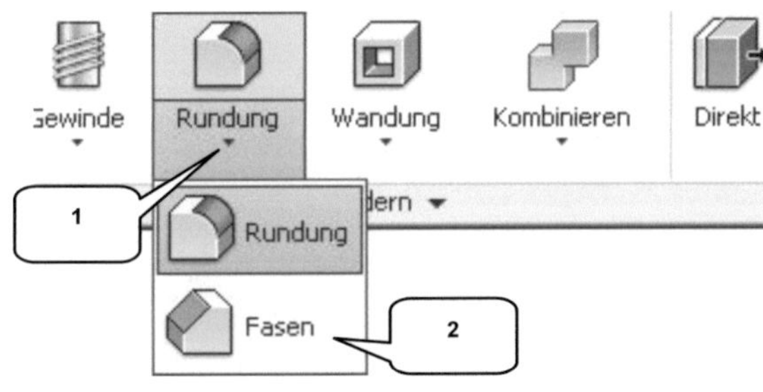

Der Befehl ⬠ ***Fase*** (2) entfernt Material an Kanten von Volumenkörpern unter Verwendung eines definierten Winkels und einer definierten Länge. Der Befehl befindet sich unter dem Befehl ***Rundung*** (1).

<u>HINWEIS</u>: Nachdem der Befehl ⬠ ***Fase*** gestartet wurde, finden Sie an der zu bearbeitenden Kante einen kleinen ***Pfeil*** (5). Sie haben die Möglichkeit, an diesem Pfeil zu ziehen und die Fase dadurch zu ändern. Diese Option der manuellen Bearbeitung finden Sie auch bei anderen 3D-Befehlen (wie z. B. der Rundung).

> 🔶 **Fase** (2)
> Befehl ggf. erweitern (3)
> Kante: Markierte Kante (4)

> Option: Abstand (5)
> Abstand: [1 mm] (6)
> ⌈ OK ⌋ **OK**

Speichern und schließen Sie die Datei abschließend.

3.5   Bauteil: Kolben

3.5.1   Basisskizze zeichnen und in einen Volumenkörper konvertieren

Das Bauteil soll als Rotationsteil konstruiert werden. Starten Sie den Befehl 📄 **Neu** und verwenden Sie die Vorlage **Norm.ipt**.

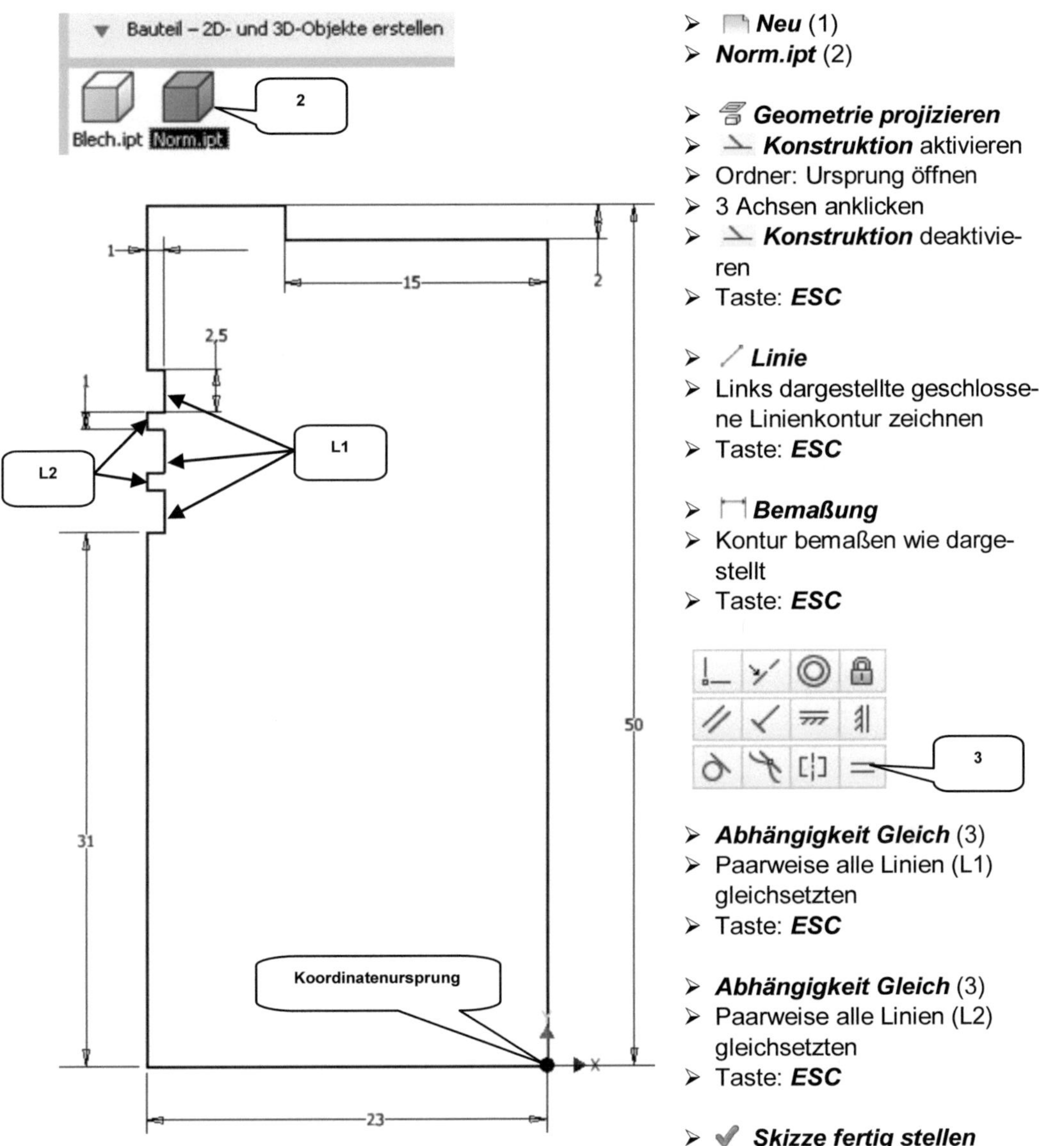

> **Neu** (1)
> **Norm.ipt** (2)

> **Geometrie projizieren**
> **Konstruktion** aktivieren
> Ordner: Ursprung öffnen
> 3 Achsen anklicken
> **Konstruktion** deaktivieren
> Taste: **ESC**

> **Linie**
> Links dargestellte geschlossene Linienkontur zeichnen
> Taste: **ESC**

> **Bemaßung**
> Kontur bemaßen wie dargestellt
> Taste: **ESC**

> **Abhängigkeit Gleich** (3)
> Paarweise alle Linien (L1) gleichsetzten
> Taste: **ESC**

> **Abhängigkeit Gleich** (3)
> Paarweise alle Linien (L2) gleichsetzten
> Taste: **ESC**

> **Skizze fertig stellen**

Zurück im Register **3D-Modellierung** soll die soeben erzeugte Kontur mit dem Befehl **Drehung** in einen Volumenkörper konvertiert werden. Übernehmen Sie die folgenden Einstellungen und bestätigen Sie mit **OK**.

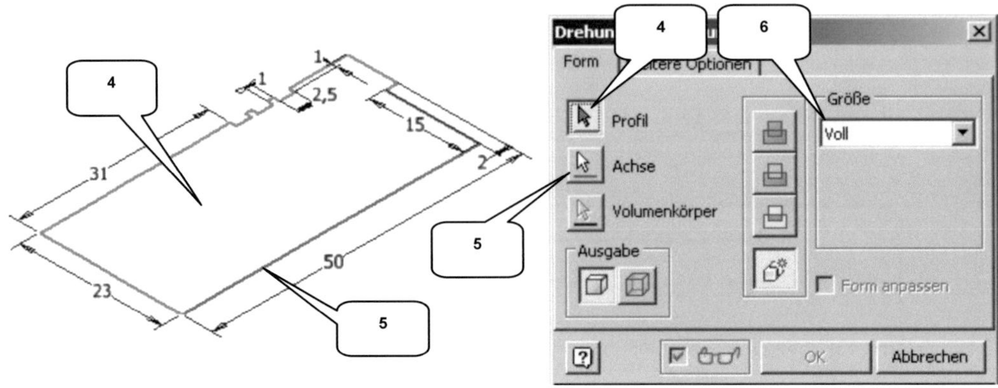

- ➢ 🛢 **Drehung**
- ➢ Profil: Flächenkontur (4)
- ➢ Achse: Markierte Linie (5)

- ➢ Größe: Voll (6)
- ➢ ‹ OK › **OK**

3.5.2 Aussparungen für den Kolbenbolzen einfügen

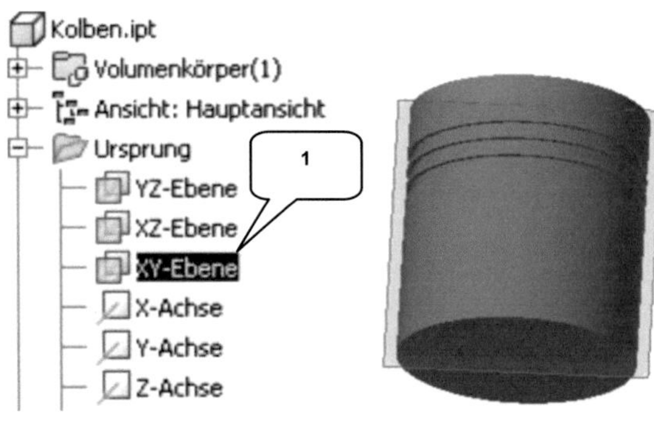

Erstellen Sie auf der **XY-Ebene** eine neue Skizze und zeichnen Sie die folgende Kontur.

- ➢ XY-Ebene markieren (1)

- ➢ 📝 **2D-Skizze**
- ➢ Taste: **F7** (Skizze aufschneiden)

- ➢ 🗃 **Geometrie projizieren**
- ➢ ↘ **Konstruktion** aktivieren
- ➢ Ordner: Ursprung öffnen
- ➢ 3 Achsen anklicken
- ➢ ↘ **Konstruktion** deaktivieren
- ➢ Taste: **ESC**

- ➢ ▭ **Rechteck**
- ➢ Rechteck zeichnen (15 x 10 mm) mit 10 mm Abstand zur X-Achse und 15 mm Abstand zur Y-Achse

- ➢ ✔ **Skizze fertig stellen**

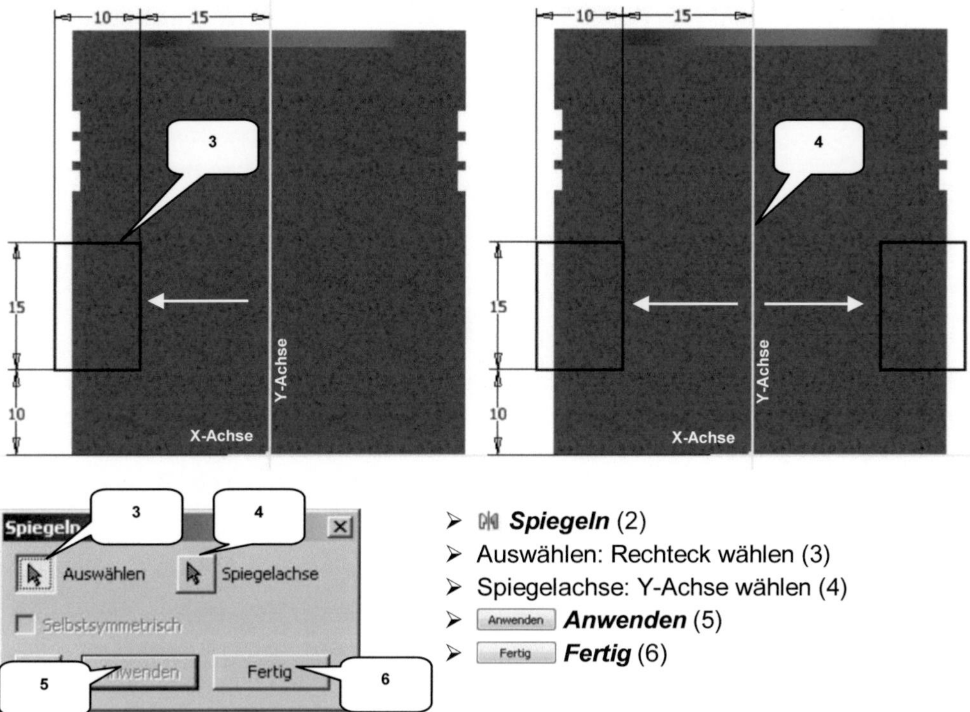

> ⋈ **Spiegeln** (2)
> Auswählen: Rechteck wählen (3)
> Spiegelachse: Y-Achse wählen (4)
> Anwenden **Anwenden** (5)
> Fertig **Fertig** (6)

Starten Sie den Befehl ▤ **Extrusion**, um die Rechtecke vom vorhandenen Volumenkörper zu subtrahieren.

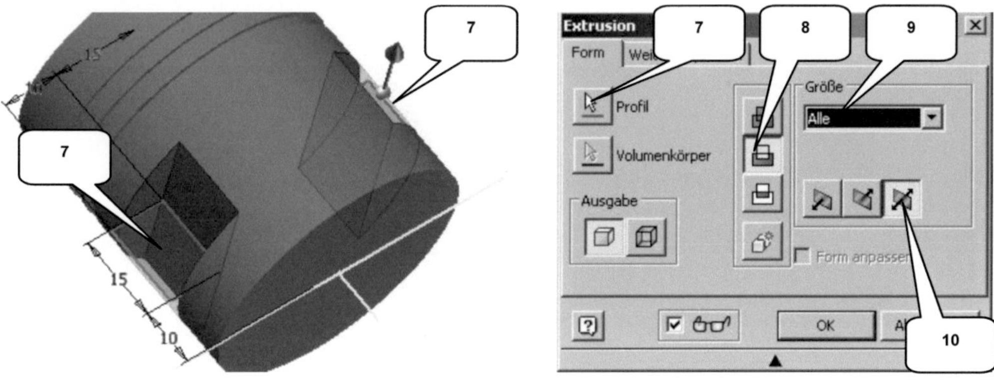

> ▤ **Extrusion**
> Profil: Beide Rechtecke wählen (7)
> Verfahren: Differenz (8)

> Größe: Alle (9)
> Richtung: Symmetrisch (10)
> OK **OK**

3.5.3 Einen Zylinder als Grundkörper erstellen

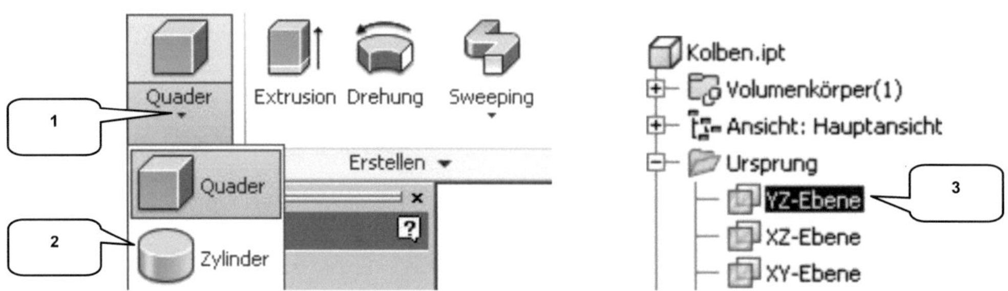

Die Befehle der Befehlsgruppe *Grundkörper* ermöglichen ein vereinfachtes Konstruieren geometrischer Elemente (z. B. Quader, Zylinder, Kugel, Torus). Im folgenden Schritt soll ein Zylinder konstruiert werden, mit dessen Hilfe Material aus dem vorhandenen Volumenkörper entfernt wird. Erweitern Sie den Befehl *Quader* (1) und starten Sie den Befehl *Zylinder* (2).

Um die Startebene zu definieren, klicken Sie im Modellbaum auf die *YZ-Ebene* (3). Der Mittelpunkt des Basiskreises soll per Tastatureingabe (X- und Y- Koordinaten) definiert werden. Mit der Taste: *TAB* gelangen Sie in die beiden Eingabebereiche (X, Y). Mit der Taste: *ENTER* bestätigen Sie den Befehl. Folgen Sie der Befehlskette und geben Sie dem Programm die Koordinaten für Kreismittelpunkt und Durchmesser vor.

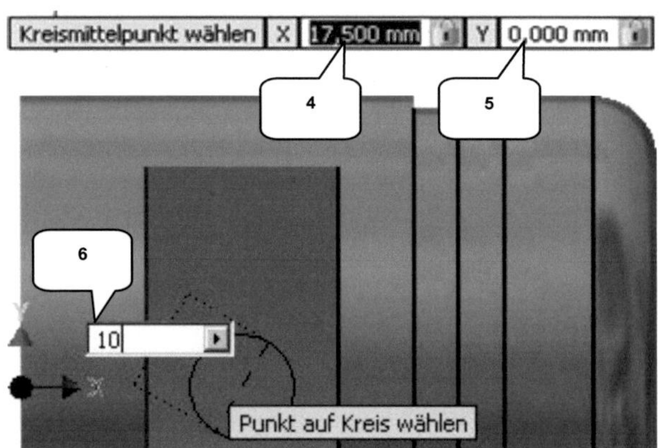

- ❯ *Quader* erweitern (1)
- ❯ *Zylinder* (2)
- ❯ YZ-Ebene wählen (3)
- ❯ Taste: *TAB*
- ❯ X-Koordinate: [17,5 mm] (4)
- ❯ Taste: *TAB*
- ❯ Y-Koordinate: [0 mm] (5)
- ❯ Taste: *ENTER*
- ❯ Durchmesser: [10 mm] (6)
- ❯ Taste: *ENTER*

Nach der letzten Eingabe wechselt das Programm automatisch in den 3D-Bereich zum Befehl *Extrusion*. Hier soll Material in Form des Zylinders aus dem vorhandenen Volumenkörper entfernt werden (Verfahren: Differenz).

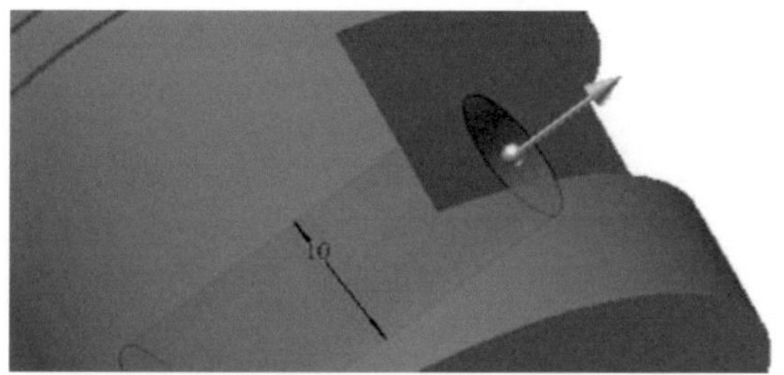
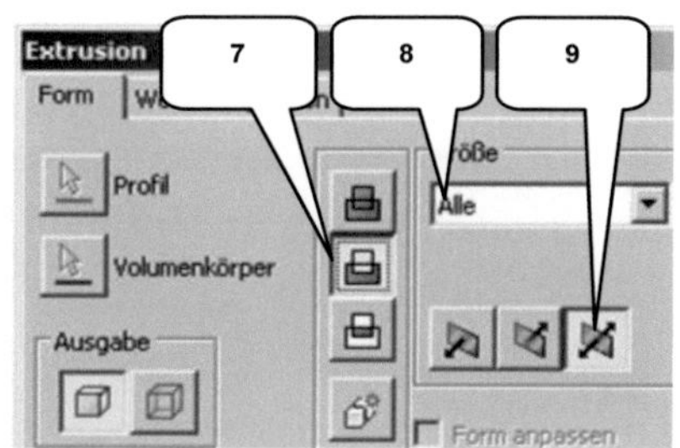

> Profil: (Automatisch)
> Verfahren: Differenz (7)
> Größe: Alle (8)

> Richtung: Symmetrisch (9)
> [OK] **OK**

3.5.4 Abrunden des oberen Kolbenbereichs

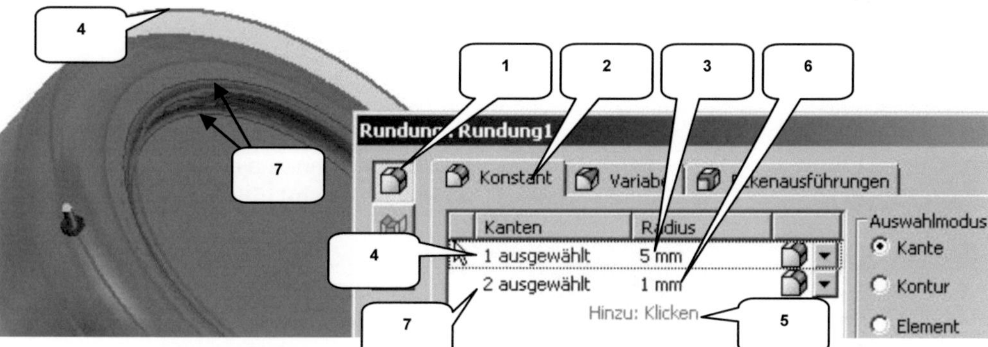

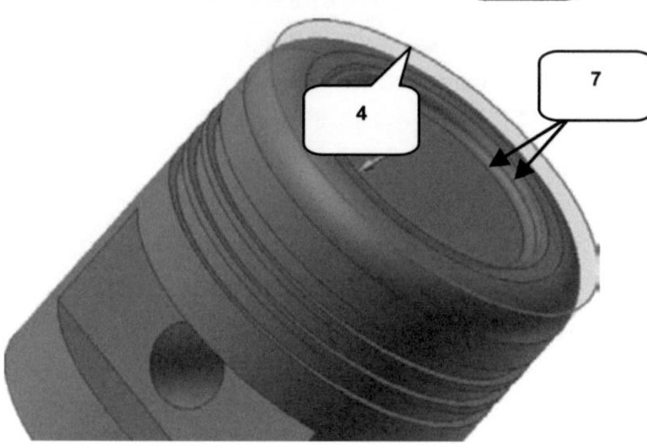

Der Kolben soll im oberen Bereich drei Rundungen erhalten. Verwenden Sie alle Einstellungen der oberen Abbildung.

> **Rundung**
> Kantenabrundung (1)
> Reiter: Konstant (2)
> Erste Zeile: Radius [5 mm] (3)
> Erste Zeile: Markierte Kante wählen (4)
> Hinzu: Klicken (5)
> Zweite Zeile: Radius [1 mm] (6)
> Zweite Zeile: Markierte Kanten (7)
> [OK] **OK**

3.5.5 Erzeugen einer Wandung

Der Befehl ⬚ **Wandung** (1) entfernt Material im Inneren eines Körpers und erzeugt damit einen Hohlkörper. Einzelne Wandstärken können separat definiert, einzelne Flächen komplett entfernt werden. Starten Sie den Befehl und entfernen Sie das Material im Inneren des Kolbens.

- ⬚ **Wandung** (1)
- Flächen entfernen: Markierte Fläche wählen (2)
- Aktivieren: Angrenzende Flächen (3)
- Richtung: Innerhalb (4)
- Stärke: [1 mm] (5)
- ☐ OK **OK**

Da die Querbohrung ebenfalls mit einer Materialstärke versehen wurde, hat dies ein Rohrsegment im Inneren des Kolbens als unerwünschtes Ergebnis zur Folge (6). Um diesen Fehler zu korrigieren, kann ein einfacher Trick angewandt werden.

Schieben Sie im Modellbaum die markierte ⬚ **Extrusion** (7) bei gedrückter linker Maustaste zwischen den Befehl ⬚ **Wandung** und das ✪ **Bauteilende** (8). Das Programm berechnet die neue Konstruktion und entfernt das fehlerhafte Material.

Das Bauteil kann jetzt als **Kolben.ipt** gespeichert und dann geschlossen werden.

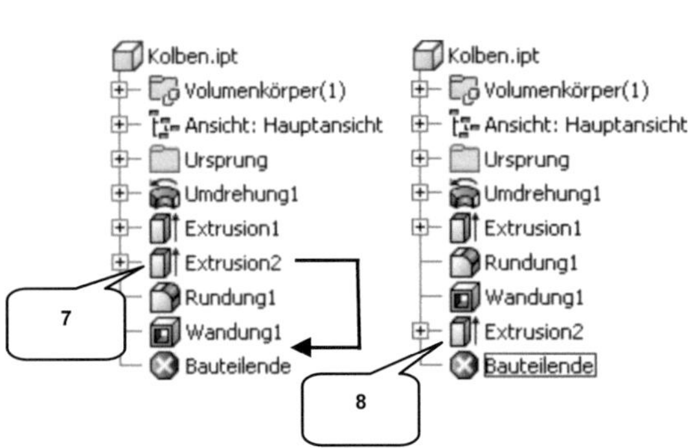

3.6 Bauteile: Pleuel-Oberseite und Pleuel-Unterseite

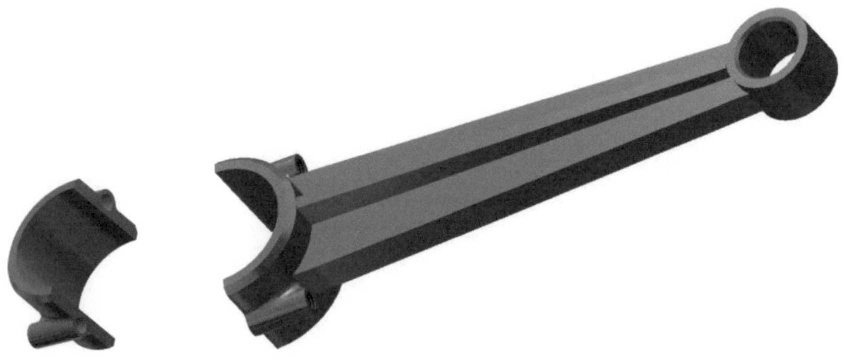

3.6.1 Erzeugen des Basiskörpers

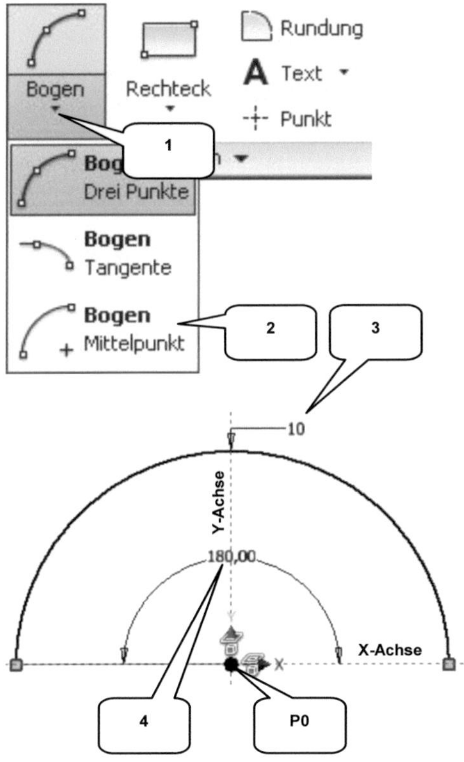

Das Pleuel wird aus zwei Bauteilen konstruiert: Pleuel-Unterseite und Pleuel-
Oberseite. Beginnen Sie mit der Unterseite
des Pleuels.

> 📄 *Neu*
> 📦 *Norm.ipt*
> Erstellen *Erstellen*

> 📑 *Geometrie projizieren*
> ⟍ *Konstruktion* aktivieren
> Ordner: Ursprung öffnen
> 3 Achsen anklicken
> ⟍ *Konstruktion* deaktivieren
> Taste: *ESC*

> ⌒ *Bogen* erweitern (1)
> ⌒ *Bogen durch Mittelpunkt* (2)
> Koordinatenursprung anklicken (P0)
> Maus <u>auf X-Achse nach links</u> ziehen
> Radius: [10 mm] eingeben (3)
> Taste: *ENTER*
> Maus <u>in gerader Linie nach oben</u> ziehen
> Winkel: [180°] eingeben (4)
> Taste: *ENTER*

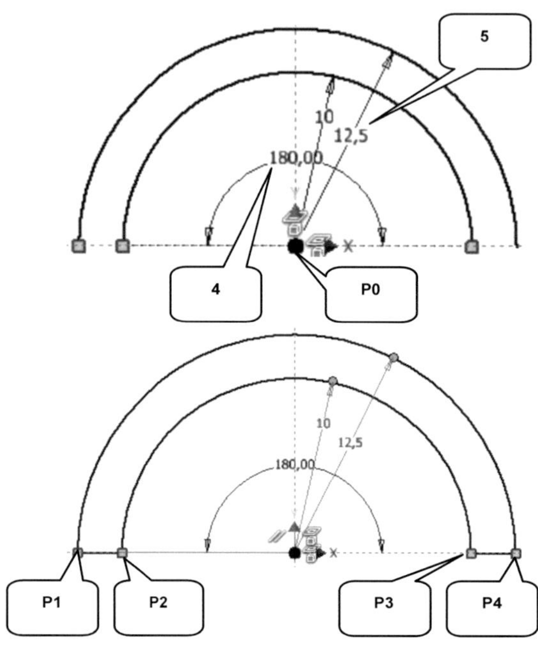

- > ⌒ *Bogen durch Mittelpunkt* (2)
- > Koordinatenursprung anklicken (P0)
- > Maus <u>auf X-Achse nach links</u> ziehen
- > Radius: [12,5 mm] eingeben (5)
- > Taste: *ENTER*
- > Maus <u>oberhalb der X-Achse</u> positionieren, <u>ohne</u> zu klicken
- > Winkel: [180°] eingeben (4)
- > Taste: *ENTER*
- > Taste: *ESC*

- > ╱ *Linie*
- > Punkt (P1) anklicken
- > Punkt (P2) anklicken
- > Punkt (P3) anklicken
- > Punkt (P4) anklicken
- > Taste: *ESC*
- > ✔ *Skizze fertig stellen*

Zurück im 3D-Bereich soll die gezeichnete Geometrie durch den Befehl ▯ *Extrusion* symmetrisch um *18 mm* in einen Volumenkörper konvertiert werden. Folgen Sie der Befehlskette und übernehmen Sie die folgenden Einstellungen:

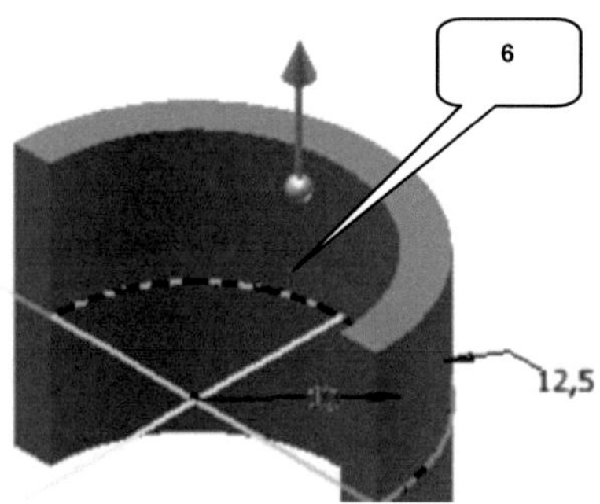

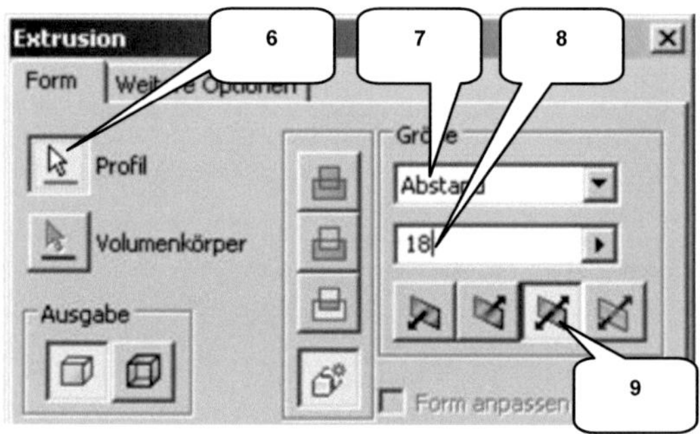

- > ▯ *Extrusion*
- > Profil: Fläche (6)
- > Verfahren: (Automatisch)

- > Größe: Abstand [18 mm] (7, 8)
- > Richtung: Symmetrisch (9)
- > [OK] *OK*

3.6.2 Befestigungslaschen für eine Schraubverbindung

Dem vorhandenen Volumenkörper müssen zwei Befestigungslaschen hinzugefügt werden.

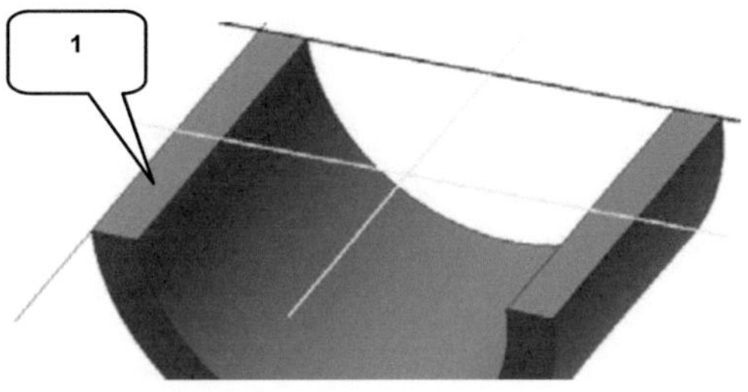

> 🗐 **2D-Skizze**
> Markierte Fläche (1) wählen

> 🗐 **Geometrie projizieren**
> ⟍ **Konstruktion** aktivieren
> Ordner: Ursprung öffnen
> 3 Achsen anklicken
> ⟍ **Konstruktion** deaktivieren
> Taste: **ESC**

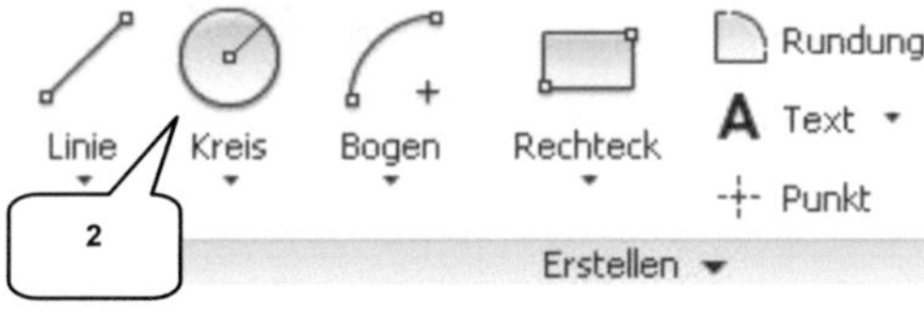

> ⊘ **Kreis** (2)
> 1. Kreismittelpunkt an Pos. (3) ablegen (Schnittpunkt zwischen linker projizierter Körperkante und X-Achse)
> Durchmesser: [4,5 mm] eingeben (4)
> Taste: **ENTER**
> 2. Kreismittelpunkt an Pos. (5) ablegen (Schnittpunkt zwischen rechter projizierter Körperkante und X-Achse)
> Durchmesser: [4,5 mm] eingeben (6)
> Taste: **ENTER**
> Taste: **ESC**

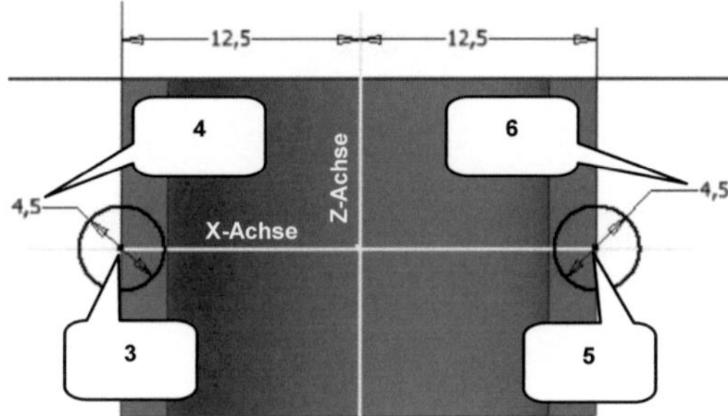

> ✔ **Skizze fertig stellen**

🗐 **Extrudieren** Sie die beiden Kreise jetzt **10 mm** in die dargestellte Richtung.

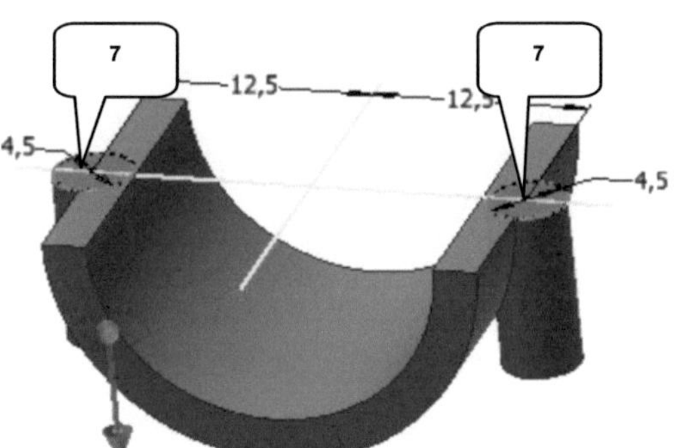

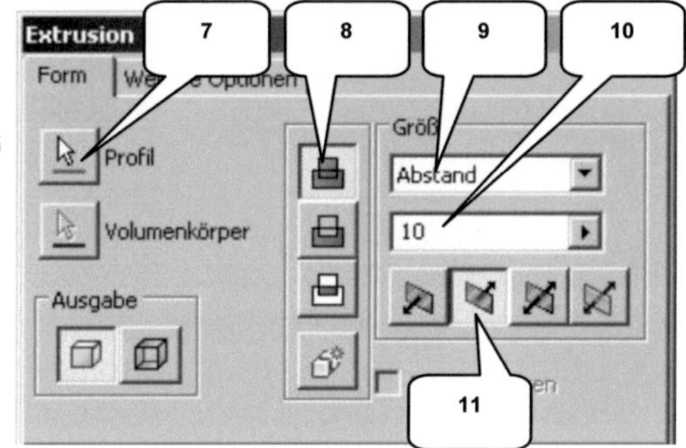

> 🗍 ***Extrusion***
> ➤ Profil: Beide Kreisflächen wählen (7)
> ➤ Verfahren: Vereinigung (8)

> ➤ Größe: Abstand [10 mm] (9, 10)
> ➤ Richtung: Richtung 2 (11)
> ➤ ⬚ OK ***OK***

3.6.3 Bohren der ersten Lasche

🗋 ***Bohren*** (1) Sie die beiden zuletzt erstellten Zylinder. Verwenden Sie eine einfache Bohrung ohne Gewinde und einen Bohrungsdurchmesser von ***3 mm***.

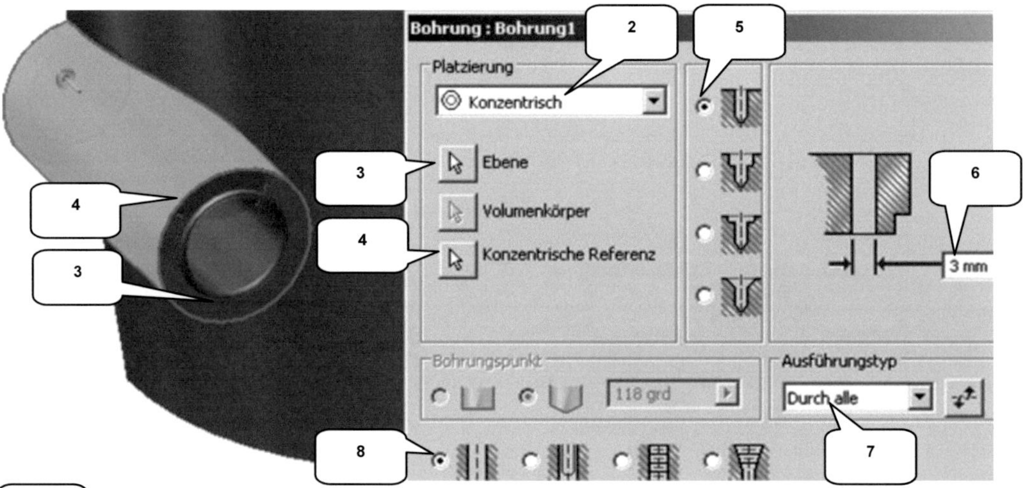

> 🗋 ***Bohrung*** (1)
> ➤ Platzierung: Konzentrisch (2)
> ➤ Ebene: Markierte Fläche (3)
> ➤ Konzentrische Referenz: Zylinderkante (4)
> ➤ Typ: Bohren (5)
> ➤ Durchmesser: [3 mm] (6)
> ➤ Ausführungstyp: Durch alle (7)
> ➤ Gewinde: Nein (einfache Bohrung) (8)
> ➤ ⬚ OK ***OK***

Eine identische Bohrung ist anschließend im zweiten Zylinder (9) zu erzeugen.

3.6.4 Fasen und Runden der unteren Schale

Die untere Schale des Pleuels soll abschließend mit den Befehlen ◢ *Fase* und ◳ *Rundung* bearbeitet werden.

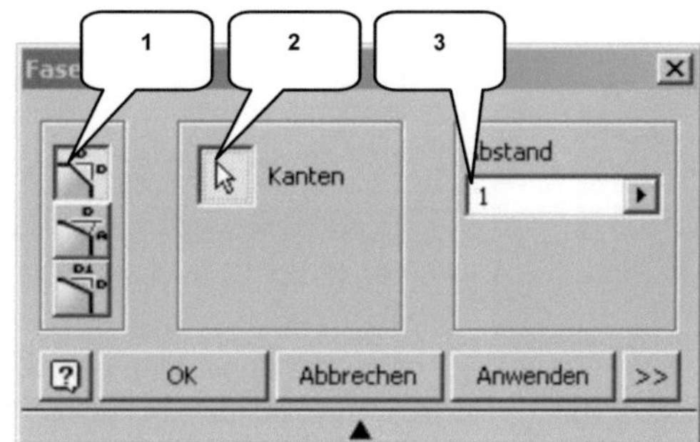

> ◢ **Fase**
> Option: Abstand (1)
> Kante: Markierte Kanten wählen (2)

> Abstand: [1 mm] (3)
> OK **OK**

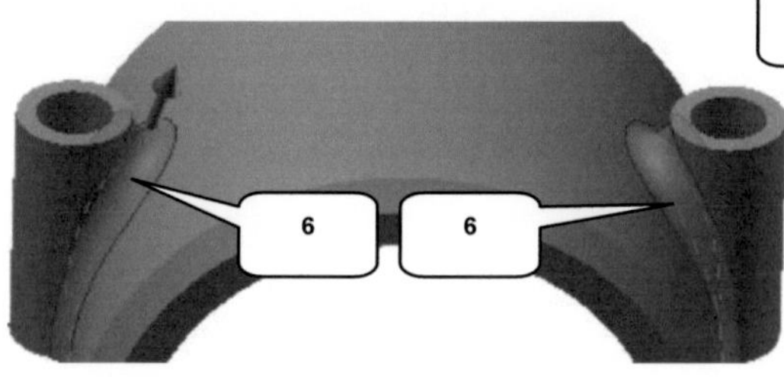

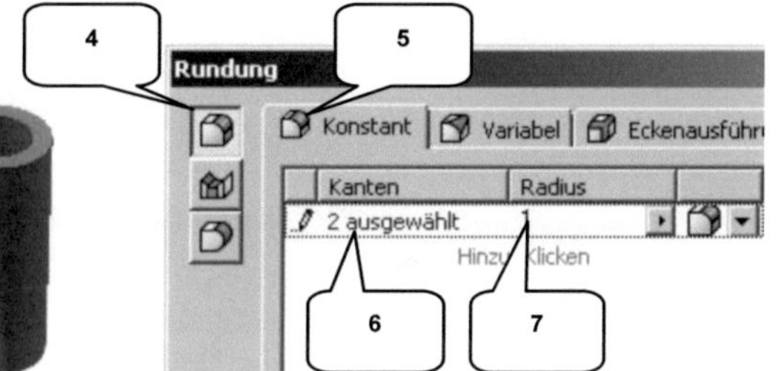

> ◳ **Rundung**
> Typ: Kantenabrundung (4)
> Option: Konstant (5)

> Kanten: Beide markierte Kanten (6)
> Radius: [1 mm] (7)
> OK **OK**

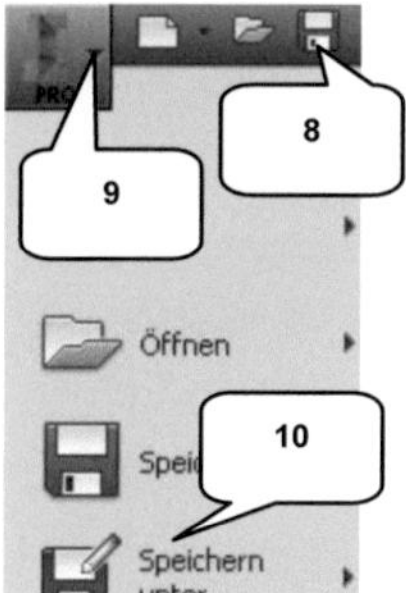

Speichern (8) Sie das Bauteil als *Pleuel-Unterseite*. Aufgrund der identischen ersten Konstruktionsschritte der beiden Bauteile *Pleuel-Unterseite* und *Pleuel-Oberseite*, kann das soeben erstellte Bauteil als Grundkörper für das nächste Bauteil verwendet werden.

Öffnen Sie das *Hauptmenü* (9) und starten Sie dort den Befehl *Speichern unter* (10). Verwenden Sie die Bezeichnung *Pleuel-Oberseite*, um damit eine Kopie des bereits vorhandenen Bauteils zu erzeugen.

3.6.5 Bohrung mit Gewinde versehen

Das neu entstandene Bauteil muss jetzt weiter bearbeitet werden. Im ersten Schritt sind den beiden vorhandenen Bohrungen Gewinde hinzuzufügen.

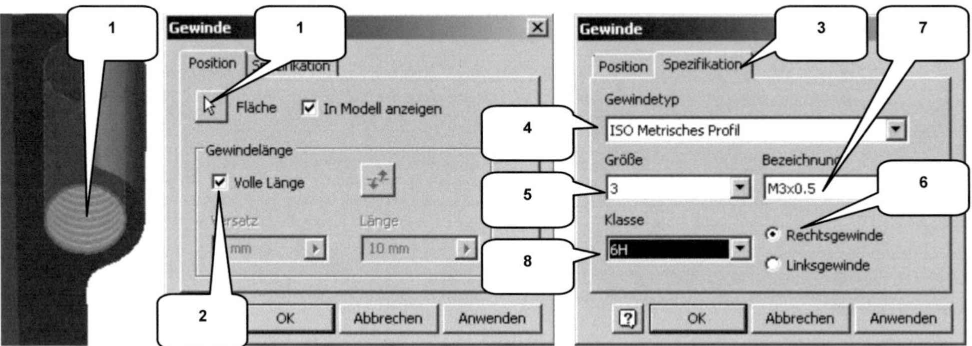

➤ 📑 *Gewinde*
➤ Fläche: Markierte Zylinderfläche (1)
➤ Gewindetiefe: Volle Länge (2)
➤ Register: Spezifikation (3)
➤ Gewindetyp: ISO Metrisches Profil (4)

➤ Größe: 3 - Rechtsgewinde (5, 6)
➤ Bezeichnung: M3 x 0,5 (7)
➤ Klasse: 6H (8)
➤ [OK] *OK*

Wiederholen Sie den Befehl bei der zweiten Bohrung.

HINWEIS: Der Befehl 📑 *Gewinde* ermöglicht je Arbeitsschritt nur die Erstellung eines einzigen Gewindes. Ein gleichzeitiges Erzeugen mehrerer Gewinde ist nicht möglich.

3.6.6 Erzeugen einer neuen Arbeitsebene

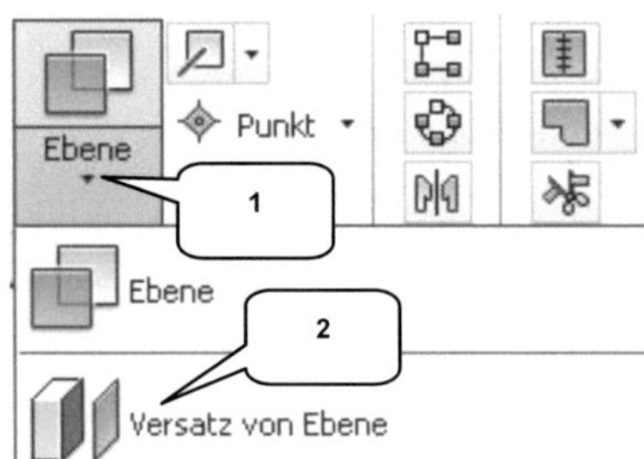

Für den folgenden Arbeitsschritt ist es erforderlich, vorab eine neue Arbeitsebene zu erzeugen. Diese soll die Basis einer neuen Skizze werden.

Erweitern Sie den Befehl 📑 *Ebene* (1) und starten Sie den Befehl 📑 *Versatz von Ebene* (2). Parallel zu einer bereits vorhandenen Fläche des Volumenkörpers soll in einem Abstand von *12,5 mm* eine neue Arbeitsebene erzeugt werden.

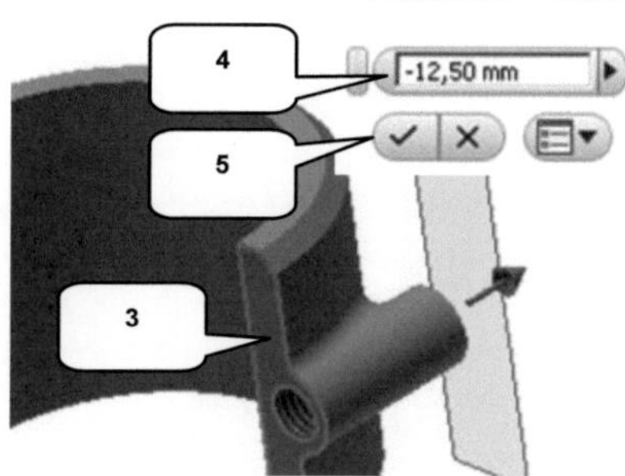

> ⬚ **Ebene** erweitern (1)
> ⬚ **Versatz von Ebene** (2)
> Markierte Fläche wählen (3)
> Abstand: [-12,5 mm] eingeben (4)
> ✓ **OK** (5)

3.6.7 Unterer Pleuelschaftbereich

Markieren Sie die neu erzeugte Arbeitsebene im Modellbaum und starten Sie danach den Befehl ⬚ **2D-Skizze**. Aktivieren Sie am **ViewCube** die Ansicht **HINTEN** und folgen Sie der Befehlskette.

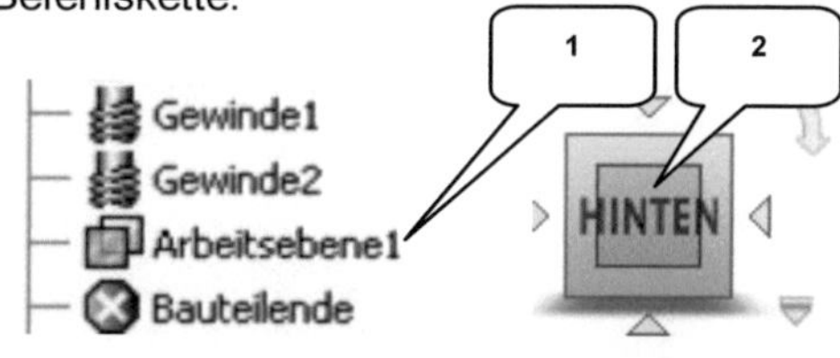

> ⬚ **2D-Skizze**
> Neue Arbeitsebene markieren (1)
> **ViewCube**-Ansicht: **HINTEN** (2)

> ⬚ **Geometrie projizieren**
> ⬚ **Konstruktion** aktivieren
> Ordner: Ursprung öffnen
> 3 Achsen anklicken
> ⬚ **Konstruktion** deaktivieren
> Taste: **ESC**

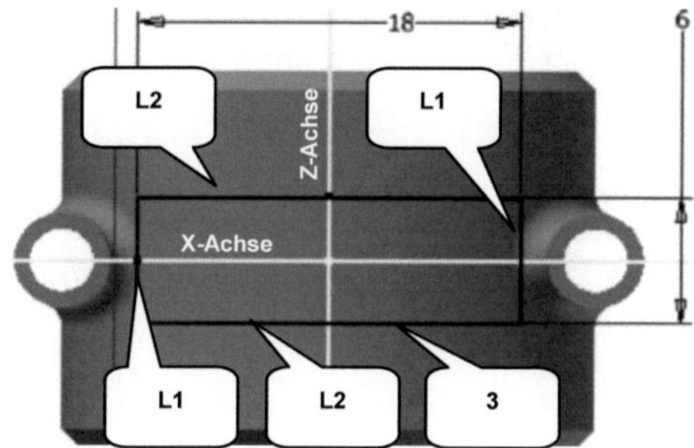

> ⬚ **Rechteck**
> Rechteck (18 x 6 mm) zeichnen (3)

> ⬚ **Symmetrie**
> Nacheinander beide Linien (L1), dann die projizierte Z-Achse wählen
> Taste: **ESC**

> ⬚ **Symmetrie**
> Nacheinander beide Linien (L2), dann die projizierte X-Achse wählen
> Taste: **ESC**

> ✔ **Skizze fertig stellen**

Zurück im Register **3D-Modellierung** soll das soeben erzeugte Rechteck ⬚ **extrudiert** werden. Verwenden Sie diesmal die Option **Zur Nächsten**.

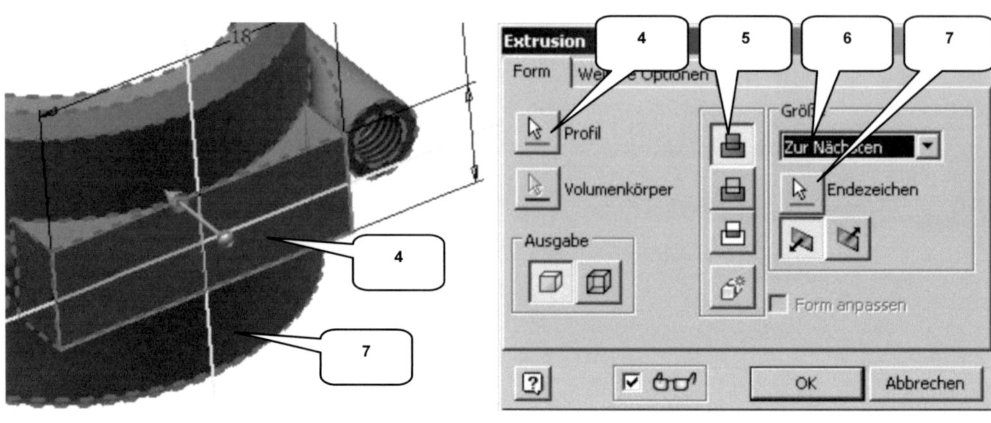

> **Extrusion**
> Profil: Rechteckfläche wählen (4)
> Verfahren: Vereinigung (5)

> Größe: Zur Nächsten (6)
> Endezeichen: Markierte Fläche (7)
> OK **OK**

3.6.8 Oberer Pleuelschaft

Für den folgenden Arbeitsschritt wird eine neue Arbeitsebene benötigt. Verwenden Sie auch hier den Befehl **Versatz von Ebene**. Als Startfläche dient die markierte Oberfläche. Der Abstand zwischen der Fläche und der neuen Ebene, auf welcher eine neue **2D-Skizze** zu erzeugen ist, soll **78 mm** betragen.

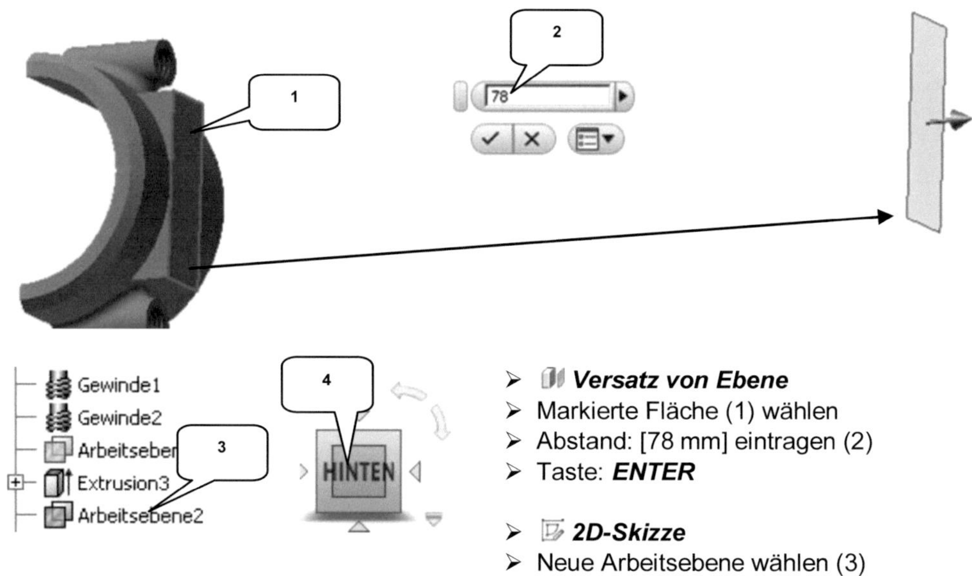

> **Versatz von Ebene**
> Markierte Fläche (1) wählen
> Abstand: [78 mm] eintragen (2)
> Taste: **ENTER**

> **2D-Skizze**
> Neue Arbeitsebene wählen (3)

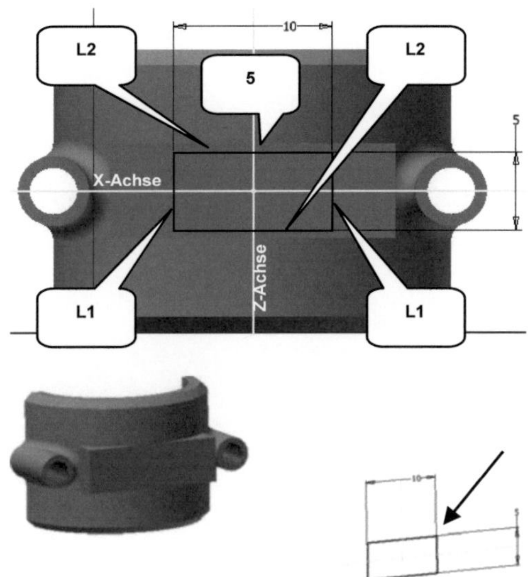

> ***ViewCube**-Ansicht: **HINTEN** (4)*

> 🖥 ***Geometrie projizieren***
> ⟍ ***Konstruktion** aktivieren*
> Ordner: Ursprung öffnen
> 3 Achsen anklicken
> ⟍ ***Konstruktion** deaktivieren*
> Taste: **ESC**

> ▭ ***Rechteck***
> Rechteck zeichnen (10 x 5 mm) (5)
> Taste: **ESC**

> ⊏⊐ ***Symmetrie***
> Nacheinander beide Linien (L1), dann
> die projizierte Z-Achse wählen
> Taste: **ESC**

> ⊏⊐ ***Symmetrie***
> Nacheinander beide Linien (L2), dann
> die projizierte X-Achse wählen
> Taste: **ESC**

> ✔ ***Skizze fertig stellen***

3.6.9 Erstellen einer Erhebung

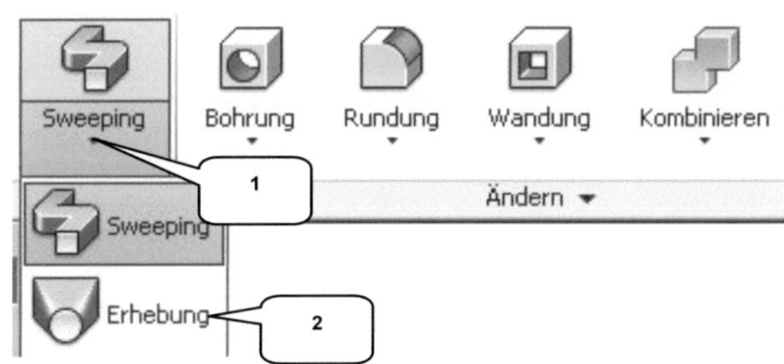

Erweitern Sie den Befehl ⊕ ***Sweeping*** (1) und starten Sie den Befehl ⛊ ***Erhebung*** (2). Dieser Befehl ermöglicht die Verbindung zweier oder mehrerer Flächen oder Skizzenelemente zu einem Volumenkörper.

> Befehl ⊕ ***Sweeping*** (1) erweitern
> ⛊ ***Erhebung*** (2)
> Auswahl 1: Oberfläche (3) wählen
> Auswahl 2: Rechteck (4) wählen

> Verfahren: Vereinigung (5)
> Typ: Verlaufsführung (6)
> ▭ ***OK***

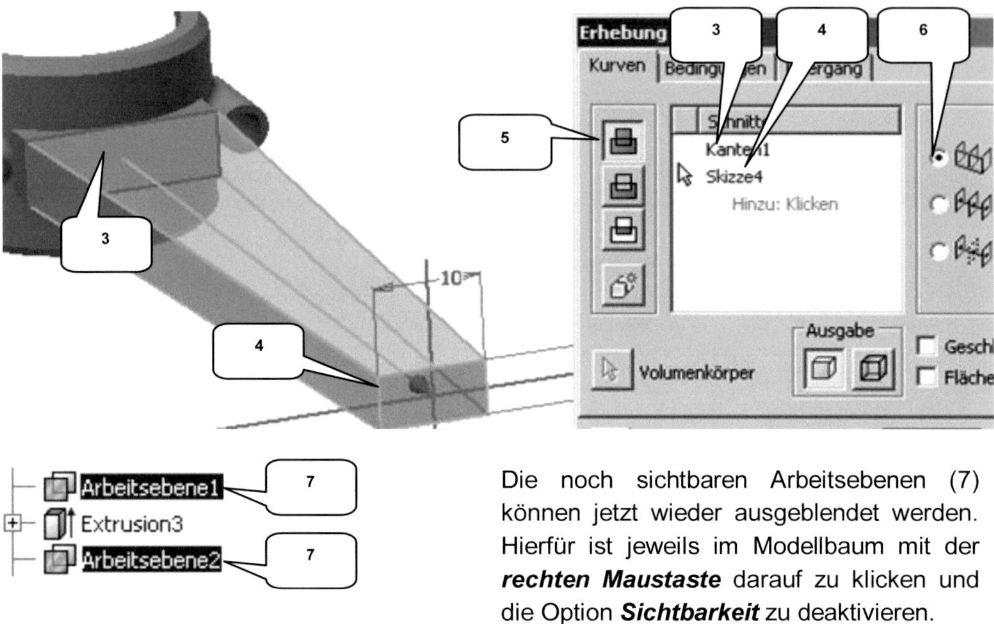

Die noch sichtbaren Arbeitsebenen (7) können jetzt wieder ausgeblendet werden. Hierfür ist jeweils im Modellbaum mit der **rechten Maustaste** darauf zu klicken und die Option **Sichtbarkeit** zu deaktivieren.

3.6.10 Basiskörper des Pleuelauges

Die Oberseite des Pleuels soll mit einem weiteren geometrischen Element versehen werden, dem Pleuelauge. Hierfür ist ein ⬭ **Zylinder** zu erzeugen.

Als Referenzfläche soll die **XY-Ebene** verwendet werden. Der Mittelpunkt des Basiskreises soll per Tastatureingabe definiert werden. Der Durchmesser des Basiskreises beträgt **14 mm**. Nachdem Position und Durchmesser des Kreises definiert wurden, wechselt das Programm automatisch zum Befehl ▯ **Extrusion**.

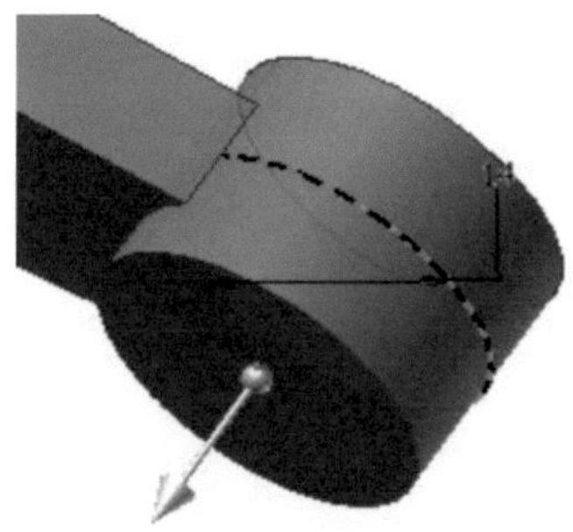

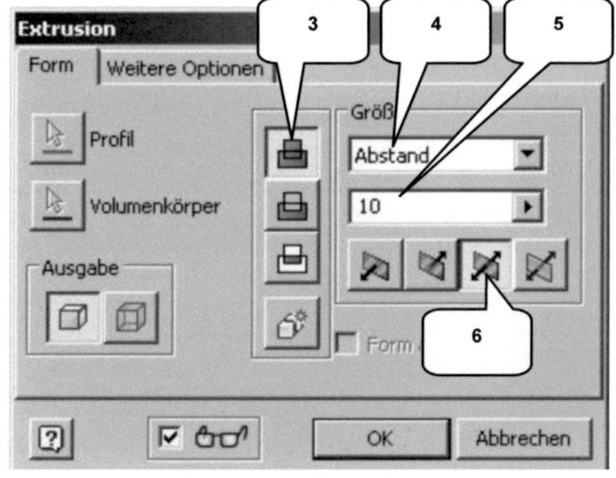

> 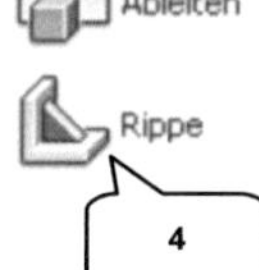 *Zylinder*
> XY-Ebene wählen (Modellbaum)
> Taste: *TAB*
> X-Koordinate: [0 mm] (1)
> Taste: *TAB*
> Y-Koordinate: [90,5 mm] (2)
> Taste: *ENTER*
> Durchmesser: [14 mm]

> Taste: *ENTER*
> Im Befehlsfenster: Extrusion
> Profil: (Automatisch)
> Verfahren: Vereinigung (3)
> Größe: Abstand [10 mm] (4, 5)
> Richtung: Symmetrisch (6)
> OK *OK*

3.6.11 Erzeugen einer Rippe

Der Befehl 🔧 *Rippe* erzeugt eine Rippe an einem bereits vorhandenen Volumenkörper und erfordert eine 2D-Skizze mit einer offenen Linienkontur. Er ist in der Befehlsreihe 🔧 *Sweeping* zu finden, darf jetzt allerdings noch nicht geöffnet werden. Vorab ist auf der *YZ-Ebene* eine neue 🗒 *2D-Skizze* zu erzeugen, in der die beiden markierten Kanten (K1) und (K2) des vorhandenen Volumenkörpers zu projizieren sind. Hierbei ist darauf zu achten, dass diese beiden zu projizierenden Linien nicht als Konstruktionslinien, sondern als vollwertige Linien zu projizieren sind. Also darf die Option ⟍ *Konstruktion* diesmal nicht aktiviert sein! Die oberen Endpunkte der projizierten Kanten sind abschließend durch eine Linie zu verbinden.

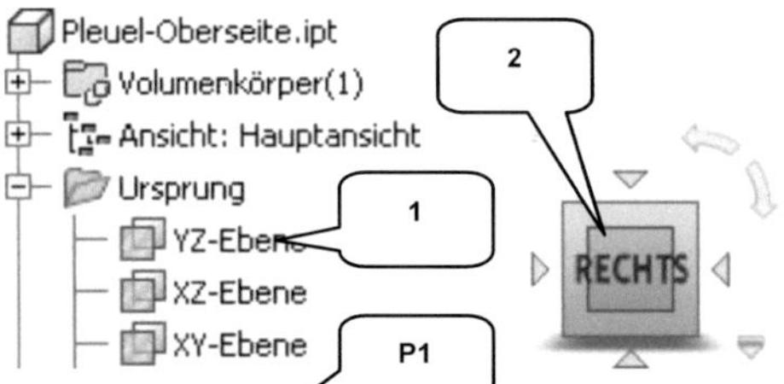

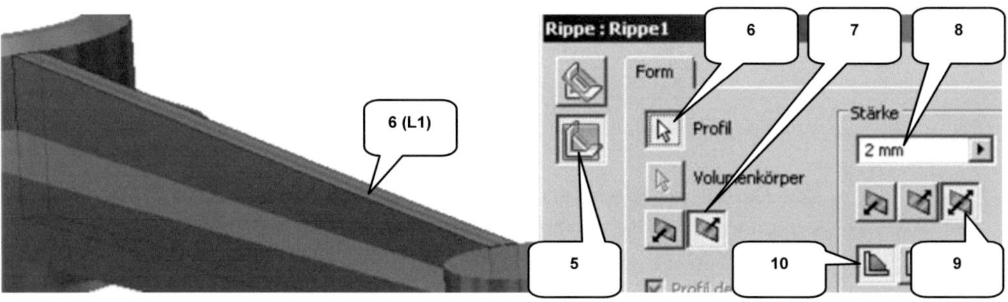

> 🗒 **2D-Skizze**
> Ordner: Ursprung aufklappen
> YZ-Ebene wählen (1)
> Taste: **F7** (Skizze schneiden)
> **ViewCube**-Ansicht: **RECHTS** (2)

> 🗐 **Geometrie projizieren**
> Kanten (K1, K2) wählen
> Taste: **ESC**

> / **Linie**
> Linie (L1) zeichnen (verbindet die Punkte (P1) und (P2))
> Taste: **ESC**
> ✔ **Skizze fertig stellen**

> Befehl 🌀**Sweeping** (3) erweitern
> 🗲 **Rippe** (4)
> Option: Parallel zur Skizzierebene (5)
> Profil: Linie (L1) wählen (6)
> Richtung (Profil): ▨ Richtung 2 (7)

> Stärke: [2 mm] (8)
> Richtung (Stärke): Symmetrisch (9)
> Option: ▨ Zur Nächsten (10)
> ⬜ OK ⬜ **OK**

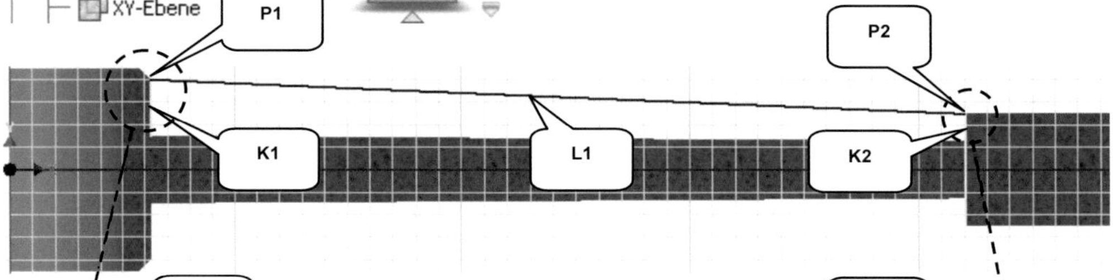

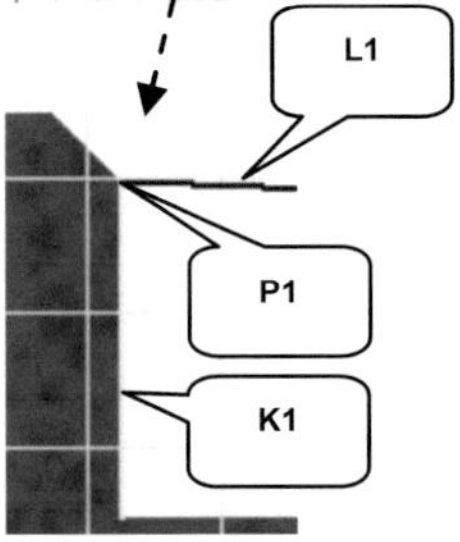

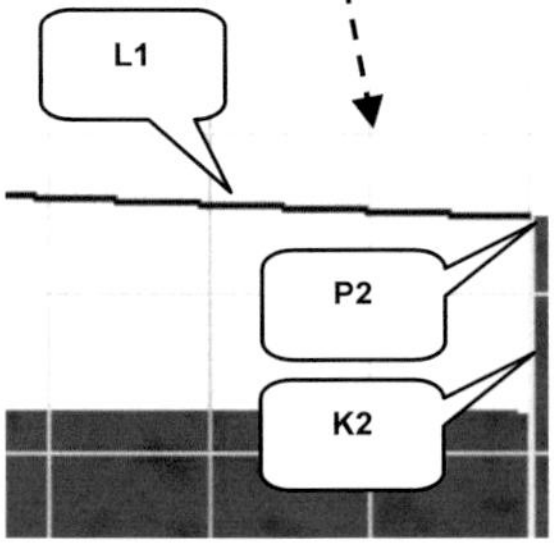

3.6.12 Spiegeln der Rippe

Der Befehl ▷◁ **Spiegeln** (1) erzeugt eine gespiegelte Kopie einzelner Elemente eines Bauteils oder des gesamten Bauteils über eine Fläche oder Ebene. In der folgenden Übung soll die vorhandene Rippe an der XY-Ebene gespiegelt werden.

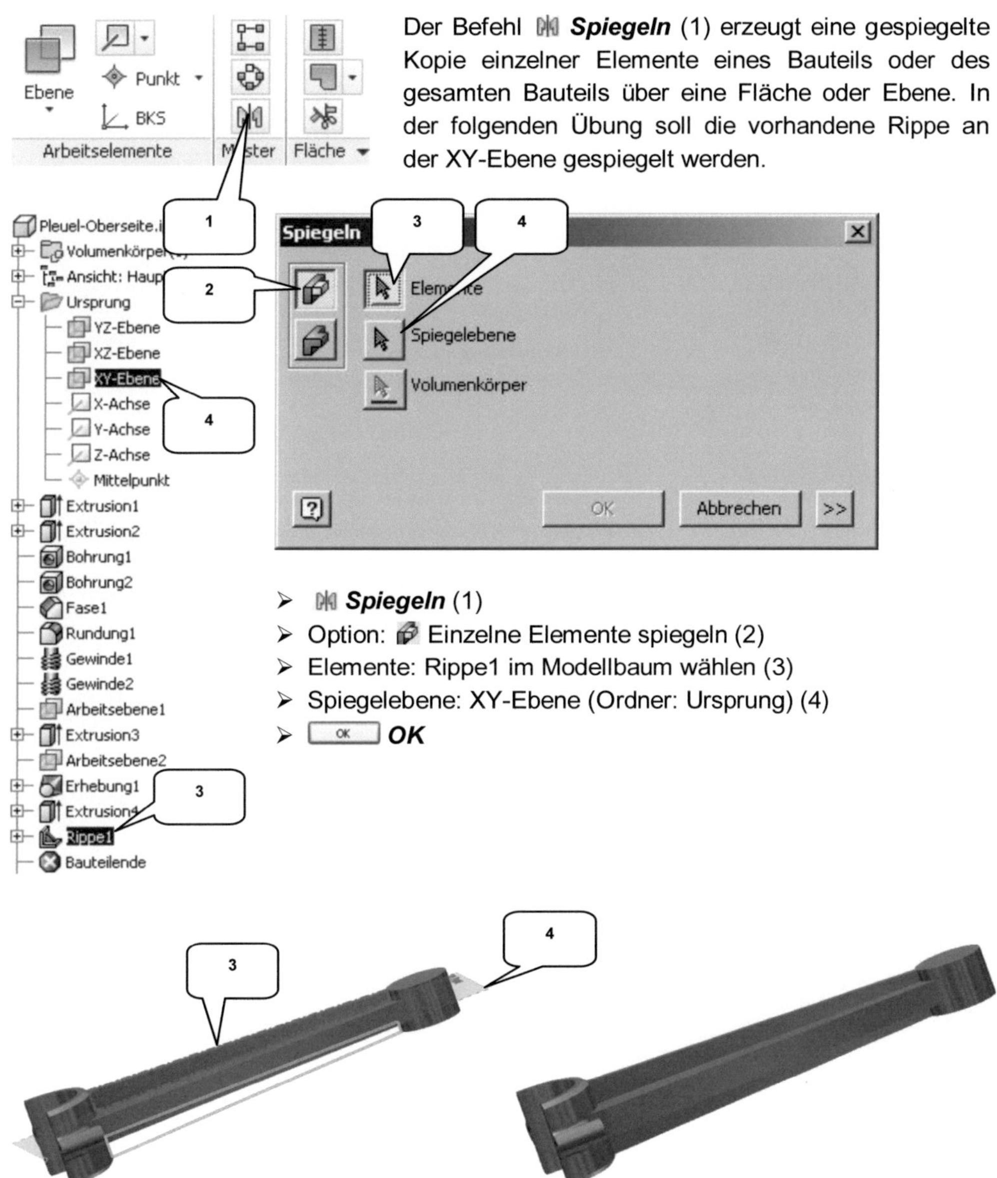

> ▷◁ **Spiegeln** (1)
> Option: 🗗 Einzelne Elemente spiegeln (2)
> Elemente: Rippe1 im Modellbaum wählen (3)
> Spiegelebene: XY-Ebene (Ordner: Ursprung) (4)
> [OK] **OK**

3.6.13 Bohren, Fasen und Runden

Wiederholen Sie die Befehle *Bohrung*, *Fase* und *Rundung*. Achten Sie beim Bohren auf eine konzentrische Platzierung und beim Fasen darauf, beide Seiten der Bohrung zu bearbeiten.

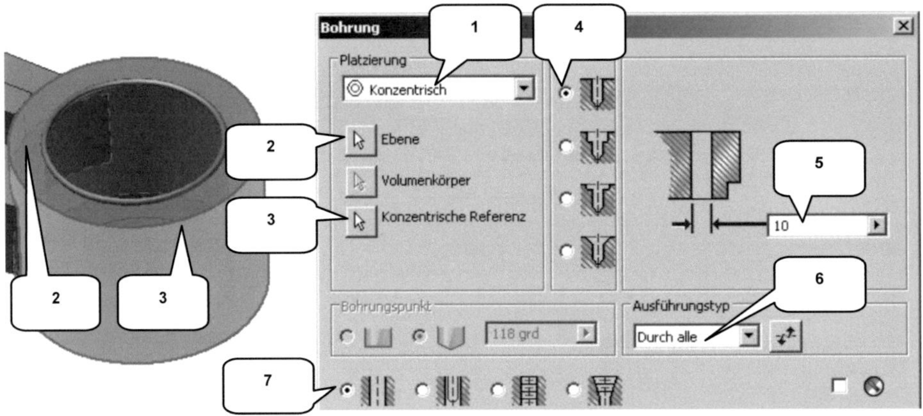

> *Bohrung*
> Platzierung: Konzentrisch (1)
> Ebene: Markierte Fläche (2)
> Konz. Referenz: Zylinderfläche (3)
> Typ: Bohren (4)

> Durchmesser: [10 mm] (5)
> Ausführungstyp: Durch alle (6)
> Gewinde: Ohne (7)
> OK *OK*

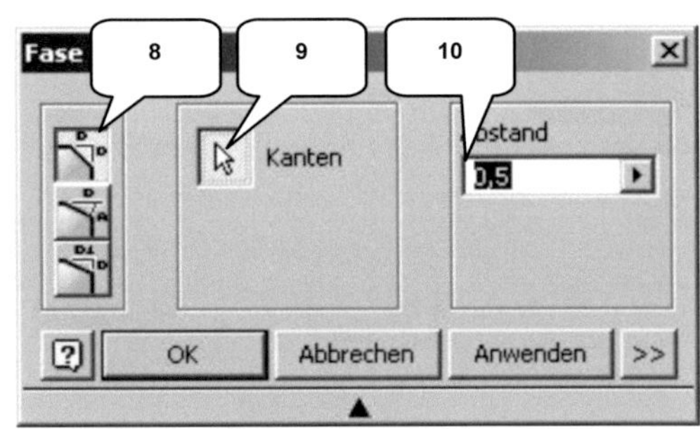

> *Fase*
> Option: Abstand (8)
> Kante: Markierte Kante (9)

> Abstand: [0,5 mm] (10)
> OK *OK*

Wiederholen Sie das Fasen auf der gegenüberliegenden Seite der Bohrung. Das Bauteil kann im Anschluss gespeichert und geschlossen werden.

3.7 Bauteil: Motorgehäuse

3.7.1 Konstruktion des Basiskörpers

Das Motorgehäuse wird in mehreren Konstruktionsschritten erzeugt und erfordert verschiedene Skizzen und 3D-Befehle. In der folgenden Übung soll das Bauteil Schritt für Schritt erzeugt und komplettiert werden. Erzeugen Sie ein neues 🗇 **Bauteil** (Norm.ipt) und folgen Sie der Befehlskette.

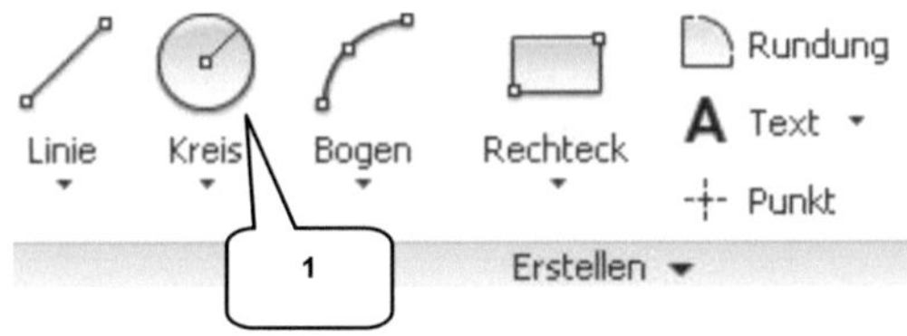

> 🗋 **Neu**
> 🗇 **Norm.ipt**
> Erstellen | **Erstellen**

> 🖨 **Geometrie projizieren**
> ⟋ **Konstruktion** aktivieren
> Ordner: Ursprung öffnen
> 3 Achsen anklicken
> ⟋ **Konstruktion** deaktivieren
> Taste: **ESC**

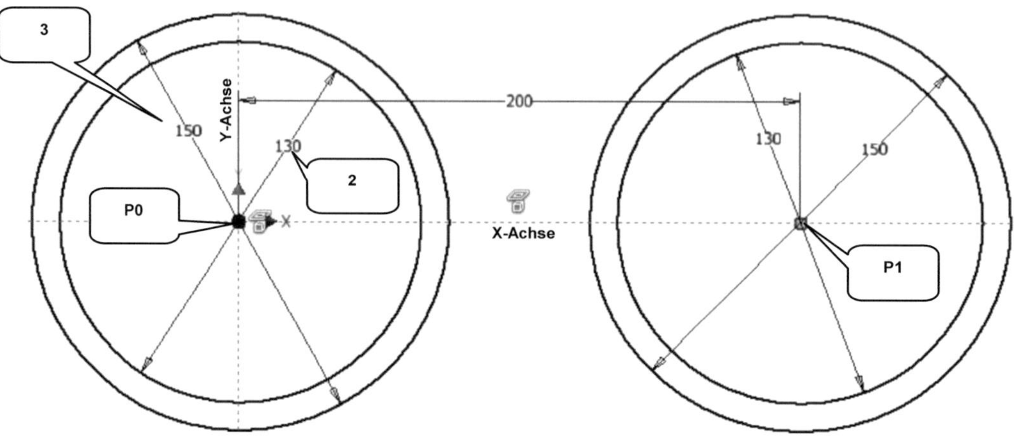

➢ ⊘ **Kreis** (1)

➢ 1. Kreis:

➢ Kreismittelpunkt im Koordinatenursprung (P0) ablegen

➢ Durchmesser: [130 mm] (2) eingeben

➢ Taste: **ENTER**

➢ 2. Kreis:

➢ Kreismittelpunkt im Koordinatenursprung (P0) ablegen

➢ Durchmesser: [150 mm] (3) eingeben

➢ Taste: **ENTER**

➢ Taste: **ESC**

Zwei weitere Kreise sollen mit dem Befehl ⟲ **Kopieren** erzeugt werden. Der Abstand zwischen den Mittelpunkten der Kreise soll **200 mm** betragen.

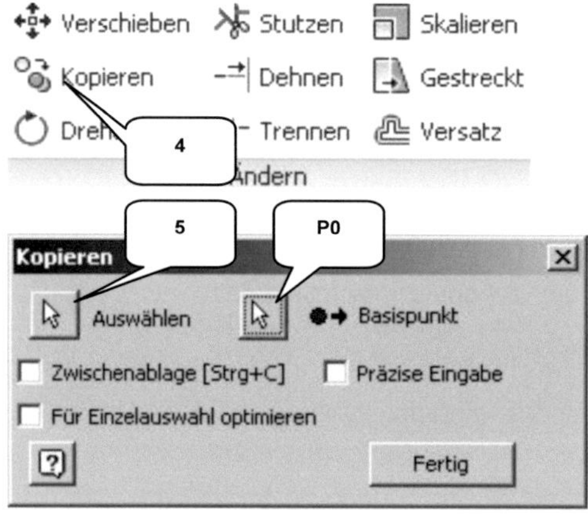

➢ ⟲ **Kopieren** (4)

➢ Auswählen: Beide Kreise bei gedrückter
Taste: **STRG** markieren (5)

➢ Basispunkt: Punkt (P0) wählen

➢ Maus in gerader Linie nach rechts ziehen und in etwa auf Position (P1) <u>auf</u>
der projizierten X-Achse ablegen

➢ Fertig **Fertig**

➢ ⊓ **Bemaßung**

➢ Punkt (P0) wählen, dann Punkt (P1)
wählen

➢ Maß ablegen

➢ Abstand: [200 mm] eintragen

➢ Taste: **ENTER**

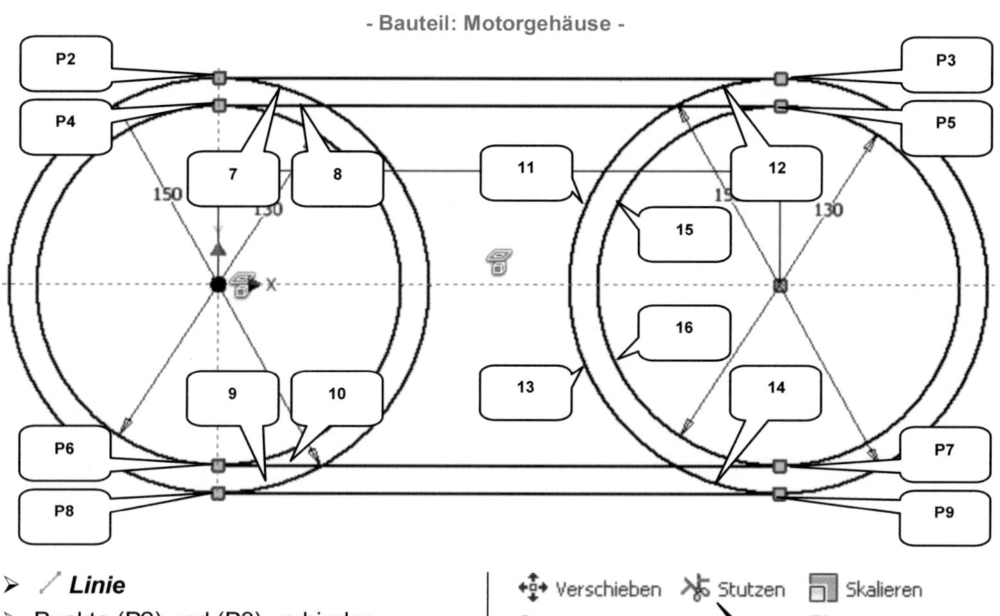

- ➤ ╱ **Linie**
- ➤ Punkte (P2) und (P3) verbinden
- ➤ Punkte (P4) und (P5) verbinden
- ➤ Punkte (P6) und (P7) verbinden
- ➤ Punkte (P8) und (P9) verbinden
- ➤ Taste: **ESC**

- ➤ ✂ **Stutzen** (6)
- ➤ Liniensegmente (7...16) wählen um diese zu entfernen
- ➤ Taste: **ESC**

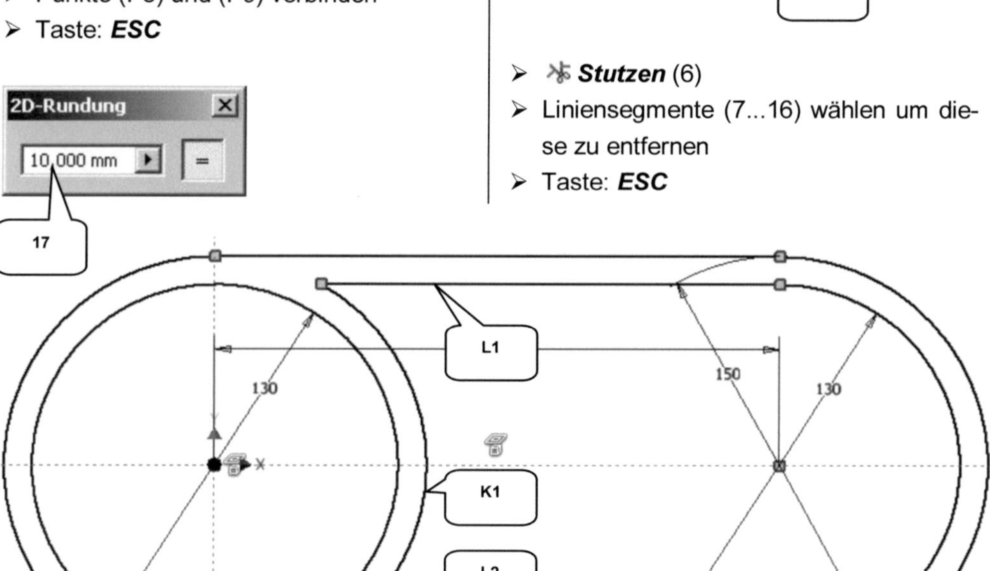

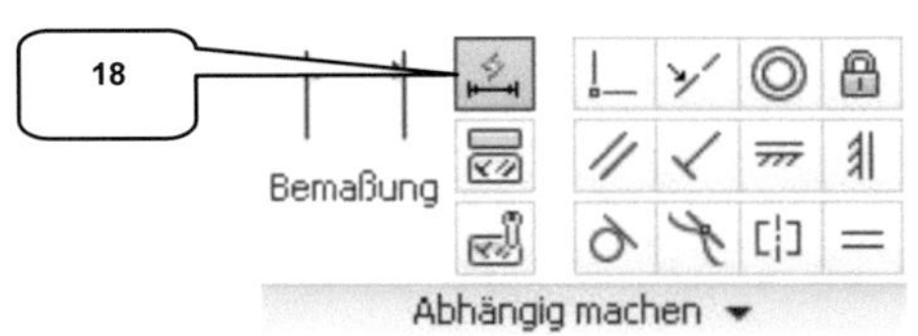

- ➤ 📄 *Rundung*
- ➤ Radius: [10 mm] eingeben (17)
- ➤ Linie (L1) und Kreis (K1) wählen
- ➤ Linie (L2) und Kreis (K1) wählen
- ➤ Taste: *ESC*

- ➤ ⬆ *Automatisches Bemaßen* (18)
- ➤ Aktivieren: Bemaßungen, Abhängigkeiten (19)
- ➤ Anwenden *Anwenden*
- ➤ Fertig *Fertig*
- ➤ ✔ *Skizze fertig stellen*

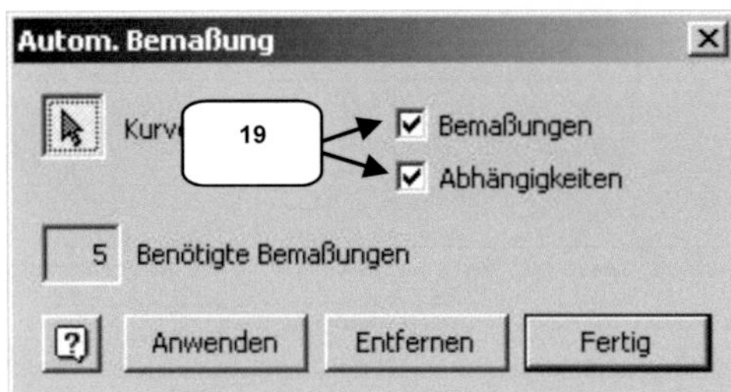

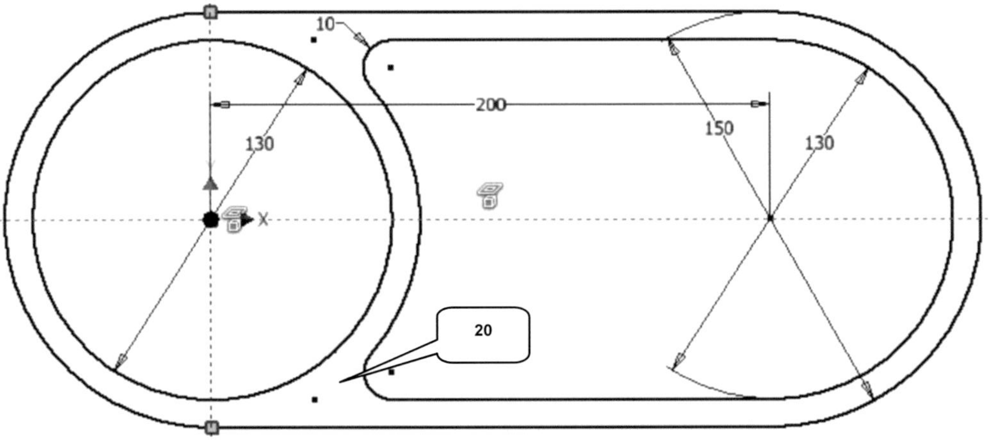

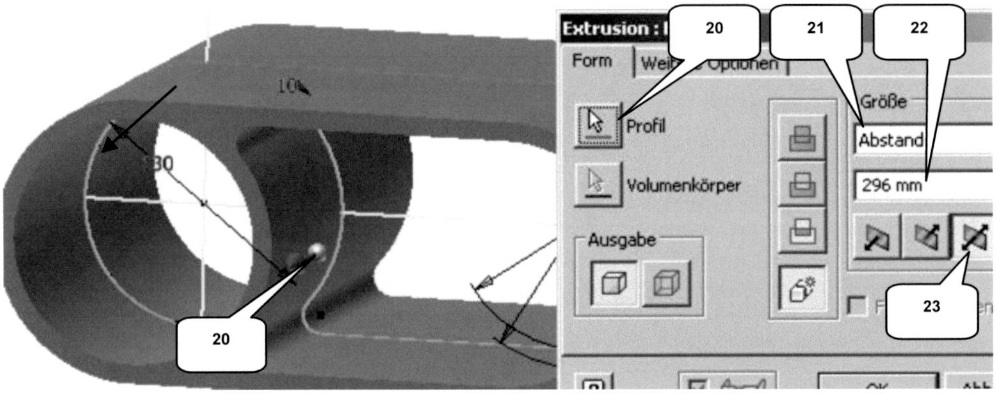

> ➢ 🗐 **Extrusion**
> ➢ Profil: Kontur (20)
> ➢ Verfahren: (Automatisch)

> ➢ Größe: Abstand [296 mm] (21, 22)
> ➢ Richtung: Symmetrisch (23)
> ➢ [OK] **OK**

3.7.2 Grundkörper der Kurbelwellenlagerung konstruieren

Wechseln Sie am **ViewCube** zur Ansicht **OBEN** und erzeugen Sie auf der vor Ihnen liegenden Stirnseite des Motorgehäuses eine neue 🗟 **2D-Skizze**.

> ➢ **ViewCube**-Ansicht: **OBEN** (1)
> 🗟 **2D-Skizze**
> ➢ Markierte Fläche wählen (2)

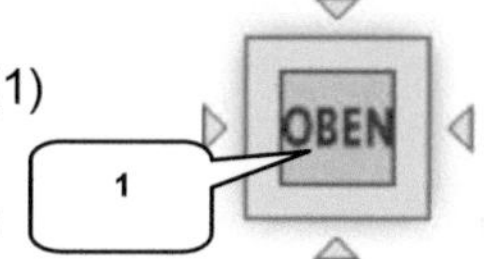

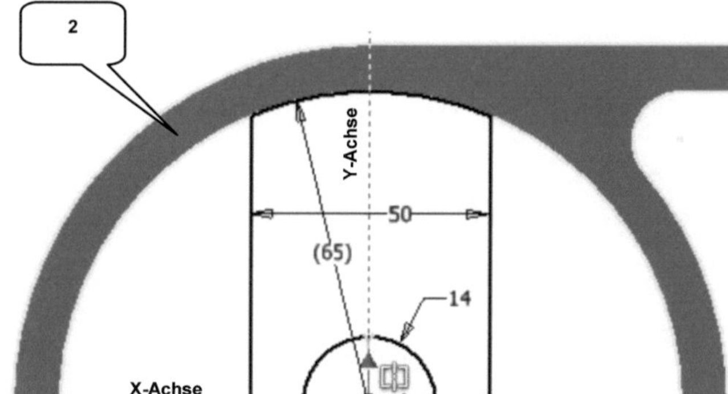

> ➢ 🖨 **Geometrie projiz.**
> ➢ ⟍ **Konstruktion** akt.
> ➢ Ordner: Ursprung öffnen
> ➢ 3 Achsen wählen
> ➢ Mark. Fläche wählen (2)
> ➢ ⟍ **Konstruktion** deakt.
> ➢ Taste: **ESC**

Zeichnen Sie die nebenstehende Kontur aus 4 ✎ **Linien** und 2 ⌒ **Bögen**.

⊓ **Bemaßen** und ✔ **beenden** Sie die Skizze und 🗐 **extrudieren** Sie dann um **16 mm**.

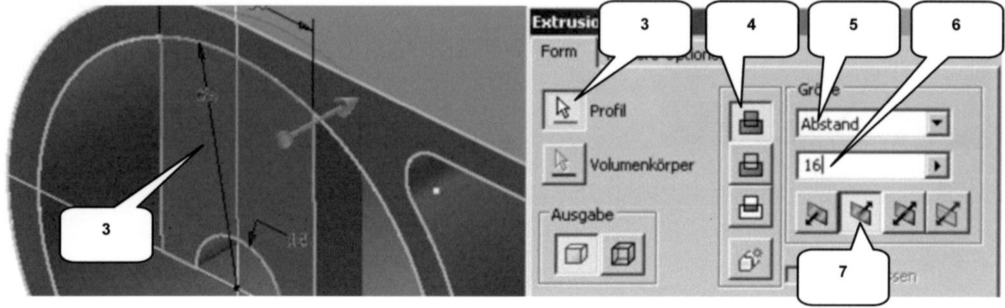

> ➢ 🗐 **Extrusion**
> ➢ Profil: Kontur (3)
> ➢ Verfahren: Vereinigung (4)

> ➢ Größe: Abstand [16 mm] (5, 6)
> ➢ Richtung: Richtung 2 (7)
> ➢ [OK] **OK**

3.7.3 Gewindebohrungen mit linearen Referenzen einfügen

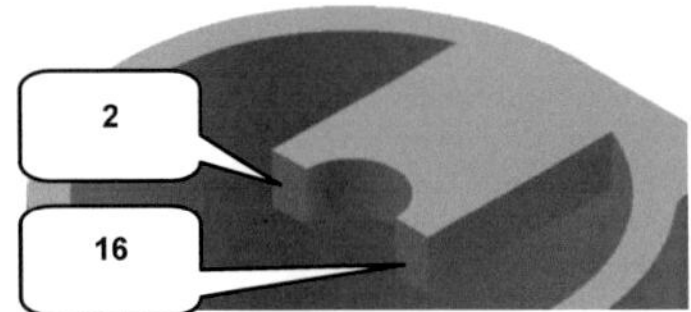

Starten Sie den Befehl ⬛ **Bohrung** und platzieren Sie die erste Gewindebohrung auf der markierten Oberfläche. Als **Platzierungstyp** ist die Option **Linear** zu aktivieren. Wiederholen Sie dieses Vorgehen mit denselben Werten bei der zweiten Fläche.

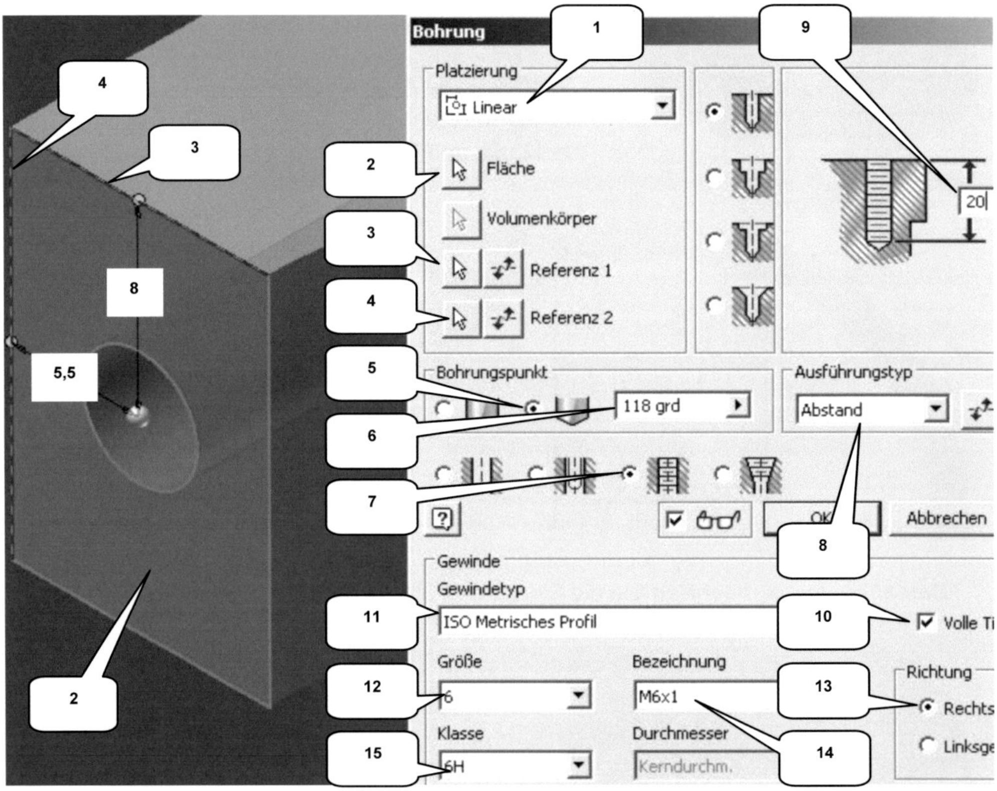

- ➢ ⬛ **Bohrung**
- ➢ Platzierung: Linear (1)
- ➢ Fläche: Markierte Fläche (2)
- ➢ Referenz 1: Kante [8 mm] (3)
- ➢ Referenz 2: Kante [5,5 mm] (4)
- ➢ Bohrungsspitze: Winkel [118°] (5, 6)
- ➢ Typ: Gewindebohrung (7)
- ➢ Ausführung: Abstand [20 mm] (8, 9)

- ➢ Gewindetiefe: Volle Tiefe (10)
- ➢ Gewindetyp: ISO Metrisches Prof. (11)
- ➢ Größe: 6 - Rechtsgewinde (12, 13)
- ➢ Bezeichnung: M6 x 1 (14)
- ➢ Klasse: 6H (15)
- ➢ Anwenden **Anwenden**

- ➢ Bohrung an Fläche (16) wiederholen

3.7.4   Fasen der Kurbelwellenlagerung

Fasen Sie die 4 markierten Kanten mit einem Kantenabstand von *2 mm*.

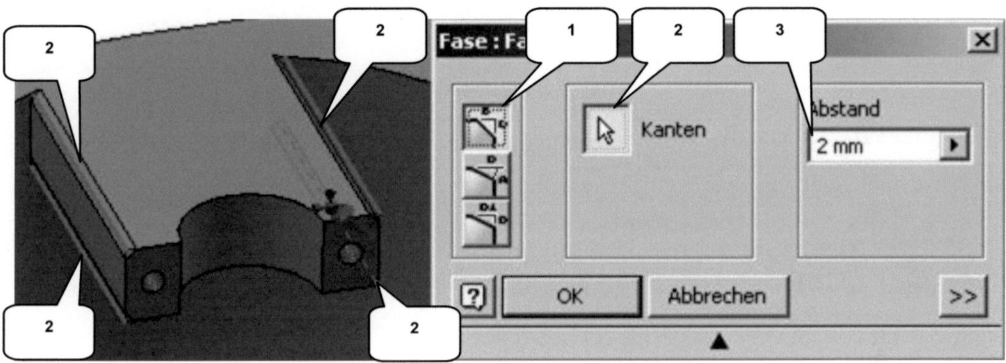

> *Fase*
> Option: Abstand (1)
> Kanten: 4 markierte Kanten wählen (2)

> Abstand: [2 mm] (3)
> OK *OK*

3.7.5   Elemente mittels rechteckiger Anordnung kopieren

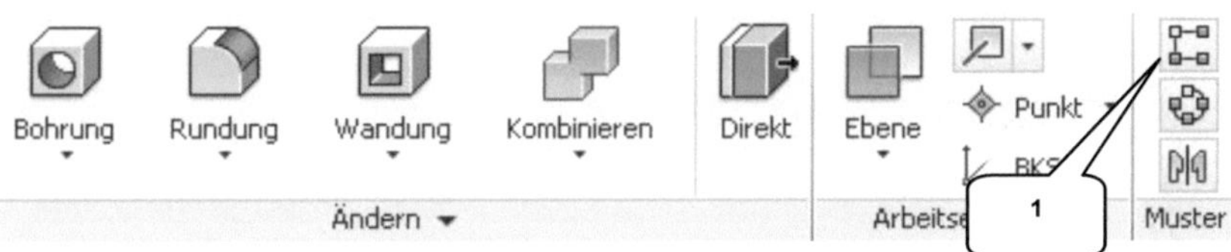

Der Befehl *Rechteckige Anordnung* (1) ermöglicht das Kopieren geometrischer Elemente entlang eines linearen oder nichtlinearen Pfades in eine oder zwei Richtungen.

Starten Sie den Befehl und aktivieren Sie die Option *Einzelne Elemente anordnen*. Als *Elemente* markieren Sie im Modellbaum nacheinander bei gedrückter Taste: *STRG* die letzte Extrusion (Lagerung der Kurbelwelle), beide Bohrungen und die zuletzt erzeugten Fasen. Beachten Sie hierbei unbedingt die Reihenfolge! Als Referenz für *Richtung 1* soll im Modellbaum der Ordner Ursprung aufgeklappt und hier die *Z-Achse* gewählt werden.

Es ist darauf zu achten, dass die Kopien in Richtung Motorgehäuse erzeugt werden. Sollte dies bei Ihnen nicht der Fall sein, muss mittels *Umschalten* die Richtung gewechselt werden.

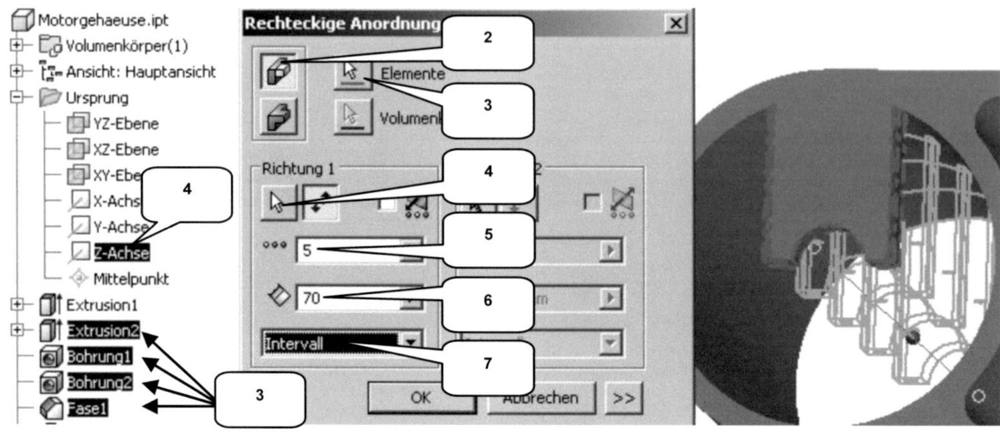

> ⊞ **Rechteckige Anordnung** (1)
> Einzelne Elemente anordnen (2)
> Elemente: Markierte Elemente (3)
> Richtung 1: Z-Achse (4)

> Anzahl: [5] (5)
> Abstand: [70 mm] (6)
> Typ: Intervall (7)
> ⬚ OK ⬚ **OK**

Die letzte Kurbelwellenlagerung sollte jetzt sauber mit der gegenüberliegenden Stirnseite des Motorgehäuses abschließen. Prüfen Sie, ob alle Kurbelwellenlagerungen mit Fasen und Bohrungen versehen sind.

3.7.6 Dichtungsflansch zum Zylinderkopf

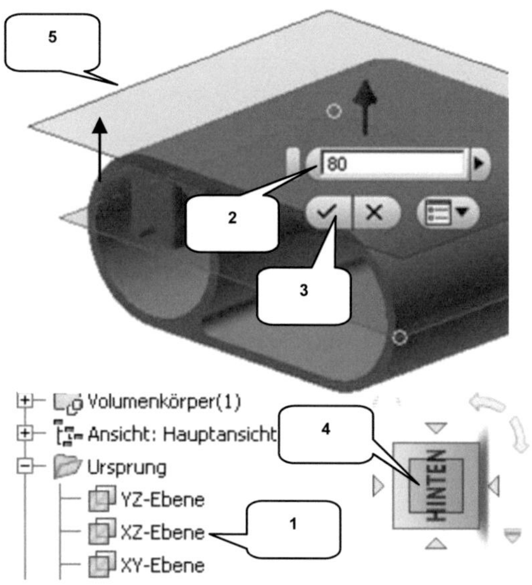

In der folgenden Übung soll ein Dichtungsflansch erzeugt werden. Starten Sie den Befehl ⬚ **Versatz von Ebene** und erzeugen Sie eine Arbeitsebene in einem Versatz von **80 mm** zur **XZ-Ebene**. Erstellen Sie auf dieser Ebene eine ⬚ **2D-Skizze** und zeichnen Sie die folgende Kontur. Am **ViewCube** soll die Ansicht **HINTEN** eingestellt und dann um **90°** gegen den Uhrzeigersinn gedreht werden.

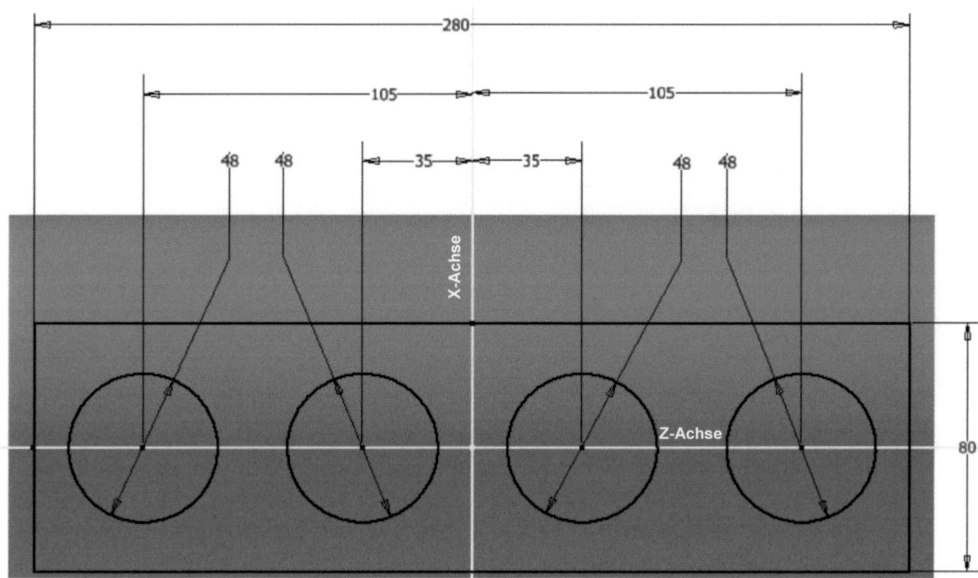

> Versatz von Ebene
> Ordner: Ursprung öffnen
> XZ-Ebene (1) wählen
> Abstand: [80 mm] eintragen (2)
> OK (3)

> ViewCube-Ansicht: HINTEN (90° gegen UZS gedreht) (4)

> 2D-Skizze
> Neue Arbeitsebene an Kante wählen (5)

> Geometrie projizieren
> Konstruktion aktivieren
> Ordner: Ursprung öffnen
> 3 Achsen wählen
> Konstruktion deaktivieren
> Taste: ESC

> Kreis
> 4 Kreise (D = 48 mm) zeichnen wie dargestellt (Mittelpunkte befinden sich jeweils auf der projizierten Z-Achse)
> Taste: ESC

> Rechteck
> Rechteck (280 x 80 mm) zeichnen wie dargestellt (symmetrisch zu X- und Z-Achse)
> Taste: ESC

> Bemaßung
> Maße übernehmen wie dargestellt
> Taste: ESC

> Skizze fertig stellen

Extrudieren Sie die Kontur danach mit der Option Zur Nächsten bis an den vorhandenen Volumenkörper heran.

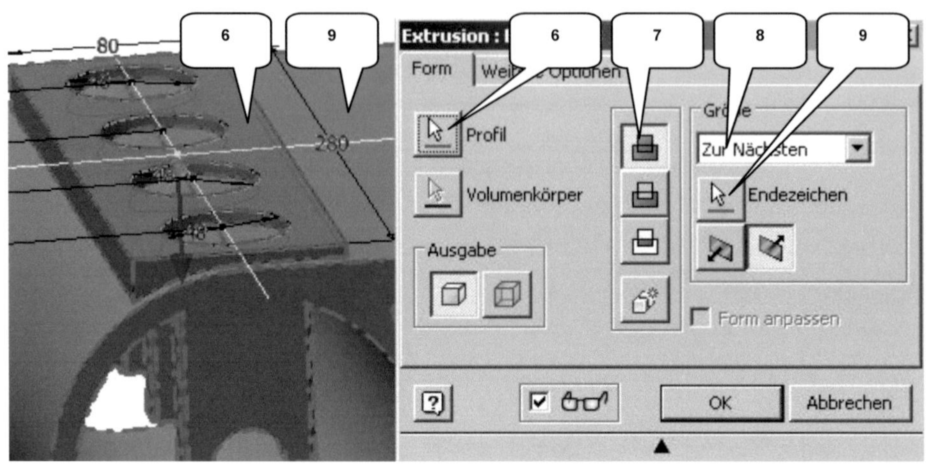

> 🗐 **Extrusion**
> Profil: Kontur (ohne Kreise!) (6)
> Verfahren: Vereinigung (7)

> Größe: Zur Nächsten (8)
> Endezeichen: Volumenkörper (9)
> ⌐ OK ¬ **OK**

3.7.7 Bohrungen nach Skizze einfügen

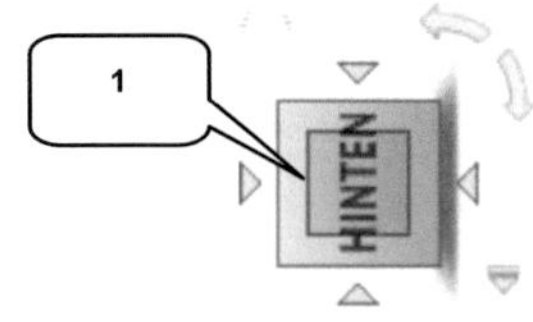

Das Motorgehäuse soll jetzt mit verschiedenen 🔘 **Bohrungen** versehen werden. Vorab ist eine 🗐 **2D-Skizze** auf der neu entstandenen Oberfläche zu erzeugen. Platzieren Sie darin die für den Bohrungsbefehl notwendigen ╪ **Punkte**.

> **ViewCube**-Ansicht: **HINTEN** (90° gegen UZS gedreht) (1)

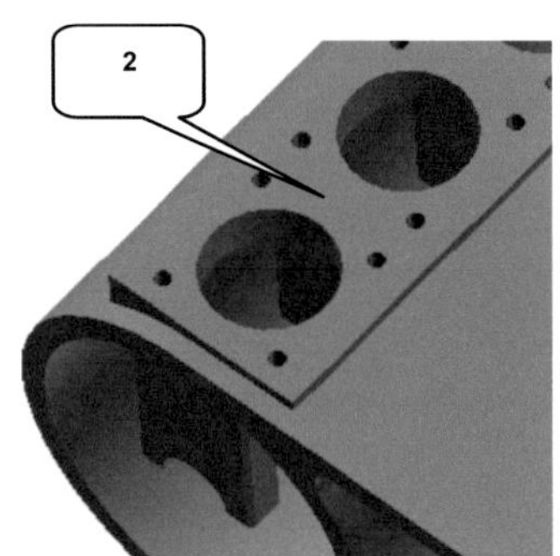

> 🗐 **2D-Skizze**
> Markierte Fläche wählen (2)

> 📇 **Geometrie projizieren**
> ⌐ **Konstruktion** aktivieren
> Ordner: Ursprung öffnen
> 3 Achsen wählen
> Markierte Fläche wählen (2)
> ⌐ **Konstruktion** deaktivieren
> Taste: **ESC**

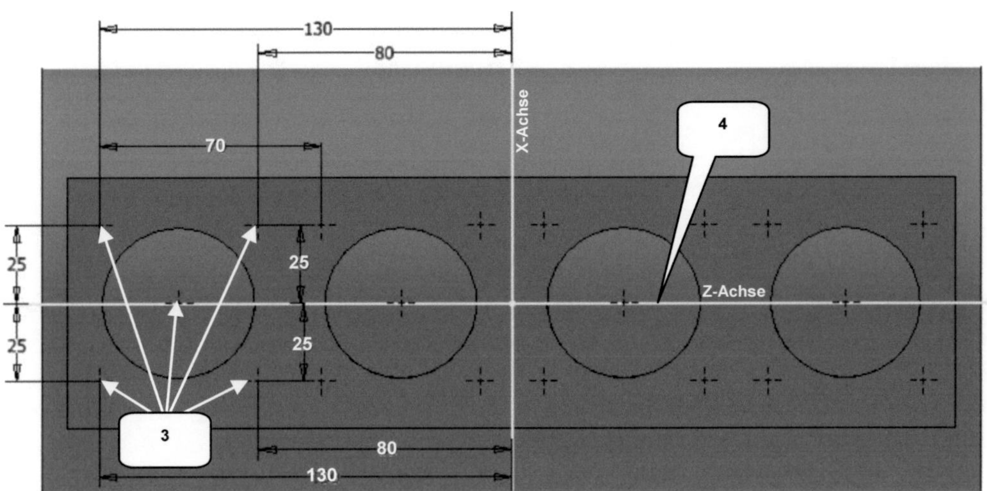

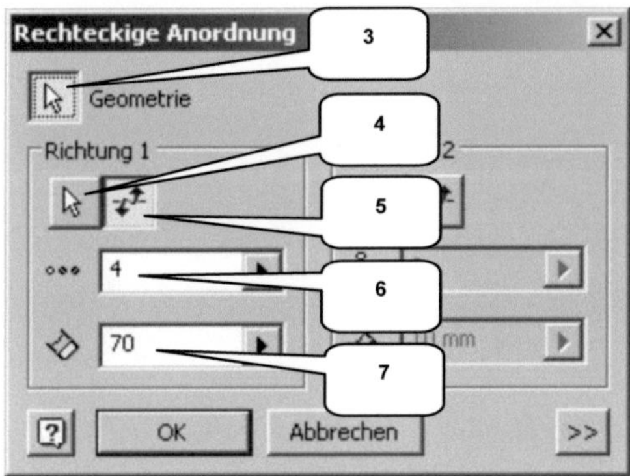

> ╋ **Punkt**
> 5 Punkte am linken Kreis setzen wie markiert (3)
> Taste: **ESC**

> ⊓ **Bemaßung**
> Punkte bemaßen wie dargestellt
> Taste: **ESC**

> 🔲 **Rechteckige Anordnung**
> Geometrie: 5 Punkte wählen (3)
> Richtung: Z-Achse wählen (4)
> Richtung umschalten (5)
> Anzahl: [4] (6)
> Abstand: [70 mm] (7)
> ⊑ OK ⊒ **OK**

> ✔ **Skizze fertig stellen**

HINWEIS: Sollten die neuen Punkte nicht wie oben dargestellt angeordnet werden, ist die Option ⚡ **Umschalten** (5) wieder zu deaktivieren.

Die Punkte aus der letzten Übung sollen jetzt dazu verwendet werden, einige 🔩 **Bohrungen** zu platzieren.

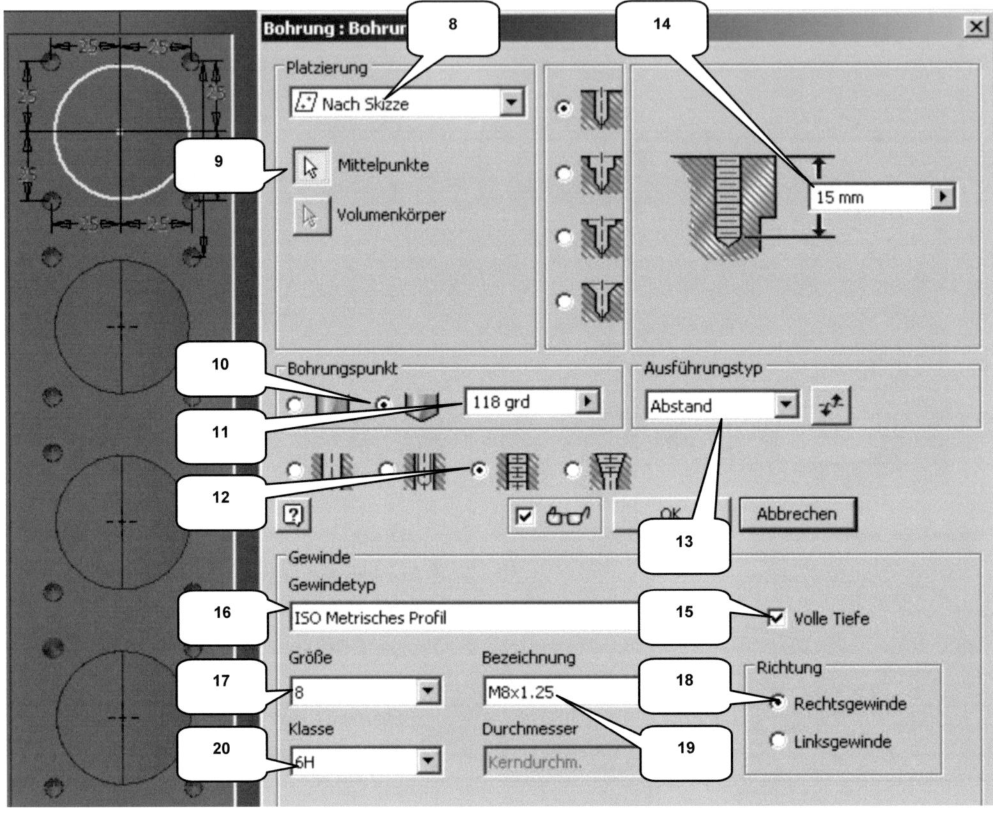

- ⬢ **Bohrung**
- Platzierung: Nach Skizze (8)
- Mittelpunkte: Alle Punkte der letzten Skizze (Automatisch) (9)
- Bohrungsspitze: Winkel [118°] (10, 11)
- Typ: Gewindebohrung (12)
- Ausführung: Abstand [15 mm] (13, 14)

- Gewindetiefe: Volle Tiefe (15)
- Gewindetyp: ISO Metrisches Prof. (16)
- Größe: 8 - Rechtsgewinde (17, 18)
- Bezeichnung: M8 x 1,25 (19)
- Klasse: 6H (20)
- ⬛ OK

Nach der Bestätigung des Befehls berechnet das Programm die Bohrungen, und die zuvor erstellte Skizze mit den Punkten wird in den Bohrungsbefehl integriert. Da sie für weitere Bohrungen benötigt wird, muss sie reaktiviert werden. Klappen Sie im Modellbaum die zuletzt erzeugte Bohrung auf und markieren Sie die darin enthaltene Skizze. Klicken Sie mit der **rechten Maustaste** auf diese Skizze und wählen Sie die Option **Skizze wieder verwenden**. Die Skizze reaktiviert sich und erscheint erneut im Modellbaum. Jetzt können weitere Bohrungen erzeugt werden.

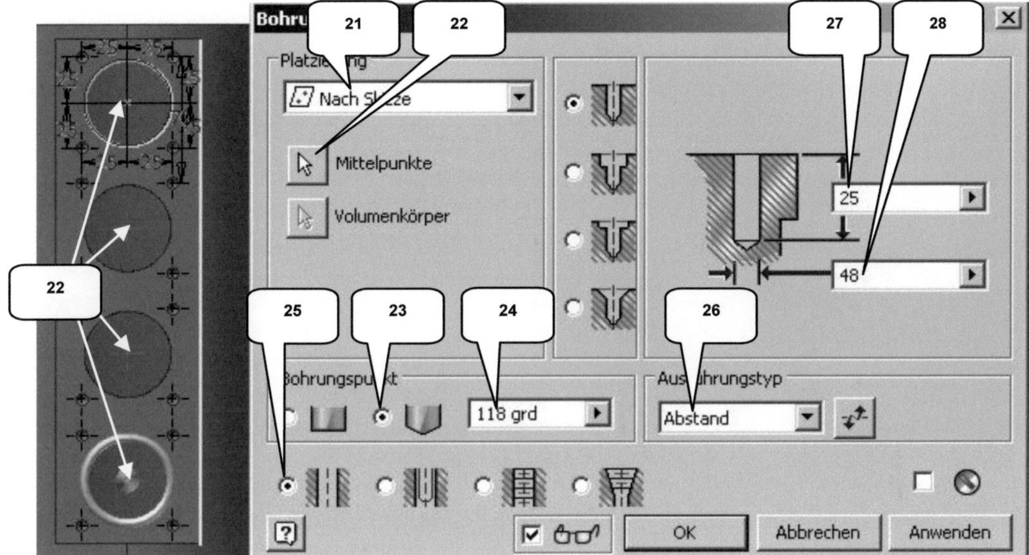

> 📷 **Bohrung**
> Platzierung: Nach Skizze (21)
> Mittelpunkte: 4 Punkte wählen (22)
> Bohrungsspitze: Winkel [118°] (23, 24)
> Typ: Bohren (ohne Gewinde) (25)

> Ausführungstyp: Abstand [25 mm] (26, 27)
> Durchmesser: [48 mm] (28)
> ⬜ **OK**

Die zuletzt reaktivierte Skizze und auch die eventuell noch aktive Arbeitsebene können jetzt wieder ausgeblendet werden. Hier sind beide Objekte bei gedrückter Taste: **STRG** mit der **linken Maustaste** zu markieren und dann mit der **rechten Maustaste** darauf die Option **Sichtbarkeit** zu deaktivieren.

HINWEIS: Nachdem eine Skizze durch die Option **Skizze wieder verwenden** reaktiviert wurde, bleibt sie so lange sichtbar, bis die Sichtbarkeit manuell entfernt wird. Klicken Sie hierfür im Modellbaum mit der **rechten Maustaste** auf die Skizze und entfernen Sie den Haken bei der Option **Sichtbarkeit**.

3.7.8 Übergangsbereich zum Flansch abrunden

Mit zwei 📷 **Rundungen** soll der Anschlussflansch am Motorgehäuse seine endgültige Form erhalten. Achten Sie darauf, dass die Rundung der ersten vier Kanten (R = 20 mm) zuerst mit ⬜ **Anwenden** bestätigt werden muss, bevor die umlaufende Kante (R = 5 mm) gerundet werden kann.

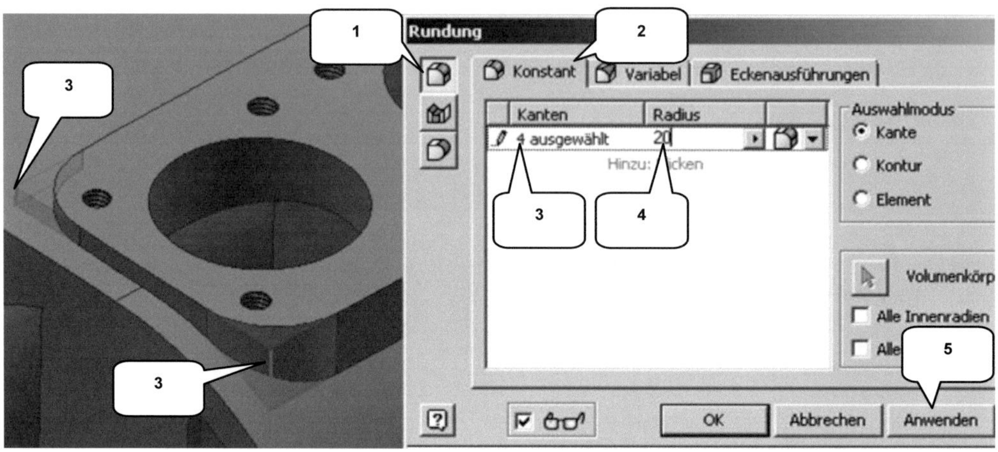

> **Rundung**
> Typ: Kantenabrundung (1)
> Option: Konstant (2)

> Kanten: Vier Kanten (beide markierte Kanten (3) und die Kanten auf der gegenüberliegenden Seite) wählen
> Radius: [20 mm] (4)
> [Anwenden] **Anwenden** (5)

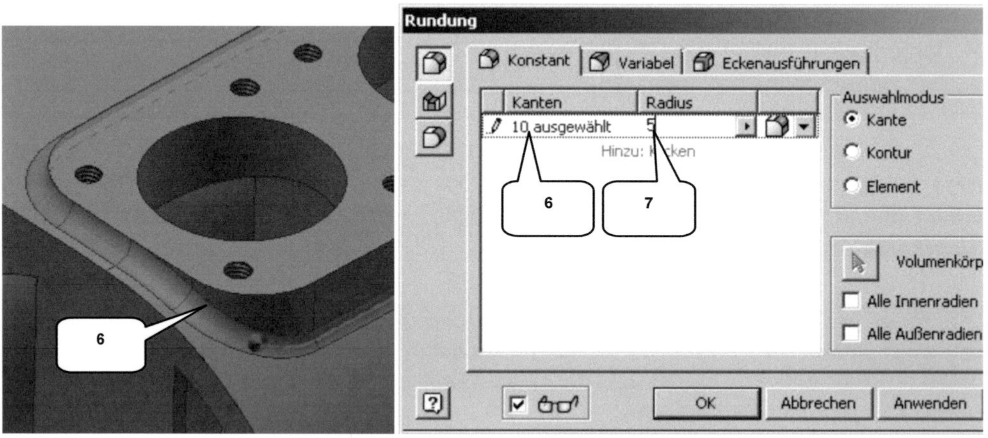

> Kante: Markierte umlaufende Kante (6)

> Radius: [5 mm] (7)
> [OK] **OK**

Das Bauteil kann jetzt als **Motorgehaeuse** gespeichert und dann geschlossen werden.

3.8 Bauteil: Zylinderblock

3.8.1 Kühlrippen sweepen

Der Befehl 🔧 **Sweeping** (1) ermöglicht das Extrudieren einer 2D-Kontur entlang eines nicht-linearen Pfades, um daraus einen Volumenkörper zu erzeugen. Er erfordert eine 2D-Skizze mit einem geschlossenen Profil und einen Pfad (als Skizzenkontur oder Kante). Öffnen Sie die heruntergeladene und bereits vorhandene Datei **Zylinderblock** aus dem Projektordner. Der Zylinderblock wurde in seiner grundlegenden Form bereits konstruiert und soll jetzt durch abschließende Arbeiten fertiggestellt werden.

> 🔧 **Sweeping** (1)
> Profil: Kontur aus Skizze 3 (2)
> Pfad: Markierte umlaufende Kante (3)
> Verfahren: Differenz (4)
> Typ: Pfad (5)

> Ausrichtung: Pfad (6)
> `OK` **OK**
> `Ja` **Ja** (Pfad schneidet Kontur nicht)

HINWEIS: Die Meldung **Pfad schneidet Profil nicht** kann durch `Ja` **JA** bestätigt werden. Das Programm weist lediglich darauf hin, dass Pfad und Profil keinen gemeinsamen Schnittpunkt aufweisen, was für den Befehl selbst allerdings nicht relevant ist.

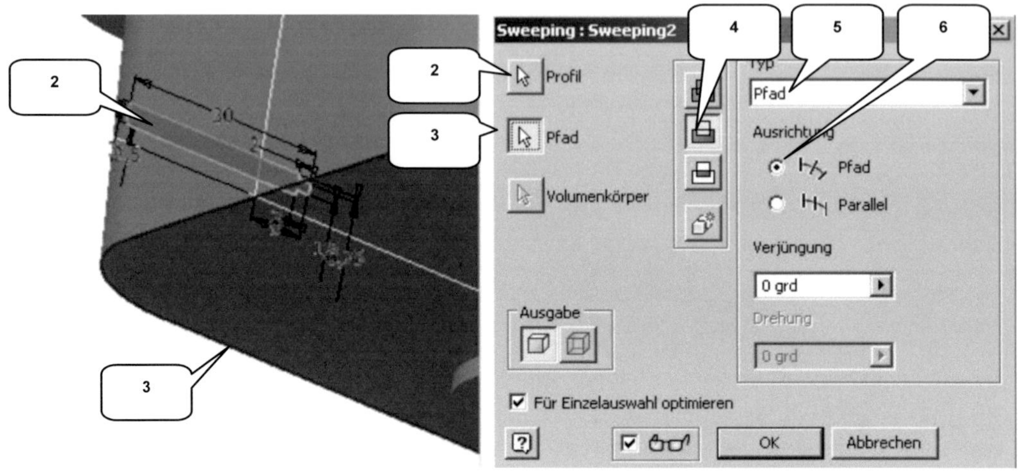

Der soeben erzeugte Materialschnitt soll mit dem Befehl 🔲 *Rechteckige Anordnung* (2) vervielfacht werden.

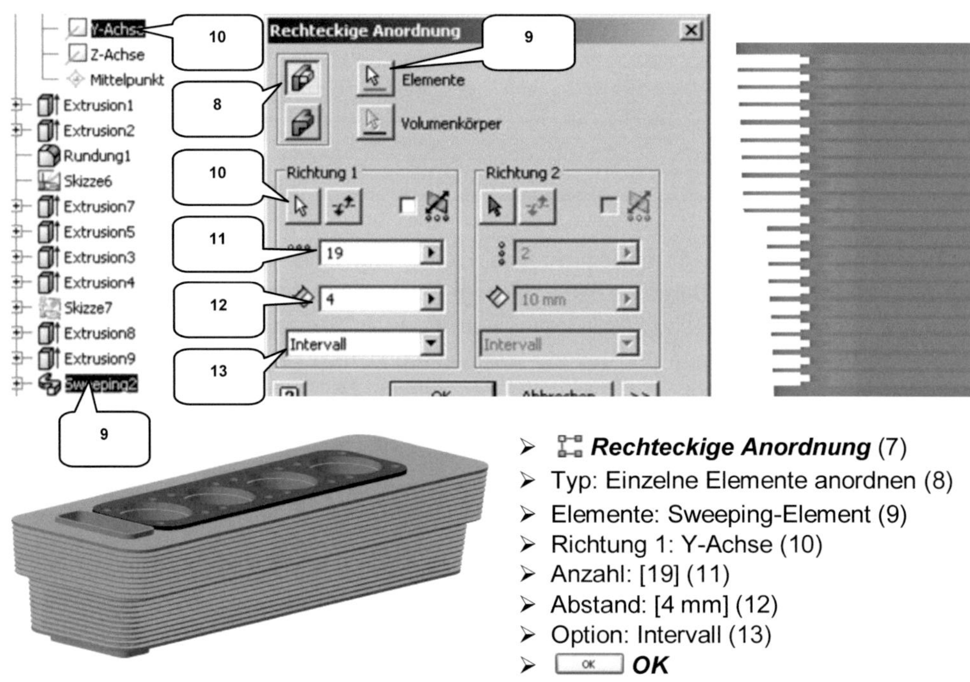

> 🔲 *Rechteckige Anordnung* (7)
> Typ: Einzelne Elemente anordnen (8)
> Elemente: Sweeping-Element (9)
> Richtung 1: Y-Achse (10)
> Anzahl: [19] (11)
> Abstand: [4 mm] (12)
> Option: Intervall (13)
> ▭ OK *OK*

Weitere Änderungen am Bauteil sind nicht erforderlich. **Speichern** Sie die Datei und schließen Sie sie anschließend.

3.9 Bauteil: Zylinderkopf

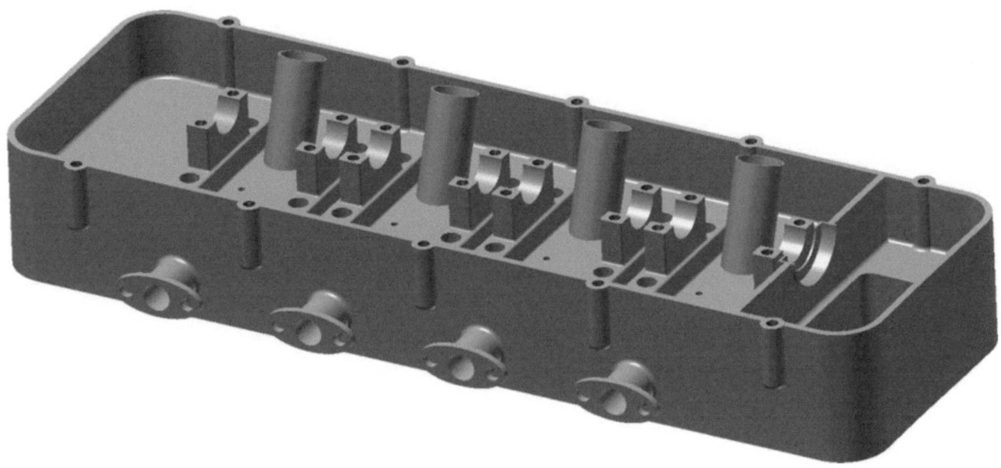

3.9.1 Einfügen einer geneigten Ebene

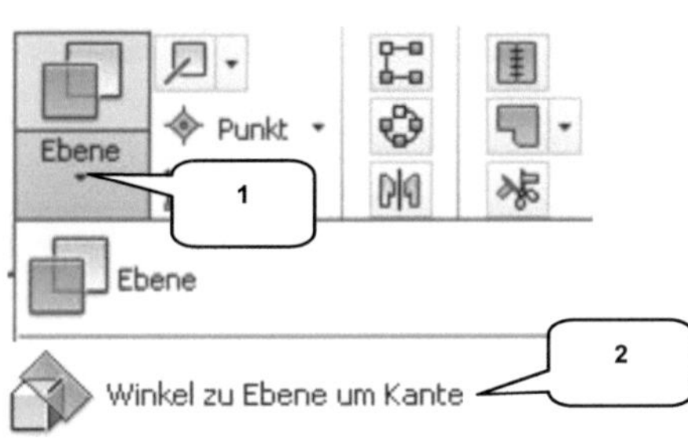

Öffnen Sie das Bauteil *Zylinderkopf* (vorhandene Übungsdatei, siehe Kapitel 1.2). In der folgenden Übung soll eine schräge Arbeitsebene erzeugt werden. Diese wird als Grundlage zur Erstellung weiterer geometrischer Elemente dienen. Erweitern Sie den Befehl *Ebene* (1) und starten Sie den Befehl *Winkel zu Ebene um Kante* (2).

Mit diesem Befehl kann eine neue Arbeitsebene, basierend auf einer vorhandenen Ebene oder Fläche und geneigt um eine Achse oder Kante erzeugt werden. Nach Befehlsstart ist die markierte Fläche (3) zu wählen und danach die markierte Kante (4) anzuklicken. Als Winkel der Neigung soll der Wert *160°* eingegeben werden (5). Sollte Ihre Ebene nach Winkeleingabe anders ausgerichtet sein als in der linken Abbildung zu sehen, muss das Vorzeichen des Drehwinkels geändert werden (-160°).

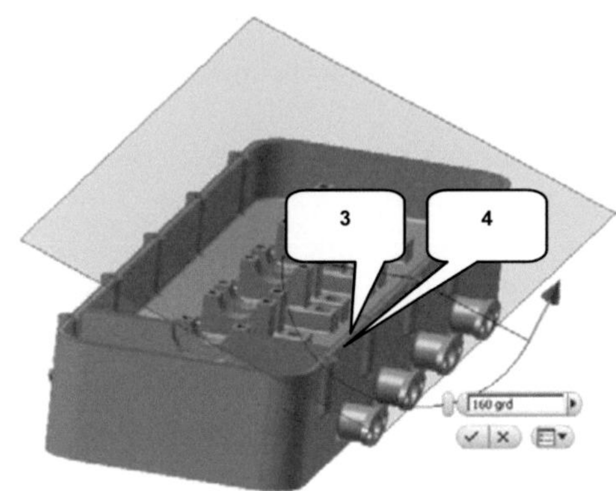

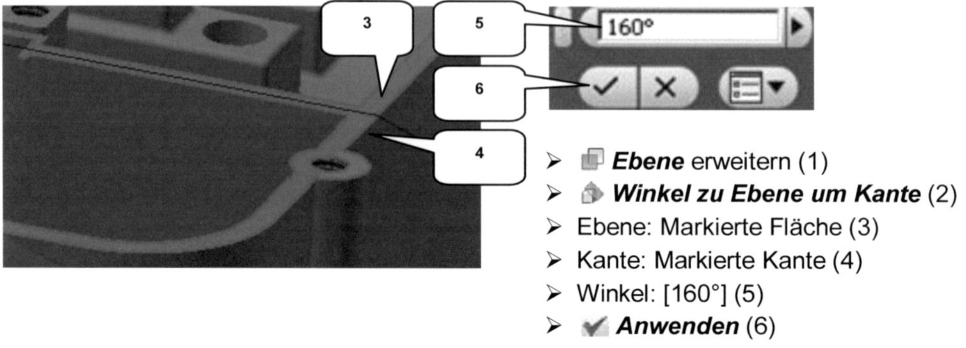

> 🗗 *Ebene* erweitern (1)
> 🔶 *Winkel zu Ebene um Kante* (2)
> Ebene: Markierte Fläche (3)
> Kante: Markierte Kante (4)
> Winkel: [160°] (5)
> ✔ *Anwenden* (6)

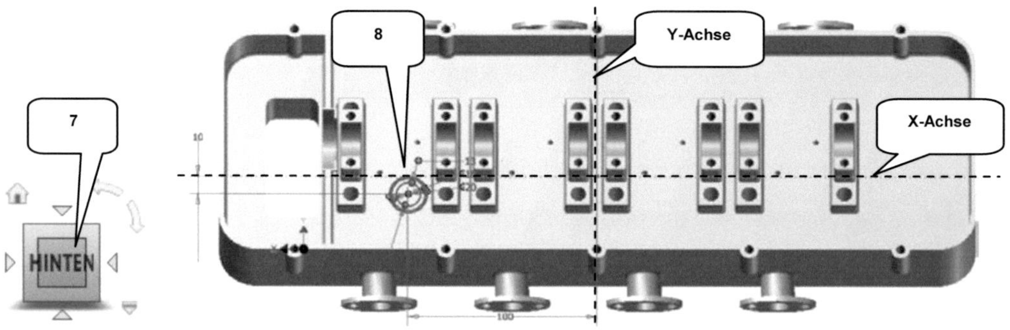

Um die Ansicht richtig auszurichten, ist am *ViewCube* die Ansicht *HINTEN* (7) einzustellen. Nach Aktivierung der Arbeitsebene im Modellbaum und dem Erstellen einer neuen 🗒 *2D-Skizze* richtet sich die Ansicht korrekt aus. Zeichnen Sie dann die folgenden Konturen (8):

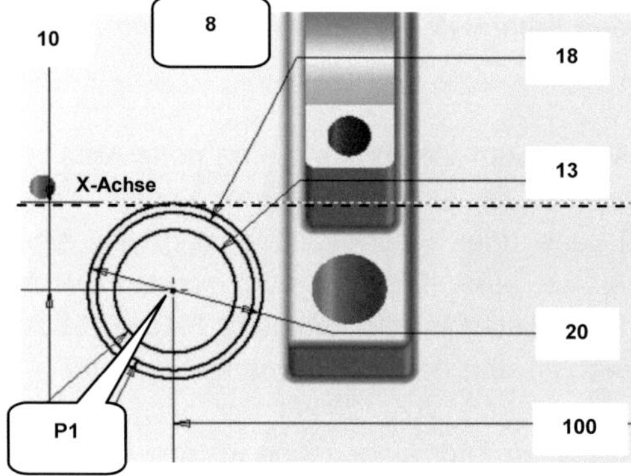

> *ViewCube*-Ansicht: *HINTEN* (7)
>
> 🗒 *2D-Skizze*
> Letzte Arbeitsebene im Modellbaum wählen
>
> 🖼 *Geometrie projizieren*
> ⌐ *Konstruktion* aktivieren
> Ordner: Ursprung öffnen
> 3 Achsen wählen
> ⌐ *Konstruktion* deaktivieren
> Taste: *ESC*

> ✛ *Punkt*
> Punkt (P1) unterhalb der projizierten X-Achse und links neben der projizierten Y-Achse frei ablegen
> Taste: *ESC*

> ⊘ *Kreis*
> 3 Kreise zeichnen, deren Kreismittelpunkte auf dem Punkt (P1) liegen
> Durchmesser: [13, 18 und 20 mm]
> Taste: *ESC*

> ⊓ *Bemaßung*
> Abstand (P1) zur projizierten X-Achse: [10 mm]
> Taste: *ENTER*
> Abstand (P1) zur projizierten Y-Achse: [100 mm]
> Taste: *ENTER*
> Taste: *ESC*

> ✔ *Skizze fertig stellen*

3.9.2 Zündkerzeneinsätze bohren und extrudieren

Die Sichtbarkeit der zuletzt erzeugten Arbeitsebene kann jetzt wieder aufgehoben werden (*rechte Maustaste* > *Sichtbarkeit*). In den folgenden Arbeitsschritten sollen insgesamt eine Gewindebohrung und drei Extrusionen ins Bauteil eingefügt werden.

Starten Sie den Befehl ⬡ *Bohrung* und aktivieren Sie die Option *Nach Skizze*.

Der *Bohrungspunkt* sollte automatisch erkannt werden. Sie benötigen eine *Gewindebohrung* mit dem Ausführungstyp *Durch alle*. Die Bohrung muss in Richtung Volumenkörper zeigen. Sollte dies bei Ihnen nicht der Fall sein, wechseln Sie die Richtung (⇅ *Umschalten*). Übernehmen Sie die restlichen Einstellungen aus der folgenden Abbildung und bestätigen Sie anschließend den Befehl.

Da die Skizze noch für die Extrusionen benötigt wird, muss sie reaktiviert werden. Klappen Sie hierfür im Modellbaum die letzte Bohrung auf, markieren Sie die darunterliegende Skizze und wählen Sie mit der *rechten Maustaste* darauf die Option *Skizze wieder verwenden*. Folgen Sie der nachstehenden Befehlskette, um die Bohrung und die drei Extrusionen nacheinander umzusetzen.

> ⬡ *Bohrung*
> Platzierung: Nach Skizze (1)
> Mittelpunkte: Markierter Punkt (2)
> Typ: Gewindebohrung (3)
> Ausführungstyp: Durch alle (4)
> Gewindetiefe: Volle Tiefe (5)

> Gewindetyp: ISO Metrisches Profil (6)
> Größe: 9 - Rechtsgewinde (7, 8)
> Bezeichnung: M9 x 1,25 (9)
> Klasse: 6H (10)
> [OK] *OK*

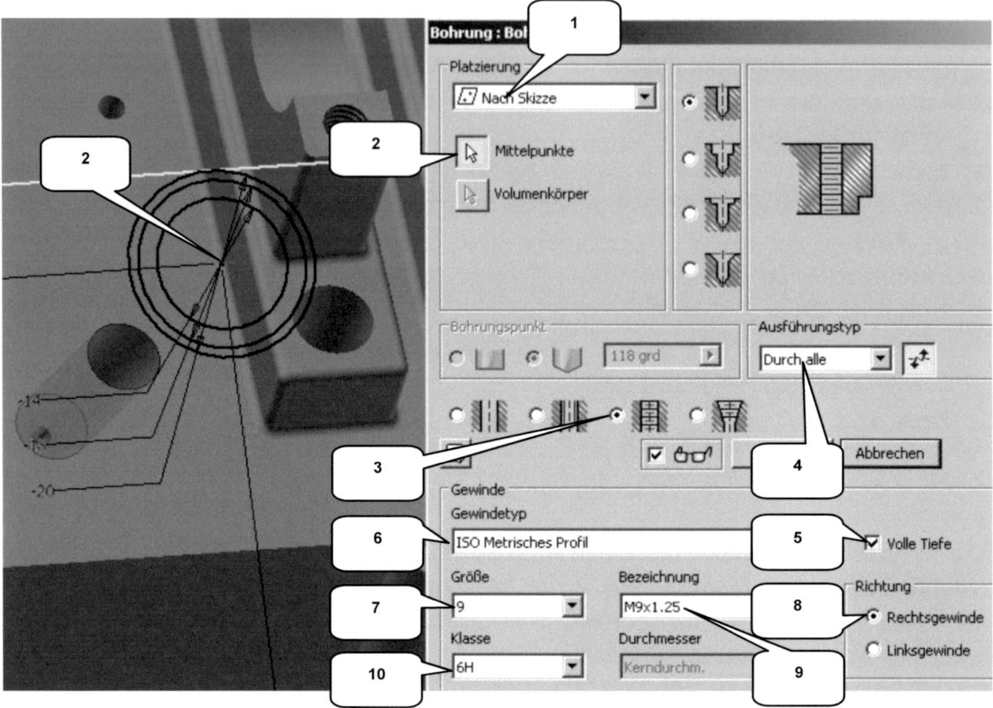

Der kleinste **Kreis** (**D = 13 mm**) ist jetzt als Differenz mit einer Tiefe von **68 mm** vom vorhandenen Material zu entfernen.

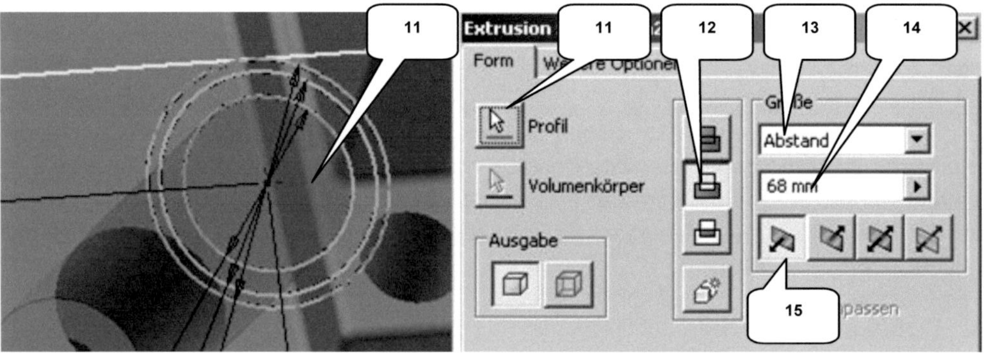

> 🗐 **Extrusion**
> Profil: Markierte Kreisfläche (11)
> Verfahren: Differenz (12)
> Größe: Abstand [68 mm] (13, 14)

> Richtung: Richtung 1 (15)
> ◻ OK ◻ **OK**

Der **Kreisring** zwischen **D = 14 mm** und **D = 18 mm** soll mit einer Tiefe von **67 mm** vom vorhandenen Material entfernt werden.

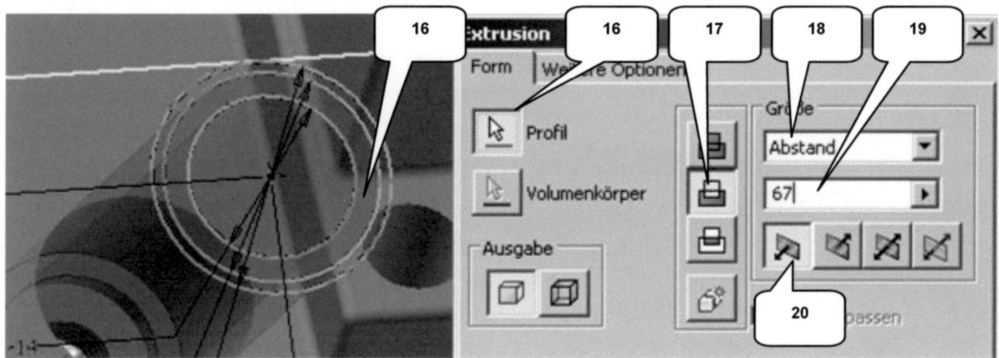

- ⬚ **Extrusion**
- Profil: Markierter Kreisring (16)
- Verfahren: Differenz (17)

- Größe: Abstand [67 mm] (18, 19)
- Richtung: Richtung 1 (20)
- ☐ OK **OK**

Der **Kreisring** zwischen **D = 18 mm** und **D = 20 mm** soll bis an das vorhandene Material verlängert werden.

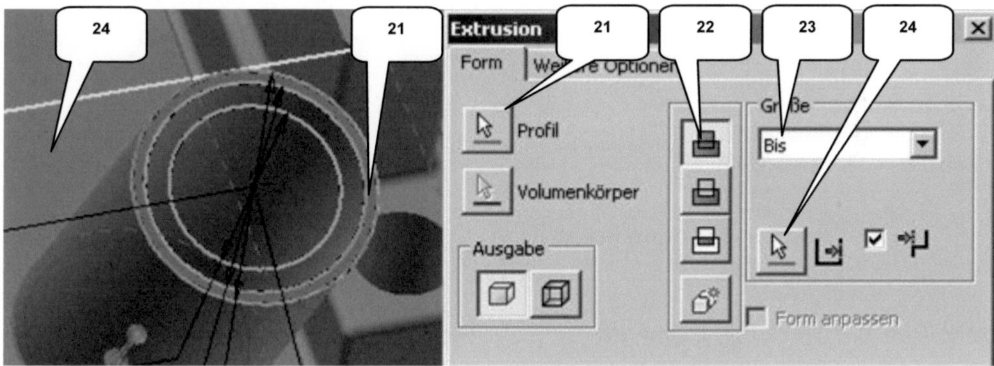

- ⬚ **Extrusion**
- Profil: Markierter Kreisring (21)
- Verfahren: Vereinigung (22)

- Größe: Bis (23)
- Bis: Markierte Fläche (24)
- ☐ OK **OK**

3.9.3 Vorhandene Anordnungen erweitern

Die zuletzt verwendete Skizze kann jetzt wieder deaktiviert werden (*rechte Maustaste* > *Sichtbarkeit*). Um die letzten vier Arbeitsschritte (eine Bohrung, drei Extrusionen) nicht manuell wiederholen zu müssen, sollen diese linear vervielfacht werden. Hier kann eine bereits vorhandene Anordnung benutzt und um die neuen Elemente erweitert werden.

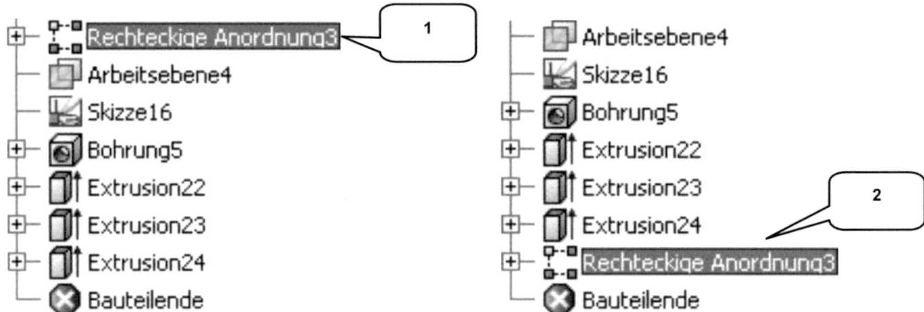

Im Modellbaum finden Sie eine *Rechteckige Anordnung* (1). Schieben Sie diese bei gedrückter linker Maustaste zwischen die letzte *Extrusion* und das *Bauteilende* (2). Dieser Zwischenschritt ist erforderlich, um die zuletzt erzeugten Elemente in diese Anordnung integrieren zu können. Klicken Sie jetzt mit der *rechten Maustaste* auf die *Rechteckige Anordnung* im Modellbaum (2) und wählen Sie die Option *Element bearbeiten*.

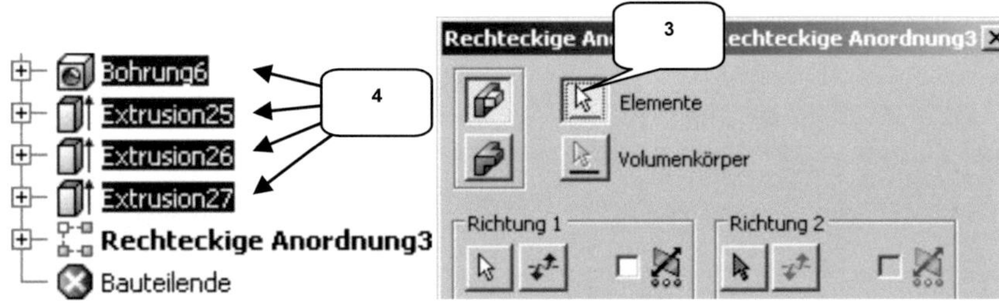

Aktivieren Sie die Option *Elemente* (3) und klicken Sie dann bei gedrückter Taste: *STRG* mit der linken Maustaste nacheinander auf die vier markierten Elemente (4) im Modellbaum (1 x Bohrung, 3 x Extrusion). Der Befehl kann dann mit *OK* bestätigt werden.

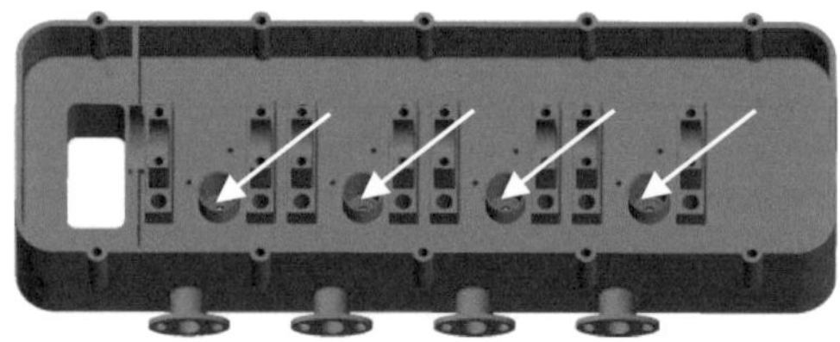

Jeder Zylinder sollte jetzt mit einer eigenen Zündkerzenfassung versehen sein. *Speichern* und schließen Sie die Datei abschließend.

3.10 Bauteil: Nockenwelle

3.10.1 Passfederaussparung und Gewindebohrung am Wellenende

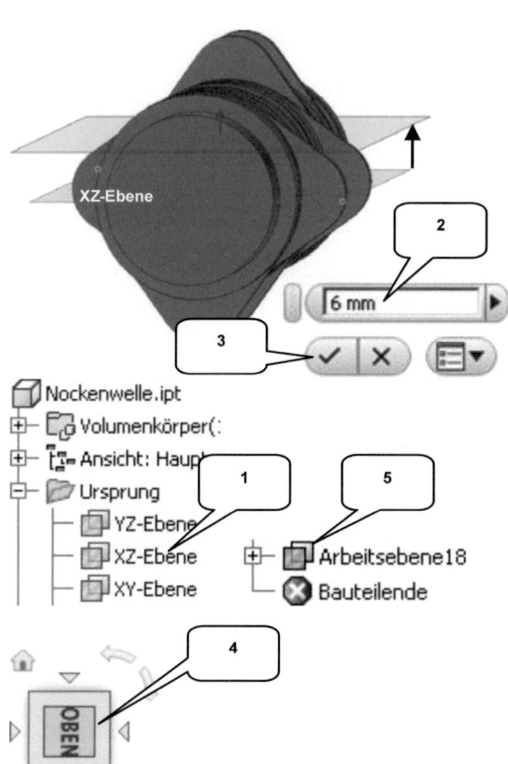

Öffnen Sie das Bauteil **Nockenwelle** (vorhandene Übungsdatei, siehe Kapitel 1.2). Erzeugen Sie eine neue **Arbeitsebene** mit einem Versatz von **6 mm** zur **XZ-Ebene** und erstellen Sie darauf eine neue **Skizze** mit einem **Langloch**.

.

- > **Versatz von Ebene**
- > XZ-Ebene (Modellbaum) wählen (1)
- > Abstand: [6 mm] (2)
- > **Anwenden** (3)

- > **ViewCube**-Ansicht: **OBEN** (90° im UZS gedreht) (4)

- > **2D-Skizze**
- > Neue Arbeitsebene wählen (5)
- > Taste: **F7** (Skizze aufschneiden)

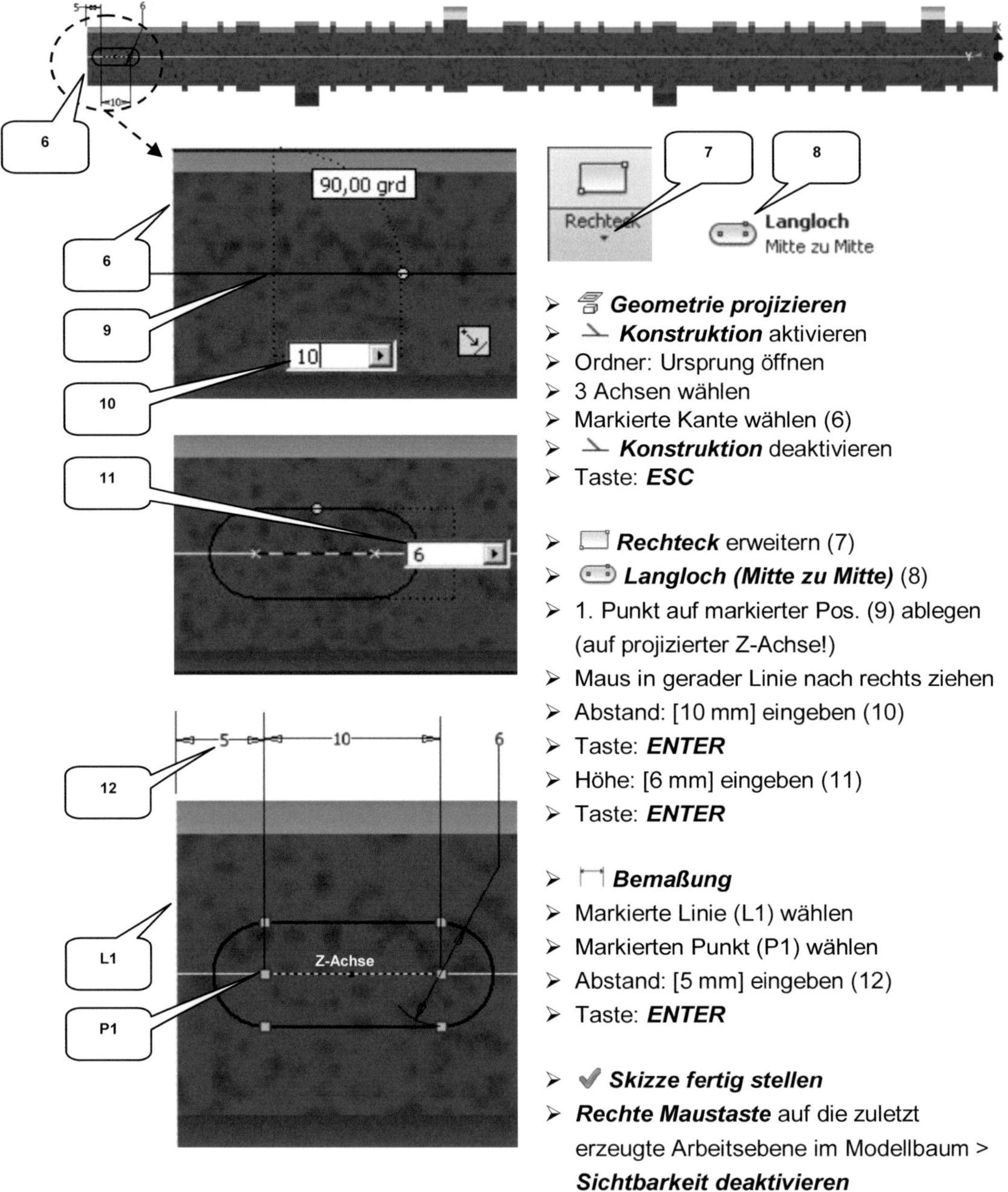

> **Geometrie projizieren**
> **Konstruktion** aktivieren
> Ordner: Ursprung öffnen
> 3 Achsen wählen
> Markierte Kante wählen (6)
> **Konstruktion** deaktivieren
> Taste: **ESC**

> **Rechteck** erweitern (7)
> **Langloch (Mitte zu Mitte)** (8)
> 1. Punkt auf markierter Pos. (9) ablegen
> (auf projizierter Z-Achse!)
> Maus in gerader Linie nach rechts ziehen
> Abstand: [10 mm] eingeben (10)
> Taste: **ENTER**
> Höhe: [6 mm] eingeben (11)
> Taste: **ENTER**

> **Bemaßung**
> Markierte Linie (L1) wählen
> Markierten Punkt (P1) wählen
> Abstand: [5 mm] eingeben (12)
> Taste: **ENTER**

> **Skizze fertig stellen**
> **Rechte Maustaste** auf die zuletzt
> erzeugte Arbeitsebene im Modellbaum >
> **Sichtbarkeit deaktivieren**

Das Langloch soll als Materialschnitt **extrudiert** werden.

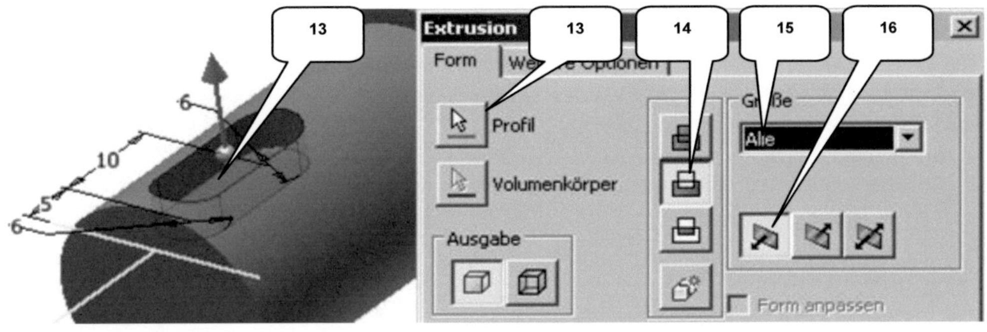

➢ **Extrusion**	➢ Größe: Alle (15)
➢ Profil: Kontur (13)	➢ Richtung: Richtung 1 (16)
➢ Verfahren: Differenz (14)	➢ OK **OK**

Auf derselben Seite der Nockenwelle soll an der Stirnseite eine **Gewindebohrung** erzeugt werden. Verwenden Sie den Platzierungstyp **Konzentrisch**.

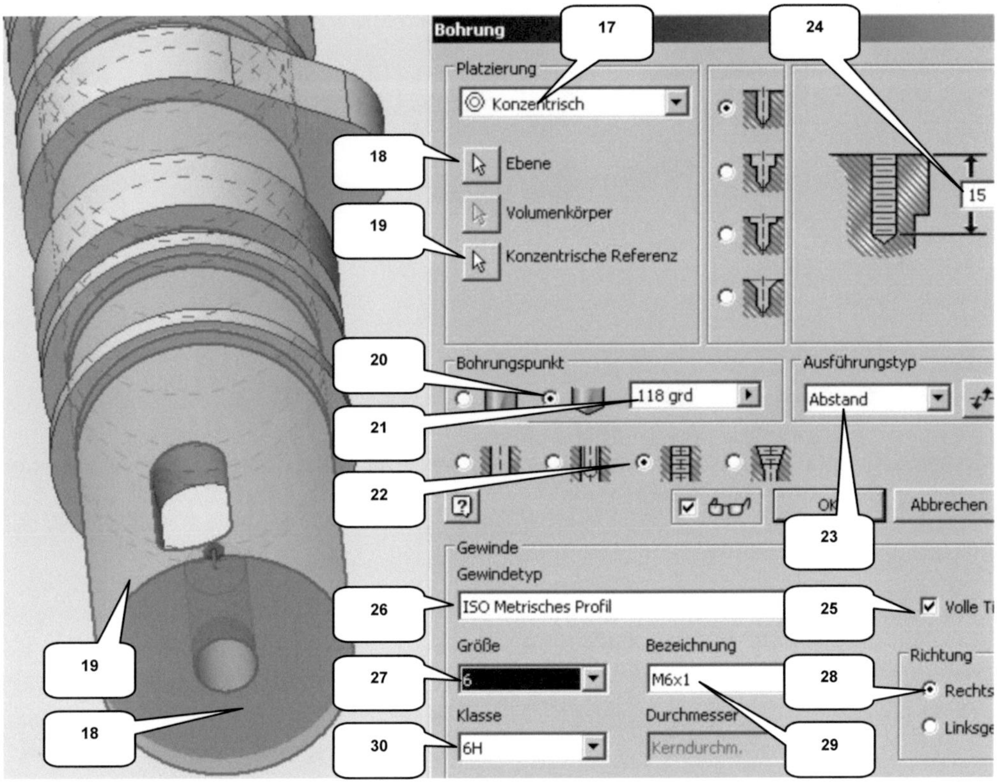

<table>
<tr><td>

- ➢   ◧ *Bohrung*
- ➢ Platzierung: Konzentrisch (17)
- ➢ Ebene: Markierte Fläche (18)
- ➢ Konzentrische Referenz: Markierte Mantelfläche (19)
- ➢ Bohrungsspitze: Winkel [118°] (20, 21)
- ➢ Typ: Gewindebohrung (22)

</td><td>

- ➢ Ausführungstyp: Abstand [15 mm] (23, 24)
- ➢ Gewindetiefe: Volle Tiefe (25)
- ➢ Gewindetyp: ISO Metrisches Profil (26)
- ➢ Größe: 6 - Rechtsgewinde (27, 28)
- ➢ Bezeichnung: M6 x 1 (29)
- ➢ Klasse: 6H (30)
- ➢   [OK] *OK*

</td></tr>
</table>

Weitere Änderungen am Bauteil sind nicht erforderlich. **Speichern** Sie die Datei und schließen Sie sie anschließend.

3.11 Bauteil: Kurbelwelle

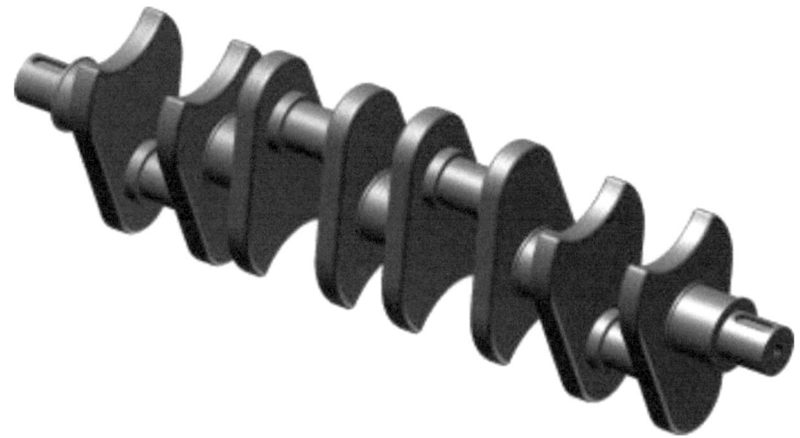

3.11.1 Kurbelwangen zeichnen, extrudieren und kopieren

Erstellen Sie ein neues ⬓ **Bauteil** (Norm.ipt). ⬓ **Projizieren** Sie die drei Achsen und zeichnen Sie die folgende Kontur.

<table>
<tr><td>

- ➢ ⬓ *Neu*
- ➢ ⬓ *Norm.ipt*
- ➢ [Erstellen] *Erstellen*

</td><td>

- ➢ ⬓ *Geometrie projizieren*
- ➢ ⬔ *Konstruktion* aktivieren
- ➢ Ordner: Ursprung öffnen
- ➢ 3 Achsen anklicken
- ➢ ⬔ *Konstruktion* deaktivieren
- ➢ Taste: *ESC*

</td></tr>
</table>

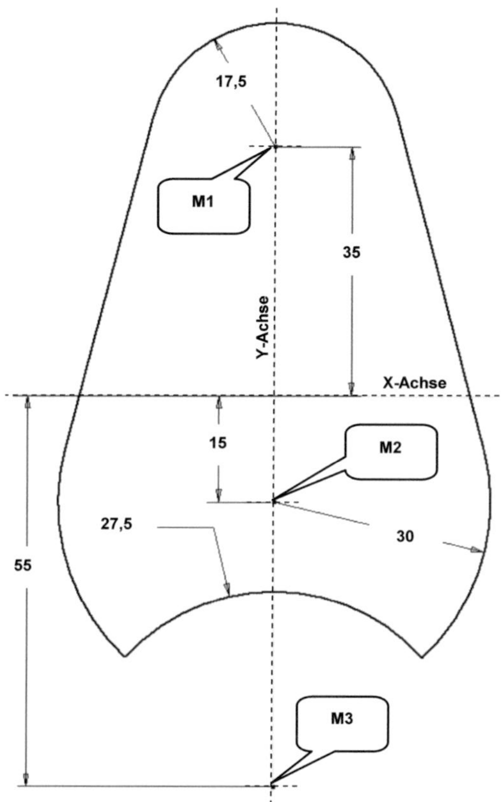

Zeichnen Sie die links abgebildete Kontur und bemaßen Sie sie anschließend.

Achten Sie darauf, dass die drei Mittelpunkte (M1...3) der Bogensegmente auf der projizierten Y-Achse liegen und die Übergänge der beiden Liniensegmente tangential in die angrenzenden Bogensegmente übergehen.

Die gesamte Kontur muss geschlossen sein.

Beenden Sie die Skizze danach mit ✔ **Skizze fertig stellen**.

📦 **Extrudieren** Sie die Kontur anschließend symmetrisch um **10 mm**.

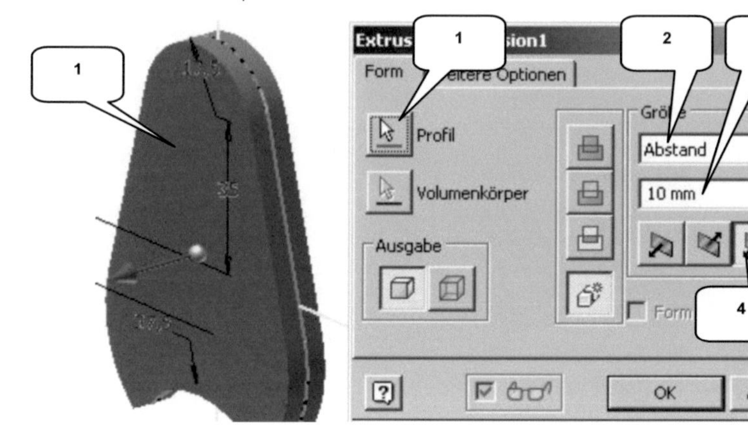

> 📦 **Extrusion**
> Profil: Kontur (1)
> Größe: Abstand [10 mm] (2, 3)

> Richtung: Symmetrisch (4)
> `OK` **OK**

Der neue Volumenkörper soll jetzt mit einer ⛶ **Rechteckigen Anordnung** kopiert und entlang der **Z-Achse** angeordnet werden.

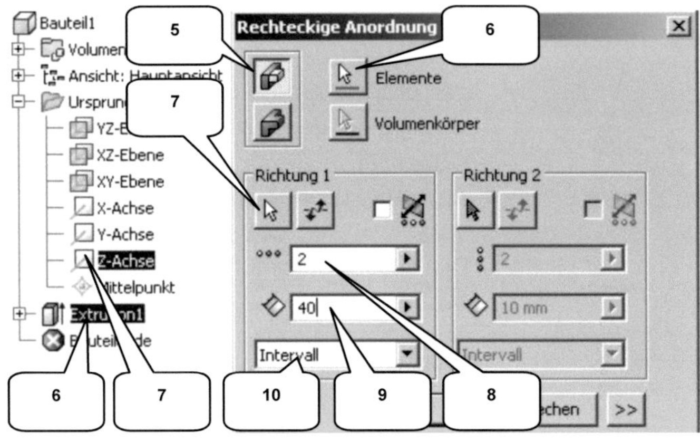
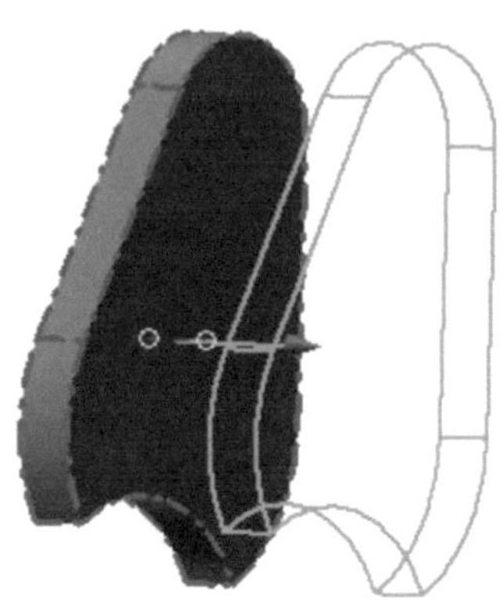

> ⛶ **Rechteckige Anordnung**
> Einzelne Elemente (5)
> Elemente: Extrusion1 (6)
> Richtung 1: Z-Achse (7)

> Anzahl: [2] (8)
> Abstand: [40 mm] (9)
> Typ: Intervall (10)
> ⬚ OK **OK**

Die dritte Kurbelwange erfordert etwas mehr Vorarbeit. Hierfür muss zuerst eine neue Ebene erzeugt (▯ **Versatz von Ebene**) und darauf eine ▱ **2D-Skizze** erstellt werden.

> ▯ **Versatz von Ebene**
> XY-Ebene im Modellbaum wählen
> Versatz: [70 mm] (11)
> ✔ **Anwenden** (12)

> ▱ **2D-Skizze**
> Neue Arbeitsebene im Modellbaum wählen

Die neue Arbeitsebene kann bereits wieder ausgeblendet werden (*rechte Maustaste* > *Sichtbarkeit*).

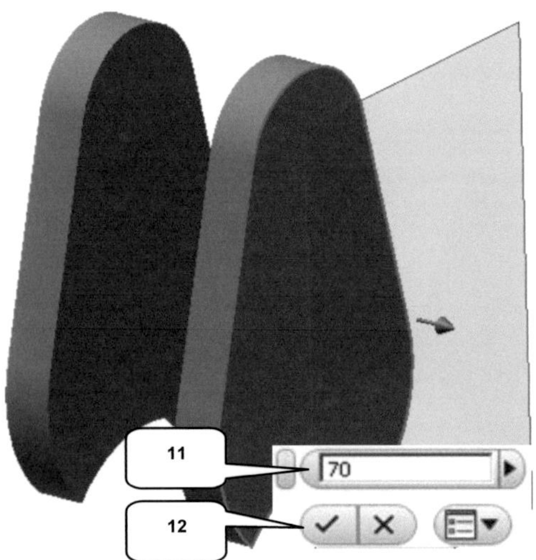

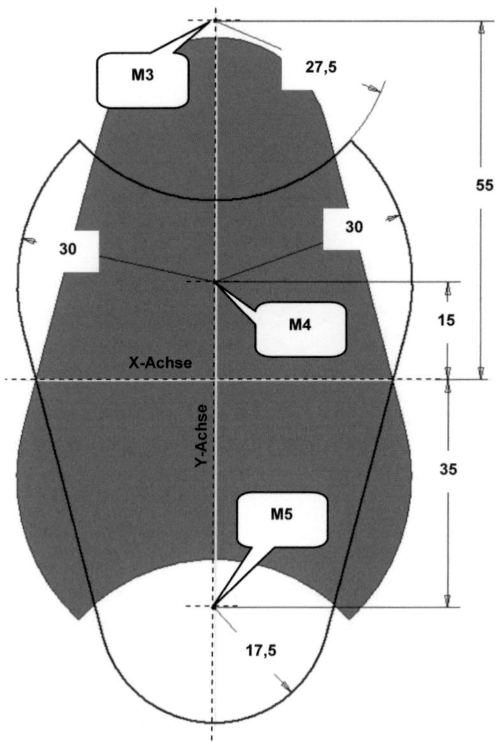

> **Geometrie projizieren**
> ⌐ **Konstruktion** aktivieren
> Ordner: Ursprung öffnen
> 3 Achsen wählen
> ⌐ **Konstruktion** deaktivieren
> Taste: **ESC**

Zeichnen Sie die links abgebildete Kontur und bemaßen Sie diese anschließend. Achten Sie auch hier darauf, dass die drei Mittelpunkte (M4...5) der Bogensegmente auf der projizierten Y-Achse liegen und die Übergänge der beiden Liniensegmente tangential in die angrenzenden Bogensegmente übergehen. Die gesamte Kontur muss geschlossen sein. Beenden Sie die Skizze danach mit ✔ **Skizze fertig stellen** und ▥ **extrudieren** Sie die Kontur symmetrisch um **10 mm**.

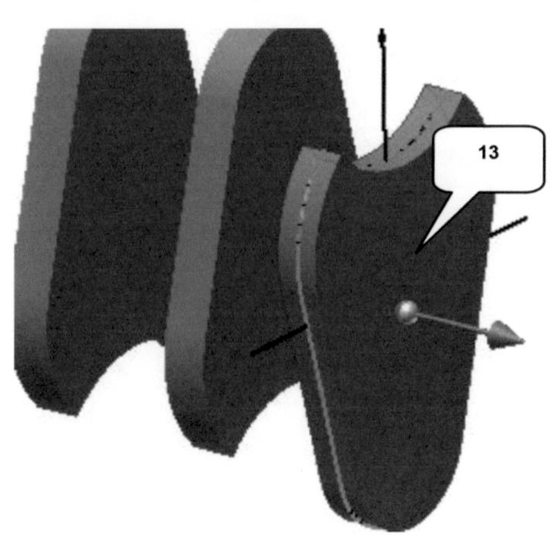

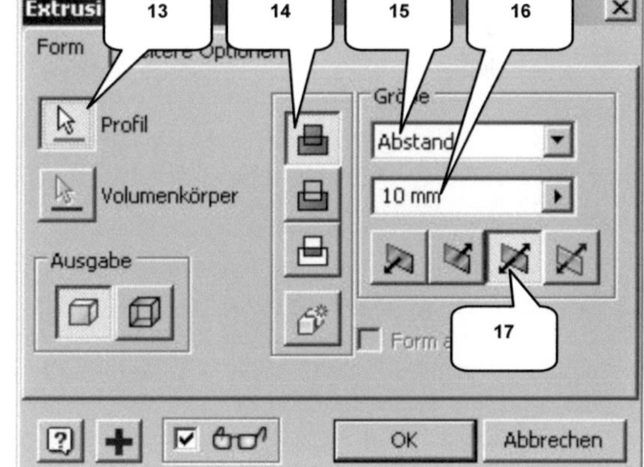

> ▥ **Extrusion**
> Profil: Kontur (13)
> Verfahren: Vereinigung (14)

> Größe: Abstand [10 mm] (15, 16)
> Richtung: Symmetrisch (17)
> ⌐OK⌐ **OK**

Auch die letzte Extrusion soll mittels ⊞ *Rechteckiger Anordnung* einmal entlang der Z-Achse angeordnet werden.

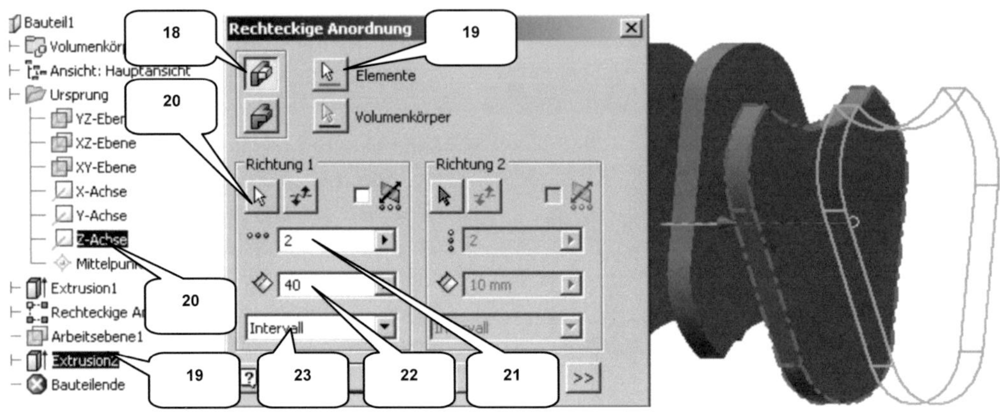

> ⊞ *Rechteckige Anordnung*
> Einzelne Elemente anordnen (18)
> Elemente: Extrusion2 (19)
> Richtung 1: Z-Achse (20)

> Anzahl: [2] (21)
> Abstand: [40 mm] (22)
> Typ: Intervall (23)
> ⬚ OK *OK*

Alle Außenkanten sind jetzt um den Radius *2 mm* zu 🔲 *runden*. Verwenden Sie die speziell hierfür geeignete Option *Alle Außenradien*.

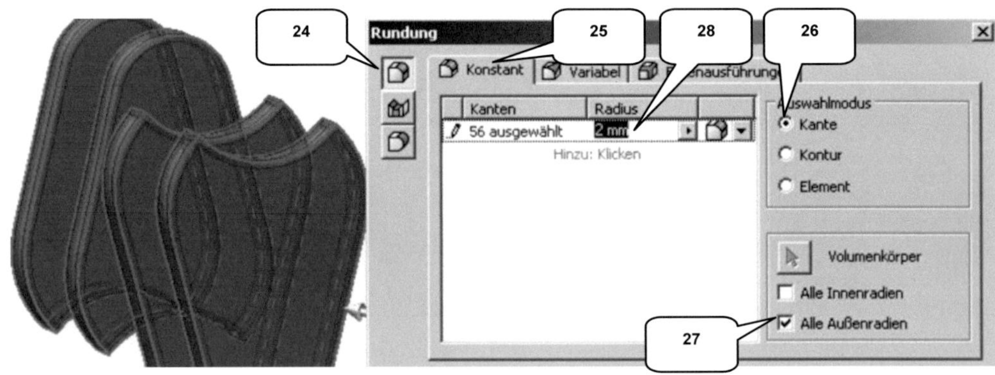

> 🔲 *Rundung*
> Typ: Kantenabrundung (24)
> Reiter: Konstant (25)
> Auswahlmodus: Kante (26)

> Aktivieren: Alle Außenradien (27)
> Radius: [2 mm] (28)
> ⬚ OK *OK*

3.11.2 Pleuel- und Führungslager

Zur Konstruktion der Pleuel- und Führungslager ist auf der **YZ-Ebene** eine neue **2D-Skizze** zu erstellen und darauf die folgende Kontur zu zeichnen:

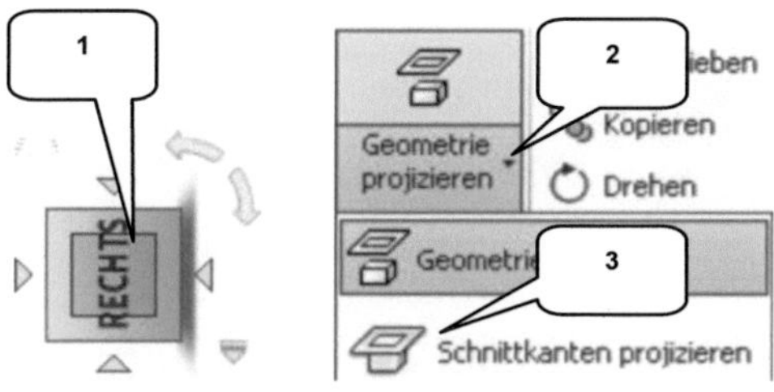

> **ViewCube**-Ansicht: **RECHTS** (90° gegen UZS gedreht) (1)

> **2D-Skizze**
> YZ-Ebene im Modellbaum wählen

> **Geometrie projizieren**
> **Konstruktion** aktivieren
> Ordner: Ursprung öffnen
> 3 Achsen wählen
> Taste: **ESC**

> **Geometrie proj.** erweitern (2)
> **Schnittkanten projizieren** (3)
> **Konstruktion** deaktivieren
> Taste: **ESC**

Zeichnen Sie die nachfolgend dargestellte Skizzengeometrie. Sie besteht aus fünf einzelnen, in sich geschlossenen Linienkonturen. Bemaßen Sie diese Konturen und verwenden Sie alle notwendigen Abhängigkeiten, um die Skizze vollständig zu bestimmen. Der Skizzenbereich kann danach verlassen und die Skizze in mehreren Schritten verarbeitet werden.

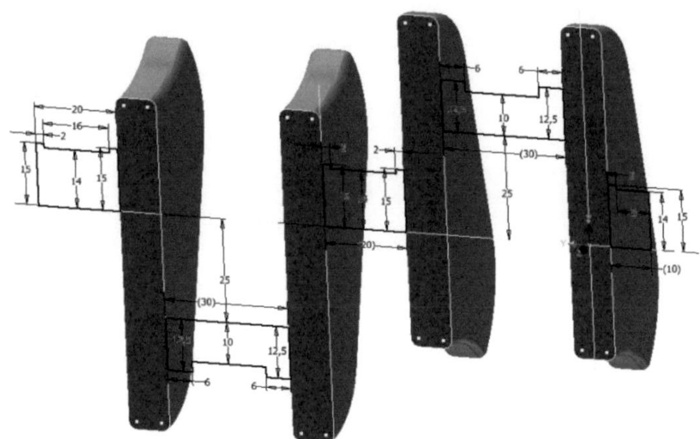

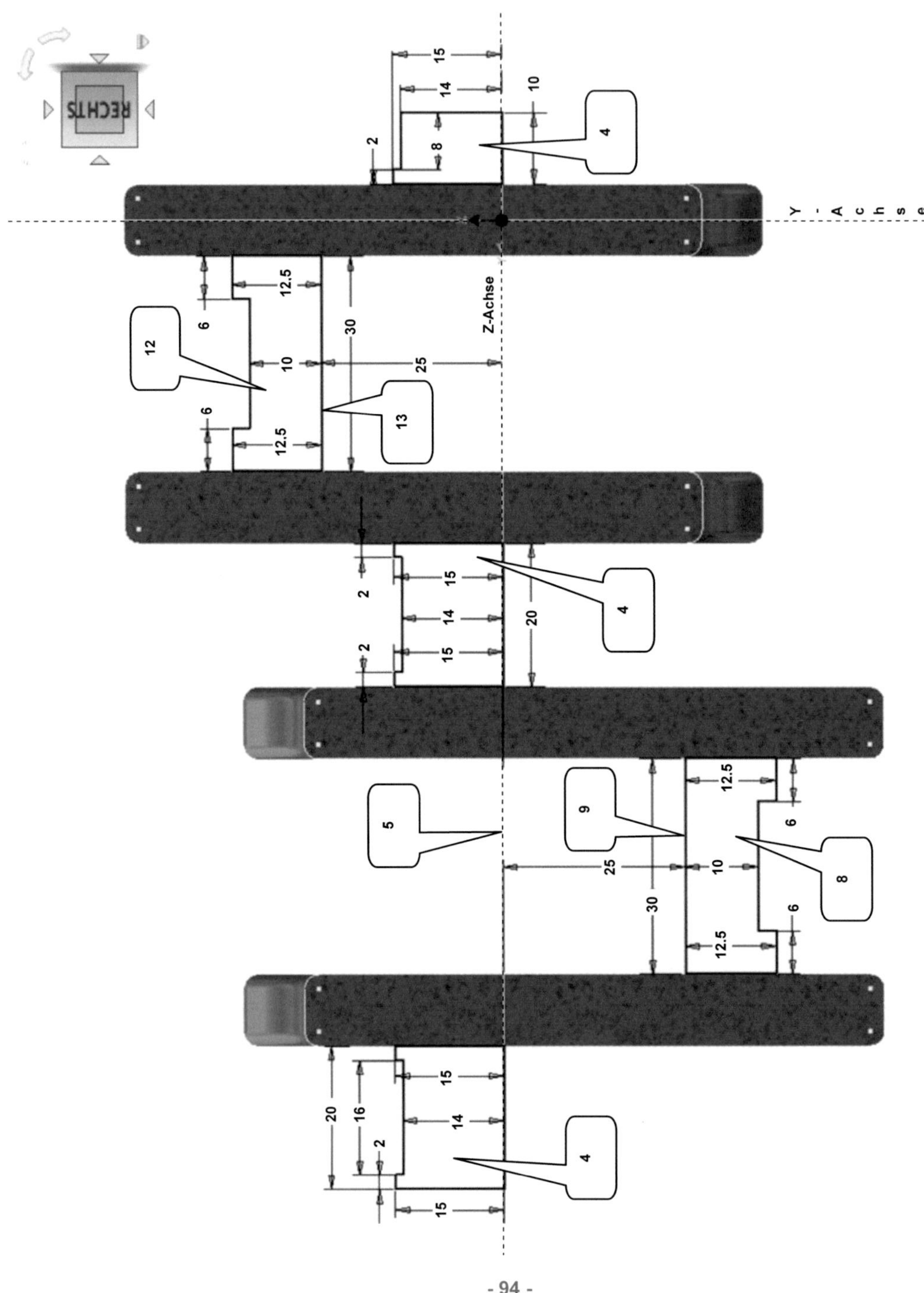
RECHTS
Y - A c h s e
Z-Achse
15
14
10
2
8
4
12.5
6
12
30
10
25
13
6
12.5
2
15
14
15
2
20
4
5
9
12.5
6
8
25
10
30
6
12.5
20
16
15
14
2
4
15

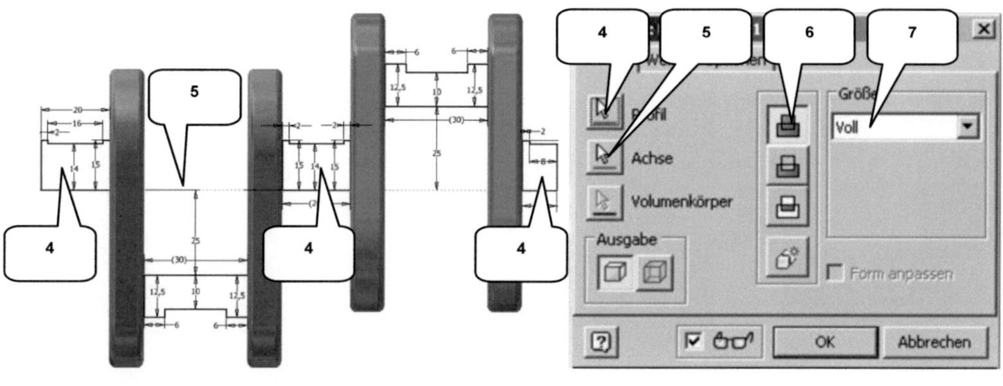

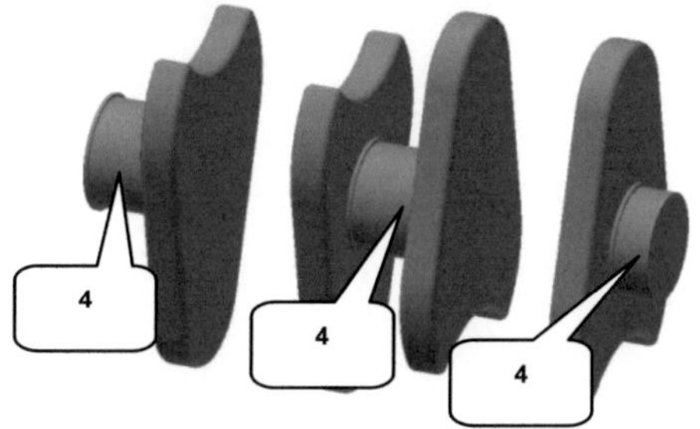

> 🖥 *Drehung*
> Profil: Markierte Flächen (4)
> Achse: Projizierte Z-Achse (5)
> Verfahren: Vereinigung (6)
> Größe: Voll (7)
> OK *OK*

Klappen Sie im Modellbaum den letzten Befehl 🖥 *Umdrehung* auf, klicken Sie mit der **rechten Maustaste** auf die darin enthaltene Skizze und wählen Sie die Option *Skizze wieder verwenden*.

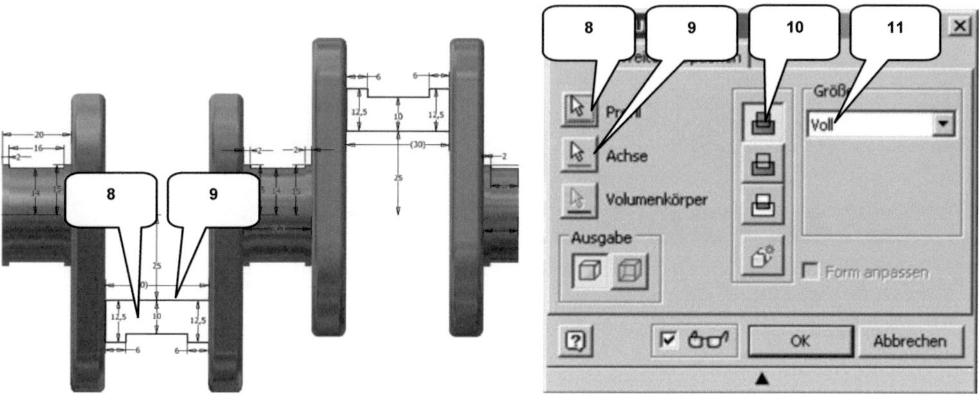

> 🖥 *Drehung*
> Profil: Markierte Fläche (8)
> Achse: Markierte Linie (9)

> Verfahren: Vereinigung (10)
> Größe: Voll (11)
> OK *OK*

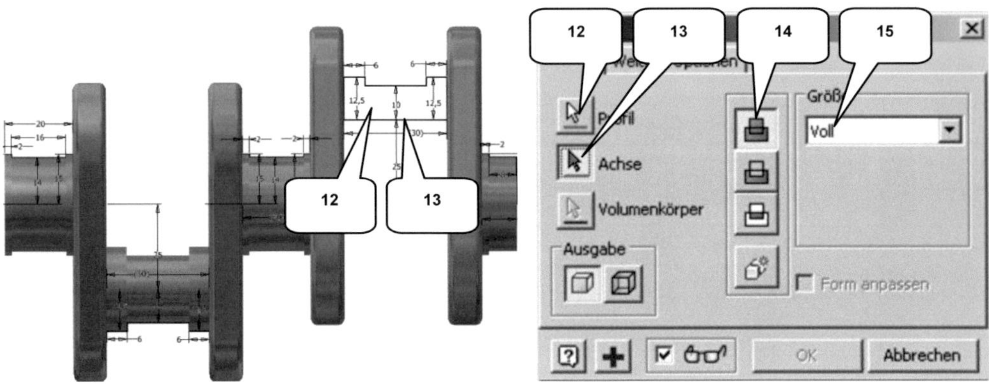

> 🔄 *Drehung*
> Profil: Markierte Fläche (12)
> Achse: Markierte Linie (13)

> Verfahren: Vereinigung (14)
> Größe: Voll (15)
> ⬛ OK

Die Sichtbarkeit der Skizze kann jetzt wieder deaktiviert werden (*rechte Maustaste* > *Sichtbarkeit*). Wechseln Sie in die *ViewCube*-Ansicht: *OBEN* und erzeugen Sie auf der vor Ihnen liegenden Fläche eine neue 📝 *2D-Skizze*.

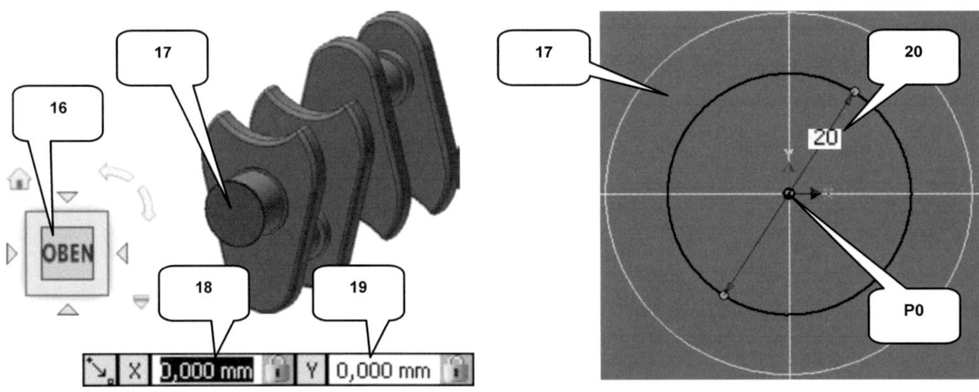

> *ViewCube*-Ansicht: *OBEN* (16)
> 📝 *2D-Skizze*
> Markierte Fläche (17) wählen

> ⊙ *Kreis*
> Taste: *TAB*
> X-Koordinate: [0 mm] eingeben (18)

> Taste: *TAB*
> Y-Koordinate: [0 mm] eingeben (19)
> Taste: *ENTER*
> Durchmesser: [20 mm] eingeben (20)
> Taste: *ENTER*

> ✔ *Skizze fertig stellen*

Dieser Kreis ist um **20 mm** zu 📖 *extrudieren*.

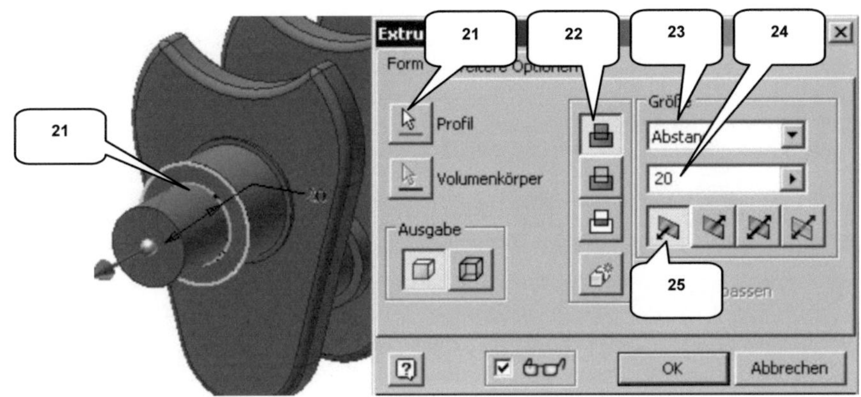

➤ 📖 **Extrusion**	➤ Größe: Abstand [20 mm] (23, 24)
➤ Profil: Kreis (21)	➤ Richtung: Richtung 1 (25)
➤ Verfahren: Vereinigung (22)	➤ [OK] **OK**

3.11.3 Passfederaussparung und Gewindebohrung

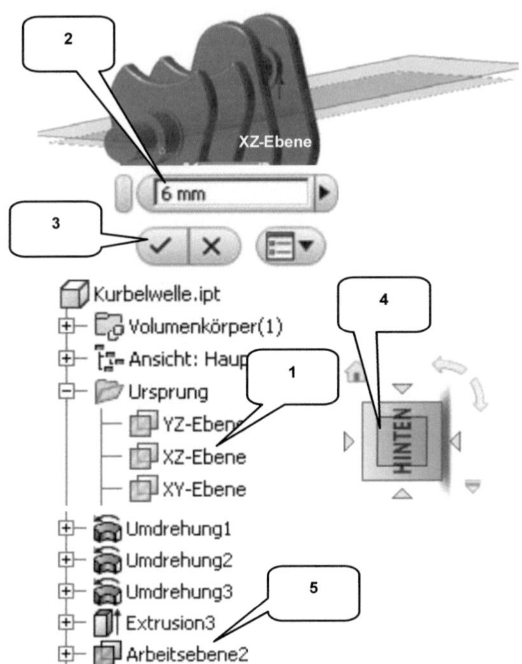

Auch die Kurbelwelle soll mit einer Passfedernut versehen werden. Hierfür benötigen Sie eine neue 📖 **Arbeitsebene**, parallel zur **XZ-Ebene** und in einem Abstand von **6 mm** dazu. Erstellen Sie darauf eine neue 📝 **Skizze** mit einem ⬭ **Langloch**.

➤ 📖 **Versatz von Ebene**

➤ XZ-Ebene (Modellbaum) wählen (1)

➤ Abstand: [6 mm] (2)

➤ ✔ **Anwenden** (3)

➤ **ViewCube**-Ansicht: **HINTEN** (90° gegen UZS gedreht) (4)

➤ 📝 **2D-Skizze**

➤ Neue Arbeitsebene wählen (5)

➤ Taste: **F7** (Skizze aufschneiden)

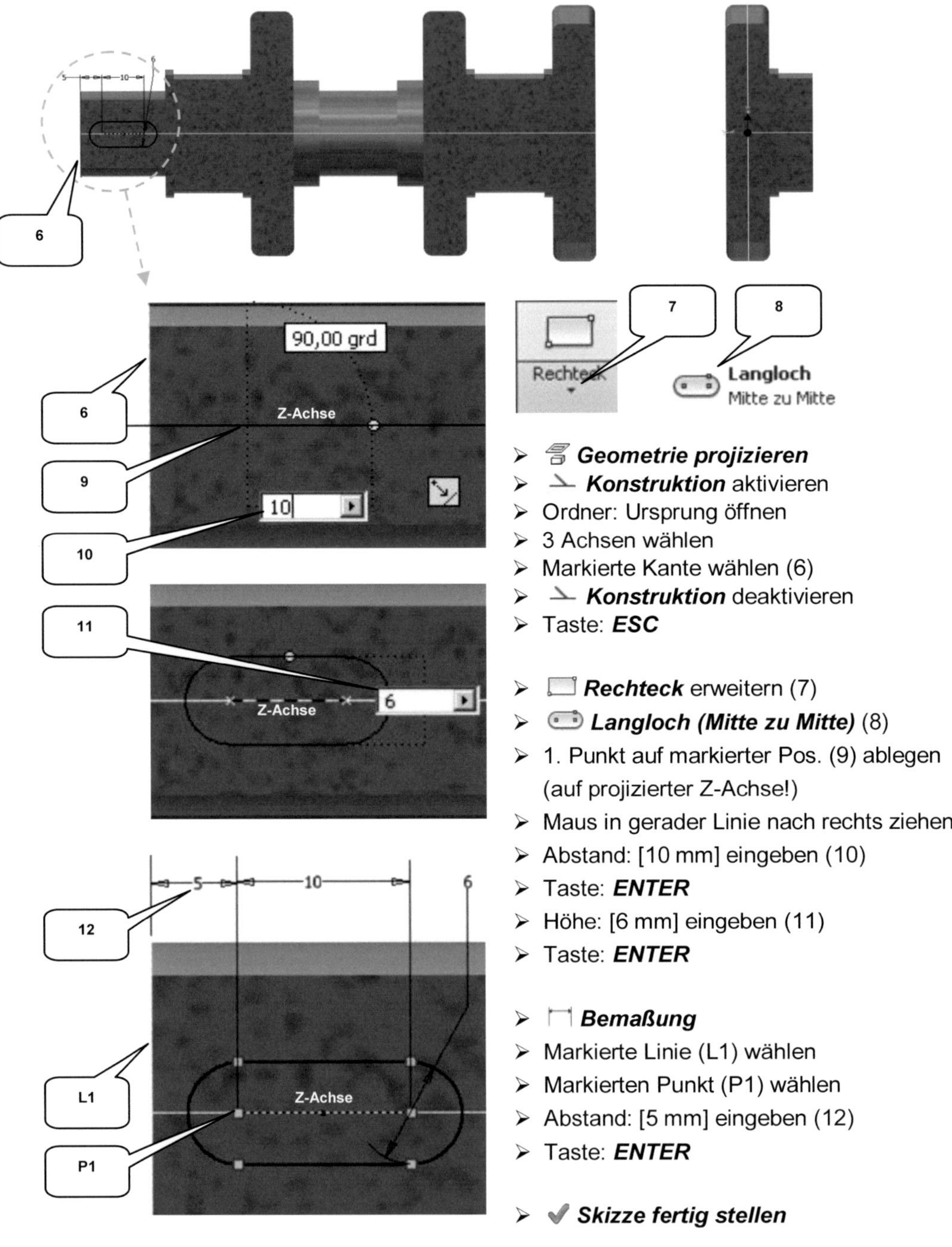

> ⧠ *Geometrie projizieren*
> ⌐ *Konstruktion* aktivieren
> Ordner: Ursprung öffnen
> 3 Achsen wählen
> Markierte Kante wählen (6)
> ⌐ *Konstruktion* deaktivieren
> Taste: *ESC*

> ⧠ *Rechteck* erweitern (7)
> ⬭ *Langloch (Mitte zu Mitte)* (8)
> 1. Punkt auf markierter Pos. (9) ablegen
>   (auf projizierter Z-Achse!)
> Maus in gerader Linie nach rechts ziehen
> Abstand: [10 mm] eingeben (10)
> Taste: *ENTER*
> Höhe: [6 mm] eingeben (11)
> Taste: *ENTER*

> ⊓ *Bemaßung*
> Markierte Linie (L1) wählen
> Markierten Punkt (P1) wählen
> Abstand: [5 mm] eingeben (12)
> Taste: *ENTER*

> ✔ *Skizze fertig stellen*

Die Arbeitsebene kann jetzt wieder deaktiviert werden (*rechte Maustaste* > *Sichtbarkeit*).
📕 *Extrudieren* Sie das Langloch mit dem Verfahren Differenz und fügen Sie auf der selben
Seite eine 🔩 *Gewindebohrung* hinzu.

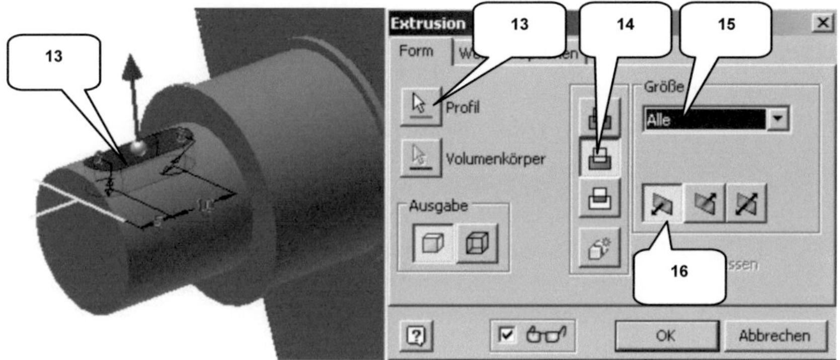

➢ 📕 *Extrusion*	➢ Größe: Alle (15)
➢ Profil: Langloch (13)	➢ Richtung: Richtung 1 (16)
➢ Verfahren: Differenz (14)	➢ ⬜ OK *OK*

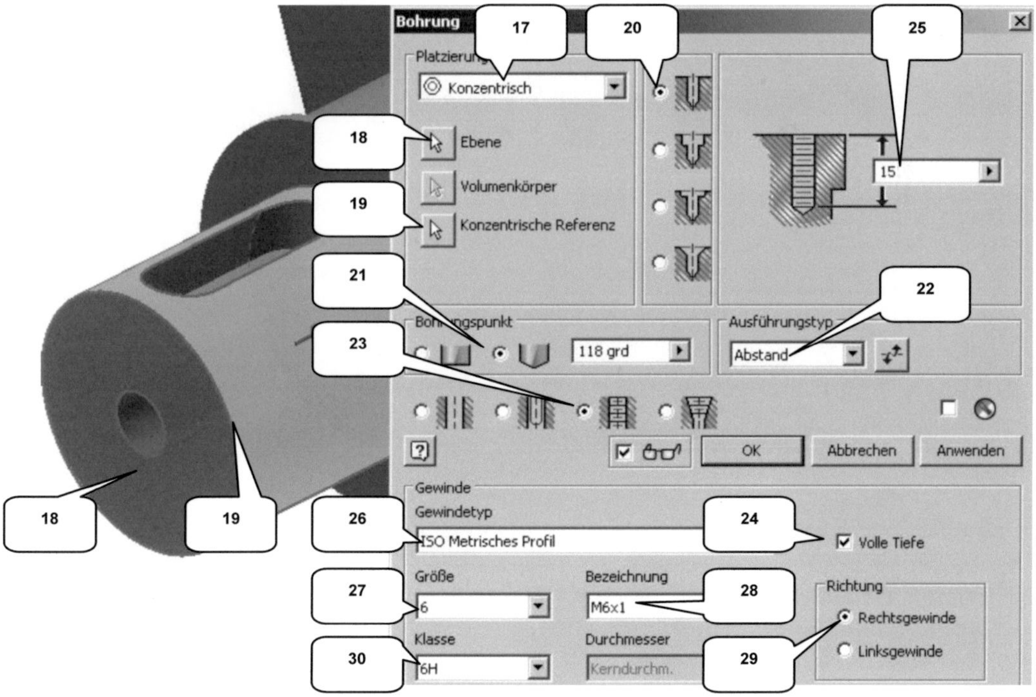

- ➢   *Bohrung*
- ➢ Platzierung: Konzentrisch (17)
- ➢ Ebene: Markierte Fläche (18)
- ➢ Konzentrische Referenz: Kante (19)
- ➢ Form: Einfach (20)
- ➢ Bohrungspunkt: Spitze [118°] (21)
- ➢ Ausführungstyp: Abstand (22)
- ➢ Typ: Gewindebohrung (23)

- ➢ Gewindetiefe: Volle Tiefe (24)
- ➢ Bohrtiefe: [15 mm] (25)
- ➢ Gewindetyp: ISO Metr. Profil (26)
- ➢ Größe: 6 (M6 x 1) (27, 28)
- ➢ Rechtsgewinde (29)
- ➢ Klasse: 6H (30)
- ➢   *OK*

3.11.4   Spiegeln des Volumenkörpers

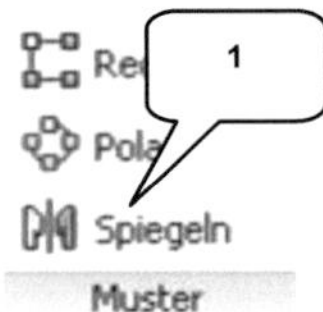

Der Befehl *Spiegeln* (1) ermöglicht das Spiegeln einzelner 3D-Befehle eines Bauteils oder des gesamten Bauteils an einer Ebene oder Fläche. Im folgenden Schritt soll der vorhandene Volumenkörper an der markierten Stirnfläche (3) der Kurbelwelle gespiegelt werden.

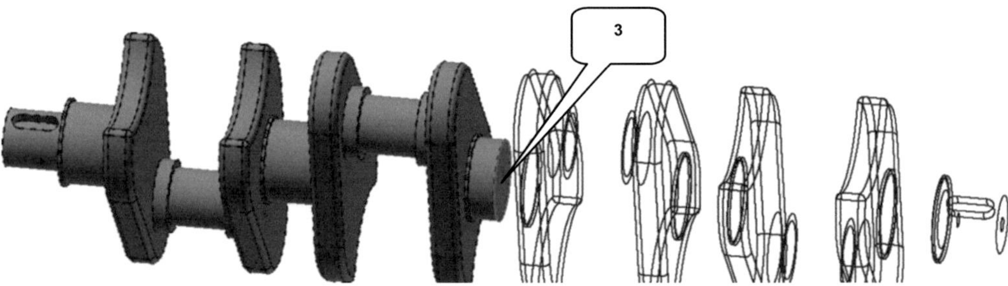

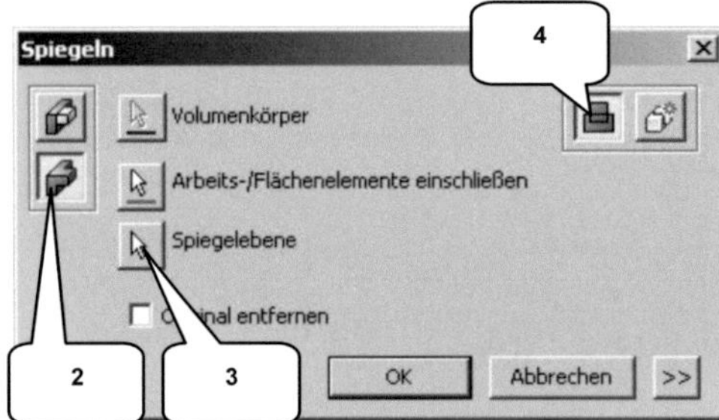

- ➢ *Spiegeln* (1)
- ➢ Option: Volumenkörper (2)
- ➢ Volumenkörper: (Automatisch)
- ➢ Spiegelebene: Markierte Fläche (3)
- ➢ Verfahren: Vereinigung (4)
- ➢   *OK*

Noch sichtbare Arbeitsebenen oder Skizzen im Zeichenbereich sollten jetzt ausgeblendet werden. Die Datei kann als *Kurbelwelle* gespeichert und danach geschlossen werden. Mit der Fertigstellung der Kurbelwelle verlassen wir den Bauteilbereich und wechseln in den Baugruppenbereich.

4 BAUGRUPPEN

4.1 Unterbaugruppe: Kolben

4.1.1 Erzeugen der ersten Baugruppe

Erstellen Sie eine neue **Baugruppe** (Norm.iam) und speichern Sie diese als **BG_Kolben**.

> **Neu**
> **Norm.iam** (1)
> Erstellen | **Erstellen**
> **Speichern** [BG_Kolben]

4.1.2 Das Register ZUSAMMENFÜGEN im Überblick

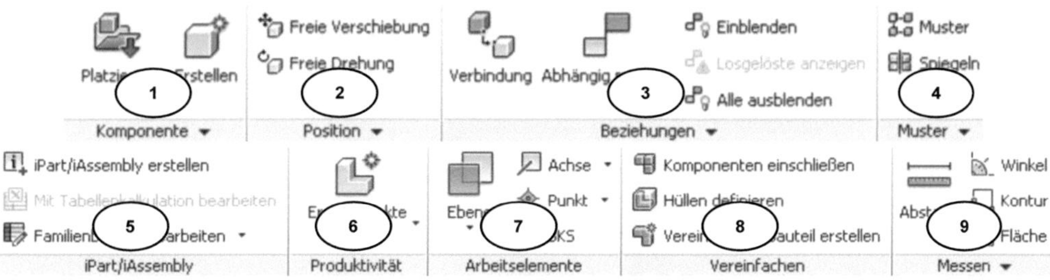

OPTIONEN

1) Bauteile/ Komponenten aus einer Datei/ dem Inhaltscenter einfügen, neue Bauteile erstellen, vorhandene Bauteile kopieren, anordnen oder ersetzen

2) Komponenten in Position/ Lage ändern

3) Abhängigkeiten vergeben, ein- oder ausblenden

4) Elemente als Muster anordnen und somit kopieren

5) Erzeugen/ Bearbeiten von Teile- familien oder iParts/ iAssemblys

6) Bauteilstrukturen organisieren

7) Ebenen, Achsen, Punkte erzeugen

8) Bauteile vereinfachen

9) Abstände, Winkel, Konturen, Flächen- inhalte berechnen

4.1.3 Komponenten platzieren

Der Befehl 🔧 **Platzieren** (1) fügt Komponenten (Bauteile/ Baugruppen) in die aktuelle Baugruppe ein. Die erste Komponente die in eine Baugruppe eingefügt wird, sollte ein Objekt sein, an dem sich alle anderen Komponenten ausrichten können. Wenn Sie einzeln platziert wird, wird sie vom Programm automatisch am Koordinatenursprung ausgerichtet und dort fixiert.

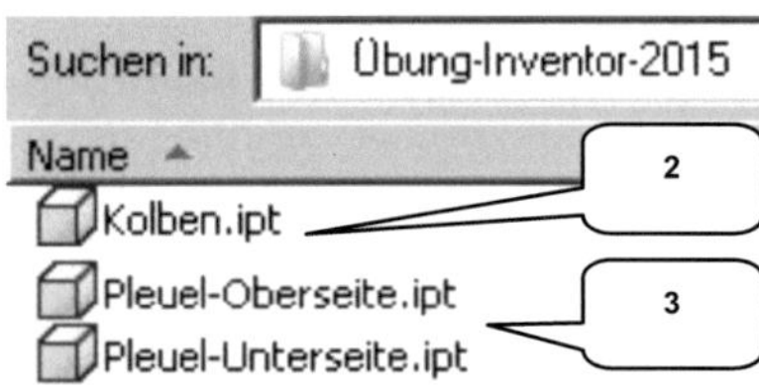

> 🔧 **Platzieren** (1)
> Kolben.ipt wählen (2)
> [Öffnen] **Öffnen**
> Taste: **ESC**

> 🔧 **Platzieren** (1)
> bei gedrückter Taste: **STRG** die Bauteile Pleuel-Oberseite und Pleuel-Unterseite wählen (3)
> [Öffnen] **Öffnen**
> Die Bauteile einmal mit der linken Maustaste frei ablegen
> Taste: **ESC**

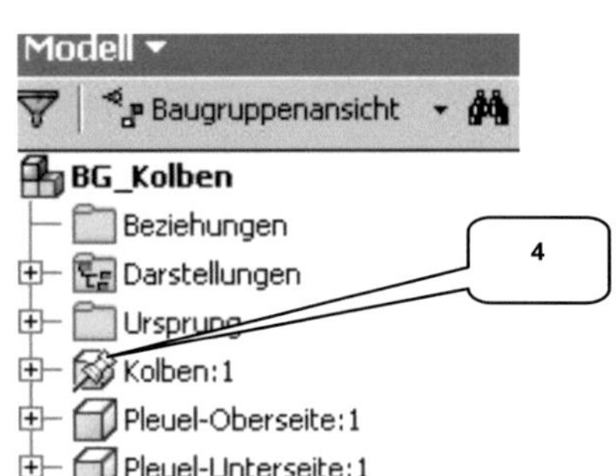

Das zuerst (einzeln!) in die Baugruppe eingefügte Bauteil Kolben wurde vom Programm automatisch am Koordinatenursprung ausgerichtet und dort fixiert. Gekennzeichnet wird dies durch ein kleines **Pin-Symbol** (4).

4.1.4 Kolben und Pleueloberseite voneinander abhängig machen

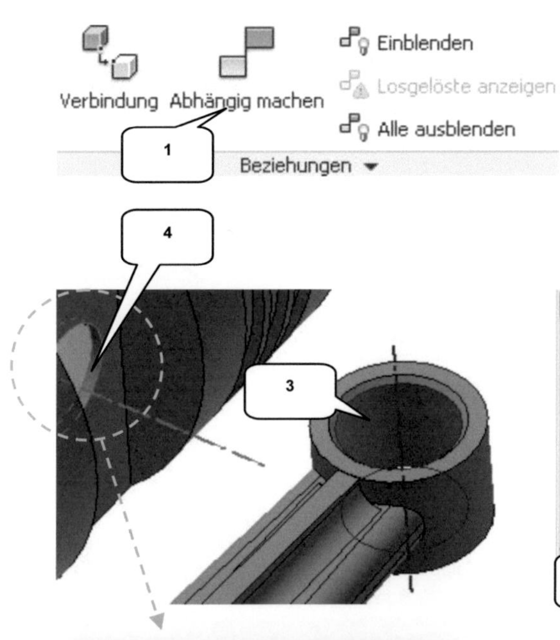

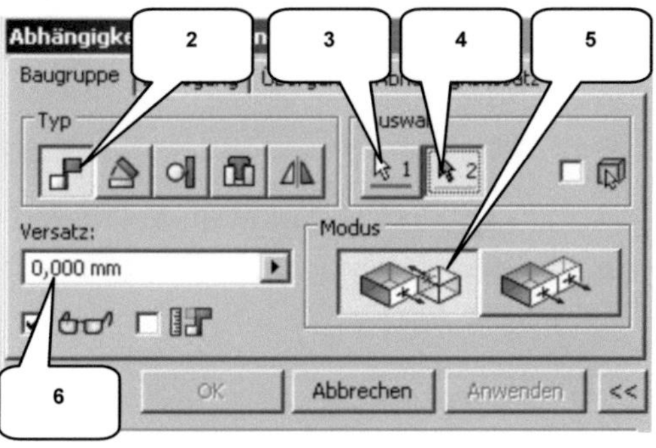

Der Befehl **Abhängig machen** (1) stellt Verbindungen zwischen Komponenten her, indem deren geometrische Elemente voneinander abhängig gemacht werden. Starten Sie den Befehl und verbinden Sie die Bauteile Kolben und Pleuel-Oberseite miteinander.

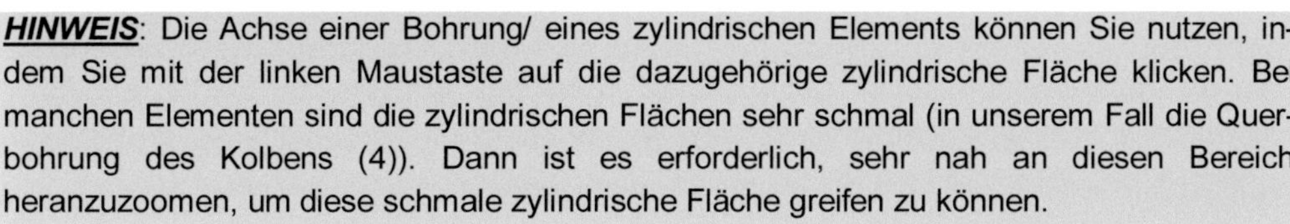

> **Abhängig machen** (1)
> Reiter: Baugruppe
> Typ: Passend (2)
> Auswahl 1: Markierte Zylinderfläche am Pleuel (3) (die dazugehörige Achse wird automatisch erkannt)
> Auswahl 2: Markierte Zylinderfläche am Kolben (4) (die dazugehörige Achse wird automatisch erkannt)
> Modus: Passend (5)
> Versatz: [0 mm] (6)
> [OK] OK

HINWEIS: Die Achse einer Bohrung/ eines zylindrischen Elements können Sie nutzen, indem Sie mit der linken Maustaste auf die dazugehörige zylindrische Fläche klicken. Bei manchen Elementen sind die zylindrischen Flächen sehr schmal (in unserem Fall die Querbohrung des Kolbens (4)). Dann ist es erforderlich, sehr nah an diesen Bereich heranzuzoomen, um diese schmale zylindrische Fläche greifen zu können.

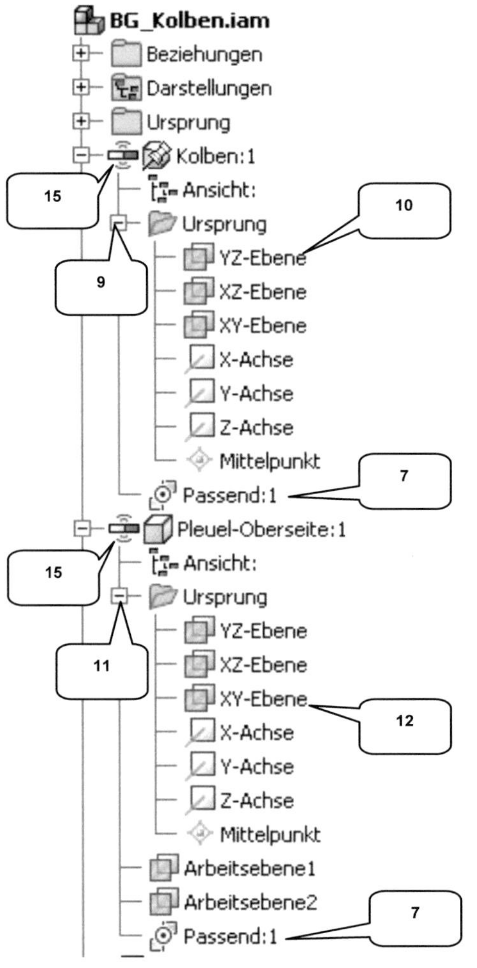

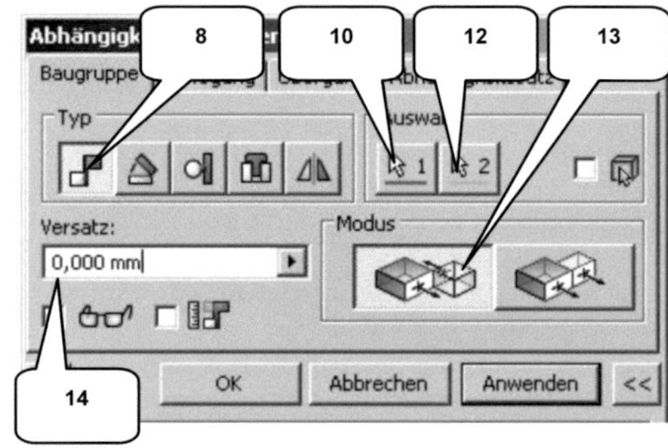

Nachdem die Abhängigkeit gesetzt wurde, wird Sie den betreffenden Komponenten im Modellbaum zugeordnet. Werden im Modellbaum die Komponenten Kolben und Pleuel-Oberseite aufgeklappt, finden Sie darin die soeben erzeugte Abhängigkeit **Passend** (7).

HINWEIS: Um eine Abhängigkeit zu bearbeiten, klicken Sie mit der **rechten Maustaste** darauf und wählen die Option **Bearbeiten**. Um sie zu löschen, wählen Sie die Option **Löschen**.

- ➢   **Abhängig machen**
- ➢ Reiter: Baugruppe
- ➢ Typ: Passend (8)
- ➢ Ordner: Ursprung (Kolben) aufklappen (9)
- ➢ Auswahl 1: YZ-Ebene (Kolben) (10)
- ➢ Ordner: Ursprung (Pleuel-Oberseite) aufklappen (11)
- ➢ Auswahl 2: XY-Ebene (Pleuel-Oberseite) (12)
- ➢ Modus: Passend (13)
- ➢ Versatz: 0 mm (14)
- ➢ **OK**

Das Programm erkennt normalerweise keine Kollisionen zwischen Bauteilen. Das Pleuel kann im momentanen Zustand also problemlos durch den Kolben hindurchbewegt werden. Um diesen Fehler zu beheben, drehen Sie das Pleuel so, dass es nicht mit dem Kolben kollidiert. Klicken Sie dann mit der **rechten Maustaste** auf das Bauteil Pleuel-Oberseite und aktivieren Sie den **Kontaktsatz**. Wiederholen Sie diesen Schritt beim Kolben.

Bei beiden Komponenten wird jetzt im Modellbaum das Symbol ⊕ **Kontaktsatz** (15) angezeigt. Wechseln Sie ins Register **Prüfen** (16) und aktivieren Sie dort die Option ⊕ **Kontakt-
löser aktivieren** (17). Wenn Sie das Pleuel-Oberteil jetzt bei gedrückter linker Maustaste
bewegen, sollte die Bewegung des Pleuels begrenzt werden.

4.1.5 Pleuelober- und -unterseite miteinander verbinden

Im nächsten Schritt sollen Ober- und Unterseite des Pleuels miteinander verbunden
werden. Um dies zu erleichtern, kann die
Unterseite vorher etwas gedreht werden.
Der Befehl ⟳ **Freie Drehung** (1) ermöglicht
ein freies Drehen einzelner Komponenten
einer Baugruppe (alternativ funktioniert auch
die Taste: **G**).

Markieren Sie die Unterseite des Pleuels (2)
und starten Sie den Befehl. Drehen Sie die
Pleuelunterseite, bis deren Lage zur Pleuel-
oberseite wie links dargestellt erreicht ist.
Die Taste: **ESC** beendet den Befehl.

HINWEIS: Um das Setzen von Abhängigkeiten zu erleichtern, sollten die betreffenden Komponenten vorher mit dem Befehl ⟳ **Freie Drehung** (1) annähernd aneinander ausgerichtet
werden. Dies verhindert oftmals eine fehlerhafte Positionierung durch das Programm.

Nachdem die Unterseite des Pleuels ausgerichtet wurde, kann mit dem Setzen der Abhängigkeiten begonnen werden. Folgen Sie der Befehlskette und verbinden Sie beide Bauteile
miteinander.

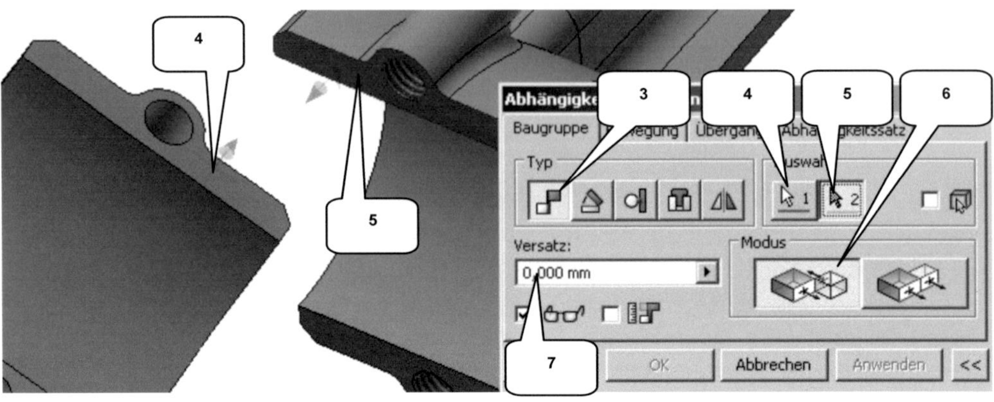

- ➢   *Abhängig machen*
- ➢ <u>Reiter: Baugruppe</u>
- ➢ Typ: Passend (3)
- ➢ Auswahl 1: Markierte Fläche (4)
- ➢ Auswahl 2: Markierte Fläche (5)
- ➢ Modus: Passend (6)
- ➢ Versatz: [0 mm] (7)
- ➢   OK   *OK*

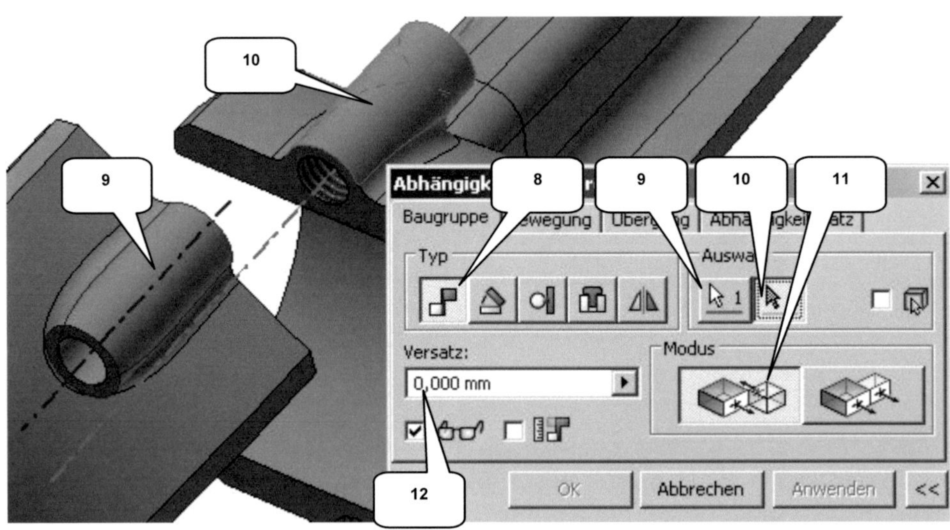

- ➢   *Abhängig machen*
- ➢ <u>Reiter: Baugruppe</u>
- ➢ Typ: Passend (8)
- ➢ Auswahl 1: Mark. Zylinderfläche (9)
- ➢ Auswahl 2: Mark. Zylinderfläche (10)
- ➢ Modus: Passend (11)
- ➢ Versatz: [0 mm] (12)
- ➢   OK   *OK*

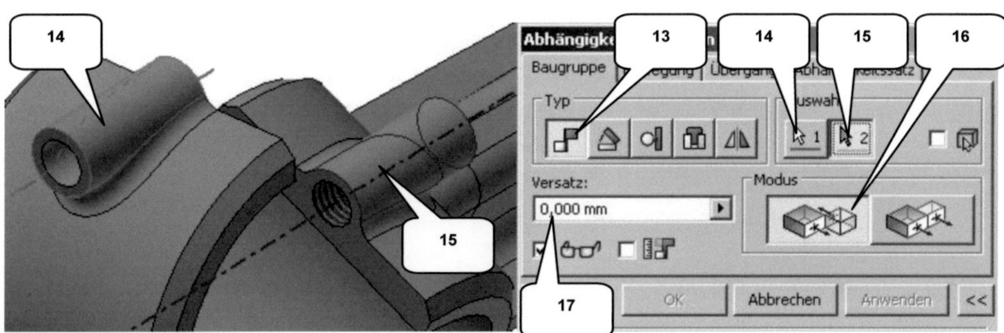

➢ 🔲 ***Abhängig machen***	➢ Auswahl 2: Mark. Zylinderfläche (15)
➢ <u>Reiter: Baugruppe</u>	➢ Modus: Passend (16)
➢ Typ: Passend (13)	➢ Versatz: [0 mm] (17)
➢ Auswahl 1: Mark. Zylinderfläche (14)	➢ [OK] ***OK***

4.1.6 *Schrauben aus dem Inhaltscenter platzieren*

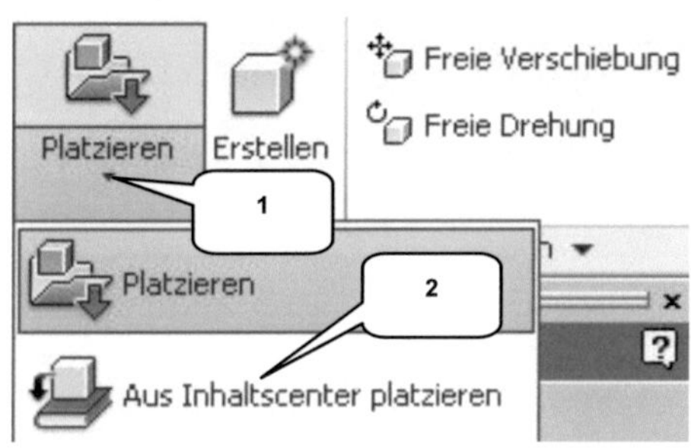

Nachdem alle zur Baugruppe gehörenden Bauteile platziert und ausgerichtet wurden, sollen jetzt zwei Schrauben aus dem 🖨 ***Inhaltscenter*** (2) eingefügt werden. Der Befehl befindet sich hinter dem erweiterten Befehl 🖨 ***Platzieren*** (1).

➢ 🖨 ***Platzieren*** erweitern (1)

➢ 🖨 ***Aus Inhaltscenter platzieren*** (2)

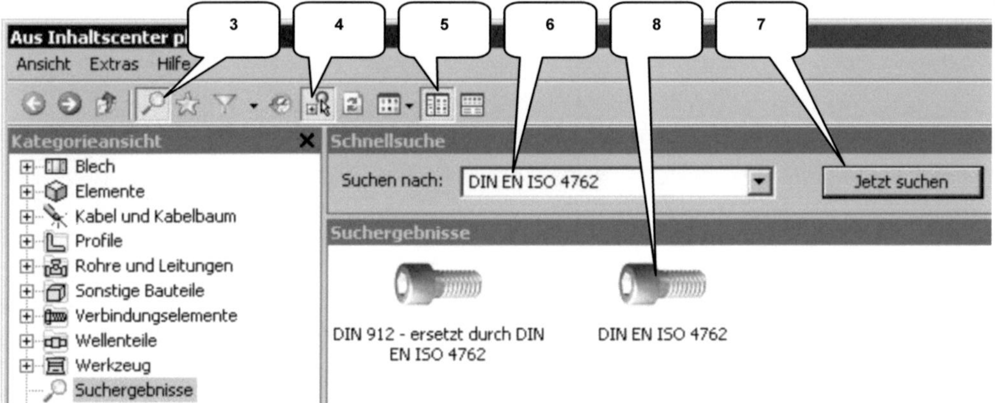

➢ Option: **Suchen** aktivieren (3)

➢ Option: **AutoDrop** aktivieren (4)

➢ Option: **Baumstrukturansicht** aktivieren (5)

➢ Suchen nach: [DIN EN ISO 4762] eingeben (6)

➢ Jetzt suchen **Jetzt suchen** (7)

➢ Markierte Schraube doppelklicken (8)

Die Schraube muss jetzt platziert werden.

HINWEIS: Sollten diese Komponente in Ihrem Inhaltscenter nicht verfügbar sein, **platzieren** Sie diese aus dem Order **Normteile** im Projektordner manuell. Auch die Abhängigkeiten sind dann separat zu vergeben.

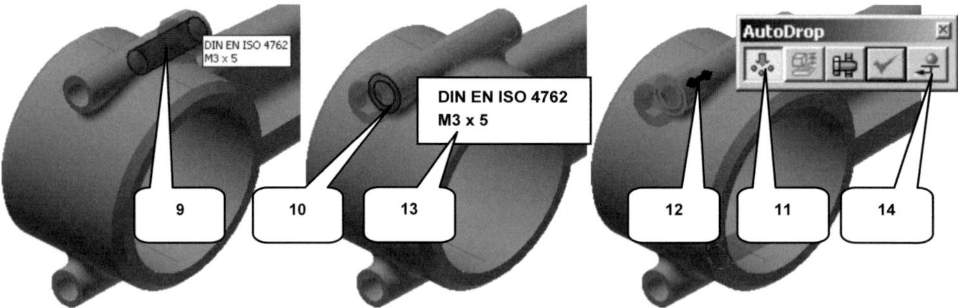

➢ Markierte Zylinderfläche wählen, um die darin enthaltene Gewindebohrung zu aktivieren (9)

➢ Markierte Ringfläche wählen (10)

➢ **Mehrere einfügen** aktivieren (11)

➢ Am Doppelpfeil ziehen (12), bis die Länge (M3 x 20) angezeigt wird (13)

➢ **Anwenden** (14)

HINWEIS: **AutoDrop** ermöglicht eine teilautomatisierte Konfiguration von Komponenten aus dem Inhaltscenter. Geometrische Eigenschaften der Komponenten werden dabei anhand der vorhandenen geometrischen Elemente ermittelt und generiert. Diese Option funktioniert allerdings nur bei wenigen Normteilen aus dem Inhaltscenter.

4.1.7 Erstellen einer Komponente aus der Baugruppe heraus

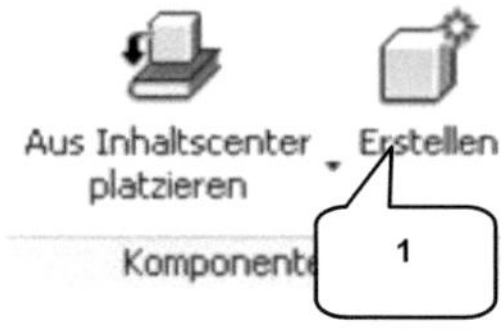

Bauteile und Baugruppen können mit dem Befehl **Erstellen** (1) direkt aus einer Baugruppe heraus erzeugt werden. Ein immenser Vorteil hierbei ist, dass man sich auf bereits vorhandene Komponenten beziehen kann und Adaptivitäten zu den vorhandenen Objekten generiert.

Starten Sie den Befehl, geben Sie den Komponentennamen **Kolbenbolzen** ein, wählen Sie die Vorlage **Norm.ipt**, Ihren Projektspeicherort und die Stücklistenstruktur **Normal**. Wichtig ist, den Haken bei der Option **Skizzierebene von gewählter Fläche oder Ebene abhängig machen** zu setzen, um die neue Komponente mit der entsprechenden Adaptivität (geometrische Abhängigkeit zur Querbohrung des Kolbens) zu versehen.

Das Programm erwartet anschließend die Auswahl einer Basisebene, auf der die XY-Ebene des neuen Bauteils platziert werden soll. Hier ist die markierte Fläche (7) des Kolbens zu wählen.

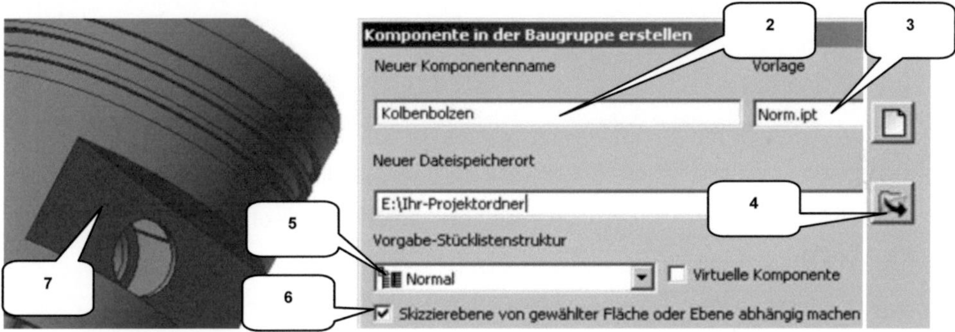

> ✎ **Erstellen** (1)
> Bezeichnung: [Kolbenbolzen] (2)
> Vorlage: Norm.ipt (3)
> Dateispeicherort: Projektordner (4)
> Stücklistenstruktur: Normal (5)

> Aktivieren: Skizzierebene von gewählter Fläche abhängig machen (6)
> OK **OK**

> Markierte Fläche wählen (7)

Das Programm wechselt automatisch in den Bearbeitungsbereich der neuen Komponente **Kolbenbolzen** und öffnet den Skizzenbereich.

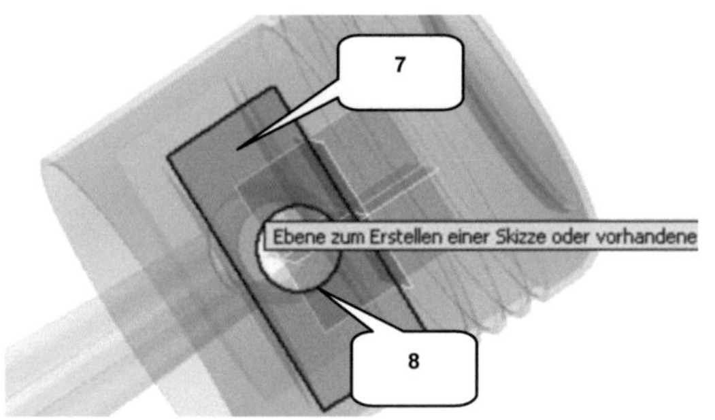

> **Geometrie projizieren**
> Markierte Bohrungskante wählen (8)

> ✓ **Skizze fertig stellen**

Aktivieren Sie das Register **3D-Modellierung** und ▢ **extrudieren** Sie den projizierten Kreis.

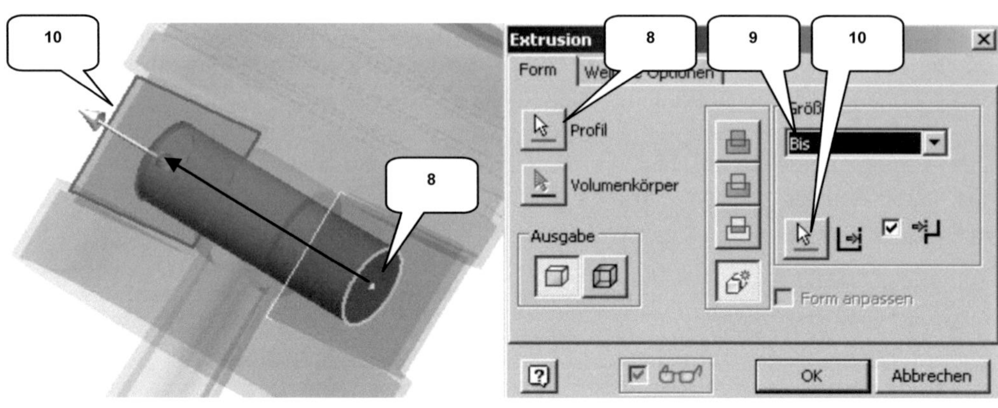

- ▢ **Extrusion**
- Profil: Kreisfläche (8)
- Größe: Bis (9)

- Endezeichen: Gegenüberliegende Fläche am Kolben (10)
- ◰ **OK**

4.1.8 Materialien zuweisen

Deaktivieren Sie die Sichtbarkeit der neu erzeugten Arbeitsebene, falls diese noch eingeblendet sein sollte, und verlassen Sie den Bauteilbereich mit ◀◉ **Verlassen** (1), um in den Baugruppenbereich zurückzukehren.

Nachdem alle Komponenten eingefügt und platziert wurden, soll diesen eine Materialeigenschaft zugewiesen werden. Markieren Sie die entsprechenden Bauteile im Modellbaum und weisen Sie ihnen ein eigenes Material zu.

HINWEIS: Alternativ kann vom Modellbereich des Bolzens in den Baugruppenbereich zurückgekehrt werden, indem die Baugruppe **BG_Kolben** (2) im Modellbaum doppelgeklickt wird.

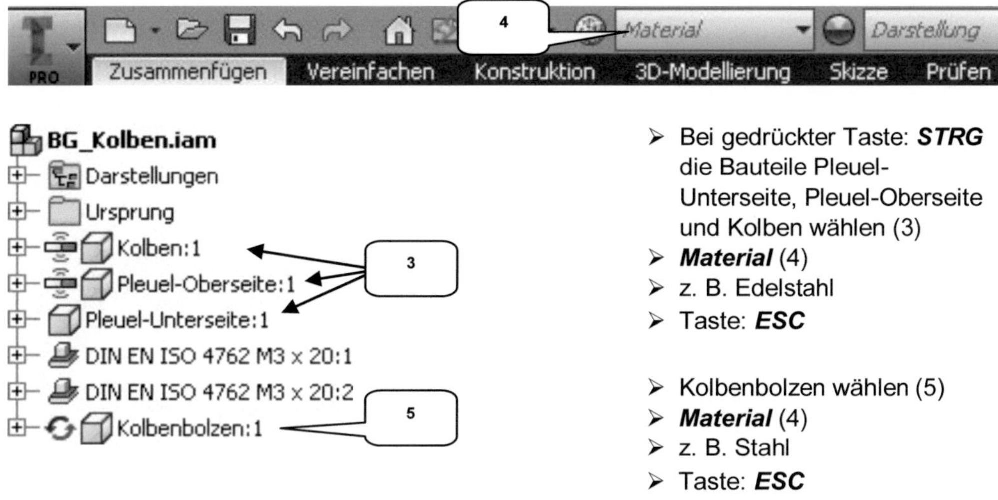

BG_Kolben.iam
- Darstellungen
- Ursprung
- Kolben:1
- Pleuel-Oberseite:1
- Pleuel-Unterseite:1
- DIN EN ISO 4762 M3 x 20:1
- DIN EN ISO 4762 M3 x 20:2
- Kolbenbolzen:1

> Bei gedrückter Taste: **STRG** die Bauteile Pleuel-Unterseite, Pleuel-Oberseite und Kolben wählen (3)
> **Material** (4)
> z. B. Edelstahl
> Taste: **ESC**

> Kolbenbolzen wählen (5)
> **Material** (4)
> z. B. Stahl
> Taste: **ESC**

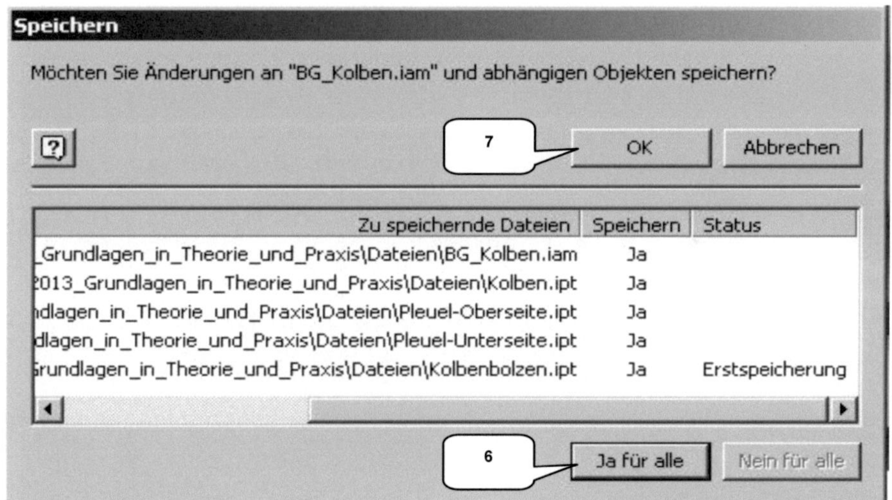

Speichern

Möchten Sie Änderungen an "BG_Kolben.iam" und abhängigen Objekten speichern?

Zu speichernde Dateien	Speichern	Status
_Grundlagen_in_Theorie_und_Praxis\Dateien\BG_Kolben.iam	Ja	
2013_Grundlagen_in_Theorie_und_Praxis\Dateien\Kolben.ipt	Ja	
ndlagen_in_Theorie_und_Praxis\Dateien\Pleuel-Oberseite.ipt	Ja	
dlagen_in_Theorie_und_Praxis\Dateien\Pleuel-Unterseite.ipt	Ja	
Grundlagen_in_Theorie_und_Praxis\Dateien\Kolbenbolzen.ipt	Ja	Erstspeicherung

OK   Abbrechen

Ja für alle   Nein für alle

Speichern Sie die Baugruppe **BG_Kolben** abschließend und achten Sie beim Speichern auf das oben dargestellte Fenster. Hier muss die Option **Ja für alle** (6) aktiviert werden, um auch die neuen Komponenten zu sichern. Bestätigen Sie dann mit **OK** (7) und schließend Sie die Baugruppe.

4.2 Unterbaugruppe: Kurbelwelle

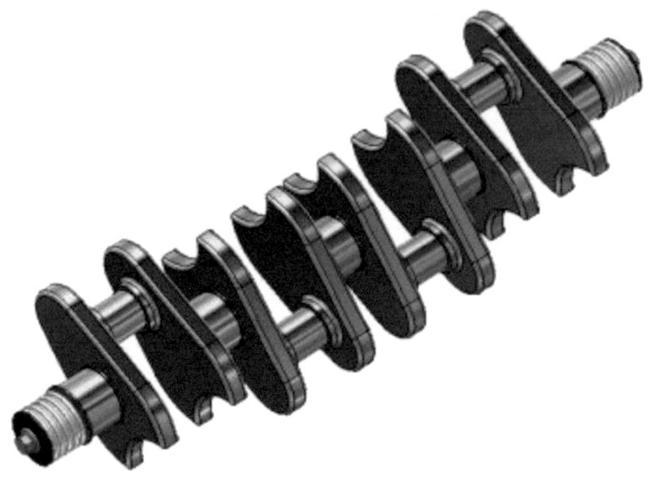

4.2.1 Erstellen der neuen Datei und Platzieren der Komponenten

Erstellen Sie eine neue 📇 **Baugruppe** (Norm.iam) und speichern Sie diese als **BG_Kurbelwelle**.

> 📄 **Neu**
> 📇 **Norm.iam** (1)
> Erstellen **Erstellen**
> **Speichern** [BG_Kurbelwelle]

📇 **Platzieren** Sie das Bauteil **Kurbelwelle** aus dem Projektordner einmal in der Baugruppe.

> 📇 **Platzieren**
> Kurbelwelle wählen (2)

> Öffnen **Öffnen**
> Taste: **ESC**

4.2.2 Passfedern aus dem Inhaltscenter einfügen

Fügen Sie zwei Passfedern aus dem 🖶 *Inhaltscenter* in die Baugruppe ein. Da diese nicht per Auto-Drop generiert werden können, müssen sie manuell konfiguriert und positioniert werden.

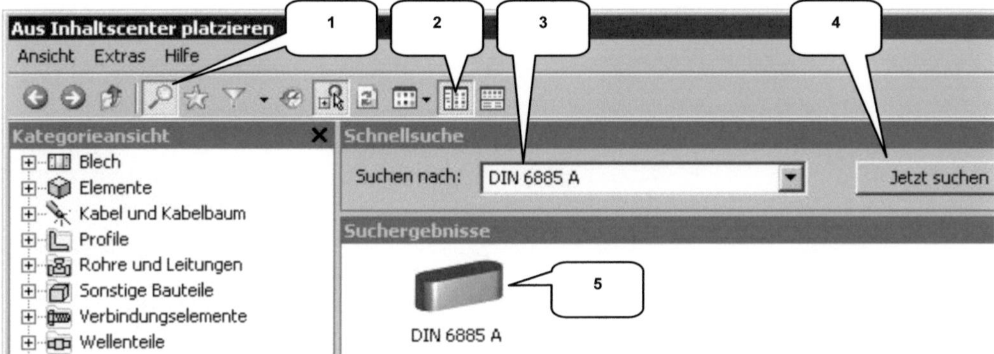

- ➤ 🖶 *Aus Inhaltscenter platzieren*
- ➤ Option: 🔍 *Suchen* aktivieren (sofern noch deaktiviert) (1)
- ➤ Option: 📇 *Baumstrukturansicht* aktivieren (sofern noch deaktiviert) (2)

- ➤ Suche nach: [DIN 6885 A] (3)
- ➤ Jetzt suchen | *Jetzt suchen* (4)
- ➤ Markierte Passfeder doppelklicken (5)

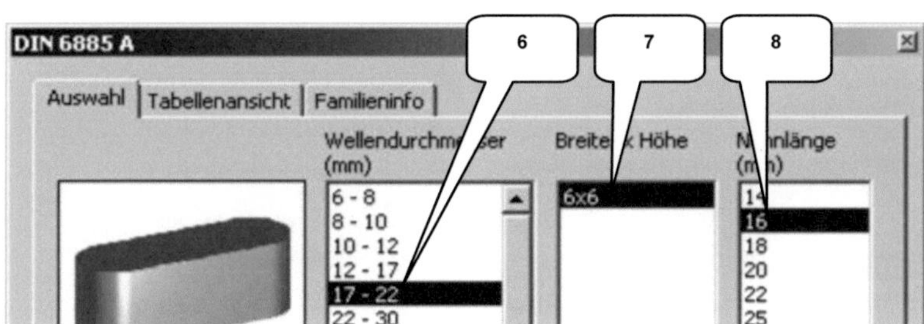

- ➤ Wellendurchmesser: 17-22 mm (6)
- ➤ Breite x Höhe: 6 x 6 mm (7)
- ➤ Nennlänge: 16 mm (8)
- ➤ OK | *OK*

- ➤ Passfeder 2x frei im Zeichenbereich ablegen
- ➤ Taste: *ESC*

HINWEIS: Sollte diese Komponente in Ihrem Inhaltscenter nicht verfügbar sein, 🖶 *platzieren* Sie sie aus dem Ordner *Normteile* im Projektordner.

Positionieren Sie die beiden Passfedern in den Passfedernuten der Kurbelwelle.

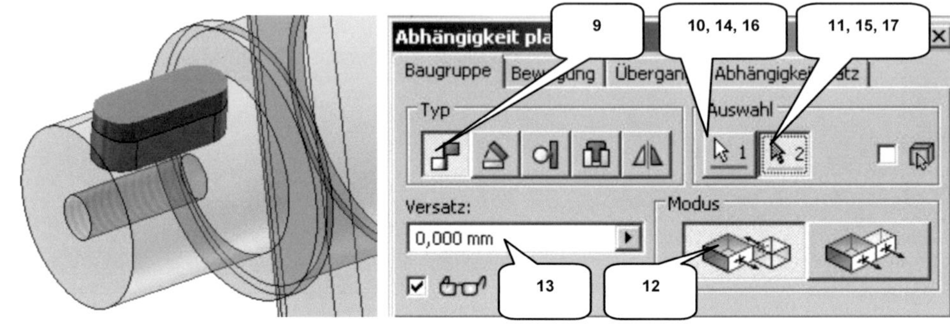

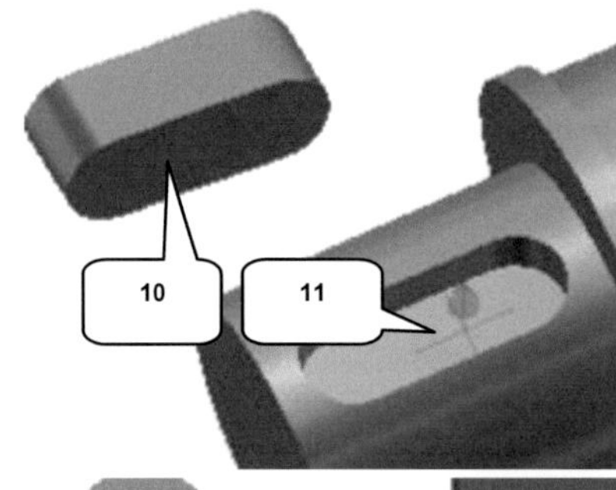

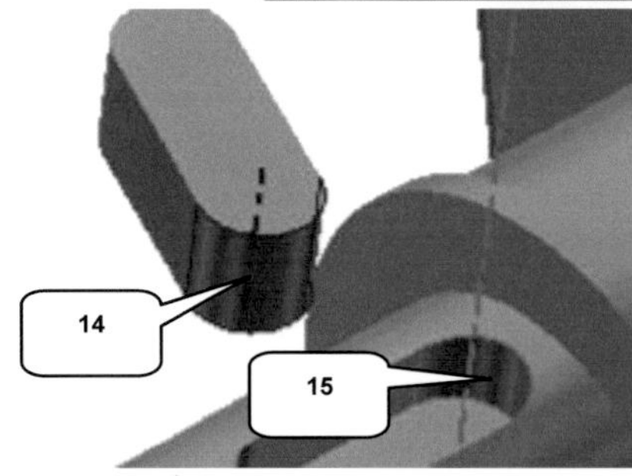

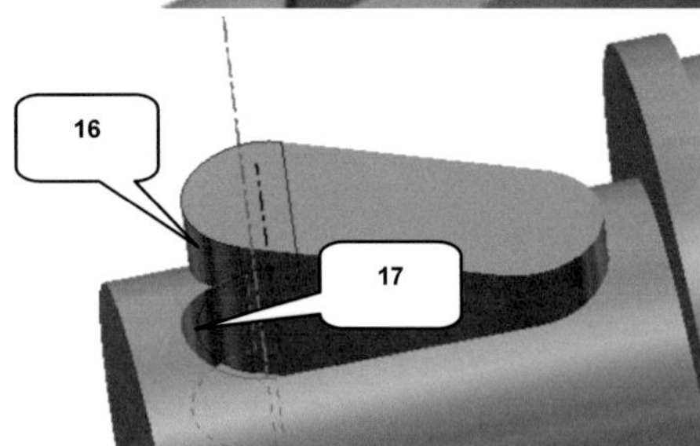

> ⬚ **_Abhängig machen_**
> Typ: Passend (9)
> Auswahl 1: Markierte Fläche (10)
> Auswahl 2: Markierte Fläche (11)
> Modus: Passend (12)
> Versatz: [0 mm] (13)
> `Anwenden` **_Anwenden_**

> ⬚ **_Abhängig machen_**
> Typ: Passend (9)
> Auswahl 1: Mark. Zylinderfläche (14)
> Auswahl 2: Mark. Zylinderfläche (15)
> Modus: Passend (12)
> Versatz: [0 mm] (13)
> `Anwenden` **_Anwenden_**

> ⬚ **_Abhängig machen_**
> Typ: Passend (9)
> Auswahl 1: Mark. Zylinderfläche (16)
> Auswahl 2: Mark. Zylinderfläche (17)
> Modus: Passend (12)
> Versatz: [0 mm] (13)
> `OK` **_OK_**

Positionieren Sie die zweite Passfeder in der Nut der gegenüberliegenden Seite der Kurbelwelle.

4.2.3 Platzieren der Riemenräder

Platzieren und positionieren Sie das Bauteil Kurbelwelle-Riemenrad aus dem Projektordner zweimal in der Baugruppe.

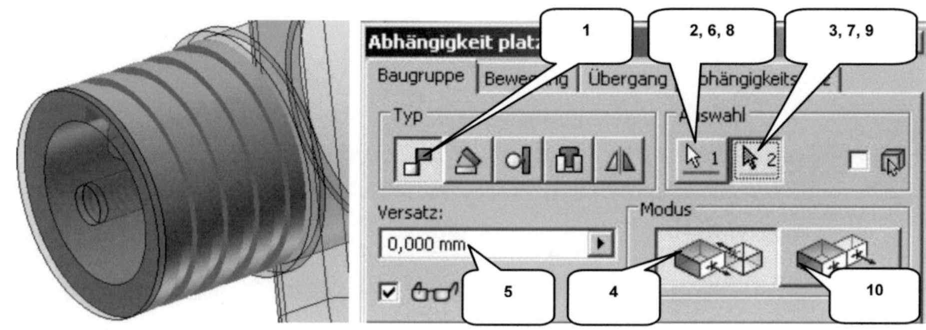

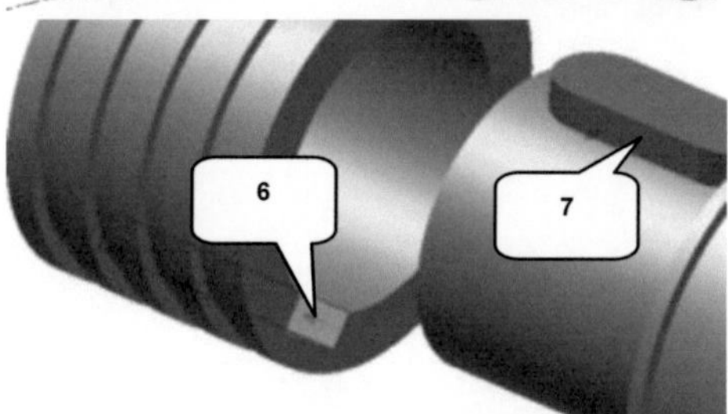

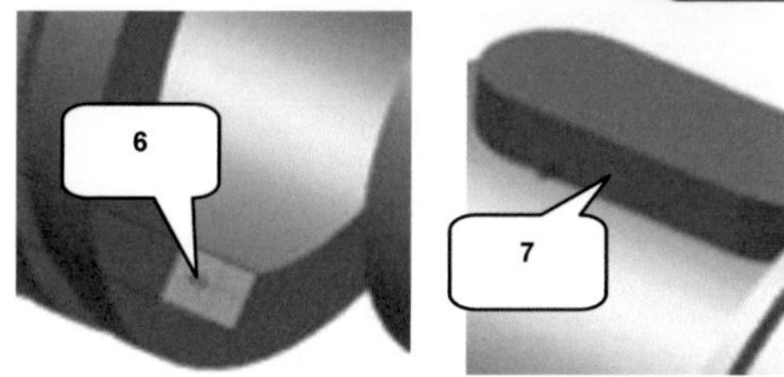

> **Platzieren**
> Kurbelwelle-Riemenrad wählen
> Öffnen **Öffnen**
> Bauteil 2x ablegen
> Taste: **ESC**

> **Abhängig machen**
> Typ: Passend (1)
> Auswahl 1: Mark. Zylinderfläche (2)
> Auswahl 2: Mark. Zylinderfläche (3)
> Modus: Passend (4)
> Versatz: [0 mm] (5)
> Anwenden **Anwenden**

> **Abhängig machen**
> Typ: Passend (1)
> Auswahl 1: Markierte Fläche (6)
> Auswahl 2: Markierte Fläche (7)
> Modus: Passend (4)
> Versatz: [0 mm] (5)
> Anwenden **Anwenden**

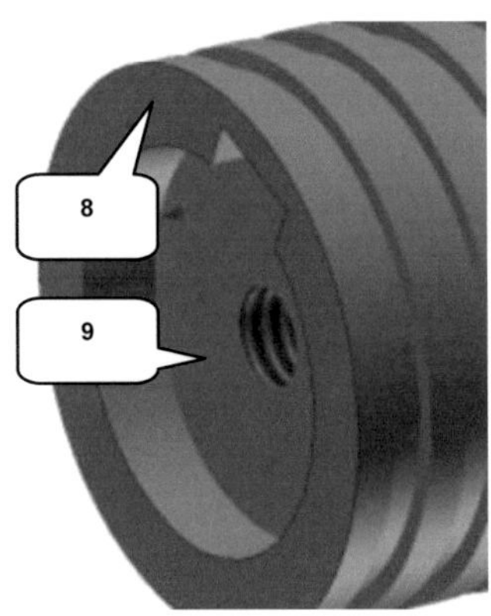

> ⬚ *Abhängig machen*
> Typ: Passend (1)
> Auswahl 1: Markierte Fläche (8)
> Auswahl 2: Markierte Fläche (9)
> Modus: <u>Fluchtend</u> (10)
> Versatz: [0 mm] (5)
> [OK] *OK*

Positionieren Sie das zweite Riemenrad auf der gegenüberliegenden Seite der Kurbelwelle identisch.

4.2.4   Konstruktion einer Sicherungsscheibe aus der Baugruppe heraus

Um die Riemenräder gegen ein axiales Von-der-Kurbelwelle-Rutschen zu sichern, muss ein weiteres Bauteil erzeugt werden. Verwenden Sie den Befehl ⬚ *Erstellen* und erzeugen Sie das Bauteil *Sicherungsscheibe*.

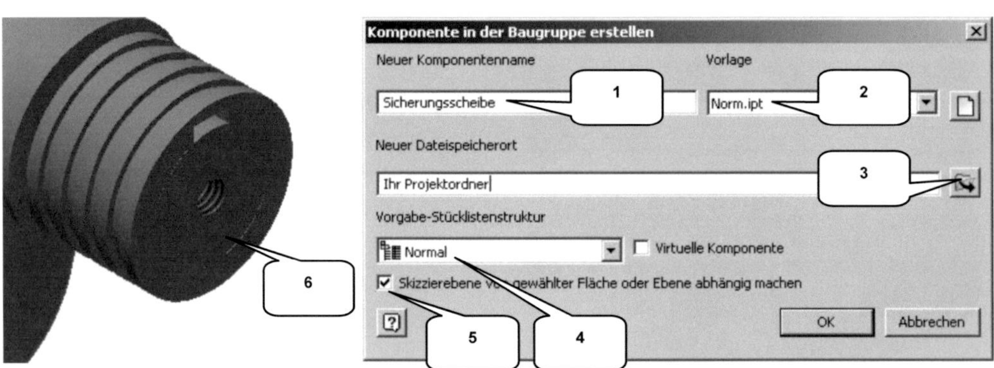

> ⬚ *Erstellen*
> Bezeichnung: [Sicherungsscheibe] (1)
> Vorlage: Norm.ipt (2)
> Dateispeicherort: Projektordner (3)
> Stücklistenstruktur: Normal (4)

> Aktivieren: Skizzierebene von gewählter Fläche abhängig machen (5)
> [OK] *OK*

> Markierte Fläche wählen (6)

Das Programm wechselt automatisch in den Bearbeitungsbereich der neuen Komponente *Sicherungsscheibe* und öffnet den Skizzenbereich. ⬚ *Projizieren* Sie dort die folgend markierten Kanten und ⬚ *extrudieren* Sie aus der resultierenden Ringfläche den Volumenkörper.

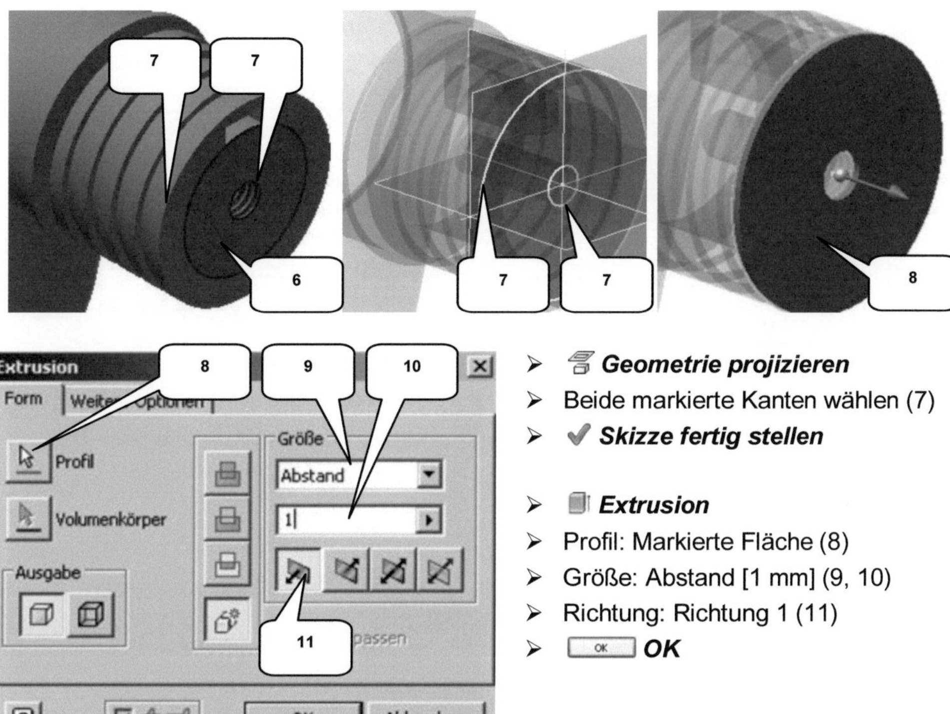

> **Geometrie projizieren**
> Beide markierte Kanten wählen (7)
> ✔ **Skizze fertig stellen**

> **Extrusion**
> Profil: Markierte Fläche (8)
> Größe: Abstand [1 mm] (9, 10)
> Richtung: Richtung 1 (11)
> [OK] **OK**

◄◯ **Verlassen** Sie den Bauteilbereich und **speichern** Sie die Baugruppe, um die Sicherungsscheibe im Projektordner zu speichern. Achten Sie darauf, im folgenden Fenster die
Option *Ja für alle* zu aktivieren. Die Sicherungsscheibe kann anschließend ein weiteres Mal
in die Baugruppe eingefügt werden. Die Positionierung auf der anderen Seite der Kurbelwelle muss diesmal allerdings manuell erfolgen. Zur Auswahl der sehr schmalen Zylinderfläche
sollte ausreichend dicht heran gezoomt werden.

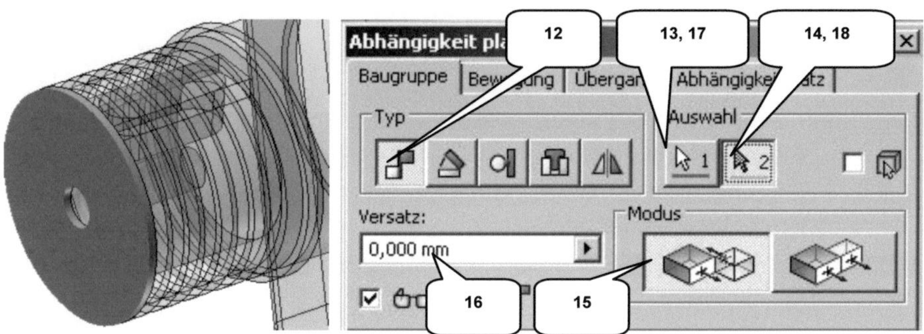

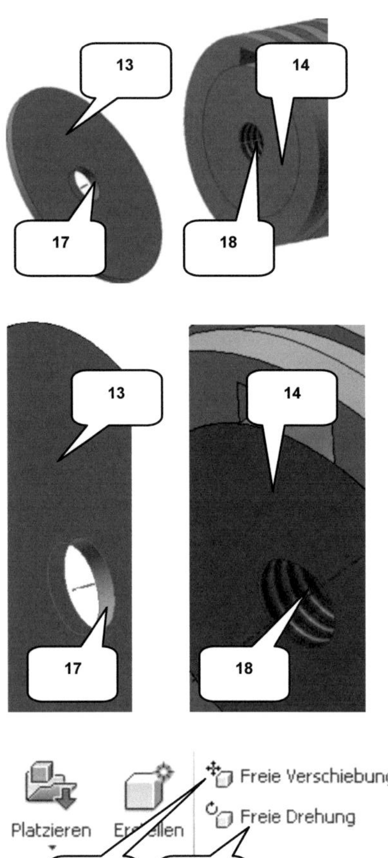

> ◀⬤ *Verlassen* (Zurück zur Baugruppe)
> 🖫 *Speichern* (Baugruppe)
> *Ja für alle* aktivieren
> [OK] *OK*

> 🖳 *Platzieren*
> Sicherungsscheibe wählen
> [Öffnen] *Öffnen*
> Bauteil 1x ablegen
> Taste: *ESC*

> *Abhängig machen*
> Typ: Passend (12)
> Auswahl 1: Markierte Fläche (13)
> Auswahl 2: Markierte Fläche (14)
> Modus: Passend (15)
> Versatz: [0 mm] (16)
> [Anwenden] *Anwenden*

> *Abhängig machen*
> Typ: Passend (12)
> Auswahl 1: Mark. Zylinderfläche (17)
> Auswahl 2: Markiertes Gewinde (18)
> Modus: Passend (15)
> Versatz: [0 mm] (16)
> [OK] *OK*

HINWEIS: Der Befehl ↻ *Freie Drehung* (19) ermöglicht ein Drehen einzelner Komponenten vor dem Setzen einer Abhängigkeit, um diese besser ausrichten zu können. Sollte <u>nach</u> dem Setzen einer Abhängigkeit eine Komponente aus Versehen unglücklich verrutscht sein (z. B. in ein anderes Bauteil hinein), kann der Befehl ✛ *Freie Verschiebung* (20) verwendet werden. Markieren Sie das betroffene Bauteil in diesem Fall im Modellbaum, starten Sie den Befehl und verschieben Sie das Bauteil, indem Sie auf einen beliebigen Punkt im Zeichenbereich mit der Maustaste klicken und die Maus bei gedrückter Maustaste bewegen.

4.2.5   Schrauben aus dem Inhaltscenter einfügen

Weiterhin werden zwei Schrauben aus dem ⏚ *Inhaltscenter* benötigt.

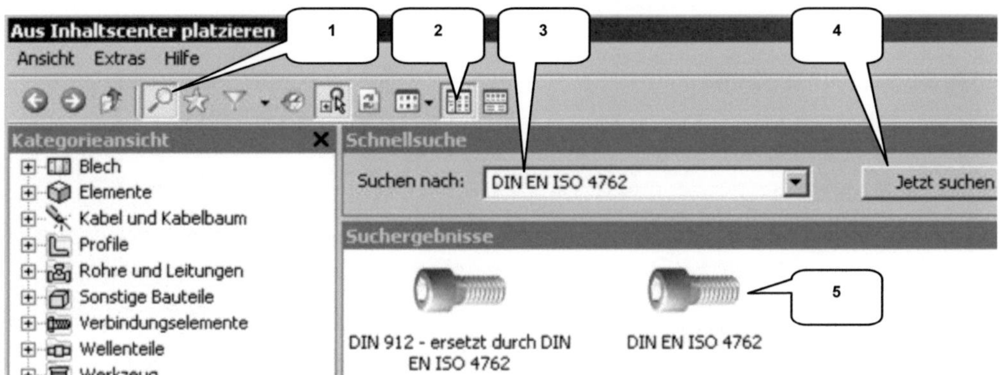

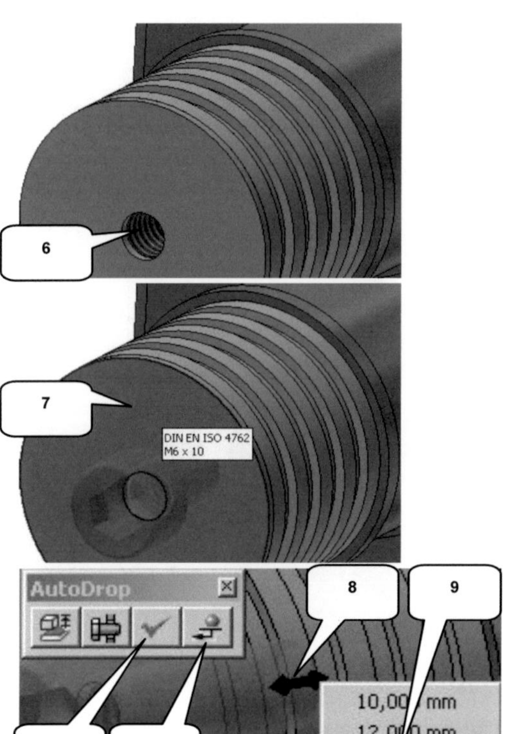

> ⏚ *Aus Inhaltscenter platzieren*
> Option: 🔍 *Suchen* aktivieren (sofern noch deaktiviert) (1)
> Option: ▦ *Baumstrukturansicht* aktivieren (sofern noch deaktiviert) (2)
> Suche nach: [DIN EN ISO 4762] (3)
> ⸤Jetzt suchen⸥ *Jetzt suchen* (4)
> Markierte Schraube doppelklicken (5)

> Gewindebohrung an einer der Kurbelwellenseiten wählen (6)
> Startfläche wählen (7)
> Markierten Pfeil am Schraubenende doppelklicken (8)
> Gewindetiefe: 16 mm wählen (9)
> ✓ *Anwenden* (10)

> Eine identische Schraube auf der gegenüberliegenden Seite der Kurbelwelle einfügen
> Befehl beenden, sobald die zweite Schraube platziert wurde

4.2.6 Materialien zuweisen

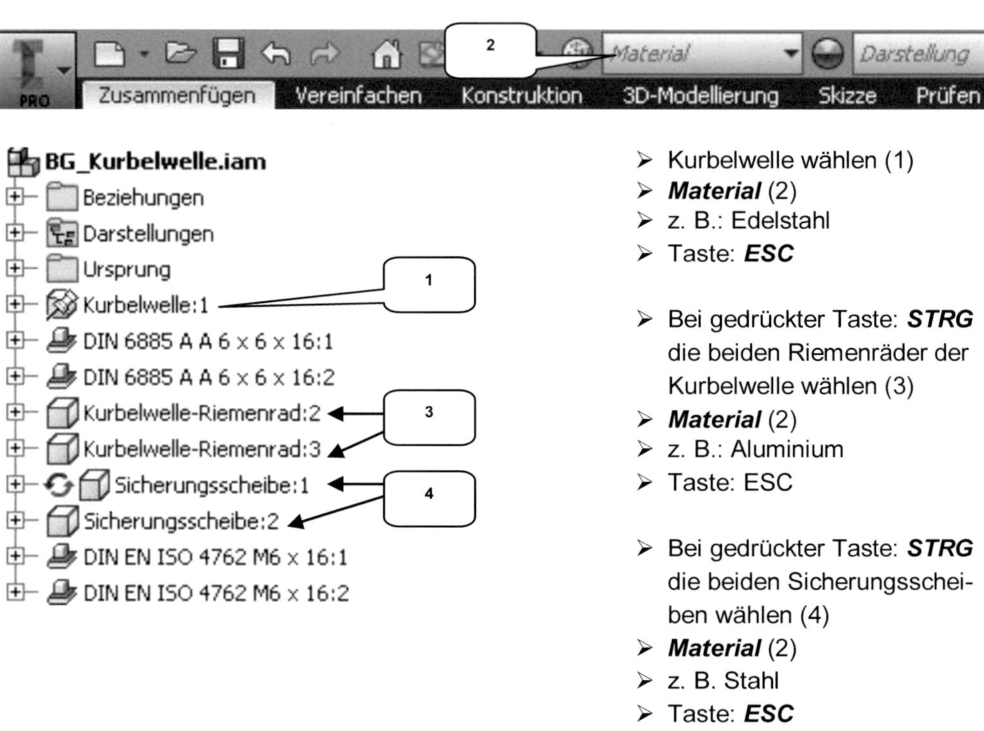

> Kurbelwelle wählen (1)
> **Material** (2)
> z. B.: Edelstahl
> Taste: **ESC**

> Bei gedrückter Taste: **STRG**
> die beiden Riemenräder der
> Kurbelwelle wählen (3)
> **Material** (2)
> z. B.: Aluminium
> Taste: ESC

> Bei gedrückter Taste: **STRG**
> die beiden Sicherungsschei-
> ben wählen (4)
> **Material** (2)
> z. B. Stahl
> Taste: **ESC**

Die Datei kann anschließend **gespeichert** und geschlossen werden.

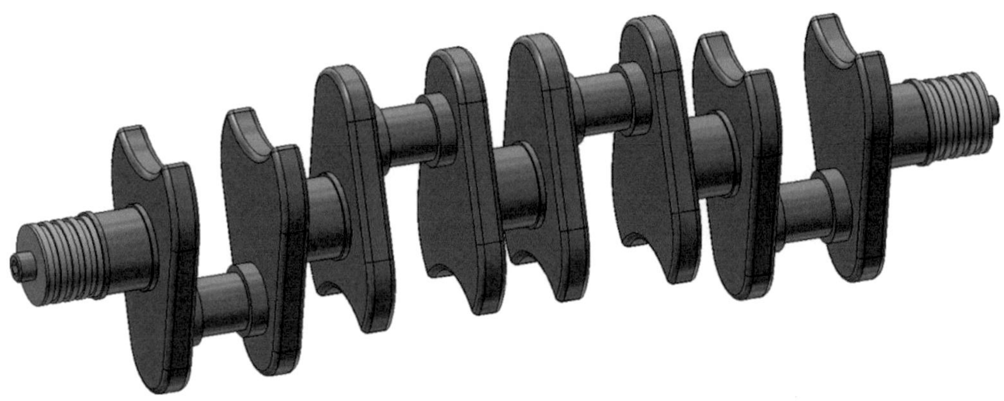

4.3 Unterbaugruppe: Nockenwelle

4.3.1 Platzieren der Komponenten

Erstellen Sie eine neue **Baugruppe** (Norm.iam) und speichern Sie diese als **BG_Nockenwelle**.

- ➢ **Neu**
- ➢ **Norm.iam** (1)
- ➢ Erstellen **Erstellen**
- ➢ **Speichern** [BG_Nockenwelle]

- ➢ **Platzieren**
- ➢ Nockenwelle wählen (2)
- ➢ Öffnen **Öffnen**
- ➢ Taste: **ESC**

- ➢ **Platzieren**
- ➢ Bei gedrückter Taste: **STRG** die Bauteile Nockenwelle-Riemenrad und Sicherungs-scheibe wählen (3, 4)
- ➢ Öffnen **Öffnen**
- ➢ Beide Bauteile 1x ablegen
- ➢ Taste: **ESC**

4.3.2 Passfeder aus dem Inhaltscenter einfügen

Fügen Sie eine Passfeder aus dem 🖨 *Inhaltscenter* ein.

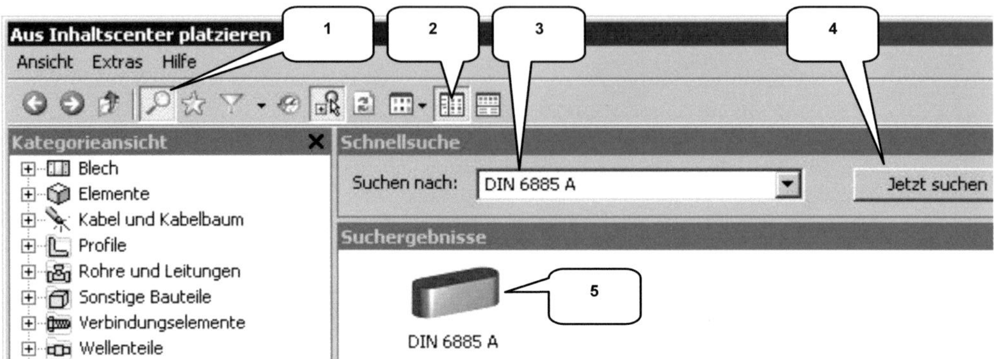

> 🖨 *Aus Inhaltscenter platzieren*
> Option: 🔍 *Suchen* aktivieren (sofern noch deaktiviert) (1)
> Option: 🞑 *Baumstrukturansicht* aktivieren (sofern noch deaktiviert) (2)

> Suche nach: [DIN 6885 A] (3)
> `Jetzt suchen` *Jetzt suchen* (4)
> Markierte Passfeder doppelklicken (5)

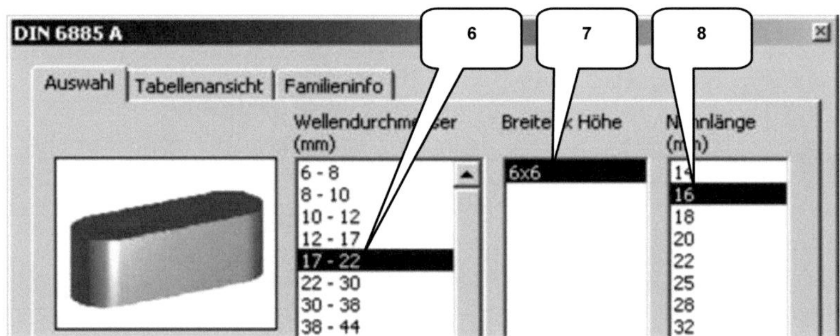

> Wellendurchmesser: 17-22 mm (6)
> Breite x Höhe: 6 x 6 mm (7)
> Nennlänge: 16 mm (8)
> `OK` *OK*

> Passfeder einmal frei im Zeichenbereich ablegen
> Taste: *ESC*

Positionieren Sie die Passfeder in der Passfedernut der Nockenwelle.

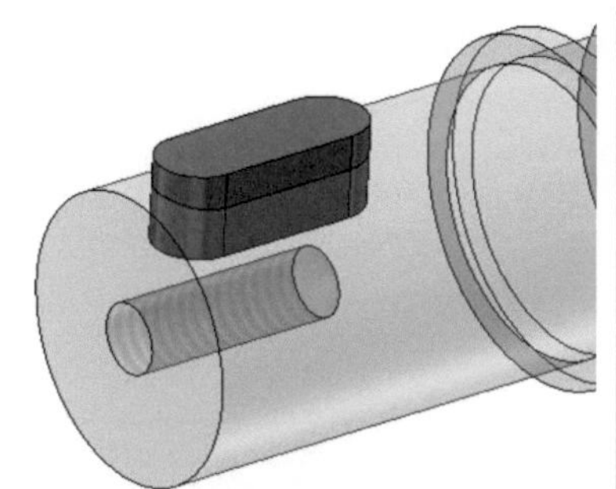
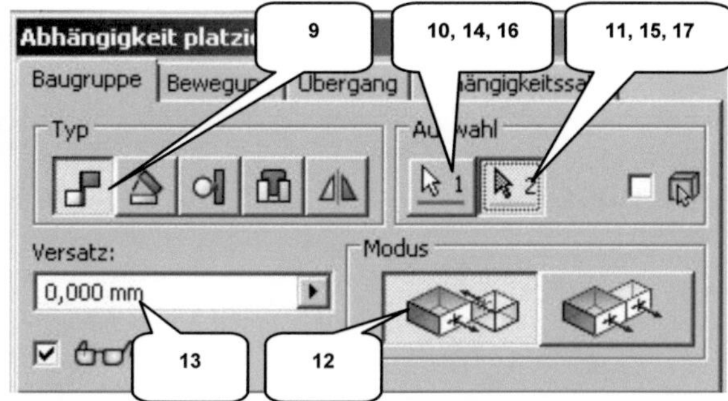

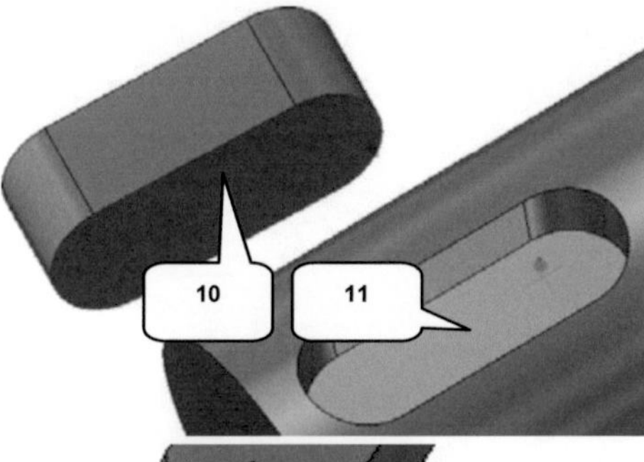

➤   **Abhängig machen**
➤ Typ: Passend (9)
➤ Auswahl 1: Markierte Fläche (10)
➤ Auswahl 2: Markierte Fläche (11)
➤ Modus: Passend (12)
➤ Versatz: [0 mm] (13)
➤ Anwenden **Anwenden**

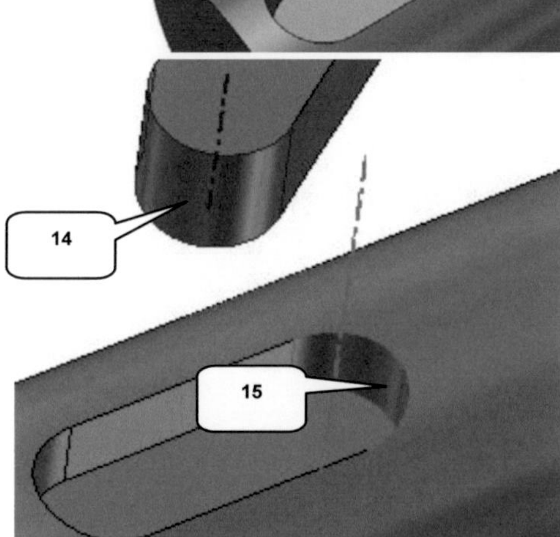

➤   **Abhängig machen**
➤ Typ: Passend (9)
➤ Auswahl 1: Mark. Zylinderfläche (14)
➤ Auswahl 2: Mark. Zylinderfläche (15)
➤ Modus: Passend (12)
➤ Versatz: [0 mm] (13)
➤ Anwenden **Anwenden**

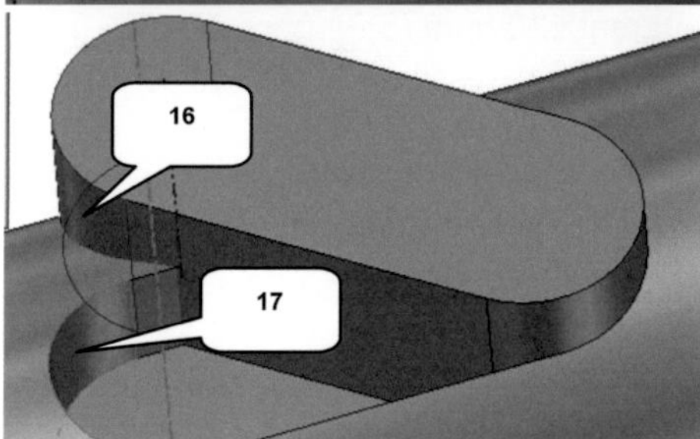

➤   **Abhängig machen**
➤ Typ: Passend (9)
➤ Auswahl 1: Mark. Zylinderfläche (16)
➤ Auswahl 2: Mark. Zylinderfläche (17)
➤ Modus: Passend (12)
➤ Versatz: [0 mm] (13)
➤ OK **OK**

4.3.3 Riemenrad auf der Nockenwelle befestigen

Das Riemenrad soll jetzt mit Nockenwelle und Passfeder verbunden werden. Es ist darauf zu achten, die Passfeder sauber in der hierfür vorgesehenen Aussparung des Riemenrades zu platzieren. Auch muss das Riemenrad bündig mit der Stirnseite der Nockenwelle abschließen.

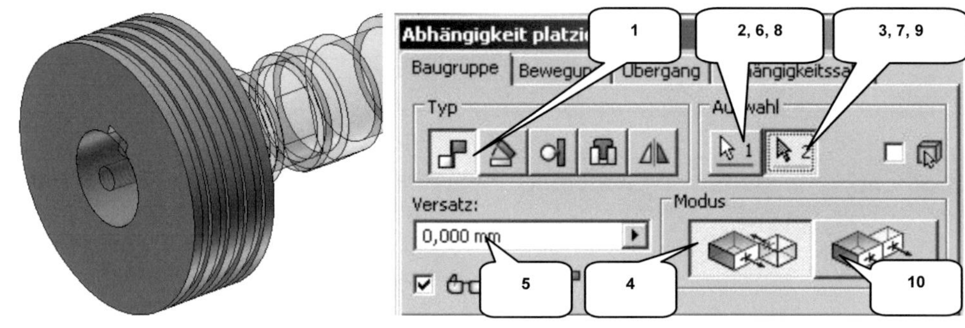

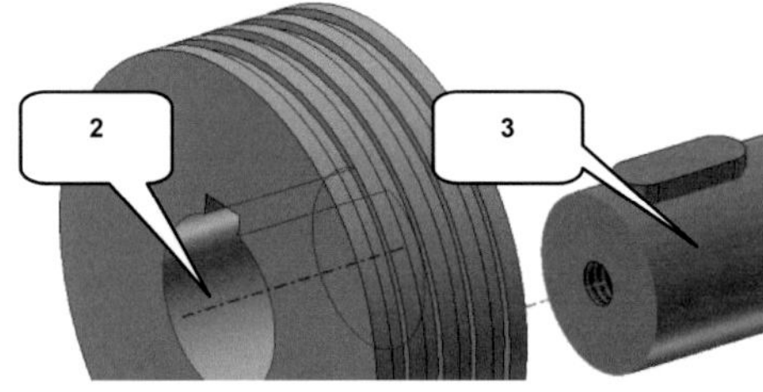

> 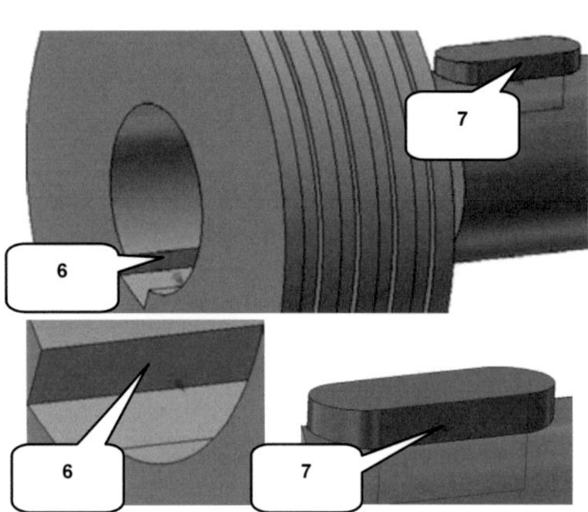

> ⬛ **Abhängig machen**
> Typ: Passend (1)
> Auswahl 1: Mark. Zylinderfläche (2)
> Auswahl 2: Mark. Zylinderfläche (3)
> Modus: Passend (4)
> Versatz: [0 mm] (5)
> Anwenden **Anwenden**

> ⬛ **Abhängig machen**
> Typ: Passend (1)
> Auswahl 1: Markierte Fläche (6)
> Auswahl 2: Markierte Fläche (7)
> Modus: Passend (4)
> Versatz: [0 mm] (5)
> Anwenden **Anwenden**

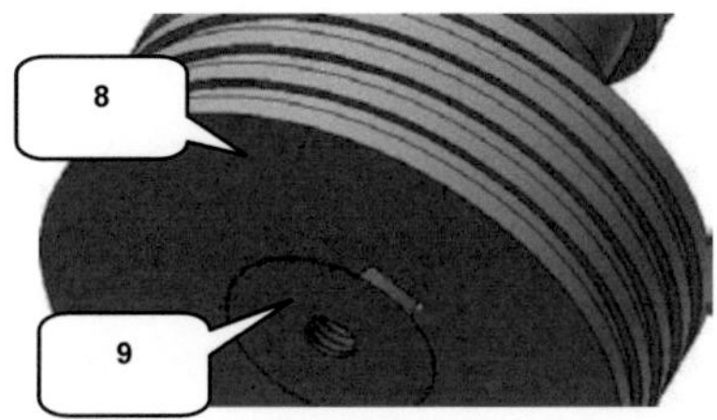

> ➢ ⬛ *Abhängig machen*
> ➢ Typ: Passend (1)
> ➢ Auswahl 1: Markierte Fläche (8)
> ➢ Auswahl 2: Markierte Fläche (9)
> ➢ Modus: <u>Fluchtend</u> (10)
> ➢ Versatz: [0 mm] (5)
> ➢ OK *OK*

4.3.4 Sicherungsscheibe auf der Nockenwelle befestigen

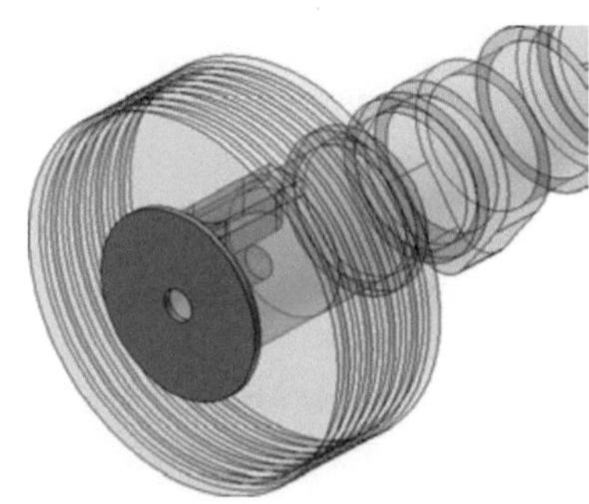

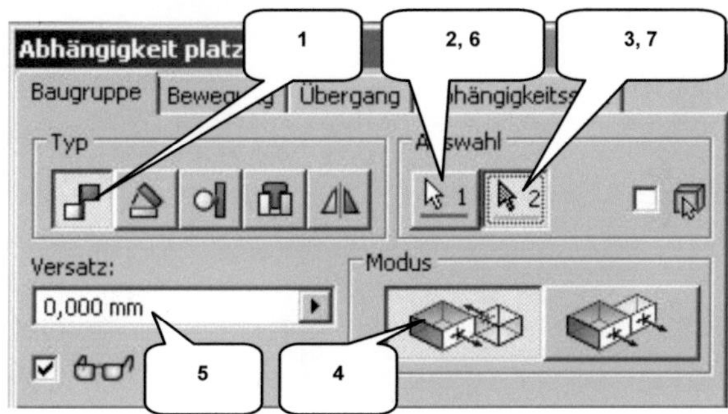

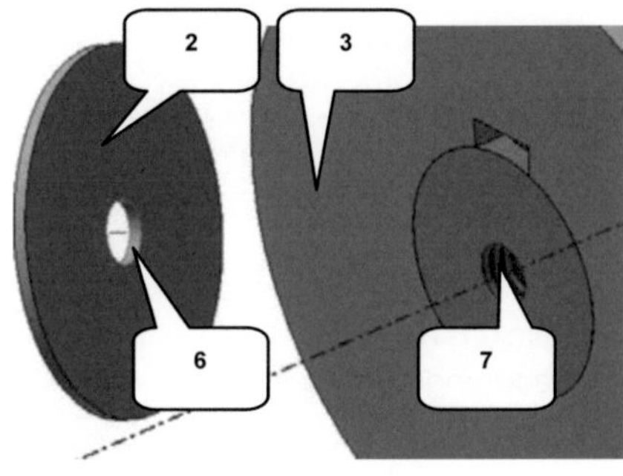

> ➢ ⬛ *Abhängig machen*
> ➢ Typ: Passend (1)
> ➢ Auswahl 1: Markierte Fläche (2)
> ➢ Auswahl 2: Markierte Fläche (3)
> ➢ Modus: Passend (4)
> ➢ Versatz: [0 mm] (5)
> ➢ Anwenden *Anwenden*

> ➢ ⬛ *Abhängig machen*
> ➢ Typ: Passend (1)
> ➢ Auswahl 1: Mark. Zylinderfläche (6)
> ➢ Auswahl 2: Markiertes Gewinde (7)
> ➢ Modus: Passend (4)
> ➢ Versatz: [0 mm] (5)
> ➢ OK *OK*

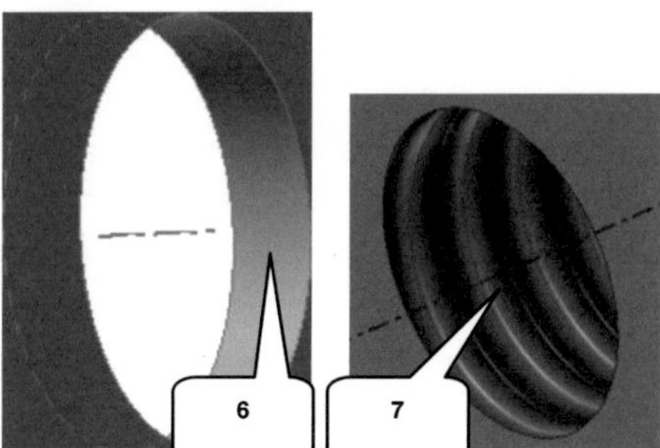

4.3.5 Schraube aus dem Inhaltscenter einfügen

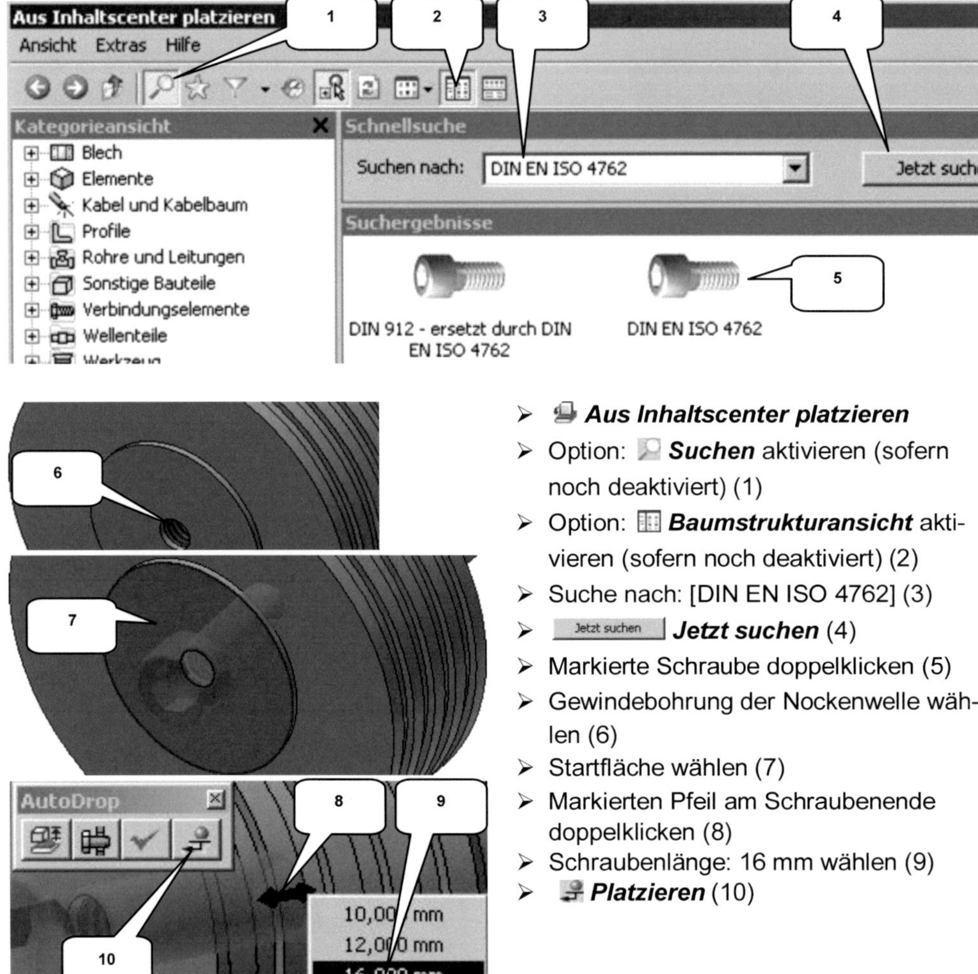

> 🖳 *Aus Inhaltscenter platzieren*
> Option: 🔍 *Suchen* aktivieren (sofern noch deaktiviert) (1)
> Option: ▦ *Baumstrukturansicht* aktivieren (sofern noch deaktiviert) (2)
> Suche nach: [DIN EN ISO 4762] (3)
> ◻ Jetzt suchen ◻ *Jetzt suchen* (4)
> Markierte Schraube doppelklicken (5)
> Gewindebohrung der Nockenwelle wählen (6)
> Startfläche wählen (7)
> Markierten Pfeil am Schraubenende doppelklicken (8)
> Schraubenlänge: 16 mm wählen (9)
> 🔧 *Platzieren* (10)

HINWEIS: Komponenten aus dem Inhaltscenter können jederzeit nachträglich bearbeitet werden. Um die geometrischen Abmessungen zu ändern, wählen Sie per *rechter Maustaste* die Option *Größe ändern*. Um eine Komponente aus dem Inhaltscenter gegen eine andere Komponente aus dem Inhaltscenter auszutauschen, wählen Sie die Option *Aus Inhaltscenter ersetzen*.

4.3.6 Materialien zuweisen

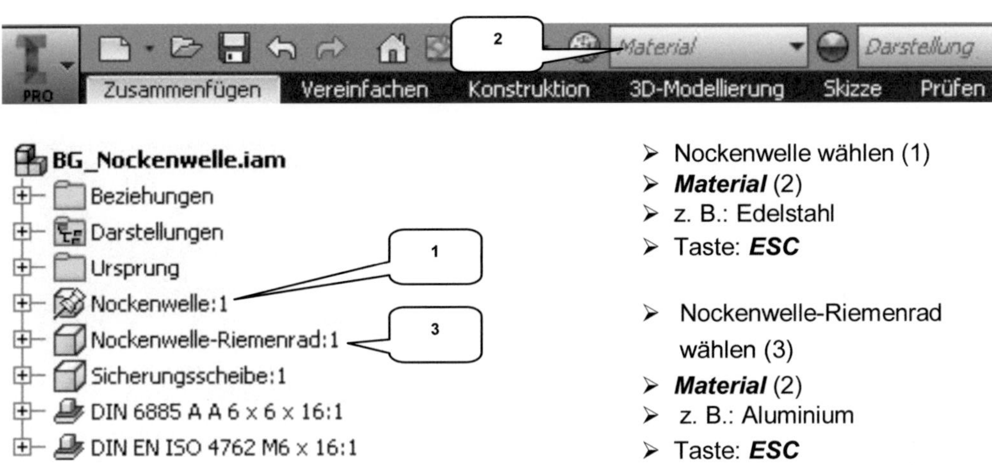

> Nockenwelle wählen (1)
> *Material* (2)
> z. B.: Edelstahl
> Taste: *ESC*

> Nockenwelle-Riemenrad
>   wählen (3)
> *Material* (2)
> z. B.: Aluminium
> Taste: *ESC*

Da der Sicherungsscheibe bereits in einer anderen Baugruppe das Material Stahl zugewiesen wurde, muss dies hier nicht erneut geschehen, die Datei kann **gespeichert** und geschlossen werden. Achten Sie auch hier wieder darauf, die Option **Ja für alle** zu aktivieren, um die Sicherung der Schraube aus dem Inhaltscenter zu gewährleisten.

4.4   Unterbaugruppe: Zylinderblock

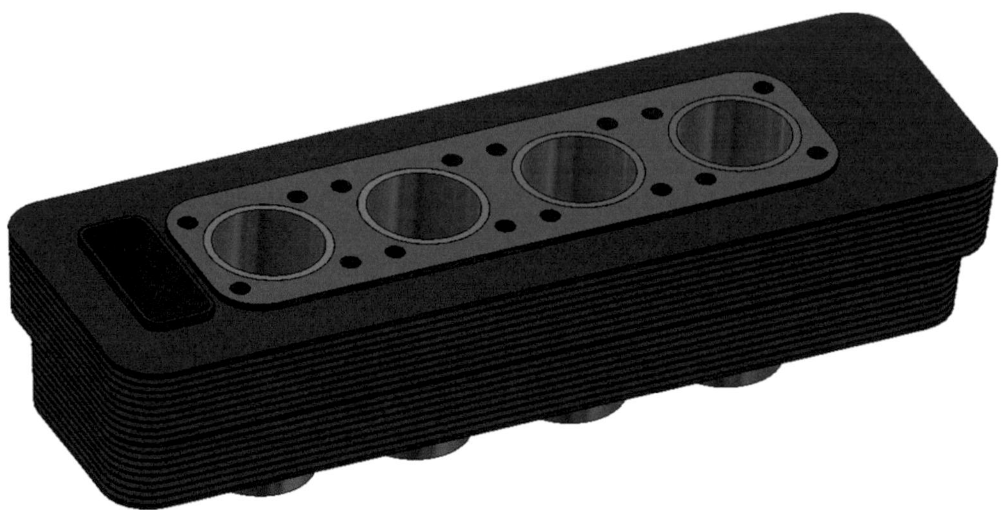

4.4.1   Einfügen der Komponenten

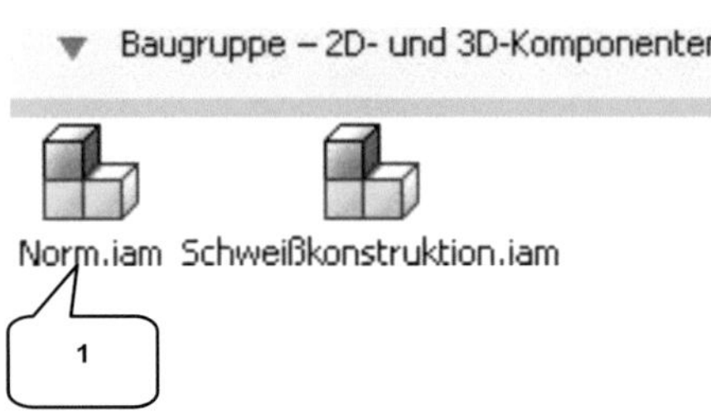

Erstellen Sie eine neue *Baugruppe* (Norm.iam) und speichern Sie diese als ***BG_Zylinderblock***.

> ☐ *Neu*
> *Norm.iam* (1)
> [Erstellen] *Erstellen*
> *Speichern* [BG_Zylinderblock]

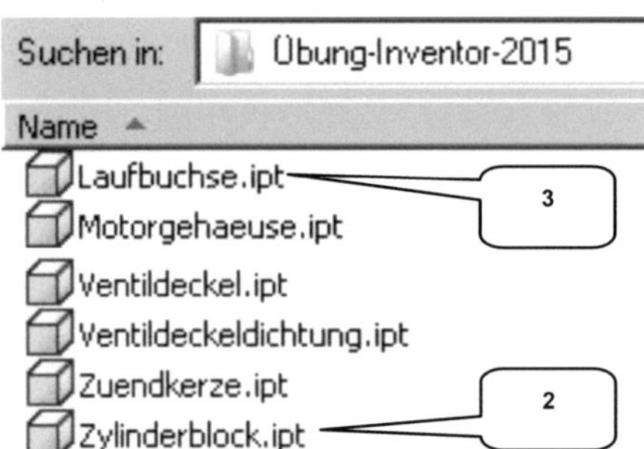

> *Platzieren*
> Zylinderblock wählen (2)
> [Öffnen] *Öffnen*
> Taste: *ESC*

> *Platzieren*
> Laufbuchse wählen (3) (vorhandene Übungsdatei, siehe Kapitel 1.2)
> [Öffnen] *Öffnen*
> Bauteil 1x ablegen
> Taste: *ESC*

4.4.2 Laufbuchse im Zylinderblock befestigen

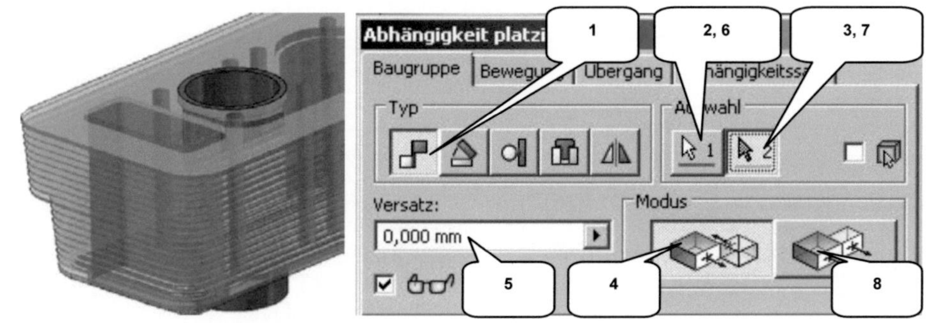

> 

- ➢ ⬦ **Abhängig machen**
- ➢ Typ: Passend (1)
- ➢ Auswahl 1: Mark. Zylinderfläche (2)
- ➢ Auswahl 2: Mark. Zylinderfläche (3)
- ➢ Modus: Passend (4)
- ➢ Versatz: [0 mm] (5)
- ➢ Anwenden **Anwenden**

- ➢ ⬦ **Abhängig machen**
- ➢ Typ: Passend (1)
- ➢ Auswahl 1: Markierte Fläche (6)
- ➢ Auswahl 2: Markierte Fläche (7)
- ➢ Modus: Fluchtend (8)
- ➢ Versatz: [0 mm] (5)
- ➢ OK **OK**

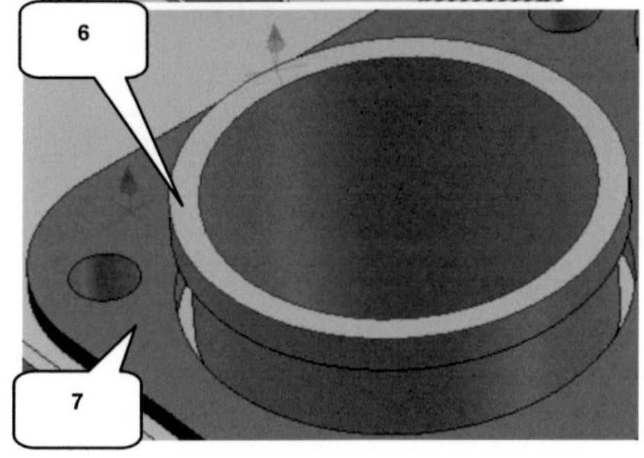

4.4.3 Laufbuchse als Muster anordnen

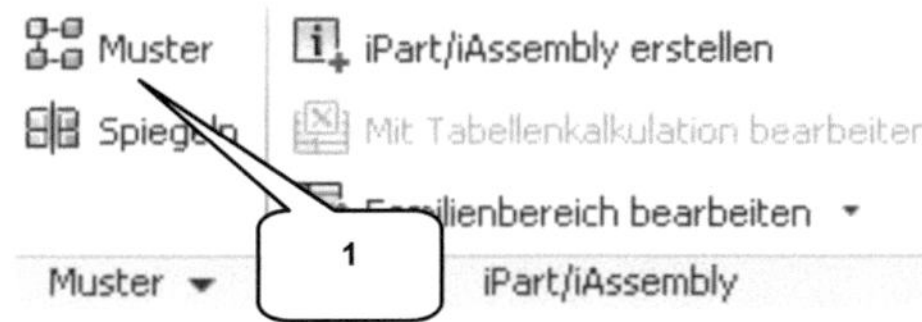

Die restlichen drei Laufbuchsen sollen als ⠿ **Muster** (1) erzeugt werden. Auch im Baugruppenbereich gibt es Möglichkeiten, Komponenten in Form eines Musters (polar/ rechteckig) zu kopieren und anzuordnen.

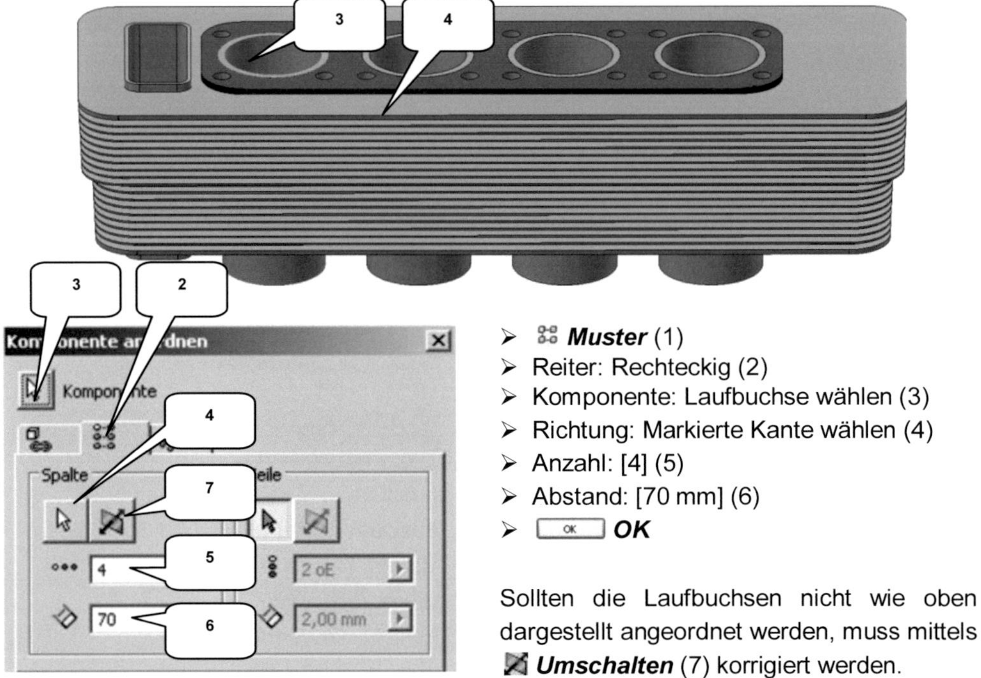

- ⊞ **Muster** (1)
- Reiter: Rechteckig (2)
- Komponente: Laufbuchse wählen (3)
- Richtung: Markierte Kante wählen (4)
- Anzahl: [4] (5)
- Abstand: [70 mm] (6)
- ☐ OK   **OK**

Sollten die Laufbuchsen nicht wie oben dargestellt angeordnet werden, muss mittels ☓ **Umschalten** (7) korrigiert werden.

4.4.4 Materialien zuweisen

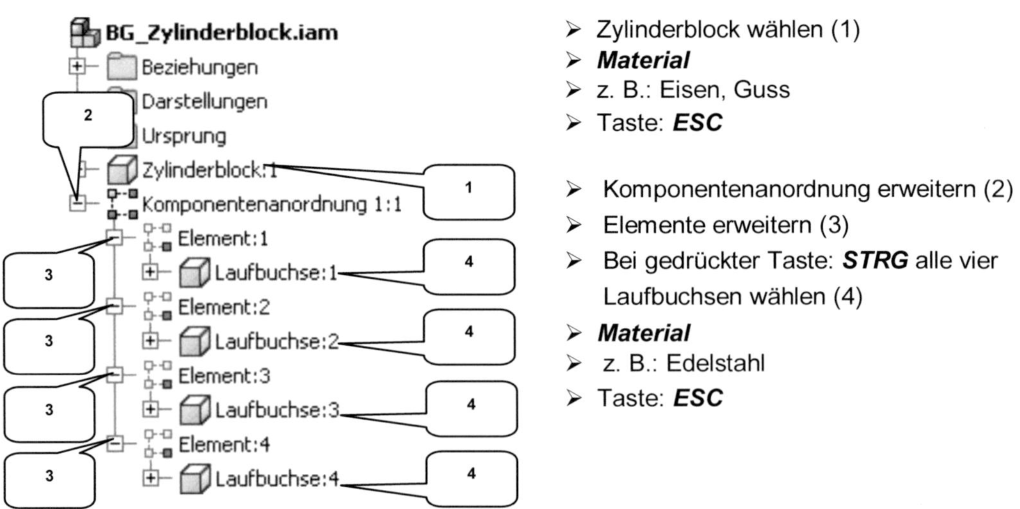

- Zylinderblock wählen (1)
- **Material**
- z. B.: Eisen, Guss
- Taste: **ESC**

- Komponentenanordnung erweitern (2)
- Elemente erweitern (3)
- Bei gedrückter Taste: **STRG** alle vier Laufbuchsen wählen (4)
- **Material**
- z. B.: Edelstahl
- Taste: **ESC**

Die Baugruppe kann abschließend **gespeichert** und geschlossen werden.

4.5 Unterbaugruppe: Zylinderkopf

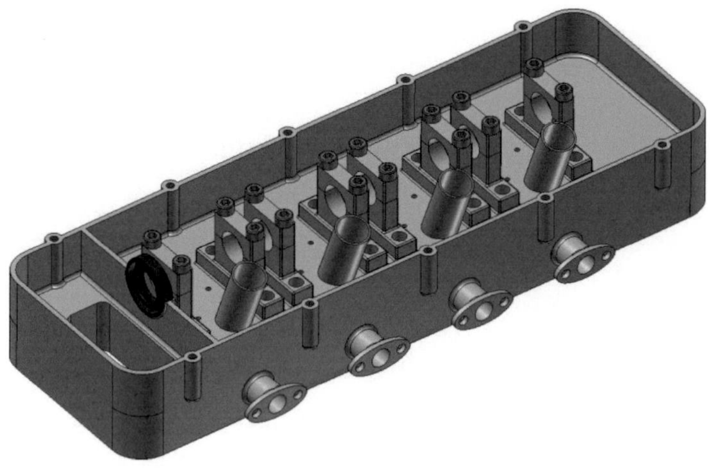

4.5.1 Einfügen der Komponenten

Erstellen Sie eine neue **Baugruppe** (Norm.iam) und speichern Sie diese als **BG_Zylinderkopf**.

- ➢ ☐ *Neu*
- ➢ *Norm.iam* (1)
- ➢ Erstellen *Erstellen*
- ➢ *Speichern* [BG_Zylinderkopf]

- ➢ *Platzieren*
- ➢ Zylinderkopf wählen (2)
- ➢ Öffnen *Öffnen*
- ➢ Taste: *ESC*

- ➢ *Platzieren*
- ➢ Bei gedrückter Taste: *STRG* die Bauteile Zündkerze (3) und Nockenwellenhalter wählen (4) (vorhandene Übungsdatei, siehe Kapitel 1.2)
- ➢ Öffnen *Öffnen*
- ➢ Bauteile 1x ablegen
- ➢ Taste: *ESC*

4.5.2 Zündkerzen im Zylinderkopf platzieren

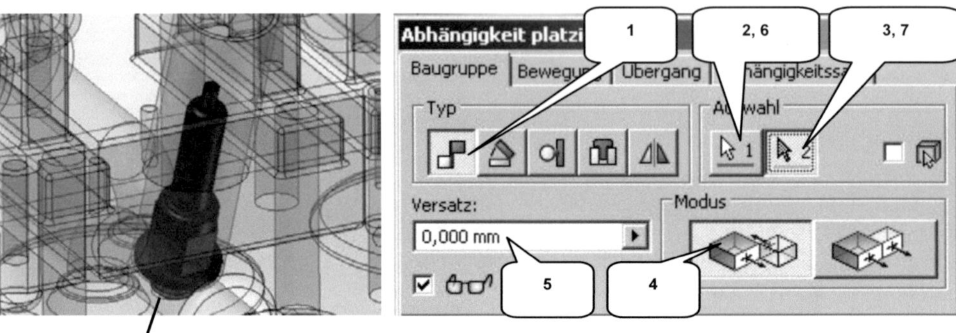

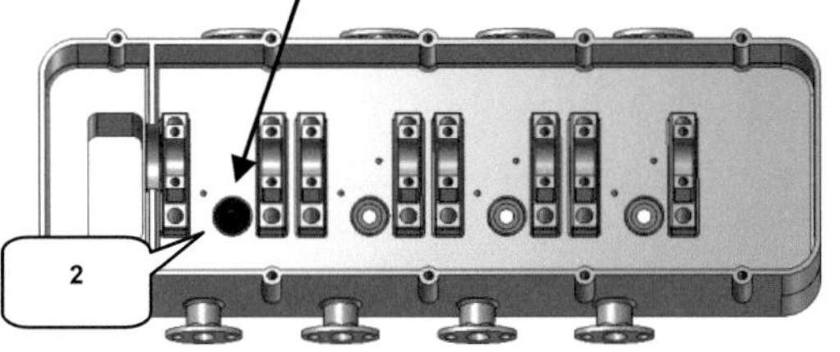

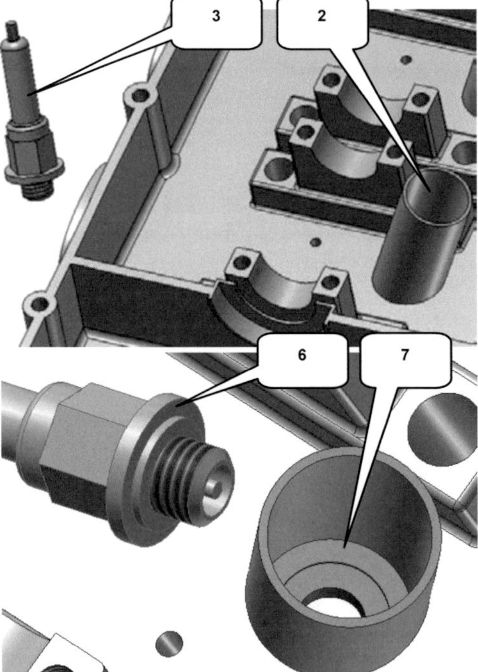

Markieren Sie die Zündkerze, drücken Sie die Taste: **G** (alternativ den Befehl **Freie Drehung** starten) und drehen Sie das Bauteil bei gedrückter linker Maustaste in etwa in die links dargestellt Position.

> **Abhängig machen**
> Typ: Passend (1)
> Auswahl 1: Mark. Zylinderfläche (2)
> Auswahl 2: Mark. Zylinderfläche (3)
> Modus: Passend (4), Versatz: [0 mm] (5)
> **Anwenden**

> **Abhängig machen**
> Typ: Passend (1)
> Auswahl 1: Markierte Fläche (6)
> Auswahl 2: Markierte Fläche (7)
> Modus: Passend (4), Versatz: [0 mm] (5)
> **OK**

4.5.3 Nockenwellenhalter im Zylinderkopf platzieren

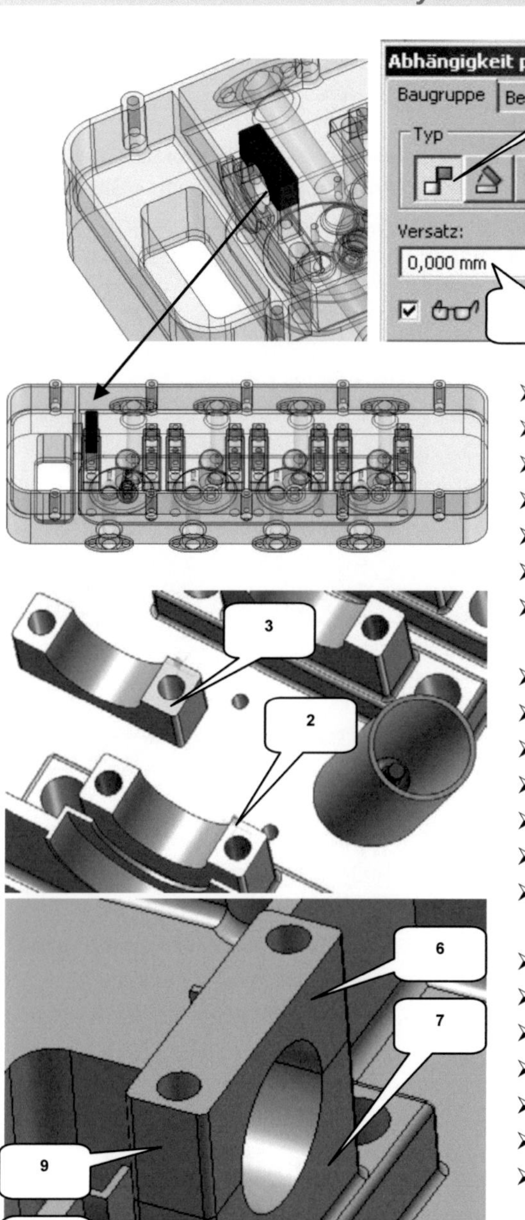

- ➤ **Abhängig machen**
- ➤ Typ: Passend (1)
- ➤ Auswahl 1: Markierte Fläche (2)
- ➤ Auswahl 2: Markierte Fläche (3)
- ➤ Modus: Passend (4)
- ➤ Versatz: [0 mm] (5)
- ➤ Anwenden **Anwenden**

- ➤ **Abhängig machen**
- ➤ Typ: Passend (1)
- ➤ Auswahl 1: Markierte Fläche (6)
- ➤ Auswahl 2: Markierte Fläche (7)
- ➤ Modus: Fluchtend (8)
- ➤ Versatz: [0 mm] (5)
- ➤ Anwenden **Anwenden**

- ➤ **Abhängig machen**
- ➤ Typ: Passend (1)
- ➤ Auswahl 1: Markierte Fläche (9)
- ➤ Auswahl 2: Markierte Fläche (10)
- ➤ Modus: Fluchtend (8)
- ➤ Versatz: [0 mm] (5)
- ➤ OK **OK**

Platzieren Sie einen zweiten Nocken-wellenhalter in der Baugruppe und setzen Sie diesen auf Position (11).

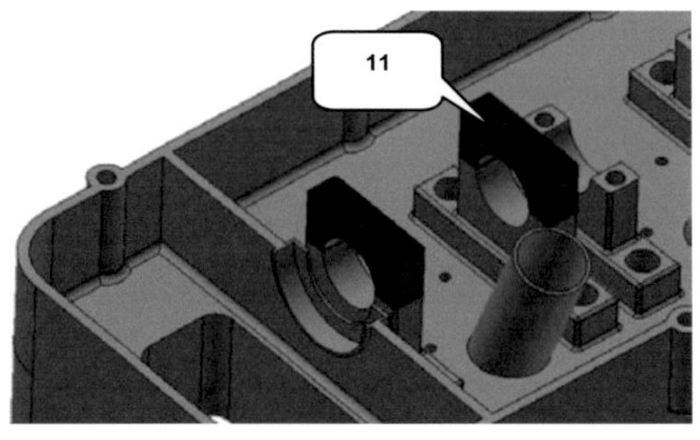

Zündkerzen und Nockenwellenhalter der restlichen drei Zylinder können jetzt als ░░ *Muster* erzeugt und angeordnet werden.

Achten Sie auf die korrekte Ausrichtung der Anordnung. Verwenden Sie notfalls die Option ⬚ *Richtung umkehren*, um zu korrigieren.

4.5.4 Lineares Anordnen von Zündkerze und Nockenwellenhalter

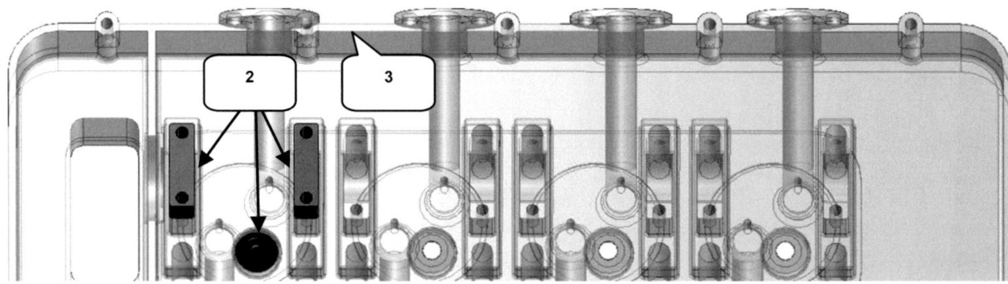

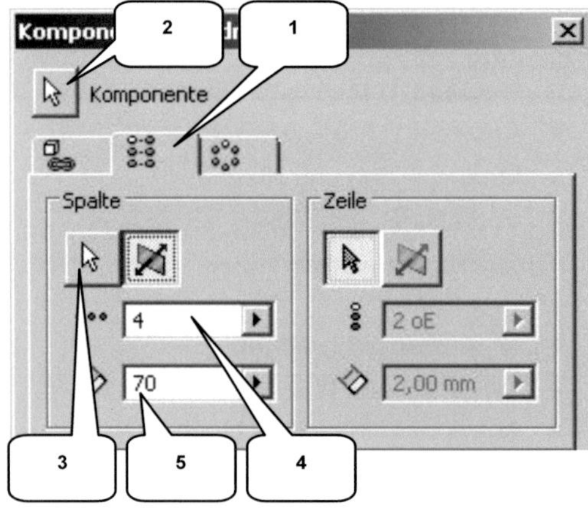

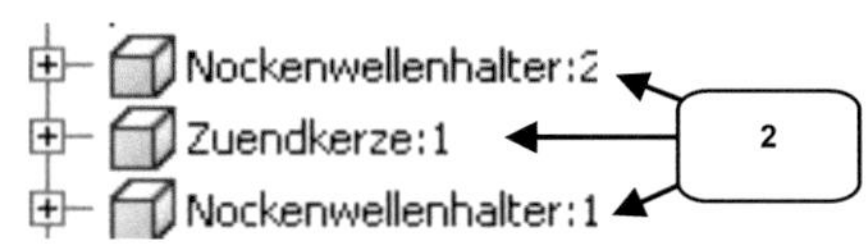

➢ ░░ *Muster*

➢ Reiter: Rechteckige Anordnung (1)

➢ Komponenten: Bei gedrückter Taste: *STRG* die Zündkerze und beide Nockenwellenhalter wählen (2)

➢ Spalte 1: Markierte Kante (3)

➢ Anzahl: [4], Abstand: [70 mm] (4, 5)

➢ [OK] *OK*

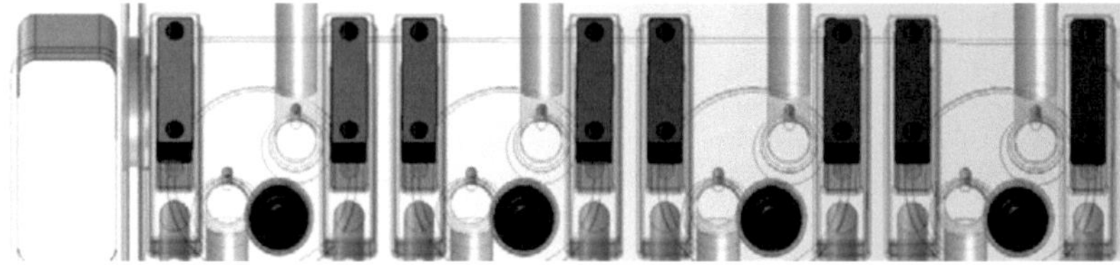

4.5.5 Schrauben aus dem Inhaltscenter einfügen

Nockenwellenhalter und Zylinderkopf sollen jetzt durch Schrauben aus dem Inhaltscenter miteinander verbunden werden.

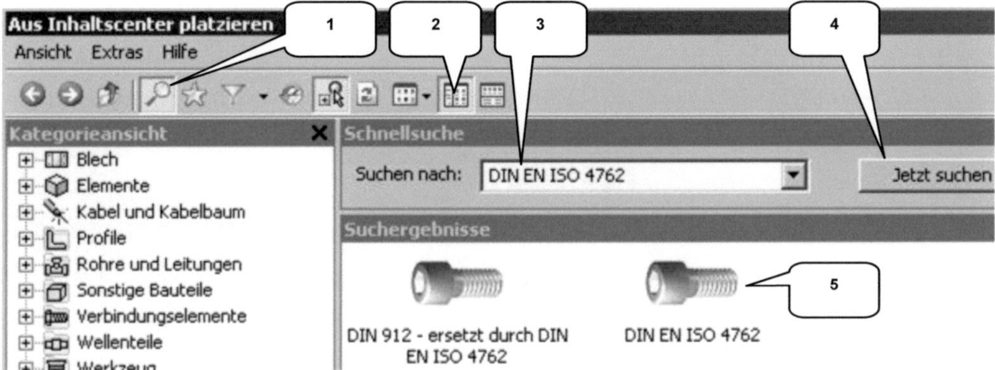

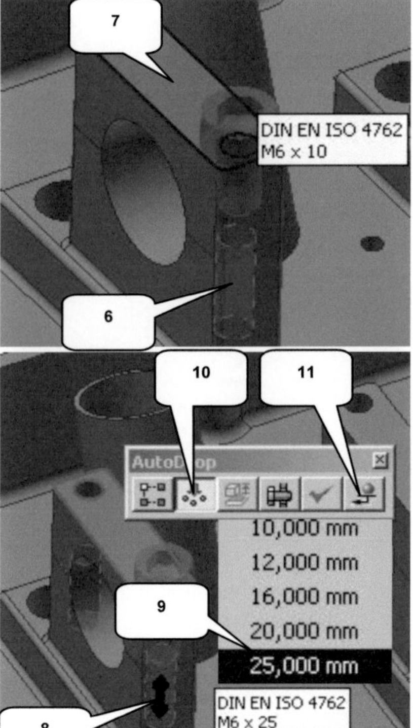

> 🖳 **Aus Inhaltscenter platzieren**
> Option: 🔍 **Suchen** aktivieren (sofern noch deaktiviert) (1)
> Option: ▦ **Baumstrukturansicht** aktivieren (sofern noch deaktiviert) (2)
> Suche nach: [DIN EN ISO 4762] (3)
> Jetzt suchen **Jetzt suchen** (4)
> Markierte Schraube doppelklicken (5)
> Gewindebohrung im Zylinderkopf (unterhalb Nockenwellenhalter) wählen (6)
> Startfläche wählen (7)
> Markierten Pfeil am Schraubenende doppelklicken (8)
> Schraubenlänge: 25 mm wählen (9)
> 🛠 **Mehrere einfügen** aktivieren (10)
> ⤓ **Platzieren** (11)

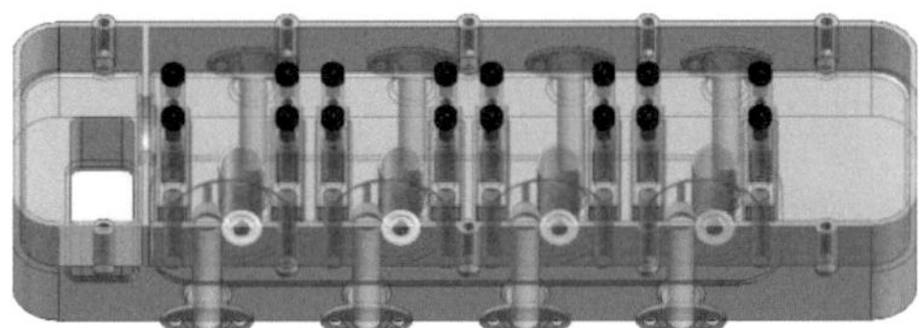

4.5.6 Wellendichtring aus dem Inhaltscenter einfügen und positionieren

Abschließend soll der Baugruppe ein Wellendichtring aus dem Inhaltscenter hinzugefügt werden. Dimensionierung und Positionierung müssen manuell erfolgen.

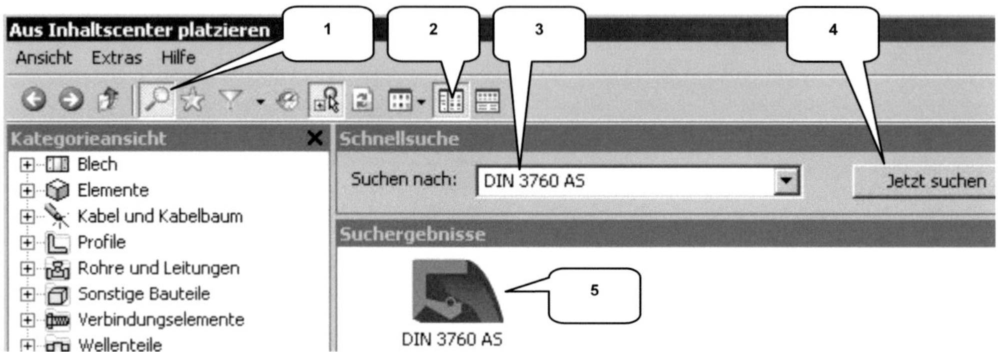

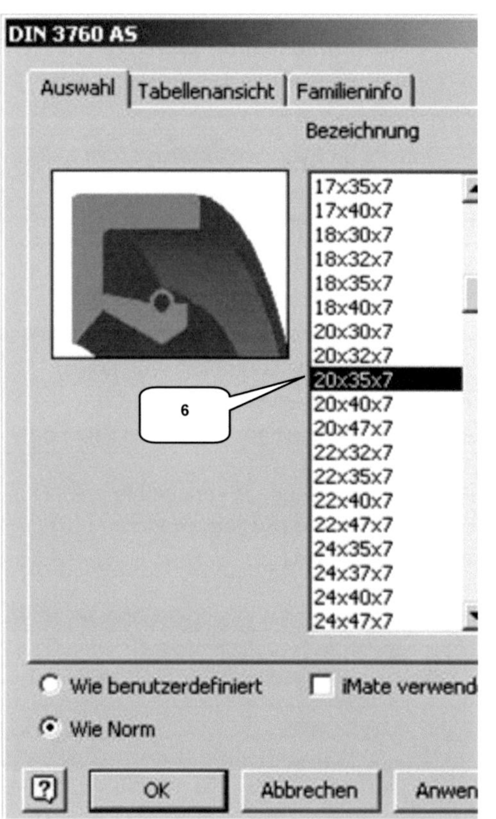

> 🖨 *Aus Inhaltscenter platzieren*
> Option: 🔍 *Suchen* aktivieren (sofern noch deaktiviert) (1)
> Option: ▦ *Baumstrukturansicht* aktivieren (sofern noch deaktiviert) (2)
> Suche nach: [DIN 3760 AS] (3)
> [Jetzt suchen] *Jetzt suchen* (4)
> Markierten Wellendichtring doppelklicken (5)
> Größe: 20 x 35 x 7 wählen (6)
> [OK] *OK*

> Wellendichtring einmal frei mit der linken Maustaste ablegen
> Taste: *ESC*

Positionieren Sie den Wellendichtring in die hierfür vorgesehene Aussparung des Zylinderkopfes. Die offene Seite des Wellendichtrings soll hierbei in Richtung des Riemenkanals zeigen.

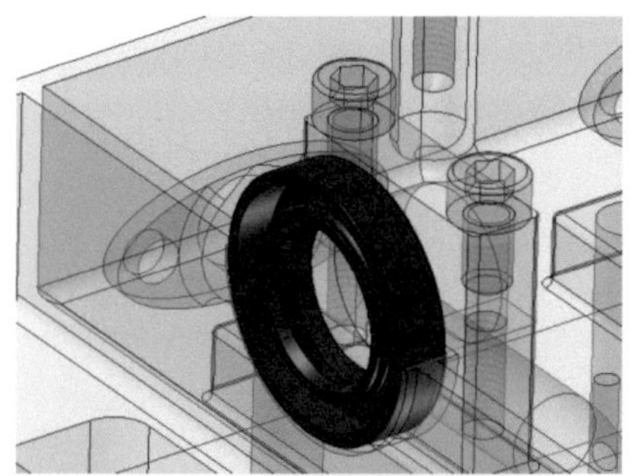

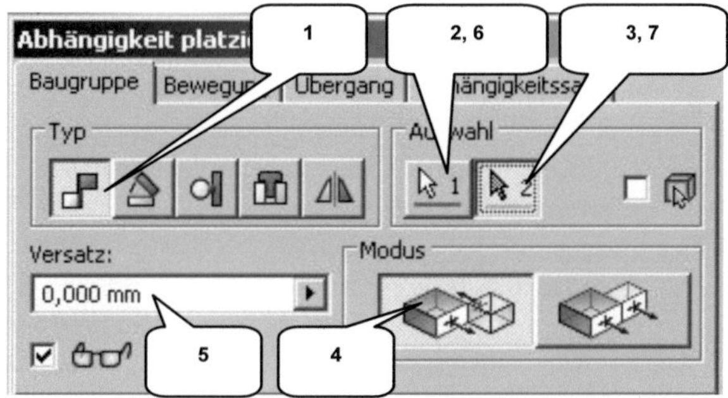

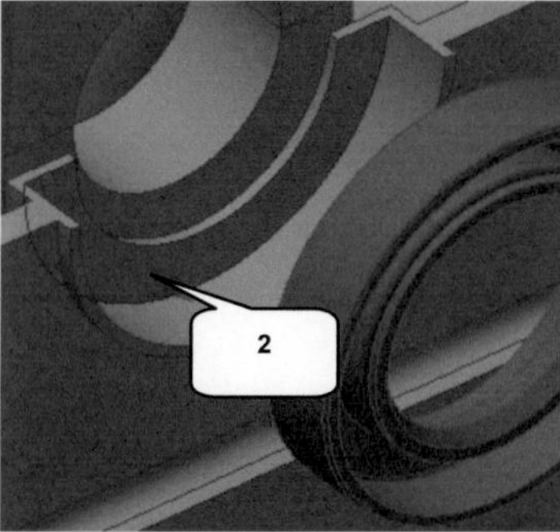

- ➢   **Abhängig machen**
- ➢ Typ: Passend (1)
- ➢ Auswahl 1: Markierte Fläche (2)
- ➢ Auswahl 2: Markierte Fläche (3)
- ➢ Modus: Passend (4)
- ➢ Versatz: [0 mm] (5)
- ➢ Anwenden **Anwenden**

- ➢   **Abhängig machen**
- ➢ Typ: Passend (1)
- ➢ Auswahl 1: Mark. Zylinderfläche (6)
- ➢ Auswahl 2: Mark. Zylinderfläche (7)
- ➢ Modus: Passend (4)
- ➢ Versatz: [0 mm] (5)
- ➢ OK **OK**

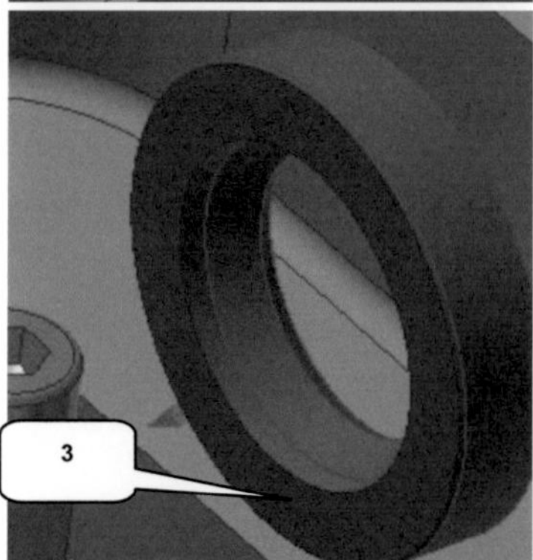

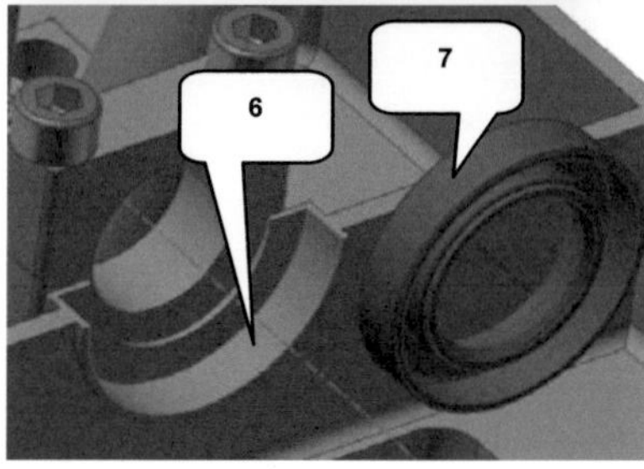

4.5.7 Ordnerstrukturen im Modellbaum anlegen

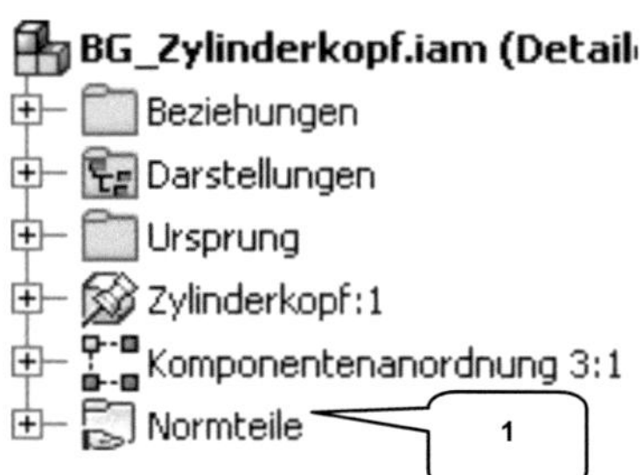

Der Modellbaum einer großen Baugruppe mit vielen Einzelteilen kann schnell unübersichtlich werden. Hier bietet das Programm die Möglichkeit, mehrere Komponenten (z. B. alle Normteile aus dem Inhaltscenter) in Ordnern zusammenzufassen. Der Modellbaum wird somit kürzer und übersichtlicher.

Markieren Sie im Modellbaum bei gedrückter Taste: **STRG** mit der linken Maustaste alle Schrauben (DIN EN ISO 4762, M6 x 10) und den Wellendichtring (DIN 3760 AS), wählen Sie mit der **rechten Maustaste** darauf die Option **Zu neuem Ordner hinzufügen** und verwenden Sie die Ordner-Bezeichnung **Normteile** (1).

4.5.8 Materialien zuweisen

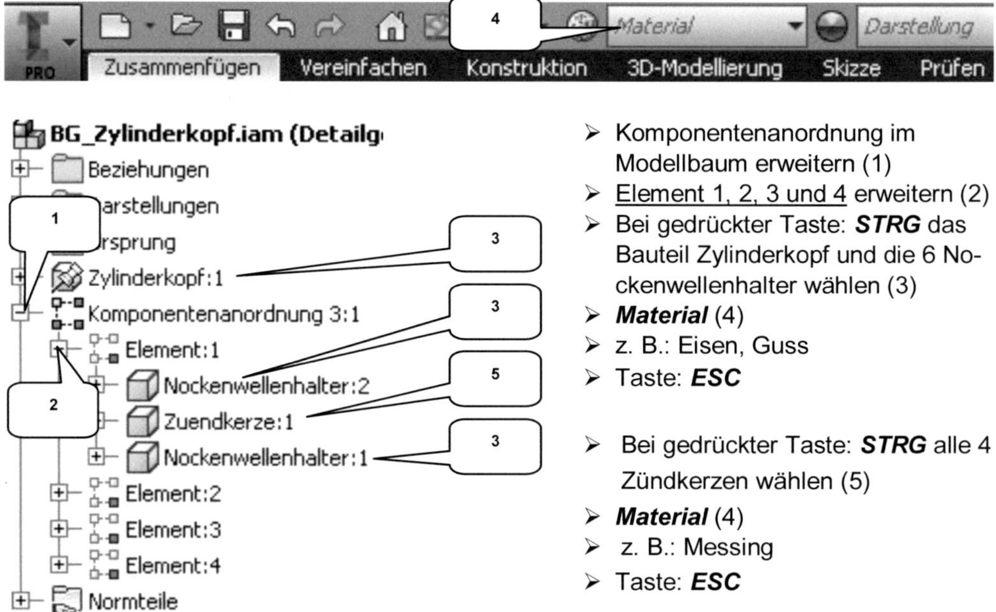

- ➤ Komponentenanordnung im Modellbaum erweitern (1)
- ➤ Element 1, 2, 3 und 4 erweitern (2)
- ➤ Bei gedrückter Taste: **STRG** das Bauteil Zylinderkopf und die 6 Nockenwellenhalter wählen (3)
- ➤ **Material** (4)
- ➤ z. B.: Eisen, Guss
- ➤ Taste: **ESC**

- ➤ Bei gedrückter Taste: **STRG** alle 4 Zündkerzen wählen (5)
- ➤ **Material** (4)
- ➤ z. B.: Messing
- ➤ Taste: **ESC**

Die Datei kann danach **gespeichert** und geschlossen werden. Das Fenster der Speichern-Frage ist mit **Ja für alle** und **OK** zu bestätigen.

4.6   Hauptbaugruppe: 4-Takt-Motor

4.6.1   Einfügen der ersten Komponenten

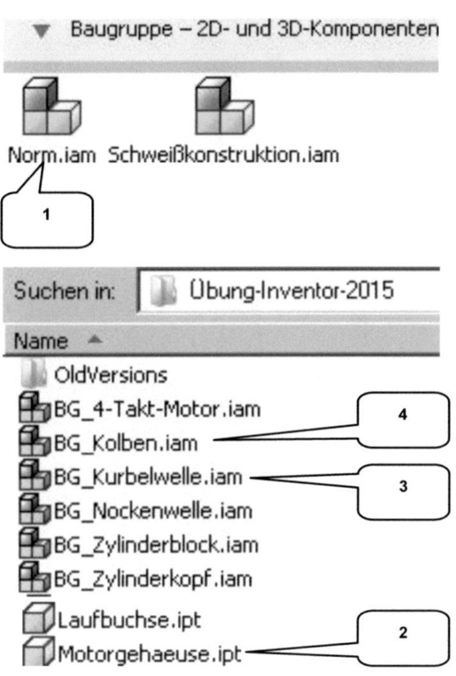

Erstellen Sie eine neue *Baugruppe* (Norm.iam) und speichern Sie diese als ***BG_4-Takt-Motor***.

- ➢ *Neu*
- ➢ *Norm.iam* (1)
- ➢ `Erstellen` *Erstellen*
- ➢ *Speichern* [BG_4-Takt-Motor]

- ➢ *Platzieren*
- ➢ Motorgehäuse wählen (2)
- ➢ `Öffnen` *Öffnen*
- ➢ Taste: *ESC*

- ➢ *Platzieren*
- ➢ BG_Kurbelwelle wählen (3)
- ➢ `Öffnen` *Öffnen*
- ➢ Baugruppe 1x ablegen
- ➢ Taste: *ESC*

- ➢ *Platzieren*
- ➢ BG_Kolben wählen (4)
- ➢ `Öffnen` *Öffnen*
- ➢ Baugruppe 4x ablegen
- ➢ Taste: *ESC*

4.6.2 Flexibilität von Unterbaugruppen

Baugruppen fügt das Programm automatisch als starre Elemente in andere Baugruppen ein. Das bedeutet, dass bewegliche Baugruppen nicht mehr beweglich sind, wenn Sie in eine andere Baugruppe eingefügt wurden. Bei der Baugruppe BG_Kolben wäre das problematisch, da das Programm die Abhängigkeiten nicht richtig setzen könnte.

Um sie wieder beweglich zu gestalten, klicken Sie mit der **rechten Maustaste** nacheinander auf jede der vier Kolbenbaugruppen und aktivieren Sie dort die Option **Flexibel**. Die vier Baugruppen erhalten so ihre volle Beweglichkeit zurück, was im Modellbaum durch das Symbol ⊞ **Flexibel** gekennzeichnet wird.

4.6.3 Baugruppe Kurbelwelle im Motorgehäuse platzieren

Die Baugruppe Kurbelwelle soll jetzt in das Motorgehäuse integriert werden. Sie muss axial mit den Kurbelwellenhaltern des Motorgehäuses verbunden und gegen ein Herausrutschen gesichert werden.

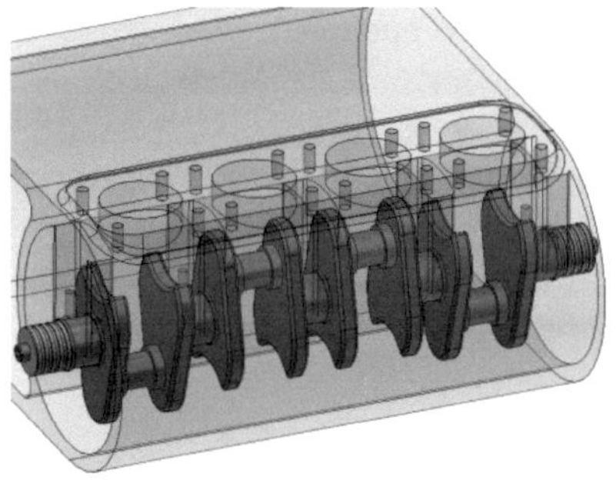

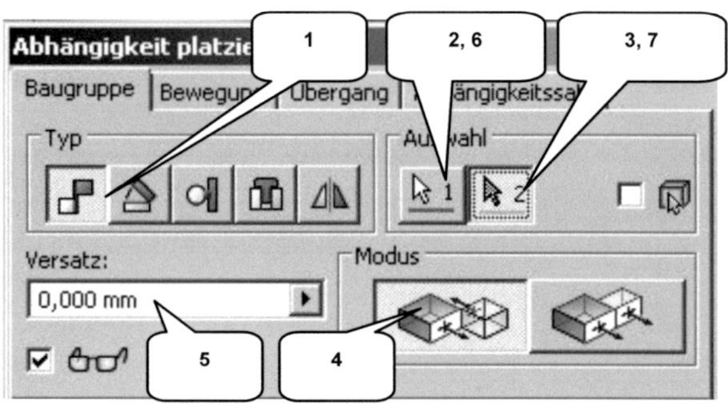

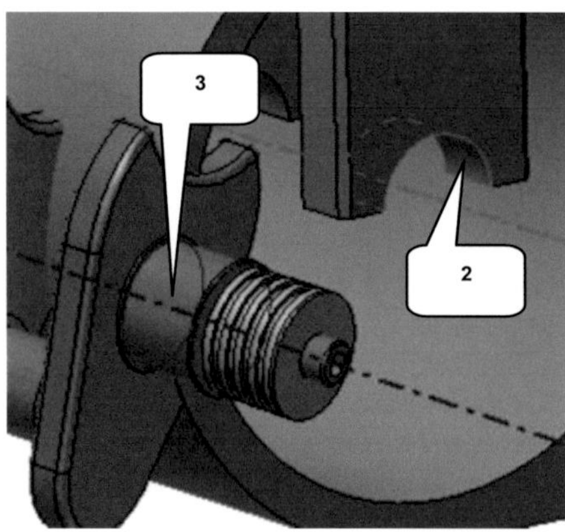

> ⬚ **Abhängig machen**
> Typ: Passend (1)
> Auswahl 1: Mark. Zylinderfläche (2)
> Auswahl 2: Mark. Zylinderfläche (3)
> Modus: Passend (4)
> Versatz: [0 mm] (5)
> Anwenden **Anwenden**

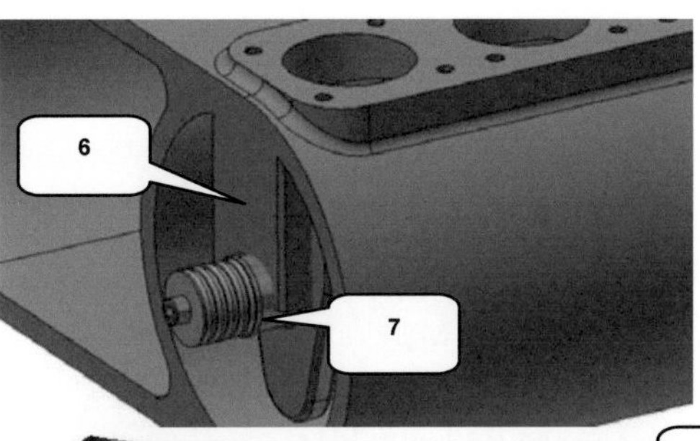

> ⯈ 🔲 *Abhängig machen*
> ⯈ Typ: Passend (1)
> ⯈ Auswahl 1: Markierte Fläche (6)
> ⯈ Auswahl 2: Markierte Fläche (7)
> ⯈ Modus: Passend (4)
> ⯈ Versatz: [0 mm] (5)
> ⯈ OK *OK*

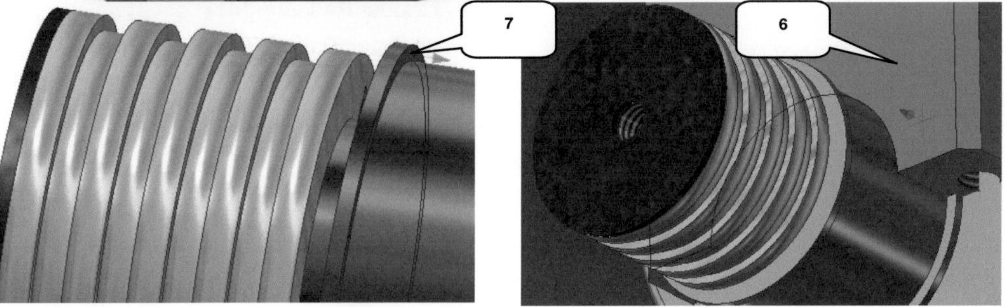

4.6.4 Baugruppe Kolben im Motorgehäuse platzieren

Die Kolbenbaugruppen können jetzt mit Kurbelwelle und Motorgehäuse verbunden werden.

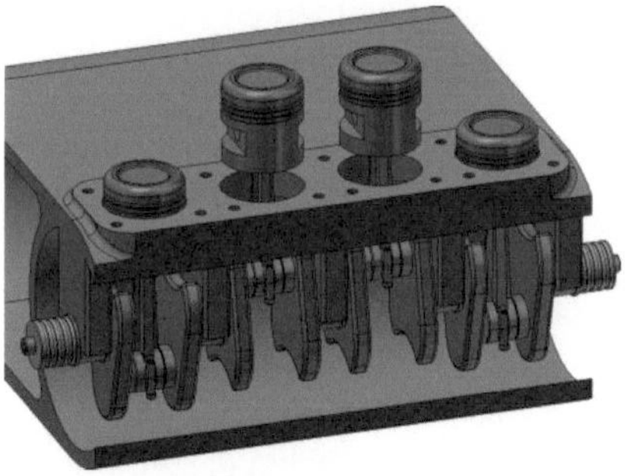

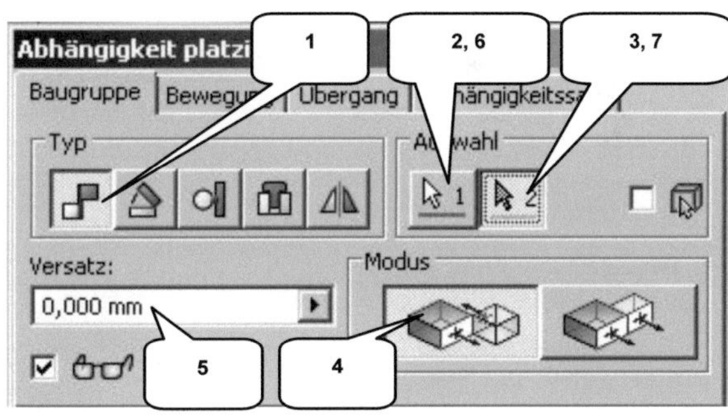

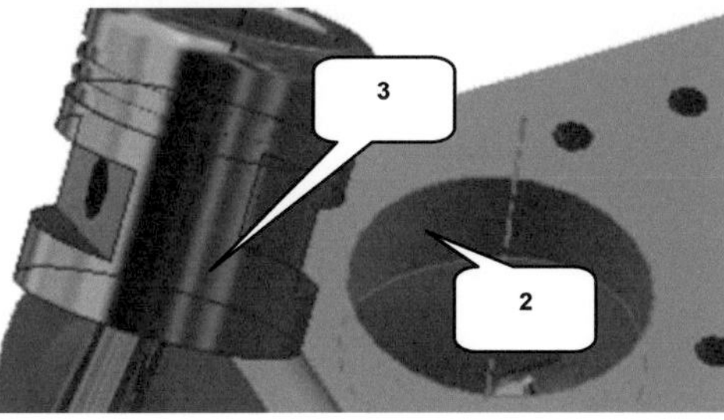

> ⯈ 🔲 *Abhängig machen*
> ⯈ Typ: Passend (1)
> ⯈ Auswahl 1: Mark. Zylinderfläche (2)
> ⯈ Auswahl 2: Mark. Zylinderfläche (3)
> ⯈ Modus: Passend (4)
> ⯈ Versatz: [0 mm] (5)
> ⯈ Anwenden *Anwenden*

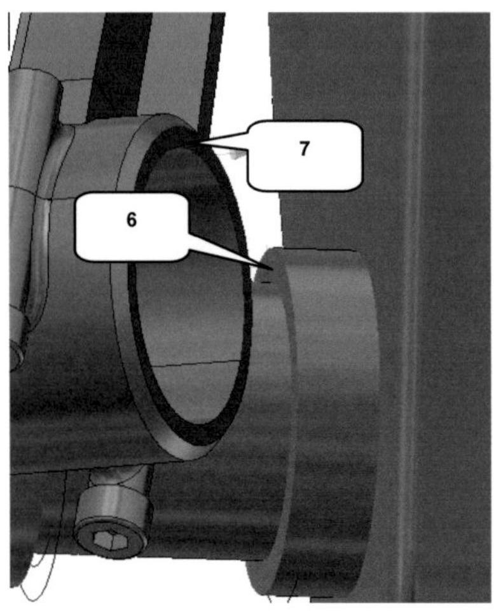

> 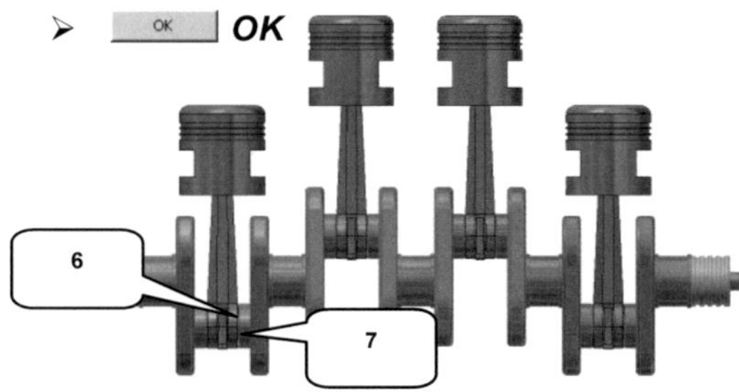 **_Abhängig machen_**
> Typ: Passend (1)
> Auswahl 1: Markierte Fläche (6)
> Auswahl 2: Markierte Fläche (7)
> Modus: Passend (4)
> Versatz: [0 mm] (5)
> `OK` **_OK_**

Wiederholen Sie das Setzen der letzten beiden Abhängigkeiten bei den restlichen drei Kolbenbaugruppen. Sobald alle vier mit der Kurbelwelle verbunden sind, sollte der Bewegungsablauf geprüft werden. Drehen Sie die Kurbelwelle bei gedrückter linker Maustaste darauf. Die Kolben sollten sich linear auf und ab bewegen. Die Sichtbarkeit des Motorgehäuses kann jetzt wieder aktiviert werden. Klicken Sie hierfür mit der **_rechten Maustaste_** im Modellbaum darauf und reaktivieren Sie die **_Sichtbarkeit_**.

4.6.5   Kurbelwellenhalter platzieren, positionieren und linear anordnen

📂 **_Platzieren_** und positionieren Sie einen Kurbelwellenhalter in der Baugruppe.

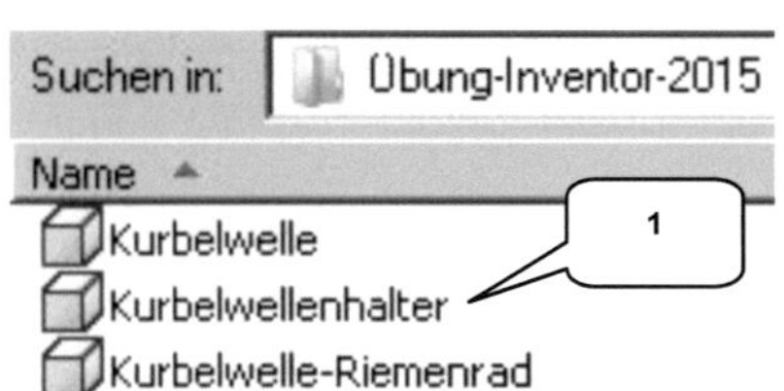

> 📂 **_Platzieren_**
> Kurbelwellenhalter wählen (1) (vorhandene Übungsdatei, siehe Kapitel 1.2)
> `Öffnen` **_Öffnen_**
> Bauteil 1x ablegen
> Taste: **_ESC_**

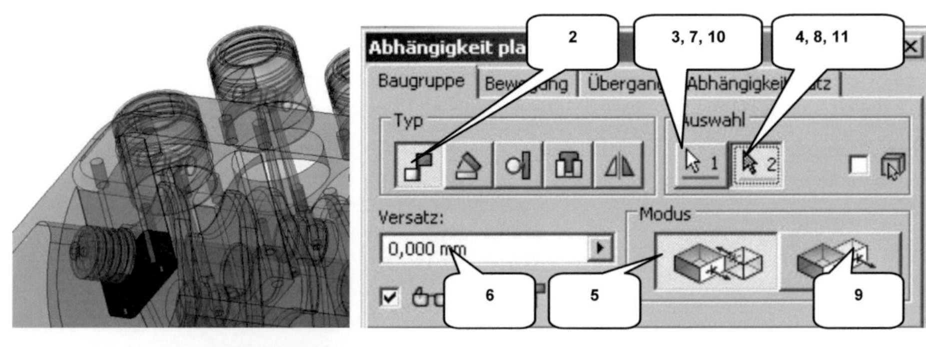

>   **Abhängig machen**
> Typ: Passend (2)
> Auswahl 1: Markierte Fläche (3)
> Auswahl 2: Markierte Fläche (4)
> Modus: Passend (5)
> Versatz: [0 mm] (6)
> Anwenden **Anwenden**

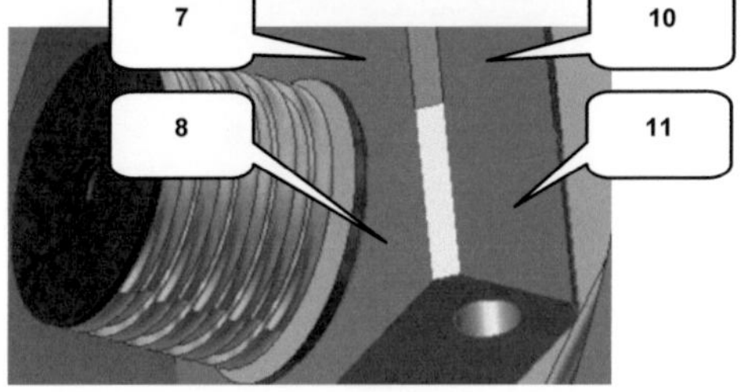

>   **Abhängig machen**
> Typ: Passend (2)
> Auswahl 1: Markierte Fläche (7)
> Auswahl 2: Markierte Fläche (8)
> Modus: <u>Fluchtend</u> (9)
> Versatz: [0 mm] (6)
> Anwenden **Anwenden**

>   **Abhängig machen**
> Typ: Passend (2)
> Auswahl 1: Markierte Fläche (10)
> Auswahl 2: Markierte Fläche (11)
> Modus: <u>Fluchtend</u> (9)
> Versatz: [0 mm] (6)
> OK **OK**

Die restlichen vier Kurbelwellenhalter können mit dem Befehl **Muster** als lineare Anordnung entlang der Z-Achse erzeugt werden.

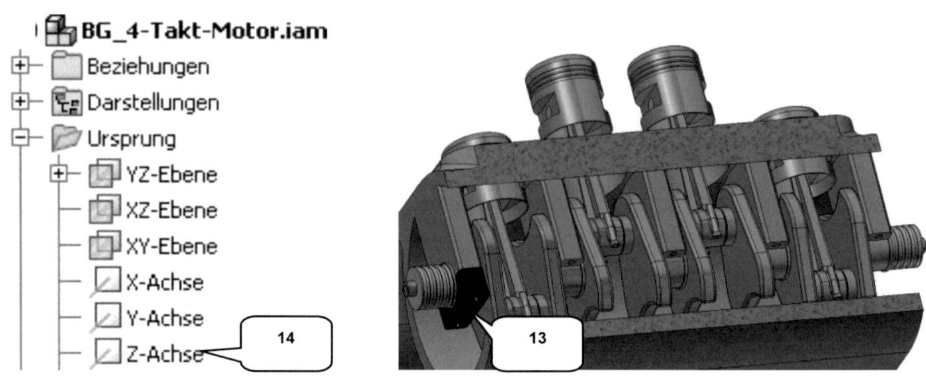

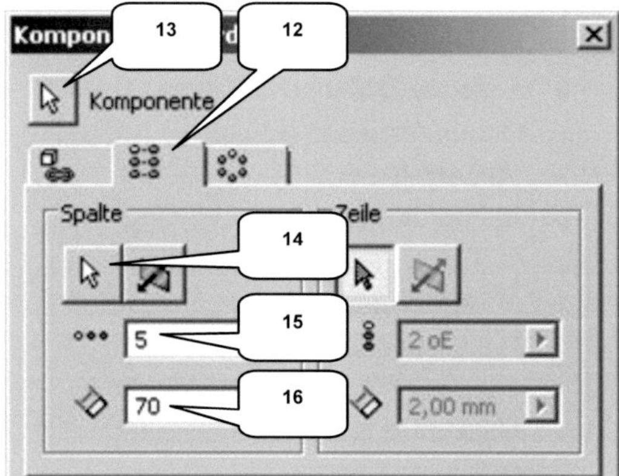

- ⊞ **Muster**
- <u>Reiter: Rechteckige Anordnung</u> (12)
- Komponenten: Kurbelwellenhalter (13)
- Spalte: Z-Achse der Hauptbaugruppe (14)
- Anzahl: [5] (15)
- Abstand: [70 mm] (16)
- [OK] **OK**

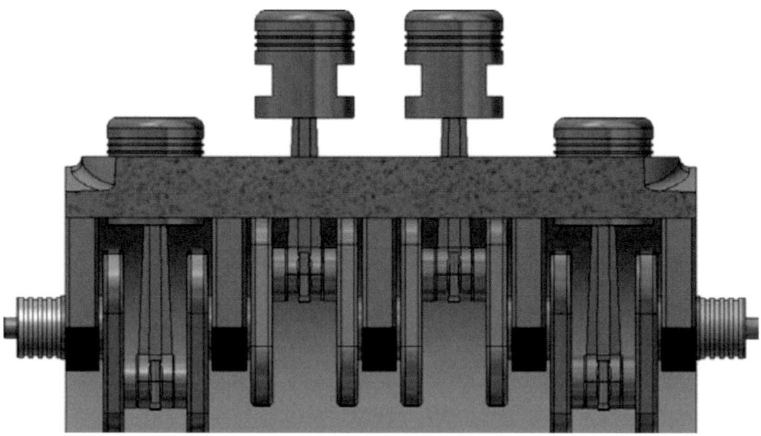

HINWEIS: Sollte die Anordnung in die falsche Richtung erzeugt worden sein (aus dem Motorgehäuse heraus), kann das mit ⊠ *Richtung umkehren* korrigiert werden.

4.6.6 Schrauben aus dem Inhaltscenter einfügen

Kurbelwellenhalter und Motorgehäuse sollen miteinander verschraubt werden. Auch hier sind Schrauben aus dem 🖶 **Inhaltscenter** zu verwenden.

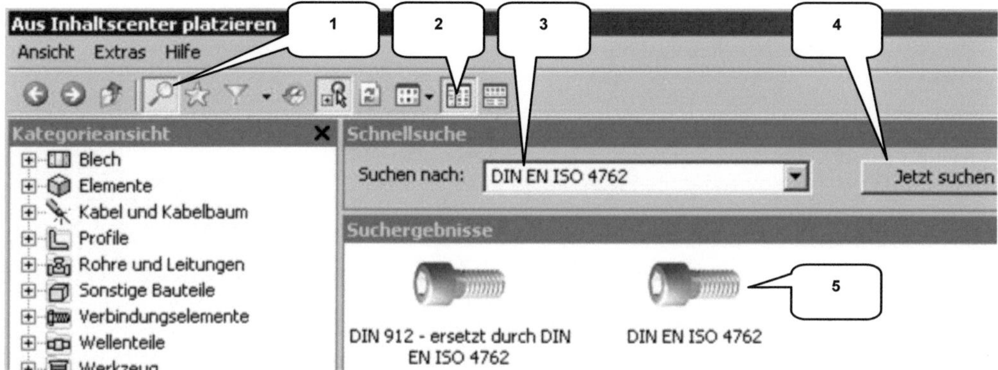

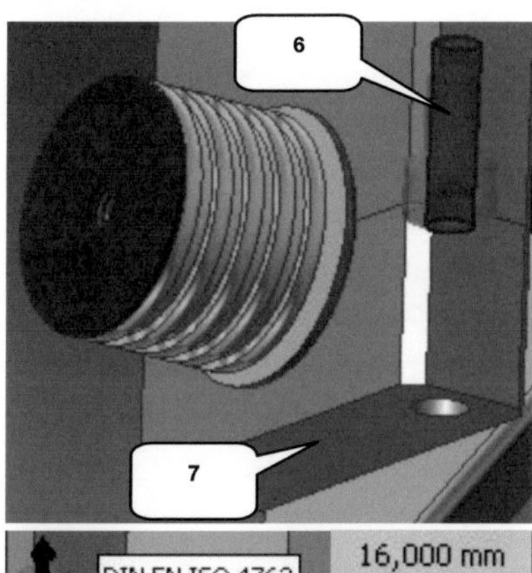

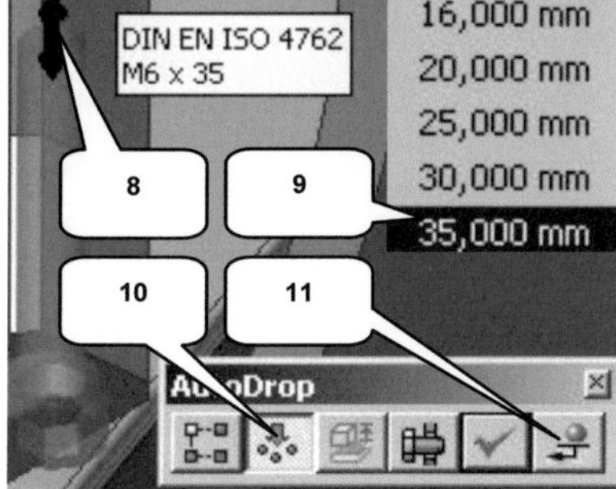

> 🖶 *Aus Inhaltscenter platzieren*
> Option: 🔍 *Suchen* aktivieren (sofern noch deaktiviert) (1)
> Option: ▦ *Baumstrukturansicht* aktivieren (sofern noch deaktiviert) (2)
> Suche nach: [DIN EN ISO 4762] (3)
> ▭ Jetzt suchen ▭ *Jetzt suchen* (4)
> Markierte Schraube doppelklicken (5)
> Gewindebohrung im Motorgehäuse wählen (6)
> Startfläche wählen (7)
> Markierten Pfeil am Schraubenende doppelklicken (8)
> Schraubenlänge: 35 mm wählen (9)
> ⚒ *Mehrere einfügen* aktivieren (10)
> 🖳 *Platzieren* (11)

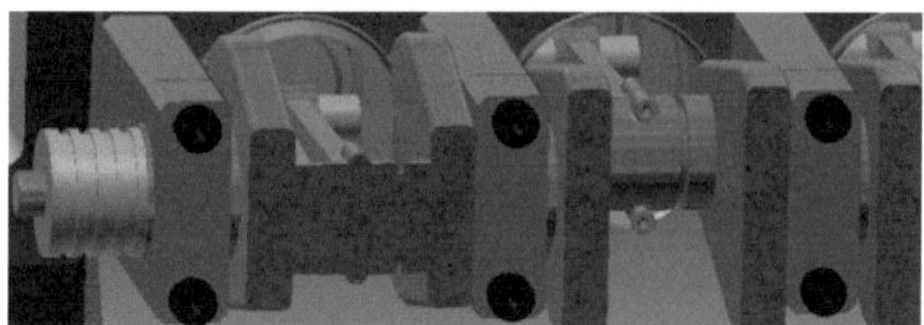

4.6.7 Dichtung zwischen Motorgehäuse und Zylinderblock erstellen

Bevor der Zylinderblock auf dem Motorgehäuse befestigt werden kann, muss zwischen beiden Komponenten eine Dichtung erzeugt werden. Dies soll direkt aus der Baugruppe heraus geschehen (☞ *Komponente erstellen*).

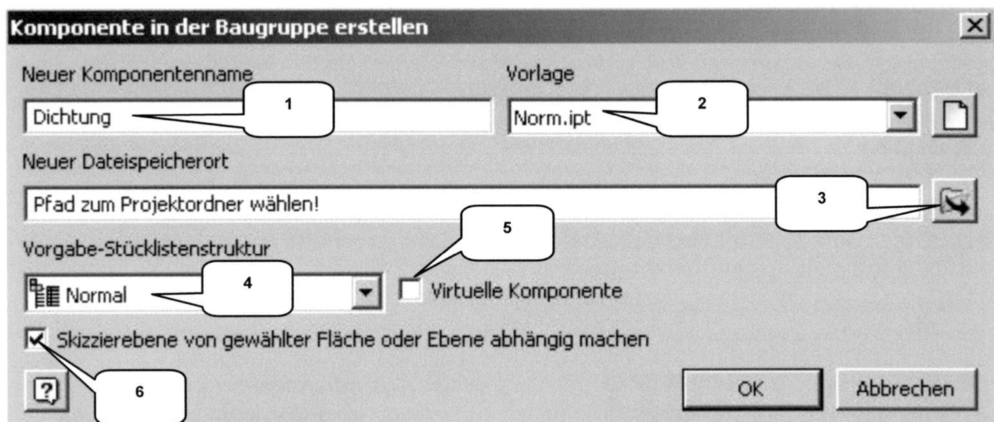

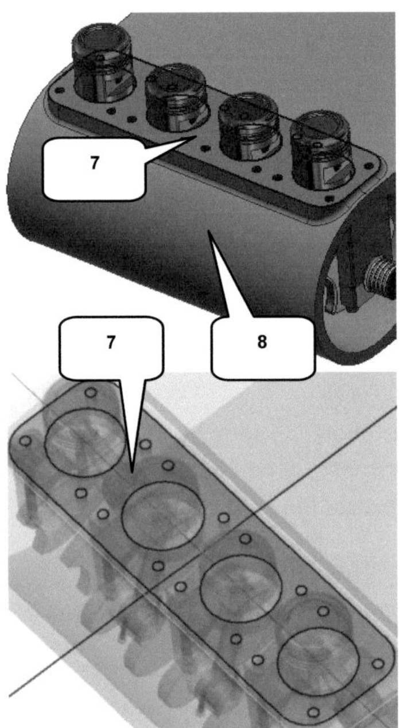

> ☞ *Komponente erstellen*
> Name: [Dichtung] (1)
> Vorlage: Norm.ipt (2)
> Speicherort: Projektordner wählen (3)
> Stücklistenstruktur: Normal (4)
> Deaktivieren: Virtuelle Komponente (5)
> Aktivieren: Skizzierebene von ... (6)
> OK *OK*

> Markierte Fläche wählen (7)

> ☞ *Schnittkanten projizieren*
> Motorgehäuse wählen (8)
> ✔ *Skizze fertig stellen*

Zurück im Register *3D-Modellierung*, soll die projizierte Kontur *2 mm* extrudiert werden.

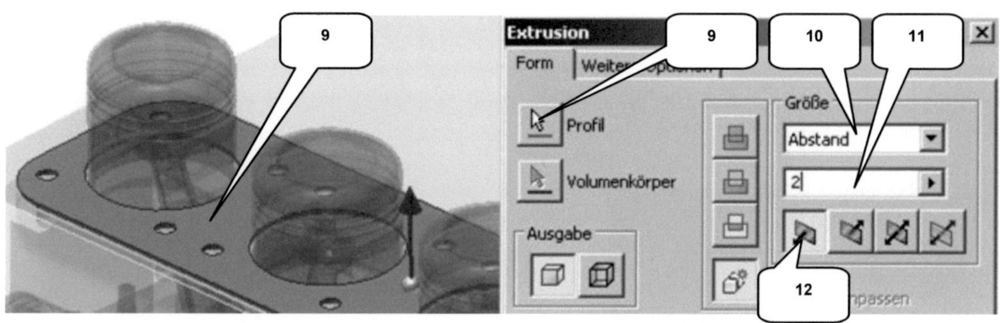

- 🗍 **Extrusion**
- Profil: Projizierte Fläche (9)
- Verfahren: (Automatisch)

- Größe: Abstand [2 mm] (10, 11)
- Richtung: Richtung 1 (12)
- [OK] **OK**

Der Bauteilbereich kann anschließend 🔙 **verlassen**, und die Baugruppe gespeichert werden (Erstspeicherung der neuen Komponenten). Die Baugruppe noch <u>nicht</u> schließen!

4.6.8 Unterbaugruppe BG_Zylinderblock einfügen und platzieren

🖴 **Platzieren** Sie die Baugruppe **BG_Zylinderblock** einmal im Zeichenbereich.

- 🖴 **Platzieren**
- BG_Zylinderblock wählen (1)
- [Öffnen] **Öffnen**
- Baugruppe 1x ablegen
- Taste: **ESC**

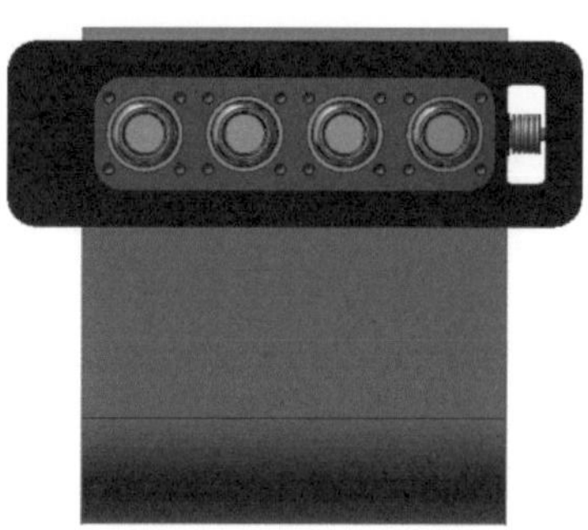

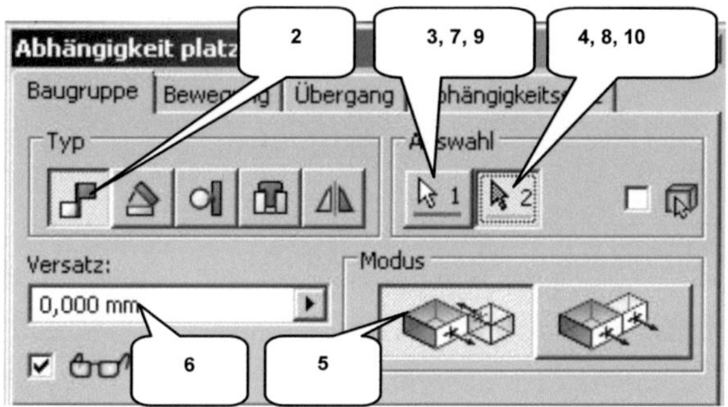

Setzen Sie die folgenden drei Abhängigkeiten und achten Sie dabei auf die korrekte Ausrichtung des Zylinderblocks. Wenn Sie von oben auf die Baugruppe sehen (siehe linke, untere Abbildung auf der vorherigen Seite), sollte die dargestellte Ausrichtung des Zylinderblocks erreicht werden.

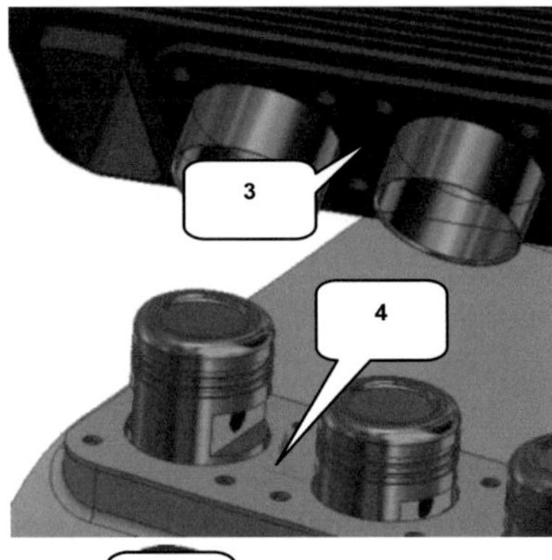

> 🗗 *Abhängig machen*
> Typ: Passend (2)
> Auswahl 1: Markierte Fläche (3)
> Auswahl 2: Markierte Fläche (4)
> Modus: Passend (5)
> Versatz: [0 mm] (6)
> Anwenden *Anwenden*

> 🗗 *Abhängig machen*
> Typ: Passend (2)
> Auswahl 1: Mark. Zylinderfläche (7)
> Auswahl 2: Mark. Zylinderfläche (8)
> Modus: Passend (5)
> Versatz: [0 mm] (6)
> Anwenden *Anwenden*

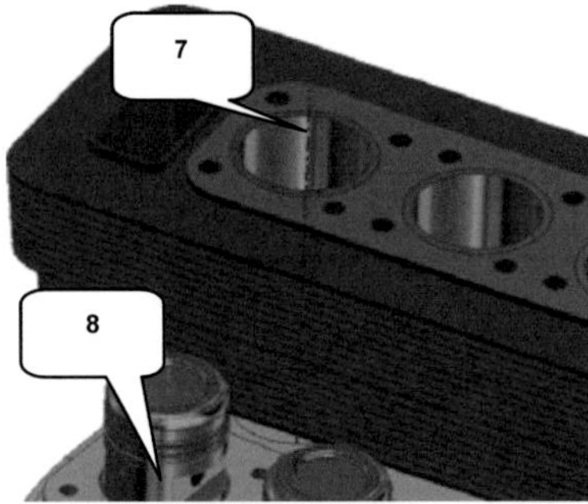

> 🗗 *Abhängig machen*
> Typ: Passend (2)
> Auswahl 1: Mark. Zylinderfläche (9)
> Auswahl 2: Mark. Zylinderfläche (10)
> Modus: Passend (5)
> Versatz: [0 mm] (6)
> OK *OK*

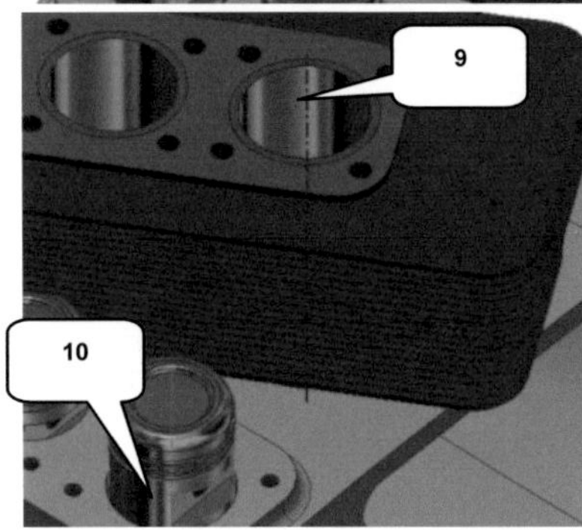

Bevor der Zylinderkopf auf den Zylinderblock gesetzt wird, soll auf der oberen Dichtfläche des Zylinderblocks ebenfalls eine Dichtung platziert werden. Hier kann die im vorangegangenen Kapitel erzeugte Dichtung verwendet werden.

HINWEIS: Die Dichtung wird im folgenden Schritt nur verfügbar sein, wenn die gesamte Baugruppe im letzten Schritt des vergangenen Kapitels gespeichert wurde.

4.6.9 Dichtung einfügen und auf dem Zylinderblock positionieren

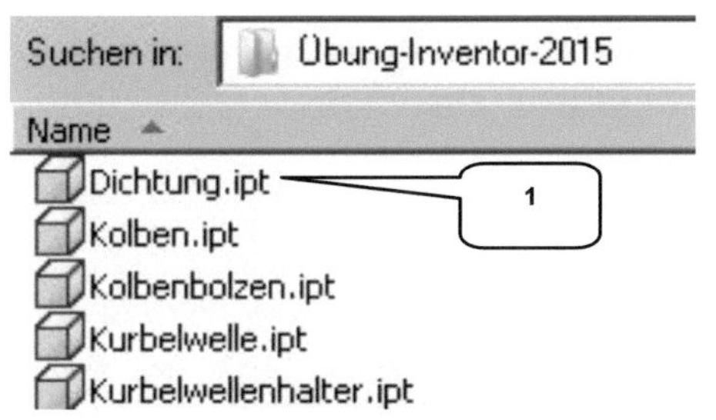

Platzieren Sie das Bauteil **Dichtung** einmal im Zeichenbereich.

- ➢ **Platzieren**
- ➢ Dichtung wählen (1)
- ➢ Öffnen **Öffnen**
- ➢ Bauteil 1x ablegen
- ➢ Taste: **ESC**

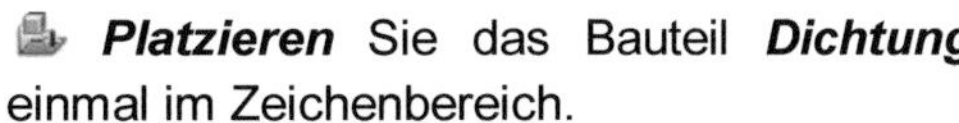

- ➢ **Abhängig machen**
- ➢ Typ: Passend (2)
- ➢ Auswahl 1: Markierte Fläche (3)
- ➢ Auswahl 2: Markierte Fläche (4)
- ➢ Modus: Passend (5)
- ➢ Versatz: [0 mm] (6)
- ➢ Anwenden **Anwenden**

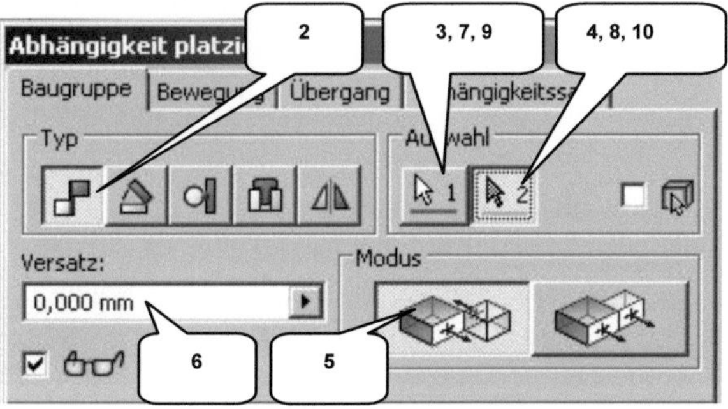

- ➢ **Abhängig machen**
- ➢ Typ: Passend (2)
- ➢ Auswahl 1: Mark. Zylinderfläche (7)
- ➢ Auswahl 2: Mark. Zylinderfläche (8)
- ➢ Modus: Passend (5)
- ➢ Versatz: [0 mm] (6)
- ➢ Anwenden **Anwenden**

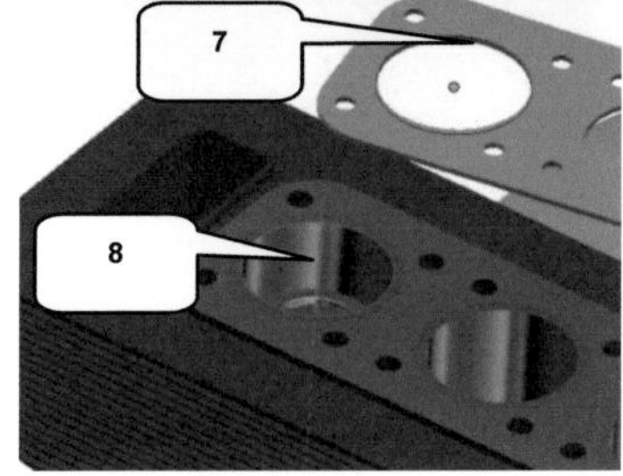

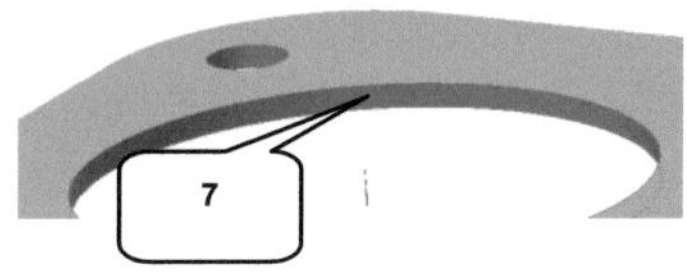

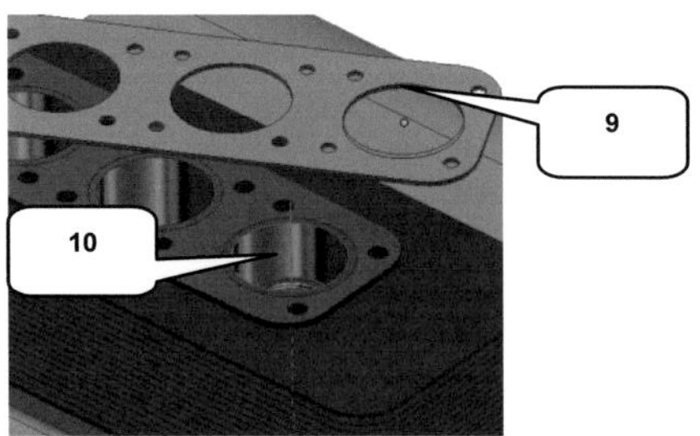

> ⬛ *Abhängig machen*
> Typ: Passend (2)
> Auswahl 1: Mark. Zylinderfläche (9)
> Auswahl 2: Mark. Zylinderfläche (10)
> Modus: Passend (5)
> Versatz: [0 mm] (6)
> OK *OK*

HINWEIS: Die beiden Zylinderflächen (7, 9) der Dichtung sind sehr schmal. Es sollte ausreichend dicht heran gezoomt werden, um beim Setzen der Abhängigkeiten auch wirklich die richtigen Flächen zu verwenden.

4.6.10 Unterbaugruppen BG_Zylinderkopf und BG_Nockenwelle platzieren

Platzieren Sie die Baugruppen BG_Zylinderkopf und BG_Nockenwelle jeweils einmal im Zeichenbereich und positionieren Sie sie anschließend in der Hauptbaugruppe.

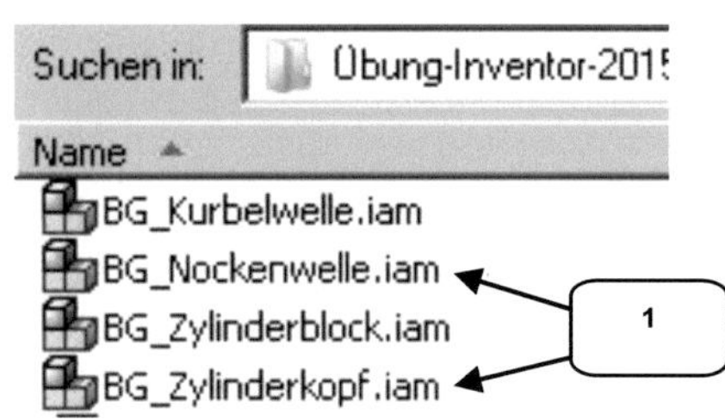

> 🖨 *Platzieren*
> Bei gedrückter Taste: **STRG** die Baugruppen BG_Zylinderkopf und BG_Nockenwelle wählen (1)
> Öffnen *Öffnen*
> Baugruppen 1x ablegen
> Taste: **ESC**

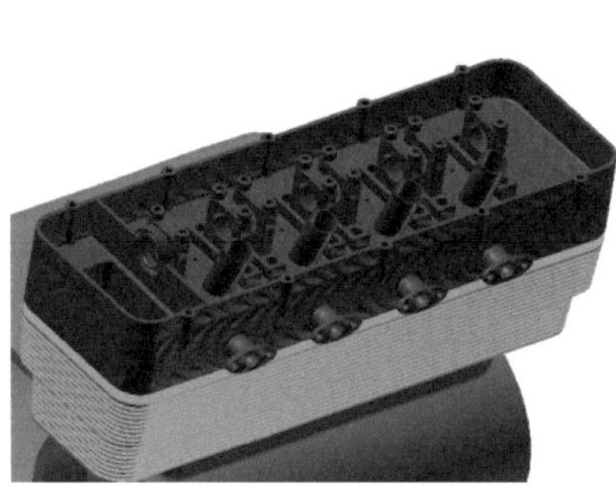

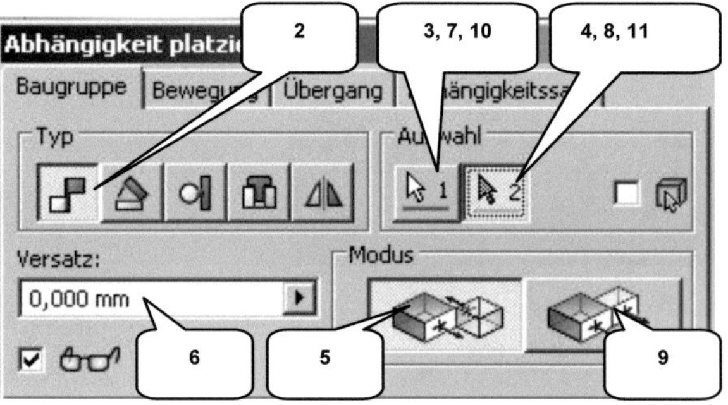

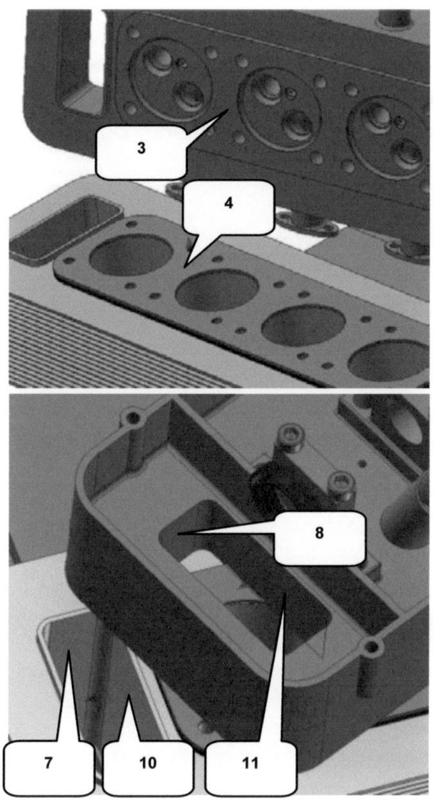

> ⬛ *Abhängig machen*
> Typ: Passend (2)
> Auswahl 1: Markierte Fläche (3)
> Auswahl 2: Markierte Fläche (4)
> Modus: Passend (5)
> Versatz: [0 mm] (6)
> [Anwenden] *Anwenden*

> ⬛ *Abhängig machen*
> Typ: Passend (2)
> Auswahl 1: Markierte Fläche (7)
> Auswahl 2: Markierte Fläche (8)
> Modus: Fluchtend (9)
> Versatz: [0 mm] (6)
> [Anwenden] *Anwenden*

> ⬛ *Abhängig machen*
> Typ: Passend (2)
> Auswahl 1: Markierte Fläche (10)
> Auswahl 2: Markierte Fläche (11)
> Modus: Fluchtend (9)
> Versatz: [0 mm] (6)
> [OK] *OK*

Die Baugruppe BG_Zylinderkopf wurde auf der Baugruppe BG_Zylinderblock montiert und kann jetzt mit der Baugruppe BG_Nockenwelle komplettiert werden.

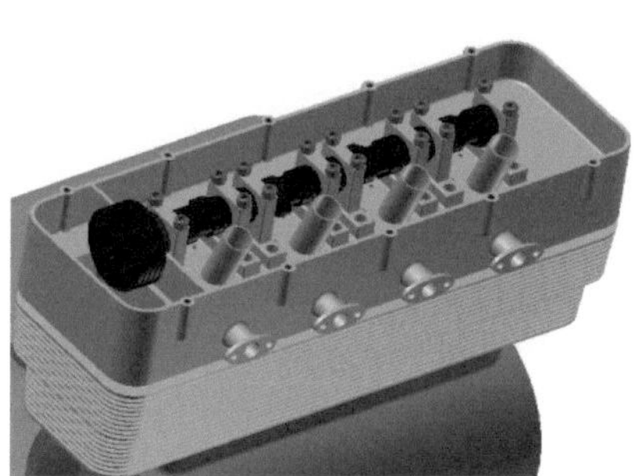

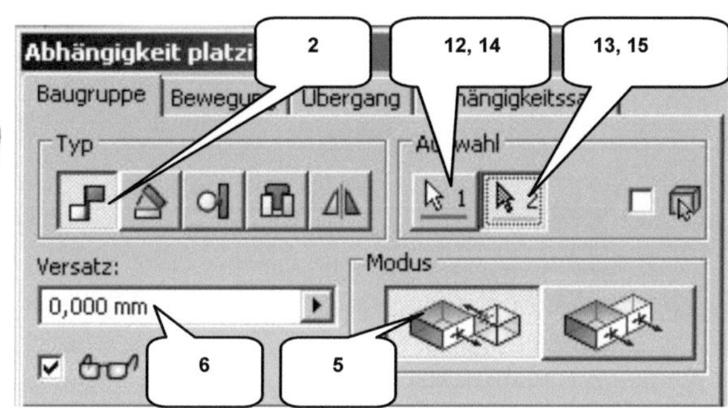

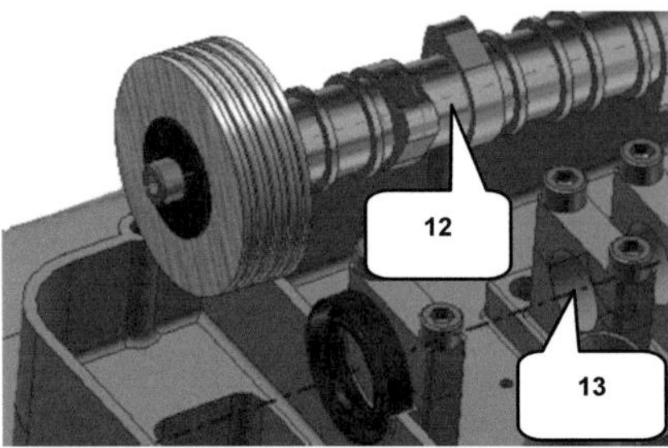

>   ⬛ *Abhängig machen*
> Typ: Passend (2)
> Auswahl 1: Mark. Zylinderfläche (12)
> Auswahl 2: Mark. Zylinderfläche (13)
> Modus: Passend (5)
> Versatz: [0 mm] (6)
> Anwenden *Anwenden*

>   ⬛ *Abhängig machen*
> Typ: Passend (2)
> Auswahl 1: Markierte Fläche (14)
> Auswahl 2: Markierte Fläche (15)
> Modus: Passend (5)
> Versatz: [0 mm] (6)
> OK *OK*

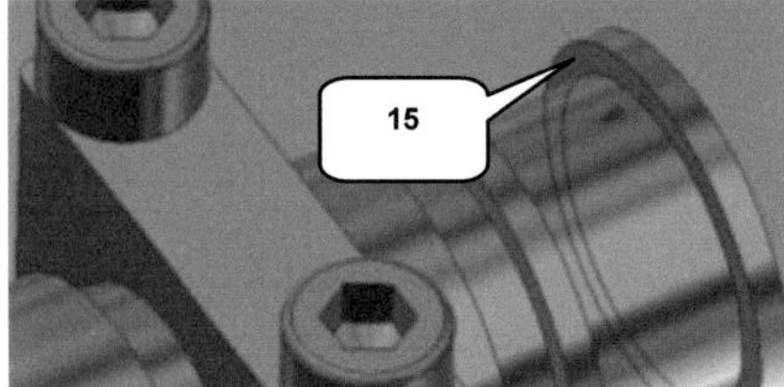

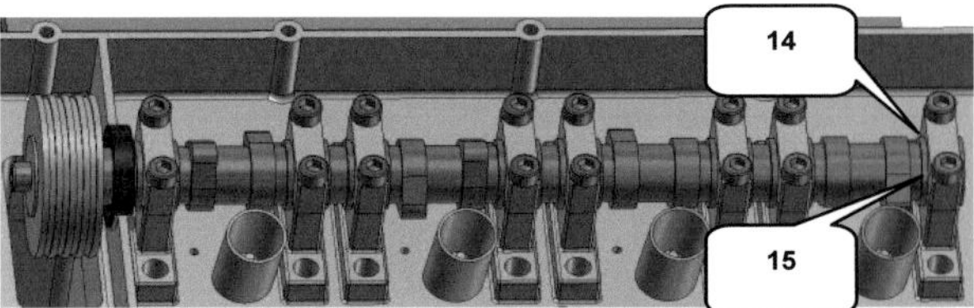

4.6.11   *Ventile platzieren und mit Übergangsabhängigkeiten versehen*

Die Ventile stellen in ihrer Platzierung innerhalb der Hauptbaugruppe eine Besonderheit dar. Sie werden linear im Zylinderkopf geführt, benötigen allerdings eine flexible Abhängigkeit, um den 4 einzelnen Nocken-Flächen der Nockenwelle folgen zu können. Normale Abhängigkeiten (z. B. Fläche auf Fläche, Achse auf Achse oder Tangentenabhängigkeiten) können dieser speziellen Anforderung nicht gerecht werden. Daher ist eine besondere Abhängigkeit, eine **Übergangsabhängigkeit** zu verwenden.

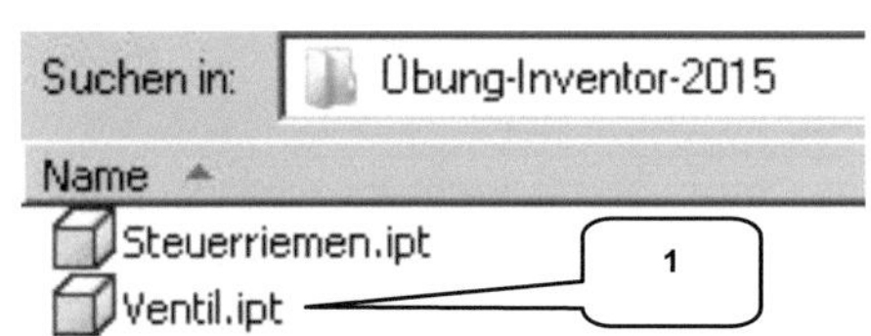

📇 *Platzieren* Sie das Bauteil *Ventil* insgesamt achtmal im Zeichenbereich.

> 📇 *Platzieren*
> Ventil wählen (1)
> Öffnen *Öffnen*
> Bauteil 8x ablegen
> Taste: *ESC*

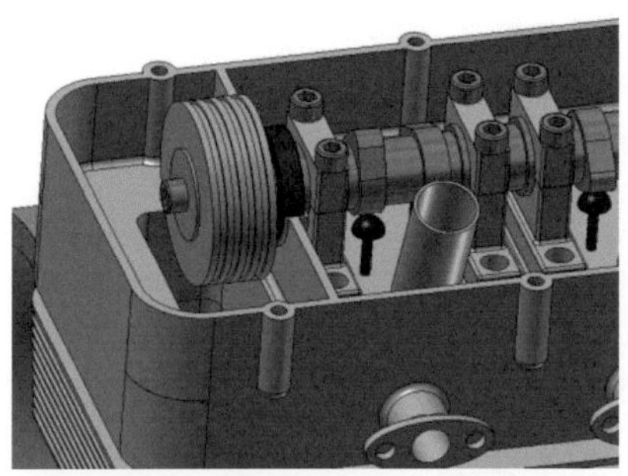

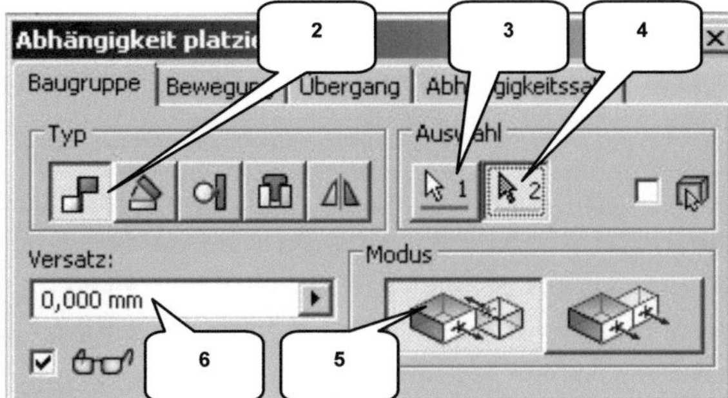

> 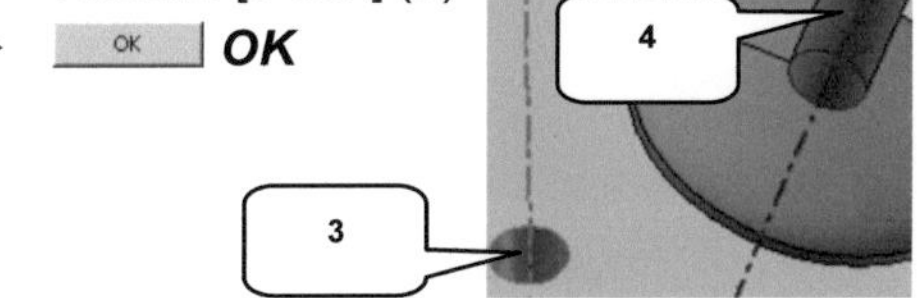 *Abhängig machen*
> Typ: Passend (2)
> Auswahl 1: Mark. Zylinderfläche (3)
> Auswahl 2: Mark. Zylinderfläche (4)
> Modus: Passend (5)
> Versatz: [0 mm] (6)
> OK **OK**

Positionieren Sie auch die restlichen sieben Ventile in den hierfür vorgesehenen Bohrungen des Zylinderkopfes. Achten Sie darauf, dass die Ventilköpfe, wie in der oberen Abbildung dargestellt, unterhalb der Nockenwelle angeordnet sind und dass sie nicht mit den Nocken kollidieren. Sollten die Ventile in die Nockenwelle hereinragen, sind sie bei gedrückter linker Maustaste etwas nach unten zu ziehen. Sobald alle Ventile in den vorgesehenen Bohrungen sitzen, können die Übergangsabhängigkeiten gesetzt werden. Hier ist die Reihenfolge sehr wichtig: Erst der Ventilkopf, dann die direkt über dem Ventil liegende Fläche.

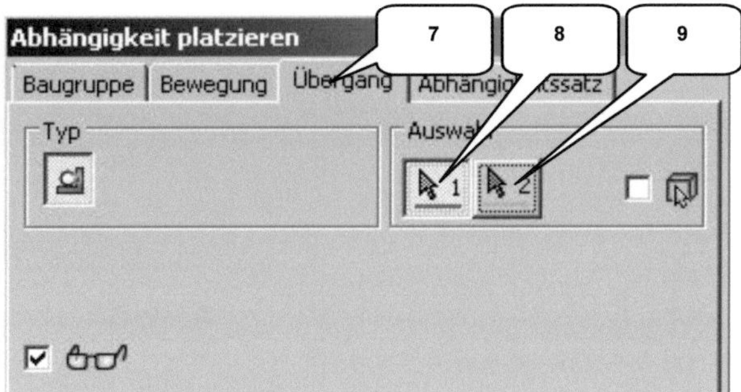

> ⊡ **Abhängig machen**
> Reiter: Übergang (7)
> Auswahl 1: Ventilkopf (8)

> Auswahl 2: Nockenfläche (9)
> ⟦ OK ⟧ **OK**

Mit welchem Ventil Sie starten, bleibt Ihnen überlassen. Wichtig ist nur, dass diejenige Fläche am Nocken gewählt wird, die in axialer Richtung <u>direkt</u> oberhalb des Ventils angeordnet ist (der Nocken besteht aus vier einzelnen Flächen). Wiederholen Sie diese Übergangsabhängigkeit bei den restlichen 7 Ventilen. Drehen Sie die Nockenwelle anschließend bei gedrückter linker Maustaste. Die Ventile sollten sich linear auf und ab bewegen und dem Verlauf des jeweils zugeordneten Nockens folgen. Je nach Rechenleistung Ihres PCs kann die Darstellung dieser vereinfachten Bewegung sehr diskontinuierlich verlaufen.

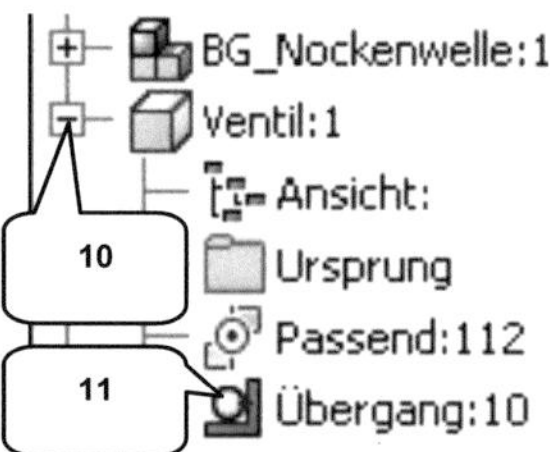

HINWEIS: Sollten beim Versuch, die Nockenwelle manuell zu drehen, Fehlermeldungen auftreten, liegt das mit Sicherheit an einer der zuletzt erzeugten Übergangsabhängigkeiten. Dann hilft oftmals nur, das entsprechende Bauteil im Modellbaum zu erweitern (10), die darin enthaltene Übergangsabhängigkeit (11) zu löschen (**rechte Maustaste > Löschen**) und anschließend neu zu vergeben.

4.6.12 Schrauben aus dem Inhaltscenter einfügen

In der folgenden Übung sollen Zylinderkopfschrauben in die Baugruppe eingefügt werden, die Zylinderkopf und Zylinderblock mit dem Motorgehäuse verbinden. Deaktivieren Sie die Sichtbarkeit des Zylinderblocks (**rechte Maustaste > Sichtbarkeit**), um den Blick auf die Gewindebohrungen im Motorgehäuse freizugeben. Das eventuell folgende Fenster (**Assoziative Konstruktionsansichtsdarstellung > Verknüpfung entfernen**) kann mit ⟦ OK ⟧ **OK** bestätigt werden.

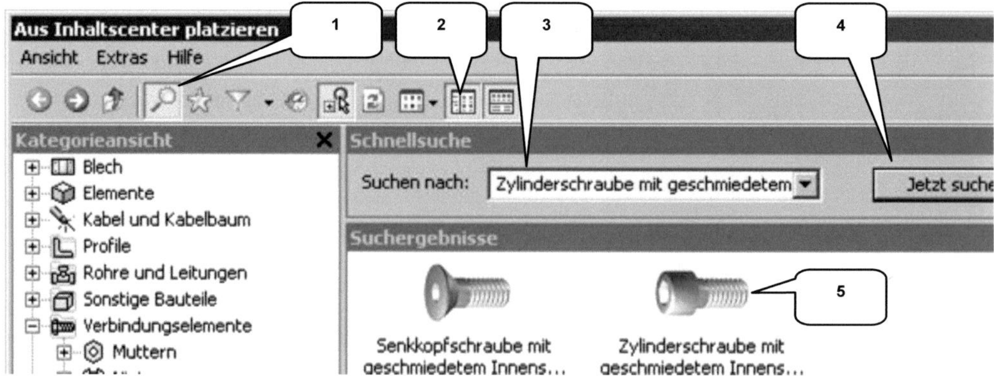

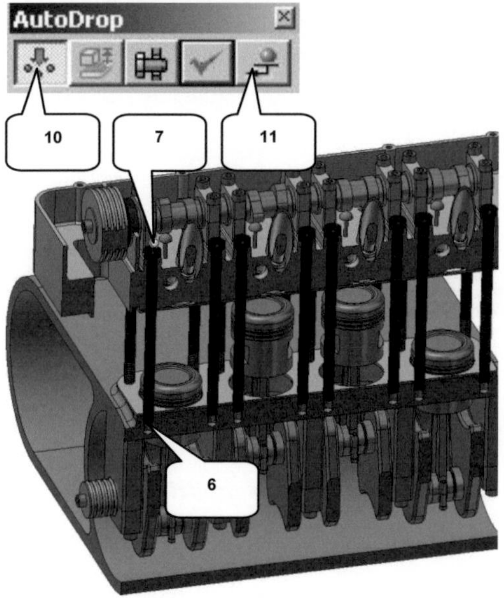

> 🖨 *Aus Inhaltscenter platzieren*
> Option: 🔍 *Suchen* aktivieren (sofern noch deaktiviert) (1)
> Option: ▦ *Baumstrukturansicht* aktivieren (sofern noch deaktiviert) (2)
> Suche nach: [Zylinderschraube mit geschmiedetem Innensechskant] (3)
> `Jetzt suchen` *Jetzt suchen* (4)
> Markierte Schraube doppelklicken (5)
> Eine der Gewindebohrungen im Motorgehäuse wählen (6)
> Startfläche wählen (7)
> Markierten Pfeil am Schraubenende doppelklicken (8)
> Schraubenlänge: 140 mm wählen (9)
> 🔩 *Mehrere einfügen* aktivieren (10)
> 🔧 *Platzieren* (11)

Die Sichtbarkeit der Baugruppe BG_Zylinderblock kann wieder aktiviert und die gesamte Hauptbaugruppe *gespeichert* werden. Sie soll allerdings noch geöffnet bleiben.

4.6.13 Erstellen der Ventildeckeldichtung

Starten Sie den Befehl 🖫 *Erstellen* und erzeugen Sie, auf der oberen Fläche des Zylinderkopfes, das neue Bauteil *Ventildeckeldichtung*.

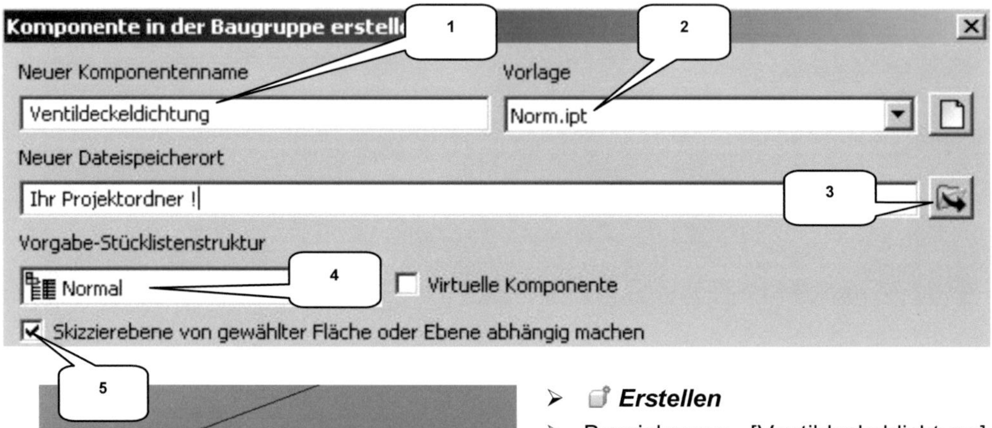

Komponente in der Baugruppe erstelle... [1]

Neuer Komponentenname

Ventildeckeldichtung

Vorlage [2]

Norm.ipt

Neuer Dateispeicherort [3]

Ihr Projektordner !

Vorgabe-Stücklistenstruktur [4]

Normal   ☐ Virtuelle Komponente

☑ Skizzierebene von gewählter Fläche oder Ebene abhängig machen [5]

> 📑 **Erstellen**
> Bezeichnung: [Ventildeckeldichtung] (1)
> Vorlage: Norm.ipt (2)
> Dateispeicherort: Projektordner (3)
> Stücklistenstruktur: Normal (4)
> Aktivieren: Skizzierebene von gewählter Fläche abhängig machen (5)
> ⟦ OK ⟧ **OK**

> Markierte Fläche wählen (6)

> ⧉ **Geometrie projizieren**
> Markierte Fläche wählen (6)

> ✔ **Skizze fertig stellen**
> Register **3D-Modellierung** aktivieren

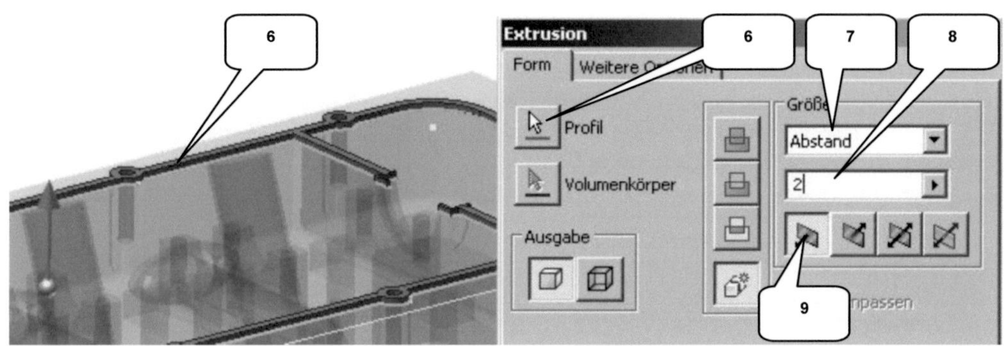

- ⬛ **_Extrusion_**
- Profil: Markierte Fläche (6)
- Verfahren: (Automatisch)

- Größe: Abstand [2 mm] (7, 8)
- Richtung: Richtung 1 (9)
- `OK` **_OK_**

Entfernen Sie die Sichtbarkeit der vom Programm automatisch erzeugten Arbeitsebene und **_verlassen_** Sie anschließend den Modellbereich.

4.6.14 Materialien zuweisen

- Bei gedrückter Taste: **_STRG_** die beiden Dichtungen und die Ventildeckeldichtung markieren (1, 2, 3)
- **_Material_** (4)
- z. B.: Kork - Grob
- Taste: **_ESC_**

Speichern Sie die gesamte Baugruppe und somit auch das neue Bauteil.

Die Frage der Speicherung aller Komponenten sollte wieder mit **_Ja für alle_** und **_OK_** bestätigt werden.

4.6.15 Ventildeckel einfügen

Platzieren Sie das Bauteil **Ventildeckel** und legen Sie es einmal im Zeichenbereich ab. Setzen Sie anschließend die folgend dargestellten Abhängigkeiten zwischen Ventildeckeldichtung, Ventildeckel und Zylinderkopf.

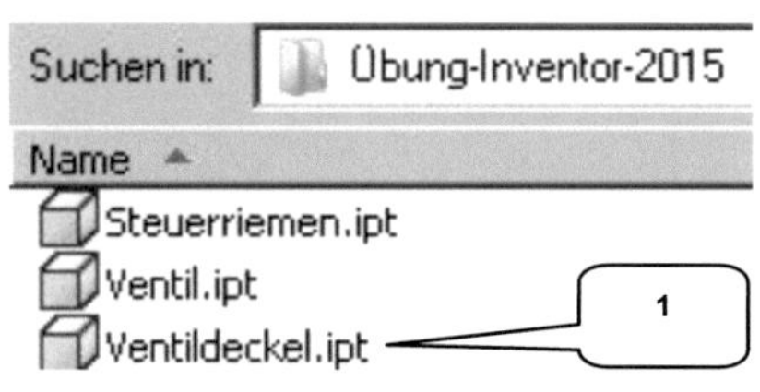

> ➢ **Platzieren**
> ➢ Ventildeckel (1) wählen (vorhandene Übungsdatei, siehe Kapitel 1.2)
> ➢ Öffnen **Öffnen**
> ➢ Bauteil 1x ablegen
> ➢ Taste: **ESC**

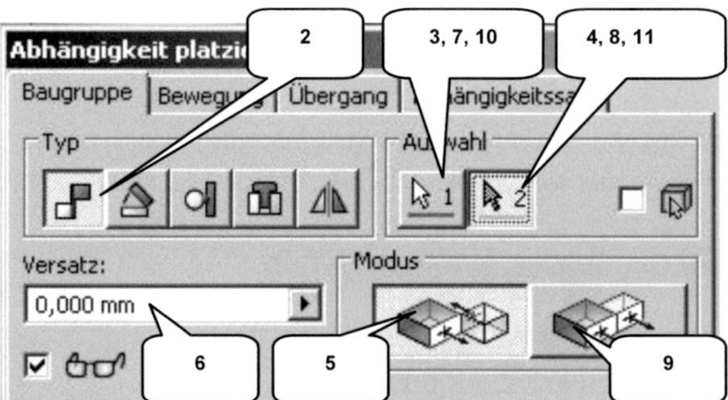

> ➢ **Abhängig machen**
> ➢ Typ: Passend (2)
> ➢ Auswahl 1: Markierte Fläche (3)
> ➢ Auswahl 2: Markierte Fläche (4)
> ➢ Modus: Passend (5)
> ➢ Versatz: [0 mm] (6)
> ➢ Anwenden **Anwenden**

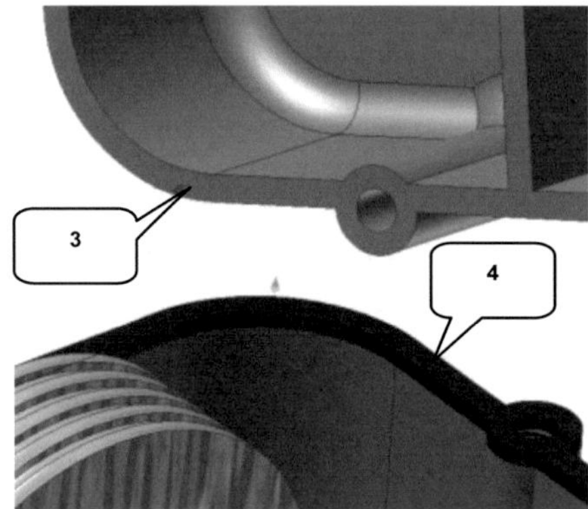

> ➢ **Abhängig machen**
> ➢ Typ: Passend (2)
> ➢ Auswahl 1: Markierte Fläche (7)
> ➢ Auswahl 2: Markierte Fläche (8)
> ➢ Modus: Fluchtend (9)
> ➢ Versatz: [0 mm] (6)
> ➢ Anwenden **Anwenden**

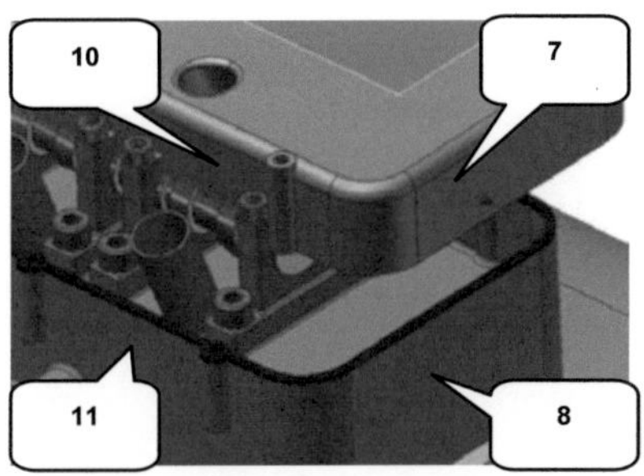

>   🔲 *Abhängig machen*
> Typ: Passend (2)
> Auswahl 1: Markierte Fläche (10)
> Auswahl 2: Markierte Fläche (11)
> Modus: <u>Fluchtend</u> (9)
> Versatz: [0 mm] (6)
>   `OK` *OK*

4.6.16 Prägen und Gravieren von Flächen

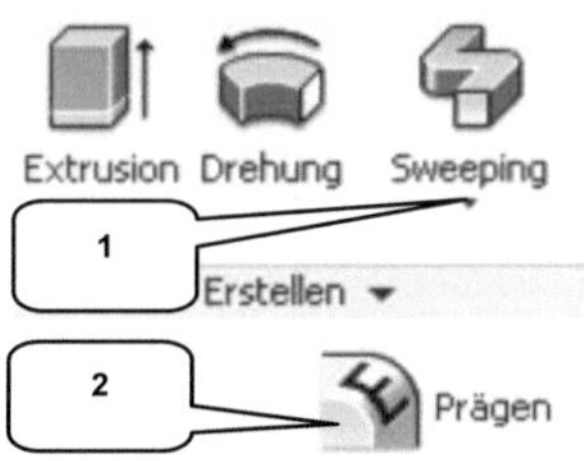

Markieren Sie den Ventildeckel, klicken Sie mit der **rechten Maustaste** darauf und wählen Sie die Option **Öffnen**, worauf hin das Bauteil in einem separaten Arbeitsfenster geöffnet wird. Erweitern Sie den Befehl **Sweeping** (1) und starten Sie den Befehl 🐾 **Prägen** (2). Der Ventildeckel enthält eine Skizze mit einem Text (4-Takt-Motor), der in die Oberfläche des Ventildeckels eingraviert werden soll.

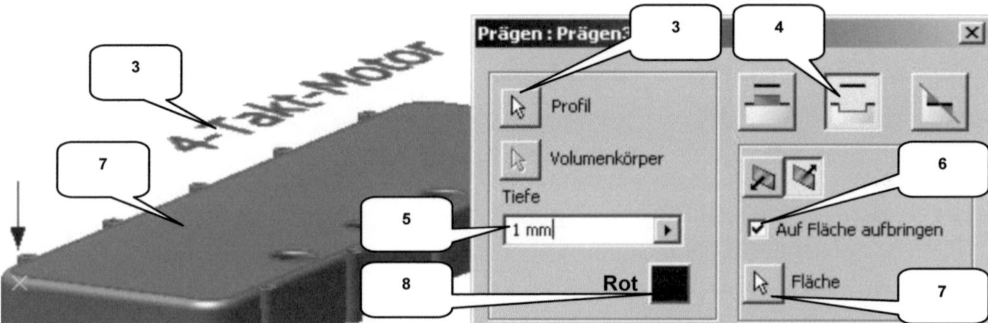

> **Sweeping** erweitern (1)
> 🐾 **Prägen** (2)
> Profil: Text wählen (3)
> Option: Von Fläche gravieren (4)
> Tiefe: [1 mm] (5)
> Aktivieren: Auf Fläche aufbringen (6)
> Fläche: Markierte Fläche wählen (7)
> Oberflächenfarbe: Rot (8)
>   `OK` *OK*

Das Bauteil kann anschließend **gespeichert** und geschlossen werden.

4.6.17 Schrauben aus dem Inhaltscenter einfügen

Ventildeckel und Zylinderkopf sollen durch Schrauben aus dem 🖶 *Inhaltscenter* gesichert werden. Verwenden Sie diesmal eine Zylinderkopfschraube mit Schlitz.

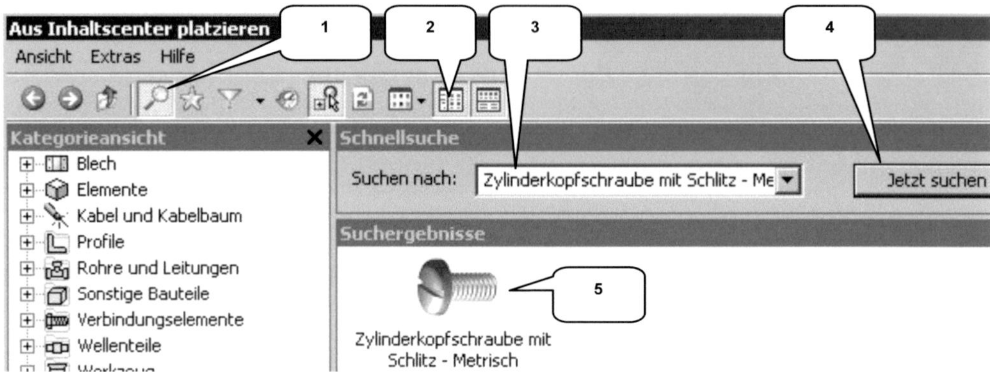

> 🖶 *Aus Inhaltscenter platzieren*
> Option: 🔍 *Suchen* aktivieren (sofern noch deaktiviert) (1)
> Option: ▦ *Baumstrukturansicht* aktivieren (sofern noch deaktiviert) (2)
> Suche nach: [Zylinderkopfschraube mit Schlitz - Metrisch] (3)
> ▭ *Jetzt suchen* (4)
> Markierte Schraube doppelklicken (5)
> Gewindebohrung im Zylinderkopf wählen (6)
> Startfläche wählen (7)
> Markierten Pfeil am Schraubenende doppelklicken (8)
> Schraubenlänge: 50 mm wählen (9)
> ⚙ *Mehrere einfügen* aktivieren (10)
> ⬇ *Platzieren* (11)

4.6.18 Bewegungsabhängigkeit zwischen Kurbelwelle und Nockenwelle

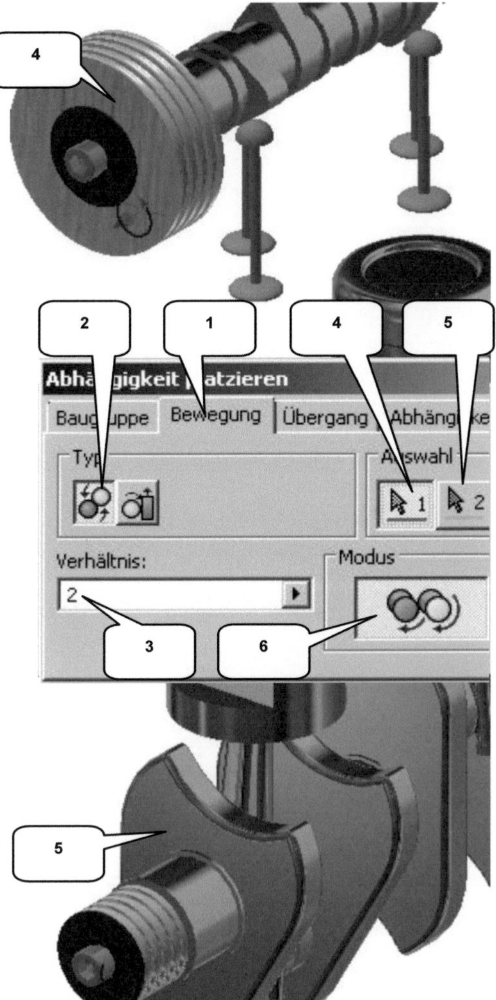

Vor dem Setzen der nächsten Abhängigkeiten sollten die Kolben, die Kurbelwelle und die Nockenwelle isoliert werden. Alle anderen Komponenten der Baugruppe werden ausgeblendet. Erzeugen Sie danach eine Bewegungsabhängigkeit zwischen Kurbelwelle und Nockenwelle.

➢ Bei gedrückter Taste: **STRG** die Baugruppen BG_Kolben, BG_Kurbelwelle, BG_Nockenwelle sowie alle acht Ventile mit der linken Maustaste markieren.

➢ **Rechte Maustaste > Isolieren**

➢ **Abhängig machen**
➢ Register: Bewegung (1)
➢ Typ: Drehung (2)
➢ Verhältnis: [2] (3)
➢ Auswahl 1: Fläche (Nockenwelle) (4)
➢ Auswahl 2: Fläche (Kurbelwelle) (5)
➢ Modus: Vorwärts (6)
➢ OK   **OK**

Um den Erfolg der soeben gesetzten Abhängigkeit zu prüfen, drehen Sie die Kurbelwelle bei gedrückter linker Maustaste im Kreis. Die Nockenwelle sollte sich ebenfalls drehen, und zwar halb so schnell. Die Ventile sollten nach wie vor dem Verlauf des jeweils zugeordneten Nockens folgen.

4.6.19 Erstellen des Steuerriemens aus der Baugruppe heraus

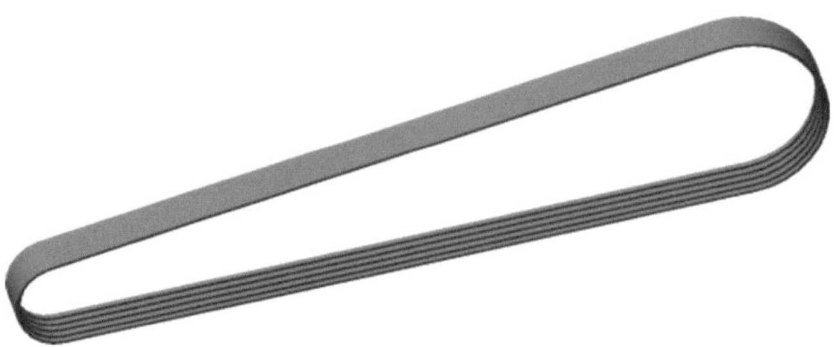

👉 *Erstellen* Sie das Bauteil *Steuerriemen* (Norm.ipt) aus der Baugruppe heraus und nutzen Sie die vorhandenen Bauteile Nockenwelle_Riemenrad und Kurbelwelle-Riemenrad als geometrische Referenzen.

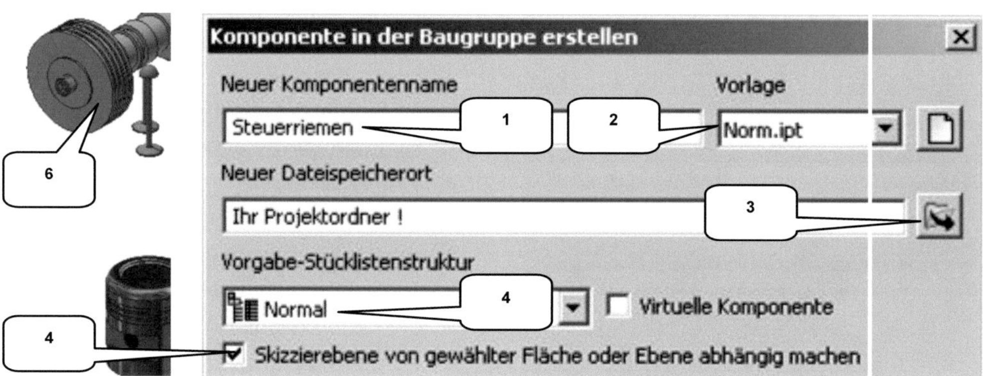

- ➤ 👉 *Komponente erstellen*
- ➤ Name: [Steuerriemen] (1)
- ➤ Vorlage: Norm.ipt (2)
- ➤ Dateispeicherort: Projektordner (3)

- ➤ Stücklistenstruktur: Normal (4)
- ➤ Aktivieren: Skizzierebene... (5)
- ➤ ⬜ OK — *OK*
- ➤ Fläche: Markierte Fläche wählen (6)

Wechseln Sie am *ViewCube* zur Ansicht *UNTEN* (7). Projizieren Sie im Skizzenbereich des neuen Bauteils die Außenkanten der beiden Riemenräder (Nockenwelle, Kurbelwelle) als Konstruktionselemente. Zeichnen Sie zwei Linien neben die projizierten Kreise und legen Sie diese tangential daran an. Die überstehenden Linienenden können dann gestutzt und die offene Kontur mit zwei Bögen geschlossen werden.

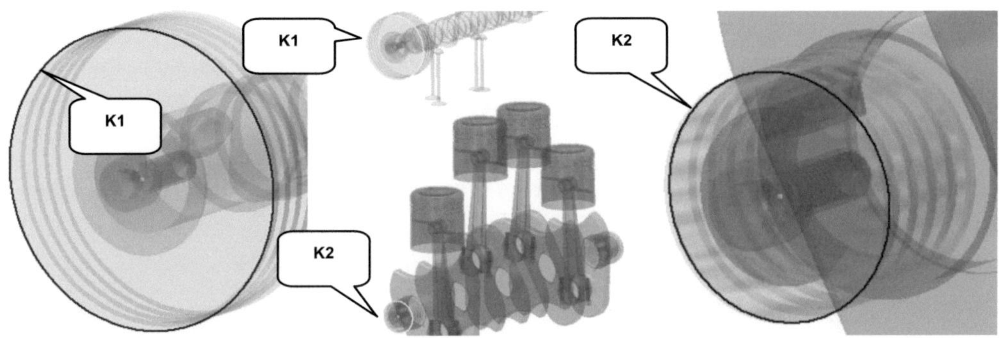

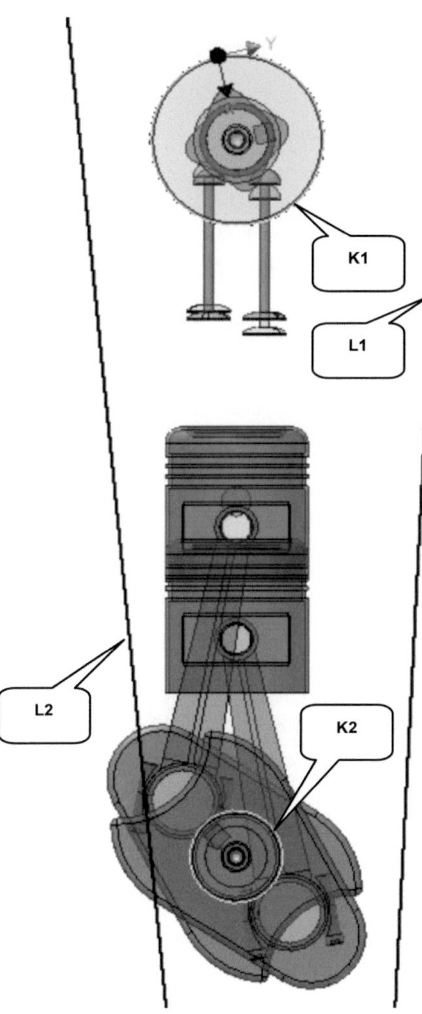

> ***ViewCube**-Ansicht: **UNTEN** (7)*

> 🗇 ***Geometrie projizieren***
> ⌐ ***Konstruktion*** aktivieren
> Nacheinander die beiden markierten Kreiskanten (K1, K2) wählen
> ⌐ ***Konstruktion*** deaktivieren
> Taste: ***ESC***

> ✎ ***Linie***
> Zwei einzelne Linien (L1, L2) zeichnen wie dargestellt
> Taste: ***ESC***

> ⌀ ***Tangential***
> Linie (L1), dann Kreis (K1) wählen
> Linie (L1), dann Kreis (K2) wählen
> Linie (L2), dann Kreis (K1) wählen
> Linie (L2), dann Kreis (K2) wählen
> Taste: ***ESC***

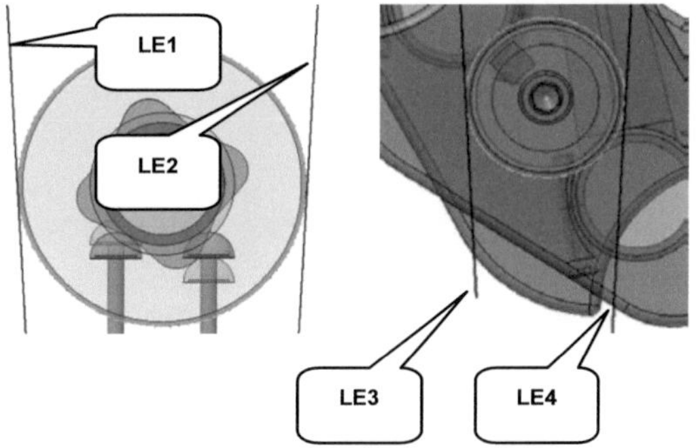

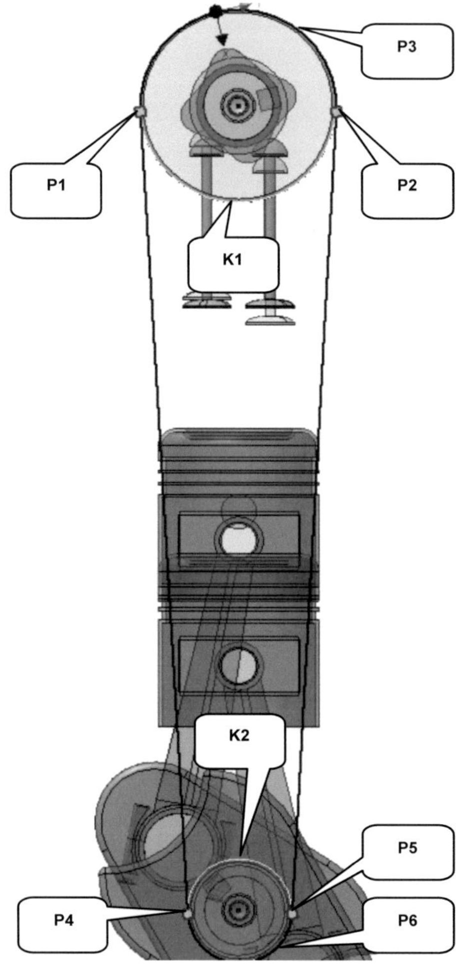

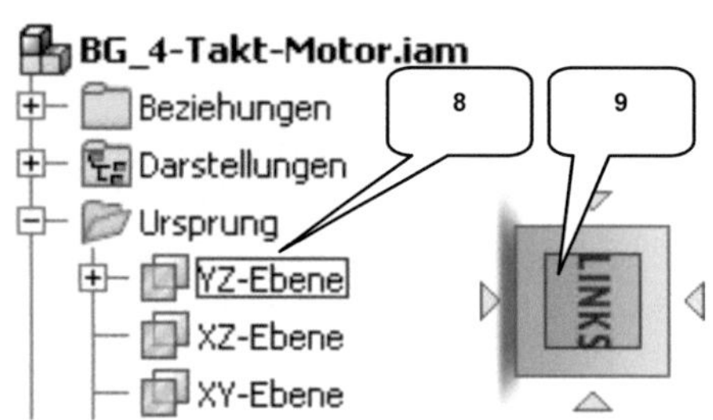

- ➢ ✳ *Stutzen*
- ➢ Linienenden (LE1...LE4) entfernen
- ➢ Taste: *ESC*

- ➢ ⌒ *Bogen* (Drei Punkte)
- ➢ Punkt (P1), Punkt (P2) dann Kreis (K1) in etwa auf Position (P3) anklicken
- ➢ Taste: *ESC*

- ➢ ⌒ *Bogen* (Drei Punkte)
- ➢ Punkt (P4), Punkt (P5) dann Kreis (K2) in etwa auf Position (P6) anklicken
- ➢ Taste: *ESC*

- ➢ ✔ *Skizze fertig stellen*

Zurück im Register *3D-Modellierung* soll auf der *YZ-Ebene* der <u>Hauptbaugruppe</u> eine weitere Skizze erstellt werden.

- ➢ YZ-Ebene der Hauptbaugruppe markieren (8) <u>Achtung: Nicht die YZ-Ebene des Steuerriemens!</u> Die YZ-Ebene der Hauptbaugruppe befindet sich ganz oben im Modellbaum und ist derzeit grau hinterlegt.
- ➢ ▭ *2D-Skizze*

- ➢ *ViewCube*-Ansicht: *LINKS* (90° im UZS gedreht) (9)

- ➢ ▱ *Schnittkanten projizieren*
- ➢ ⌐ *Konstruktion* aktivieren
- ➢ Nockenwelle-Riemenrad wählen (10)
- ➢ ⌐ *Konstruktion* deaktivieren
- ➢ Taste: *ESC*

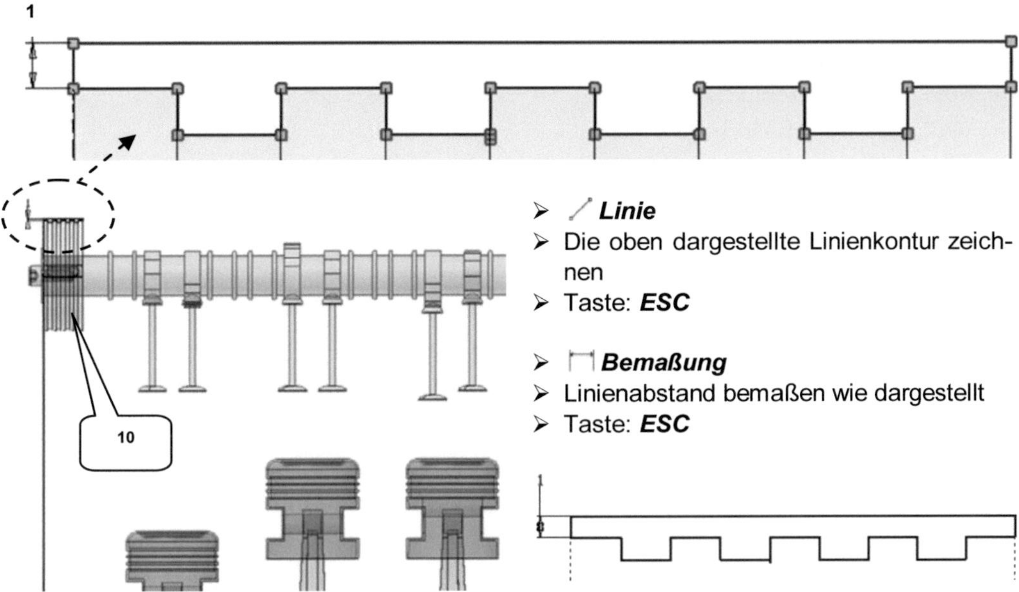

- ✏ *Linie*
- Die oben dargestellte Linienkontur zeichnen
- Taste: *ESC*

- ⊓ *Bemaßung*
- Linienabstand bemaßen wie dargestellt
- Taste: *ESC*

Kontrollieren Sie beide Skizzen noch einmal auf jeweils sauber geschlossene Konturen. Sollten im folgenden Befehl Probleme bei der Auswahl des Profils oder des Pfades auftreten, sind meistens unsauber gezeichnete Linienkonturen dafür verantwortlich. Die beiden Skizzen werden die Grundlage für den 3D-Befehl 🐌 *Sweeping* bilden, welcher daraus den Volumenkörper erzeugt.

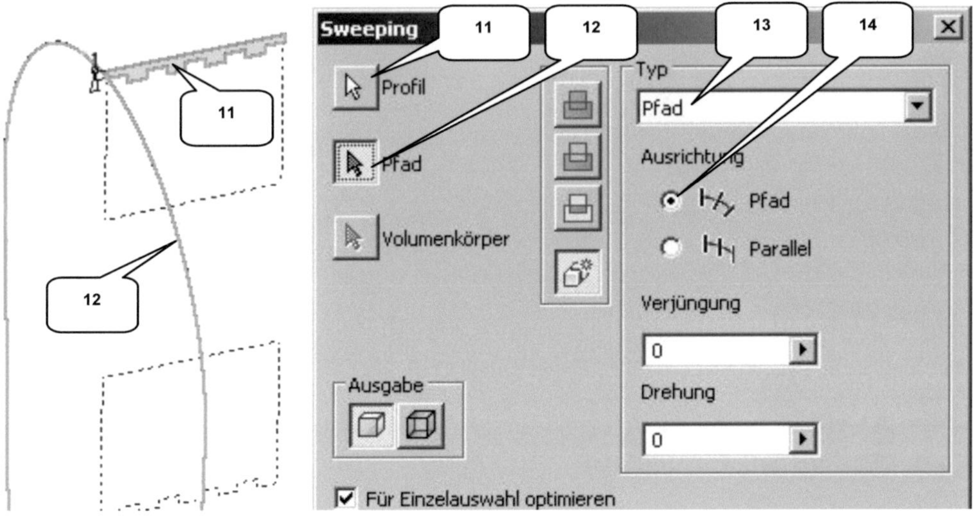

<table>
<tr><td>

- ➢ ⚙ **Sweeping**
- ➢ Profil: Markierte Kontur wählen (11)
- ➢ Pfad: Markierte Kontur wählen (12)
- ➢ Verfahren: (Automatisch)

</td><td>

- ➢ Typ: Pfad (13)
- ➢ Ausrichtung: Pfad (14)
- ➢ `OK` **OK**

</td></tr>
</table>

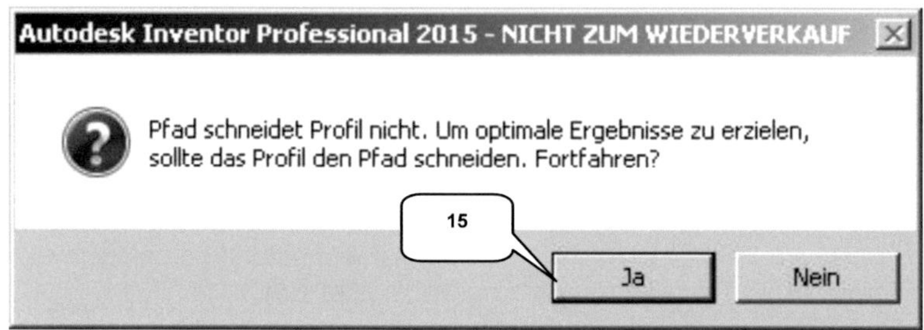

Das oben dargestellte Fenster kann mit `Ja` **Ja** (15) bestätigt werden. Blenden Sie eventuell noch sichtbare Arbeitsebenen aus und ← **verlassen** Sie den Bearbeitungsbereich des Steuerriemens. **Speichern** Sie die gesamte Baugruppe mit allen neuen Komponenten.

4.6.20 Animation einer Bewegungsabhängigkeit

Bevor die Baugruppe animiert werden kann, sollten noch einige Vorbereitungen getroffen werden. Entfernen Sie die Adaptivität des Steuerriemens (geometrische Verbindung zu den beiden Riemenrädern) und setzen Sie diesen auf der aktuellen Position fest (Fixierung).

- ➢ **Rechte Maustaste** auf den Steuerriemen > **Fixiert** aktivieren (1)
- ➢ **Rechte Maustaste** auf den Steuerriemen > **Adaptiv** deaktivieren (2)

Zwischen der YZ-Ebene der Hauptbaugruppe und der XY-Ebene der Kurbelwelle muss jetzt eine Winkelabhängigkeit erstellt werden. Der letzte Freiheitsgrad der Kurbelwelle (Drehbewegung um ihre Z-Achse) wird damit eliminiert.

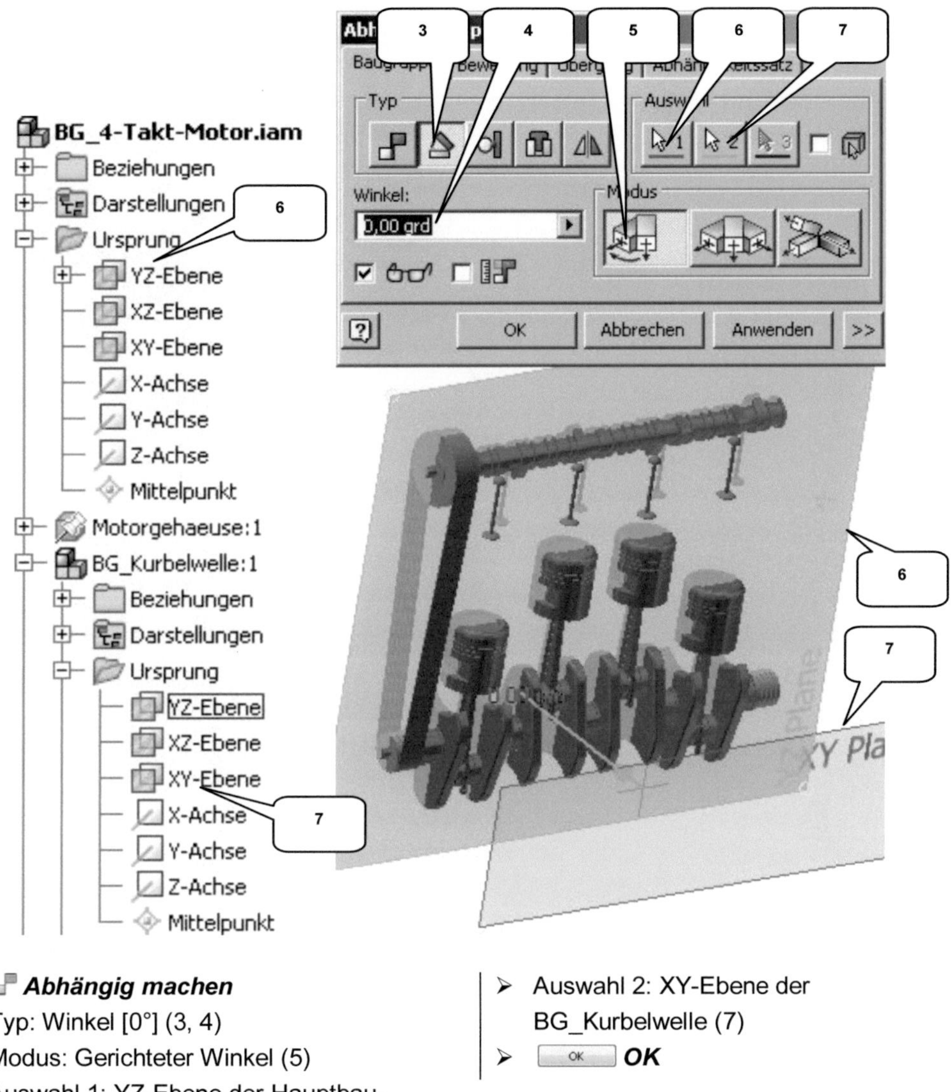

> **⌐ *Abhängig machen***
> Typ: Winkel [0°] (3, 4)
> Modus: Gerichteter Winkel (5)
> Auswahl 1: YZ-Ebene der Hauptbau-
>   gruppe (6)

> Auswahl 2: XY-Ebene der
>   BG_Kurbelwelle (7)
> ▢ OK ***OK***

Wenn alles stimmt, sollten sich jetzt weder Kurbelwelle noch Nockenwelle manuell drehen lassen. Diese letzte Abhängigkeit wird benötigt, um den gesamten Kurbeltrieb simulieren zu können. Unterhalb der Baugruppe BG_Nockenwelle im Modellbaum muss jetzt mit der ***rechten Maustaste*** auf die Winkelabhängigkeit geklickt und der Befehl ***Bewegen*** gestartet werden.

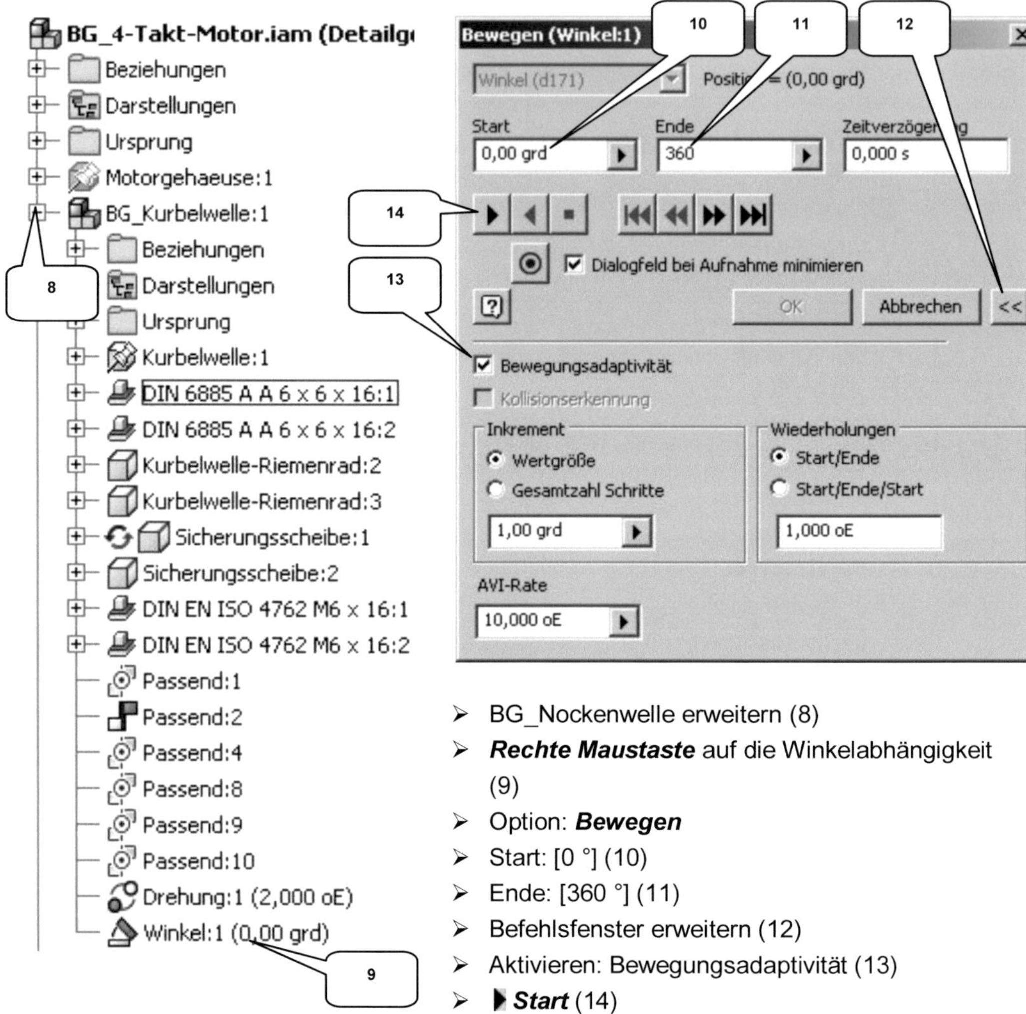

> BG_Nockenwelle erweitern (8)
> **Rechte Maustaste** auf die Winkelabhängigkeit (9)
> Option: **Bewegen**
> Start: [0 °] (10)
> Ende: [360 °] (11)
> Befehlsfenster erweitern (12)
> Aktivieren: Bewegungsadaptivität (13)
> ▶ **Start** (14)

Nachdem die Simulation einmal erfolgreich durchgeführt wurde, kann der Befehl beendet werden. Markieren Sie jetzt nacheinander bei gedrückter Taste: **STRG** alle im Modellbaum grau hinterlegten Komponenten und blenden Sie diese wieder ein (**rechte Maustaste** > **Sichtbarkeit**). Mit dieser Übung verlassen wir den Baugruppenbereich und wenden uns den Zeichnungen zu. **Speichern** und schließen Sie die Hauptbaugruppe abschließend.

HINWEIS: Um die Animation auf Video aufnehmen zu können, aktivieren Sie vor dem ▶ **Start** der Animation die ◉ **Aufnahme**. Am Ende der Animation muss der Befehl erneut gewählt werden um die Aufnahme zu beenden.

5   ZEICHNUNGSABLEITUNGEN

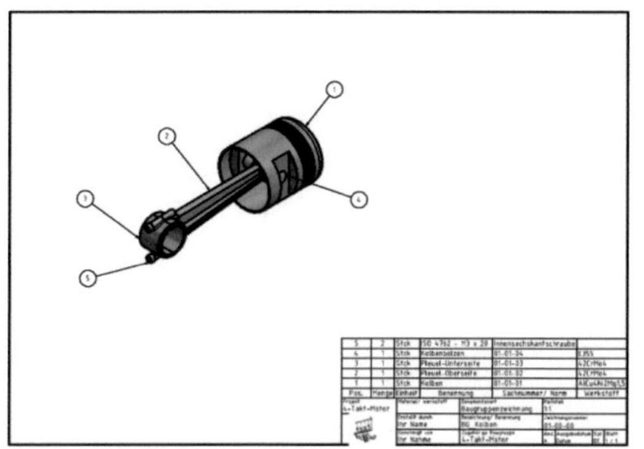

Bauteile werden im Skizzenbereich gezeichnet, im Modellbereich in Volumen- oder Flächenelemente konvertiert, dann in Baugruppen eingefügt und zum Schluss als Zeichnung abgeleitet. Ein vollständiger Zeichnungssatz besteht in der Regel aus der Baugruppenzeichnung samt Positionsnummern, der Stückliste und den Bauteilzeichnungen.

5.1   Öffnen der vorhandenen Zeichnungsvorlage

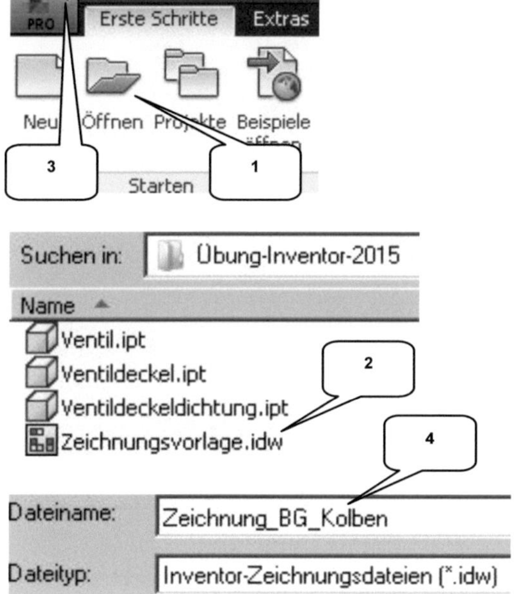

Inventor® verfügt über Zeichenvorlagen, die z. B. über den Pfad: **Neu** > **Zeichnung** > **Norm.idw** geöffnet werden können. Da Schriftfeld und Rahmen hier erst eingerichtet werden müssten, verwenden wir in unseren Übungen eine vorgefertigte und bereits angepasste Zeichnungsvorlage.

➢ **Öffnen** (1)
➢ Zeichnungsvorlage.idw wählen (2)
➢ **Öffnen** **Öffnen**

➢ **Hauptmenü** (3)
➢ **Speichern unter**
➢ Name: [Zeichnung_BG_Kolben] (4)
➢ **Speichern** **Speichern**

5.2 Das Register ANSICHTEN PLATZIEREN im Überblick

1)	Erstellen neuer Ansichten	3) Erstellen einer 2D-Skizze
2)	Bearbeiten vorhandener Ansichten	4) Erstellen weiterer Blätter

5.3 Das Register MIT ANMERKUNG VERSEHEN im Überblick

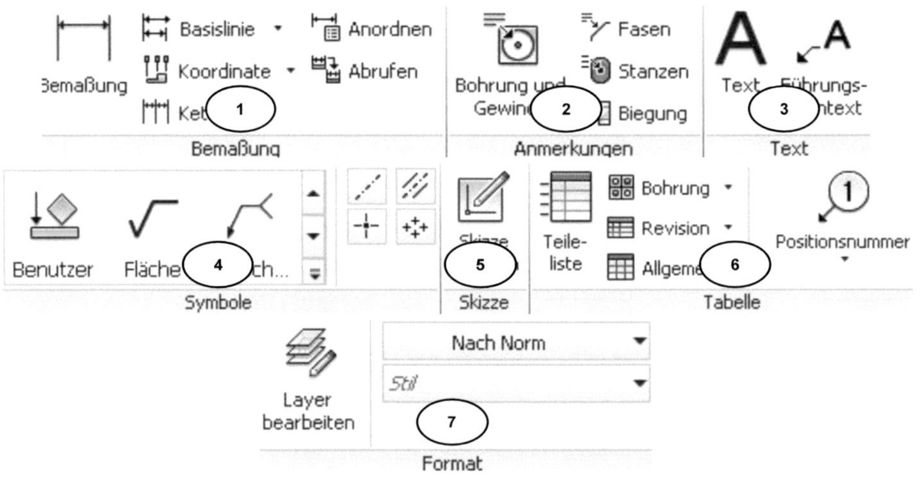

1)	Bemaßungen erzeugen	4) Symbole und Markierungen einfügen
2)	Informationen von Bohrungen, Fasen, Biegungen abrufen	5) 2D-Skizze erstellen
3)	Textfelder einfügen	6) Tabellen und Positionsnummern
		7) Linien und Texte formatieren

5.4 Zeichnungsableitung der Baugruppe: BG_Kolben
5.4.1 Blattformat und Schriftfeld bearbeiten

Das **Blattformat** DIN A4 soll auf das Blattformat DIN A3 vergrößert werden, um die Baugruppe BG_Kolben besser darstellen zu können.

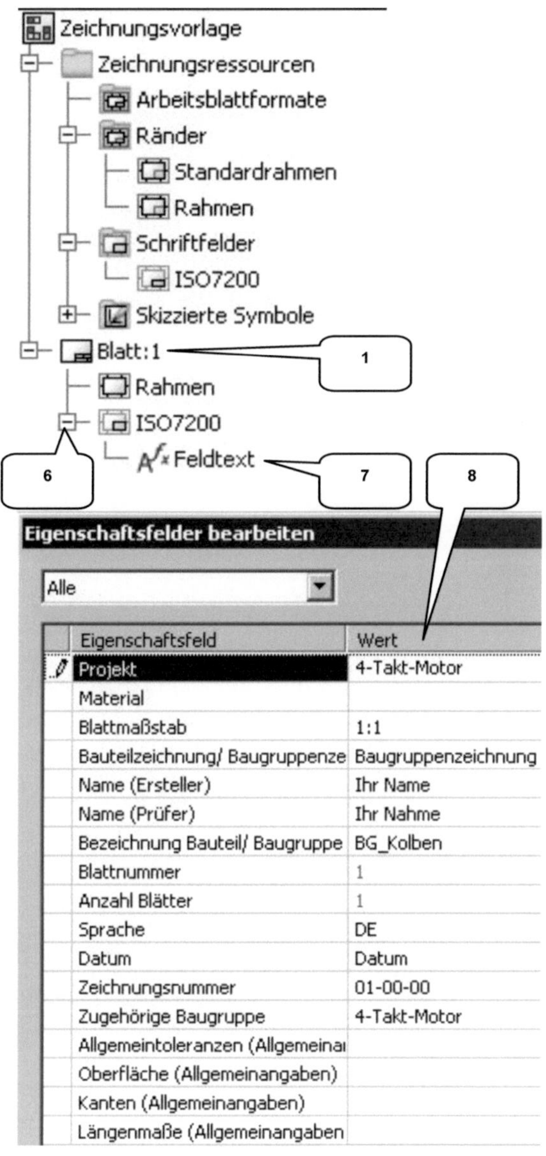

Eigenschaftsfelder bearbeiten

Alle

Eigenschaftsfeld	Wert
Projekt	4-Takt-Motor
Material	
Blattmaßstab	1:1
Bauteilzeichnung/ Baugruppenze	Baugruppenzeichnung
Name (Ersteller)	Ihr Name
Name (Prüfer)	Ihr Nahme
Bezeichnung Bauteil/ Baugruppe	BG_Kolben
Blattnummer	1
Anzahl Blätter	1
Sprache	DE
Datum	Datum
Zeichnungsnummer	01-00-00
Zugehörige Baugruppe	4-Takt-Motor
Allgemeintoleranzen (Allgemeinar	
Oberfläche (Allgemeinangaben)	
Kanten (Allgemeinangaben)	
Längenmaße (Allgemeinangaben	

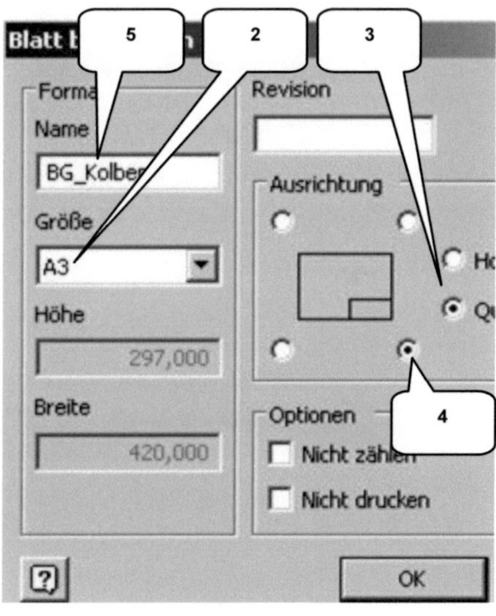

> **Rechte Maustaste** auf **Blatt:1** (1)
> Option: **Blatt bearbeiten** wählen
> Größe: A3 (2)
> Ausrichtung: Querformat (3)
> Position Schriftfeld: Unten rechts (4)
> Name: [BG_Kolben] eintragen (5)
> OK **OK**

Bearbeiten Sie jetzt das Schriftfeld.

> **ISO7200** erweitern (6)
> Doppelklick auf **Feldtext** (7)
> Änderungen in der Spalte **Wert** übernehmen wie dargestellt (8)
> OK **OK**

5.4.2 Platzieren einer schattierten Ansicht

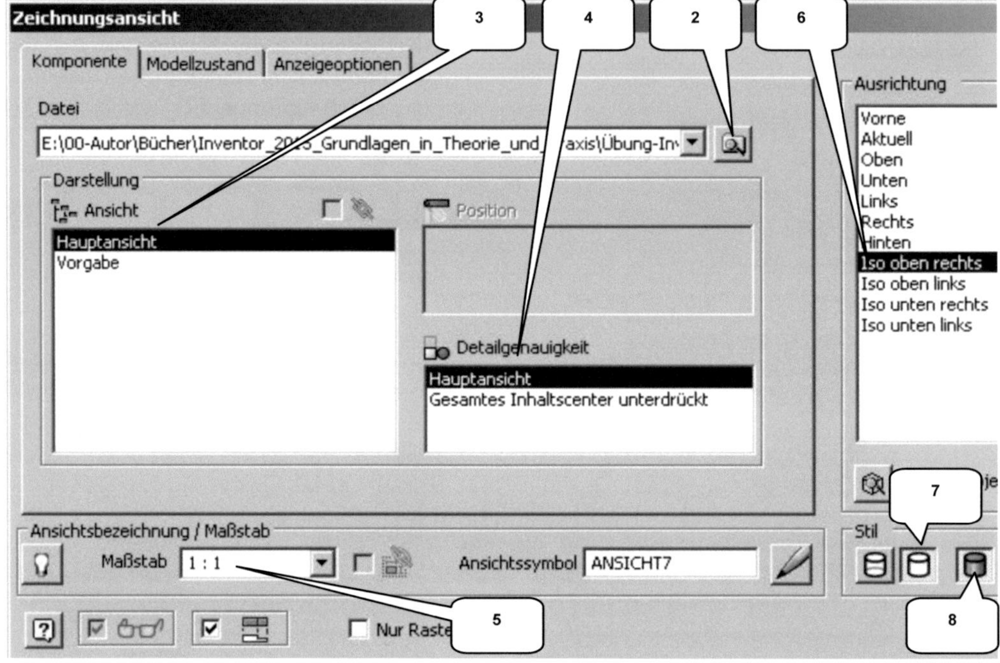

Als Ansicht wird eine Abbildung einer Baugruppe oder eines Bauteils verstanden. Platzieren Sie eine isometrische **Erstansicht** der Baugruppe BG_Kolben.

> **Erstansicht** (1)
> Datei: BG_Kolben wählen (2)
> **Öffnen** Öffnen

Im Fenster **Zeichnungsansicht** können nun die folgenden Grundeinstellungen vorgenommen werden.

HINWEIS: Achten Sie darauf, nicht aus Versehen mit der linken Maustaste außerhalb des Fensters **Zeichnungsansicht** zu klicken, da die Ansicht dann unbearbeitet abgelegt werden würde.

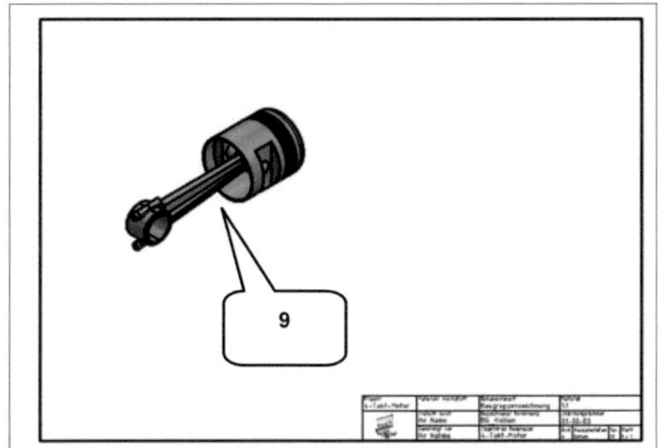

> ➢ Ansicht: Hauptansicht (3)
> ➢ Detailgenauigkeit: Hauptansicht (4)
> ➢ Maßstab: [1:1] eintragen (5)
> ➢ Ausrichtung: Iso oben rechts (6)
> ➢ Stil: Ohne verdeckte Linien (7) und Schattiert (8)
> ➢ Ansicht mit der linken Maustaste auf Pos. (9) ablegen
> ➢ Taste: *ESC*

HINWEIS: Nachdem eine Ansicht im Zeichenbereich abgelegt wurde, kann diese auch nachträglich noch bearbeitet werden. Hierfür ist mit der **rechten Maustaste** im Modellbaum auf die Ansicht (10) zu klicken und die Option **Ansicht bearbeiten** zu wählen.

5.4.3 Einfügen der Teileliste (Stückliste)

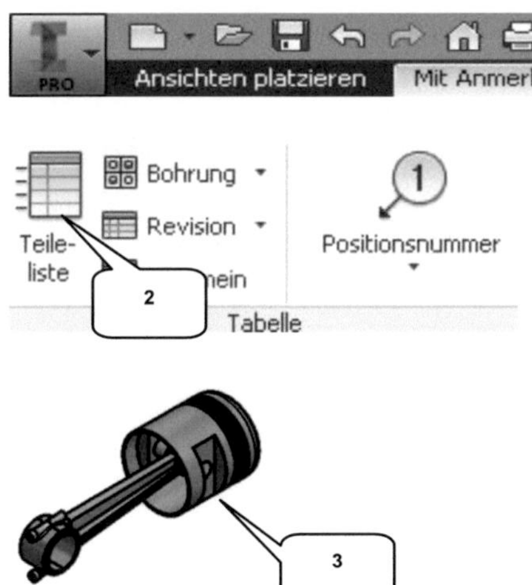

> ➢ Register: **Mit Anmerkungen versehen** (1)
>
> ➢ **Teileliste** (2)
> ➢ Quelle: Auf Ansicht klicken (3)
> ➢ Stücklistenansicht: Strukturiert (4)
> ➢ Ebene: Erste Ebene (5)
> ➢ Min. Stellen: 1 (6)
> ➢ Aktivieren: Links (7)
> ➢ OK **OK**

HINWEIS: Der Inhalt einer Teileliste wird stets von der zugehörigen Baugruppe abgerufen. Diese kann entweder durch die Vorgabe einer bereits in der Zeichnung vorhandenen Ansicht (3), oder durch die Auswahl des Speicherortes (8) definiert werden.

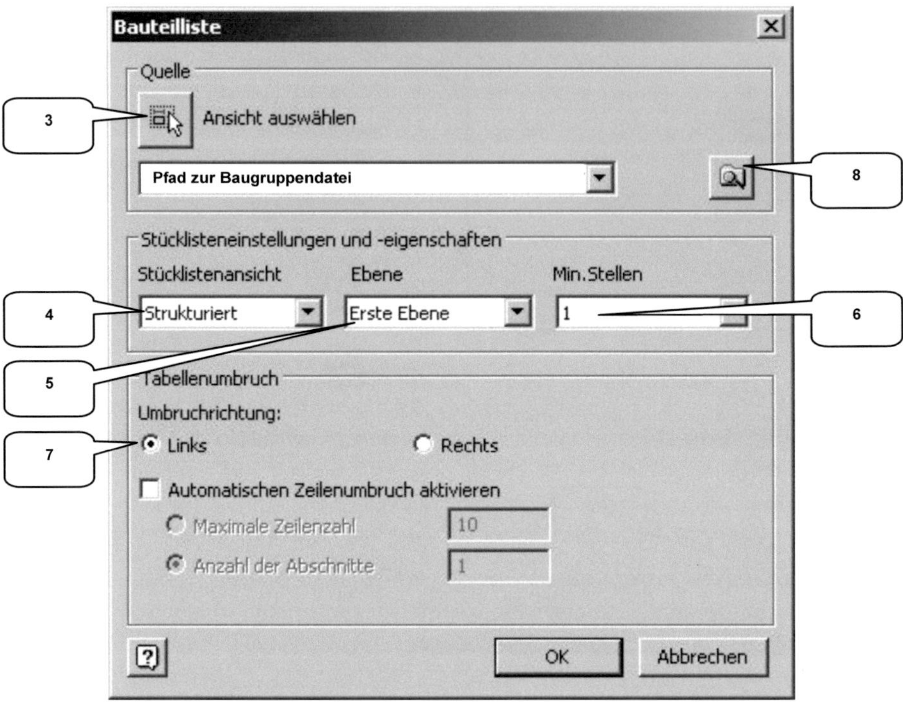

Das Fenster **Stücklistenansicht deaktiviert** kann mit `OK` **OK** (9) bestätigt werden. Legen Sie die Teileliste danach so im Zeichenbereich ab, dass diese auf dem Schriftfeld aufliegt und an der rechten Seite der Tabelle mit dem Zeichnungsrahmen abschließt.

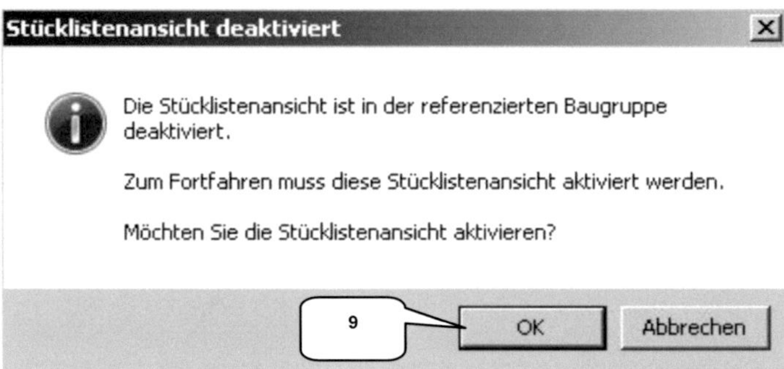

Die Teileliste ist jetzt in der Zeichnung hinterlegt, muss aber noch überarbeitet werden, da diese Darstellung nicht der DIN-Norm (DIN EN ISO 7200) entspricht.

TEILELISTE			
OBJEKT	ANZAHL	BAUTEILNUMMER	BESCHREIBUNG
1	1	Kolben	
2	1	Pleuel-Oberseite	
3	1	Pleuel-Unterseite	
4	2	ISO 4762 - M3 x 20	Innensechskantschraube
5	1	Kolbenbolzen	

10

Projekt	Material/ Werkstoff	Dokumentenart	Maßstab			
4-Takt-Motor		Baugruppenzeichnung	1:1			
	Erstellt durch	Bezeichnung/ Benennung	Zeichnungsnummer			
	Ihr Name	BG_Kolben	01-00-00			
	Genehmigt von	Zugehörige Baugruppe	Änd.	Ausgabedatum	Spr.	Blatt
	Ihr Nahme	4-Takt-Motor	A	Datum	DE	1 / 1

Mit einem Doppelklick auf einen beliebigen Text der Teileliste gelangt man in ihren Bearbeitungsbereich. Nehmen Sie darin die folgenden Änderungen vor:

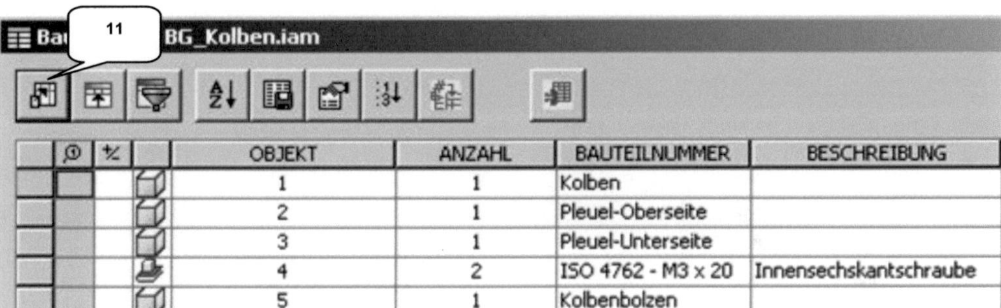

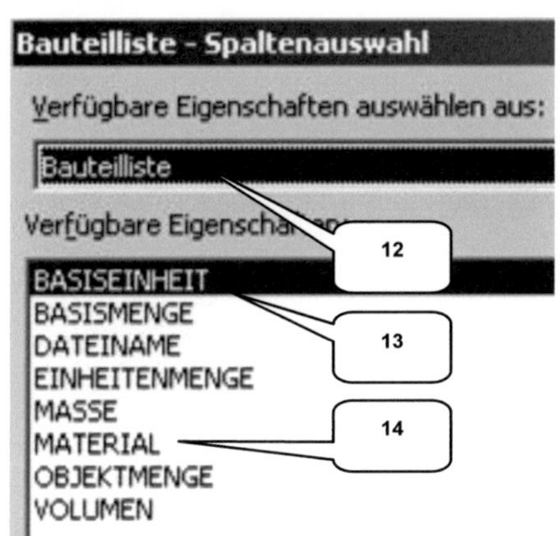

> Doppelklick auf Text (10)

> **Spaltenauswahl** (11)
> Verfügbare Eigenschaften: Bauteilliste (12)
> Doppelklicken: Basiseinheit (13)
> Doppelklicken: Material (14)

Mit den beiden Optionen **Nach unten** und **Nach oben** kann die Reihenfolge im rechten Fenster (Ausgewählte Eigenschaften) bearbeitet werden.

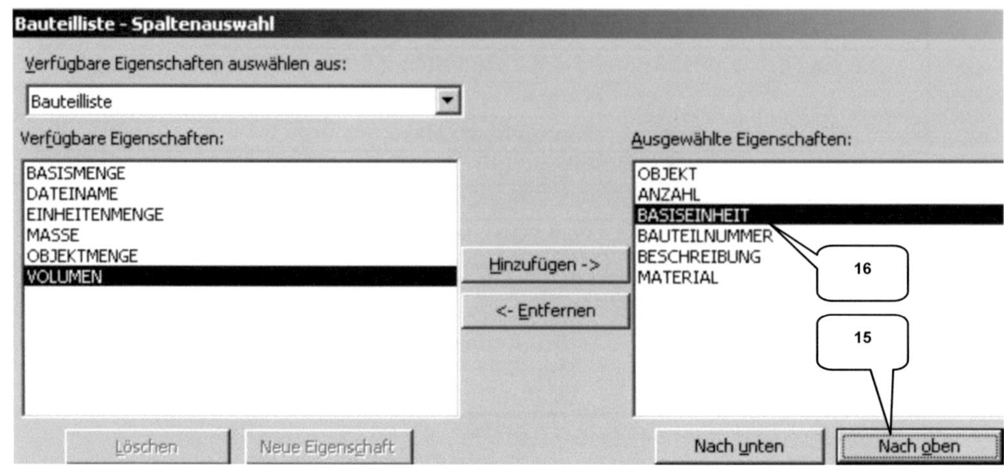

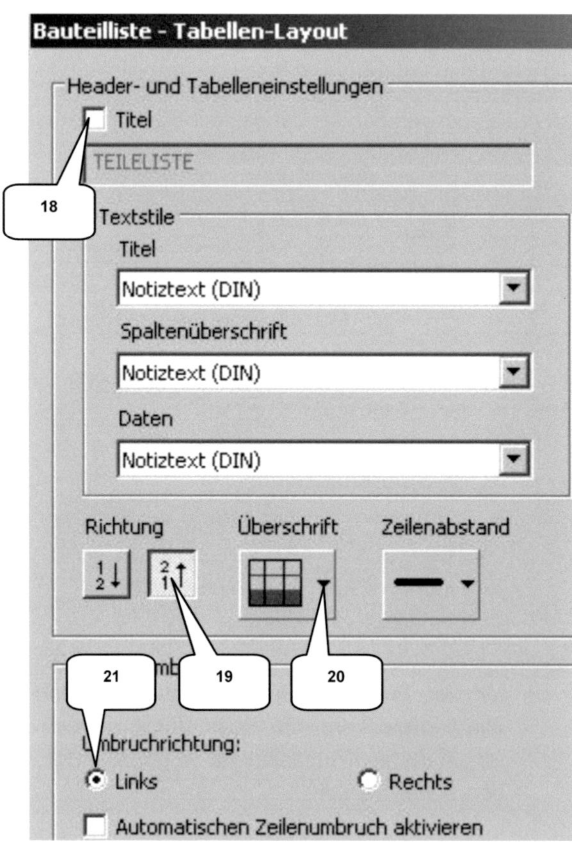

- Markieren: Basiseinheit (16)
- **Nach oben** (15) klicken, bis die **Basiseinheit** in der 3. Zeile angeordnet ist (16)
- OK **OK** (Bauteilliste-Spaltenauswahl)
- Anwenden **Anwenden**

- **Tabellen-Layout** (17)
- Deaktivieren: Titel (18)
- Richtung: Unten nach oben (19)
- Überschrift: Unten (20)
- Umbruchausrichtung: Links (21)
- OK **OK** (Bauteilliste-Tabellen-Layout)
- Anwenden **Anwenden**

Jetzt können die Bezeichnungen der einzelnen Spalten überarbeitet werden.

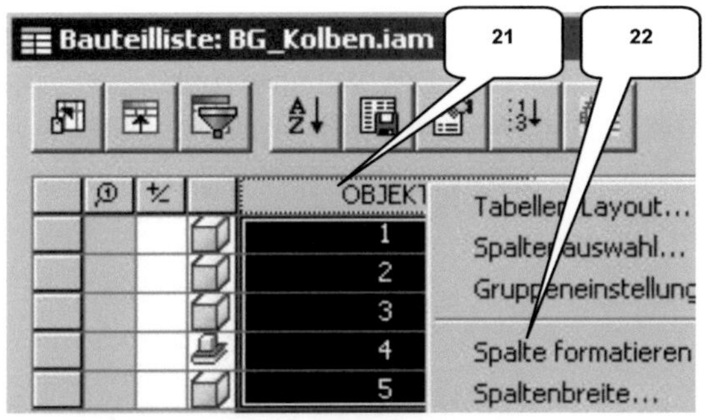

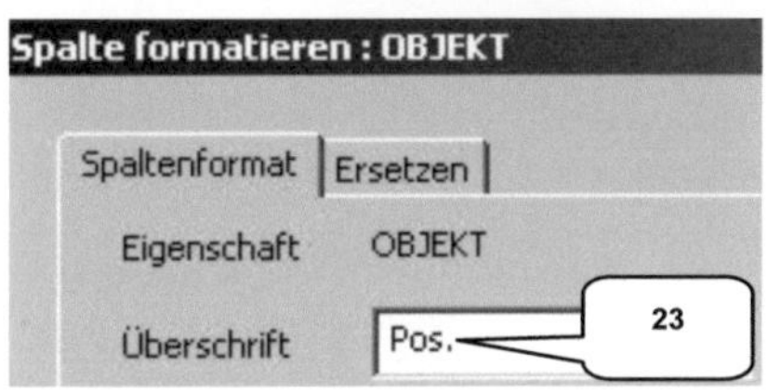

> Spaltenbezeichnung *Objekt* mit der linken Maustaste markieren (21)
> *Rechte Maustaste* auf *Objekt* (21)
> Option: *Spalte formatieren* (22)
> Überschrift: [Pos.] eintragen (23)
> `OK` *OK* (Spalte formatieren)
> `Anwenden` *Anwenden*

Ändern Sie auch die Bezeichnungen der restlichen fünf Spalten. Achten Sie darauf, jede Änderung durch `Anwenden` *Anwenden* zu bestätigen.

Alte Bezeichnung	Neue Bezeichnung
Anzahl	Menge (24)
Basiseinheit	Einheit (25)
Bauteilnummer	Benennung (26)
Beschreibung	Sachnummer / Norm (27)
Material	Werkstoff (28)

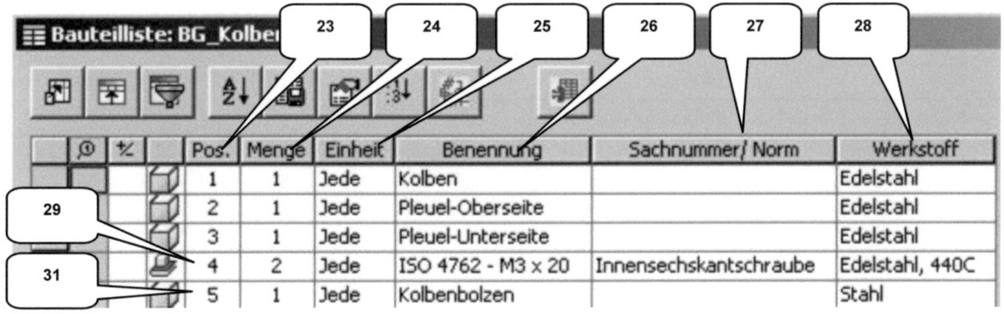

> Feld (29) doppelklicken (Schraube)
> Wert: [5] eintragen (30) > Taste: *ENTER*
> Feld (31) doppelklicken (Kolbenbolzen)
> Wert: [4] eintragen (32) > Taste: *ENTER*

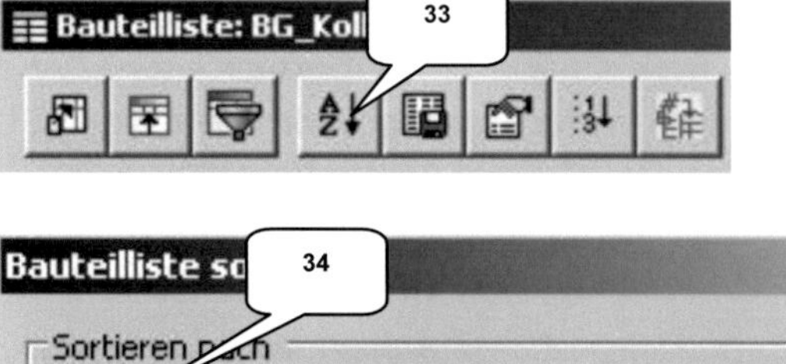

> ⇅ *Sortieren* (33)
> Sortieren nach: Pos. (34)
> [OK] *OK* (Bauteilliste sortieren)
> [Anwenden] *Anwenden*

Überarbeiten Sie die Teileliste jetzt wie folgt: Per Doppelklick gelangen Sie in die jeweiligen Felder, und mit den Pfeiltasten wechseln Sie zwischen diesen.

				Pos.	Menge	Einheit	Benennung	Sachnummer/ Norm	Werkstoff
				1	1	Stck	Kolben	01-01-01	AlCu4Ni2Mg1,5
				2	1	Stck	Pleuel-Oberseite	01-01-02	42CrMo4
				3	1	Stck	Pleuel-Unterseite	01-01-03	42CrMo4
				4	1	Stck	Kolbenbolzen	01-01-04	E355
				5	2	Stck	ISO 4762 - M3 x 20	Innensechskantschraube	

Sobald alle Änderungen übernommen wurden, bestätigen Sie mit [Anwenden] *Anwenden* und beenden die Bearbeitung der Teileliste abschließend mit [OK] *OK*.

Pos.	Menge	Einheit	Benennung	Sachnummer/ Norm	Werkstoff
5	2	Stck	ISO 4762 - M3 x 20	Innensechskantschraube	
4	1	Stck	Kolbenbolzen	01-01-04	E355
3	1	Stck	Pleuel-Unterseite	01-01-03	42CrMo4
2	1	Stck	Pleuel-Oberseite	01-01-02	42CrMo4
1	1	Stck	Kolben	01-01-01	AlCu4Ni2Mg1,5

35

Projekt 4-Takt-Motor	Material/ Werkstoff	Dokumentenart Baugruppenzeichnung	Maßstab 1:1		
	Erstellt durch Ihr Name	Bezeichnung/ Benennung BG_Kolben	Zeichnungsnummer 01-00-00		
	Genehmigt von Ihr Nahme	Zugehörige Baugruppe 4-Takt-Motor	Änd. A	Ausgabedatum Datum	Spr. DE	Blatt 1 / 1

Verschieben Sie die Teileliste bei gedrückter linker Maustaste so, dass diese passend oberhalb des Schriftfeldes angeordnet ist. Die Spaltenbreiten können geändert werden, indem die Trennlinien (z. B. 35) bei gedrückter linker Maustaste verschoben werden. *Speichern* Sie die Zeichnung, aber lassen Sie sie noch geöffnet.

5.4.4　Einfügen der Positionsnummern

Die Positionsnummern können manuell platziert oder automatisch abgerufen werden. Da die letztere Methode oftmals viel Nacharbeit erfordert, ist das manuelle Setzen in der Regel günstiger. Starten Sie den Befehl ◎ **Positionsnummer** (1).

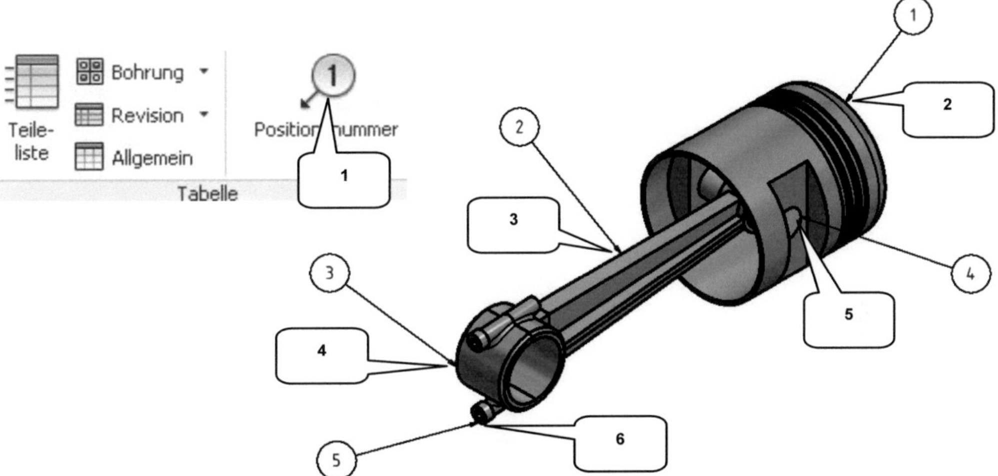

➢ ◎ **Positionsnummer** (1)	➢ **Rechte Maustaste** > **Weiter**
➢ Kolben an Kante (2) wählen	➢ Kolbenbolzen an Kante (5) wählen
➢ Positionsnr. ablegen wie dargestellt	➢ Positionsnr. ablegen wie dargestellt
➢ **Rechte Maustaste** > **Weiter**	➢ **Rechte Maustaste** > **Weiter**
➢ Pleuel-Oberseite an Kante (3) wählen	➢ Schraube an Kante (6) wählen
➢ Positionsnr. ablegen wie dargestellt	➢ Positionsnr. ablegen wie dargestellt
➢ **Rechte Maustaste** > **Weiter**	➢ **Rechte Maustaste** > **Weiter**
➢ Pleuel-Unterseite an Kante (4) wählen	➢ Taste: **ESC**
➢ Positionsnr. ablegen wie dargestellt	

Die Baugruppenzeichnung samt Teileliste und Positionsnummern ist hiermit fertiggestellt und kann **gespeichert** werden. Da die folgende Bauteilzeichnung ebenfalls in die aktuelle Datei integriert werden soll, muss die Zeichnung weiterhin geöffnet bleiben.

HINWEIS: Die Position der Ansicht kann jederzeit geändert werden. Hierfür ist mit der Maus über die Ansicht zu fahren, bis eine rotgepunktete Linie erscheint. Bei gedrückter linker Maustaste darauf kann die Ansicht verschoben werden. Um die Lage einer Positionsnummer zu ändern, fahren Sie mit der linken Maustaste darüber und verschieben Sie sie am grünen Punkt. Die Nummer selbst kann ebenfalls geändert werden (per Doppelklick).

5.5 Zeichnungsableitung des Bauteils: Pleuel-Unterseite
5.5.1 Erstellen und Bearbeiten eines neuen Blattes

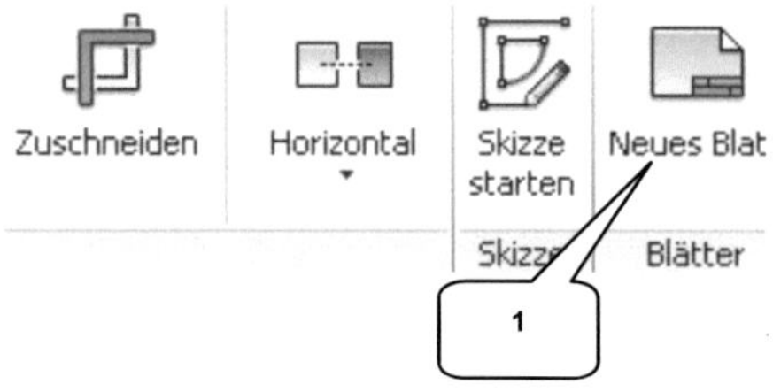

Die vorhandene Zeichnung muss um ein Blatt erweitert werden, auf dem das Bauteil Pleuel-Unterseite bemaßt werden soll. Starten Sie den Befehl 🗋 **Neues Blatt** (1).

> 🗋 **Neues Blatt** (1)
> Eintragungen der Spalte **Wert** (2) über-nehmen wie dargestellt
> ⎡ OK ⎤ **OK**

Eigenschaftsfelder bearbeiten

Alle ▼

Eigenschaftsfeld	Wert
Projekt	4-Takt-Motor
Material	42CrM04
Blattmaßstab	2:1
Bauteilzeichnung/ Baugruppenzeichnung/ Stückliste	Bauteilzeichnung
Name (Ersteller)	Ihr Name
Name (Prüfer)	Ihr Name
Bezeichnung Bauteil/ Baugruppe	Pleuel-Unterseite
Blattnummer	2
Anzahl Blätter	2
Sprache	DE
Datum	Datum
Zeichnungsnummer	01-01-03
Zugehörige Baugruppe	4-Takt-Motor
Allgemeintoleranzen (Allgemeinangaben)	Allgemeintoleranzen ISO 2768-mK
Oberfläche (Allgemeinangaben)	Oberflächen ISO 1302
Kanten (Allgemeinangaben)	Kanten ISO 13715
Längenmaße (Allgemeinangaben)	SIZE ISO 14405 (E)

Das **Blattformat** kann wieder auf DIN A4 und Hochformat geändert werden, da das Bauteil Pleuel-Unterseite in vollständiger Darstellung relativ wenig Platz benötigt.

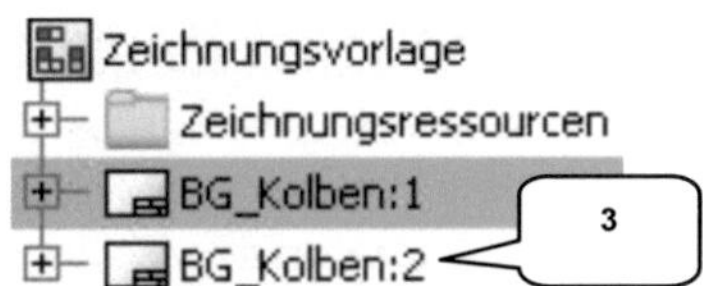

> **Rechte Maustaste** auf das neue Blatt (3)
> Option: **Blatt bearbeiten**
> Größe: A4 (4)
> Ausrichtung: Hochformat (5)
> Position Schriftfeld: Unten rechts (6)
> Name: [Pleuel-Unterseite] eintragen (7)
> ⬛ᴼᴷ **OK**

5.5.2 Platzieren von Erst- und Parallelansicht

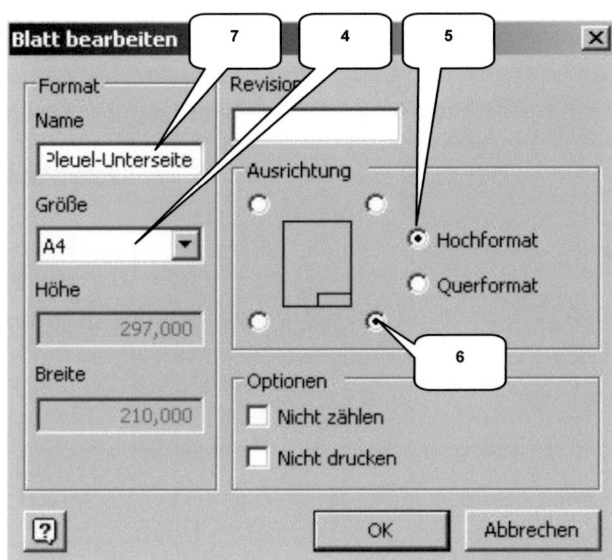

> ▦ **Erstansicht** (1)
> Datei: Pleuel-Unterseite wählen (2)
> ⬛ Öffnen **Öffnen**

> Ansicht: Hauptansicht (3)
> Maßstab: [2:1] eintragen (4)
> Ausrichtung: Oben (5)
> Stil: Ohne verdeckte Linien (6)
> Ansicht mit der linken Maustaste auf Pos. (7) ablegen
> Maus in gerader Linie nach unten ziehen
> Mit der linken Maustaste auf Pos. (8) klicken (Programm erstellt automatisch eine Parallelansicht)
> **Rechte Maustaste > Erstellen**

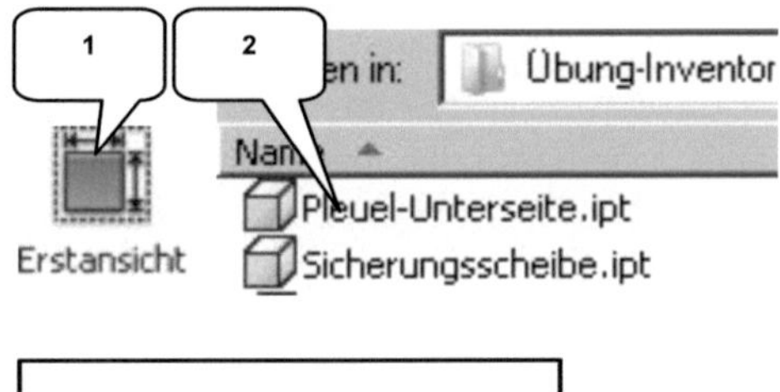

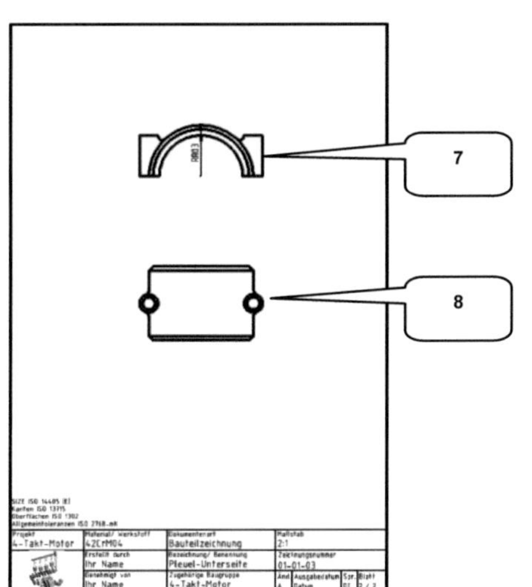

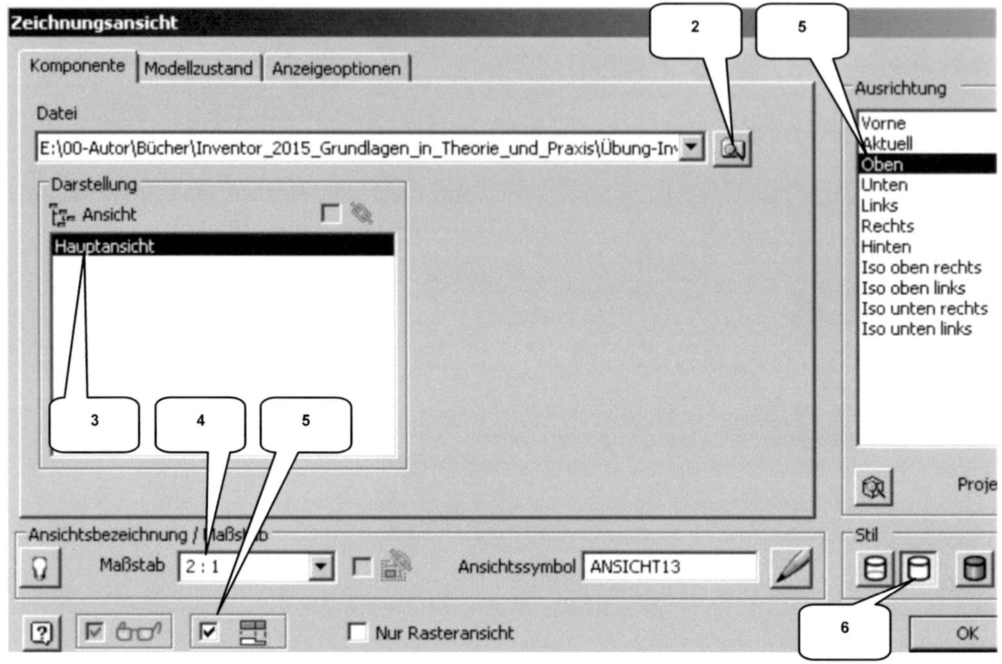

Möglicherweise wird das Programm selbständig Bemaßungen erzeugen, die am besten gleich wieder gelöscht werden.

➤ Eventuell vorhandene Maße mit der linken Maustaste anklicken (9, 10)
➤ Taste: **ENTF**

5.5.3 Erzeugen einer Detailansicht

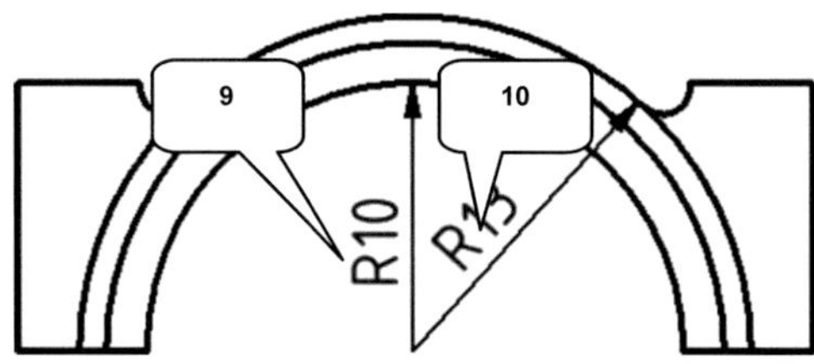

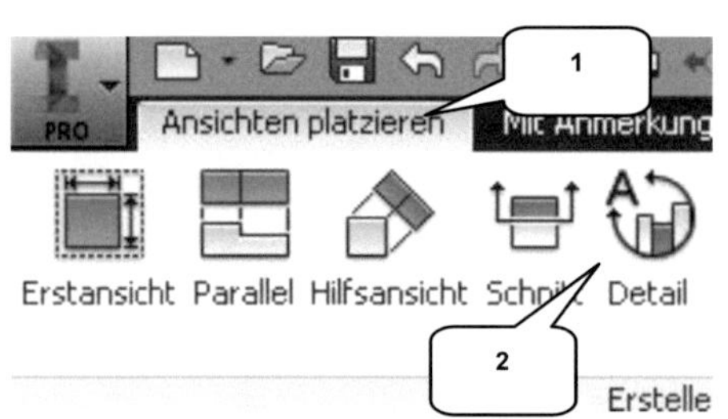

Ⓓ **Detailansichten** (2) ermöglichen eine vergrößerte Darstellung eines bestimmten Bereiches einer Ansicht. Erzeugen Sie eine Detailansicht der vorhandenen unteren Ansicht im Maßstab **5:1**.

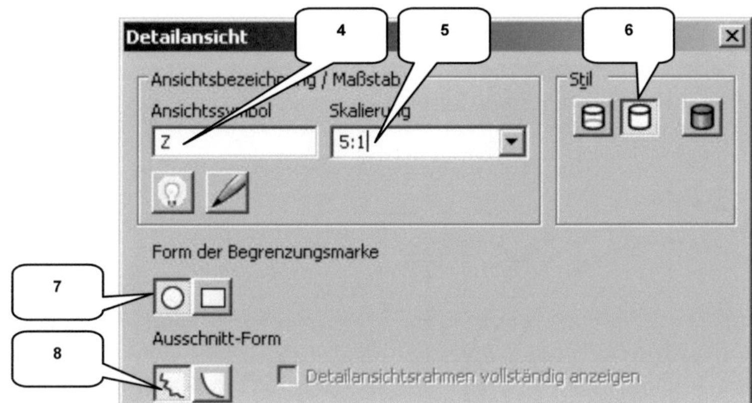

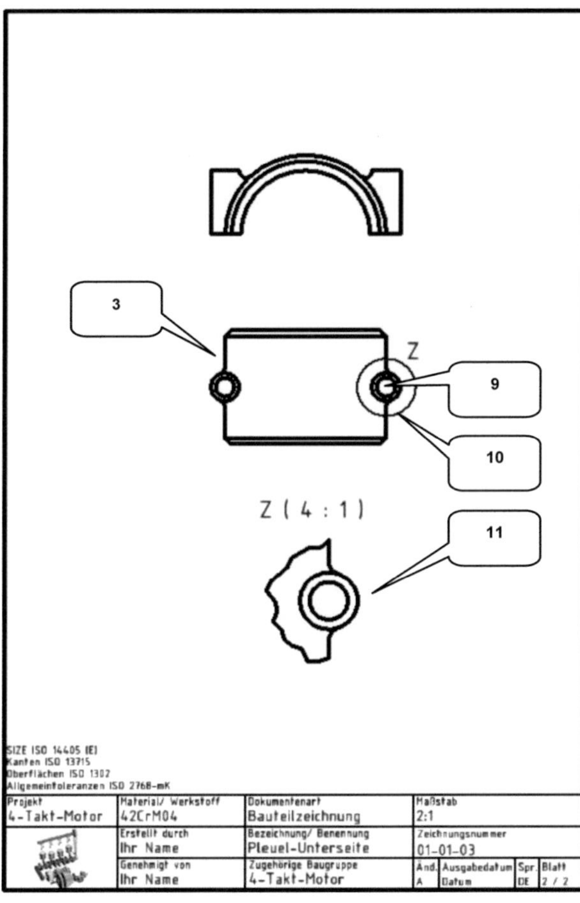

> <u>Register: Ansichten platzieren</u> (1)

> 🐾 *Detailansicht* (2)
> Markierte Ansicht wählen (3)
> Ansichtssymbol: [Z] (4)
> Skalierung: [5:1] (5)
> Stil: Ohne verdeckte Linien (6)
> Form (Begrenzung): Rund (7)
> Form (Ausschnitt): Gezackt (8)
> Mittelpunkt des Kreises (Begrenzung) wählen (9)
> Außenpunkt des Kreises (Begrenzung) wählen (10)
> Detailansicht an Pos. (11) ablegen

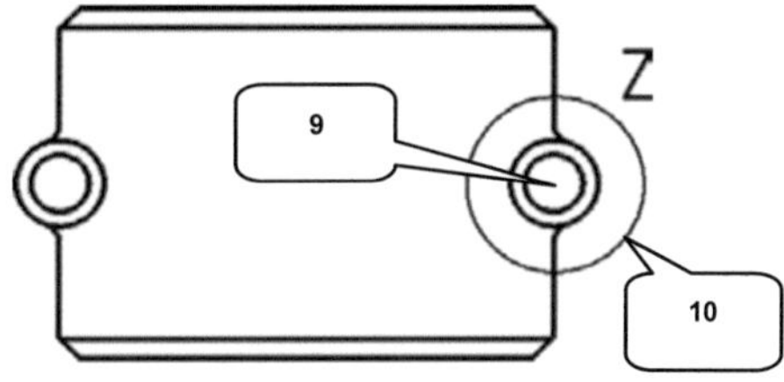

5.5.4 Mittellinien und Mittelpunkte markieren

Befehle für Mittellinien und Mittelpunkte befinden sich auf der rechten Seite der Befehls-gruppe Symbole. Versehen Sie alle Ansichten mit den notwendigen Markierungen.

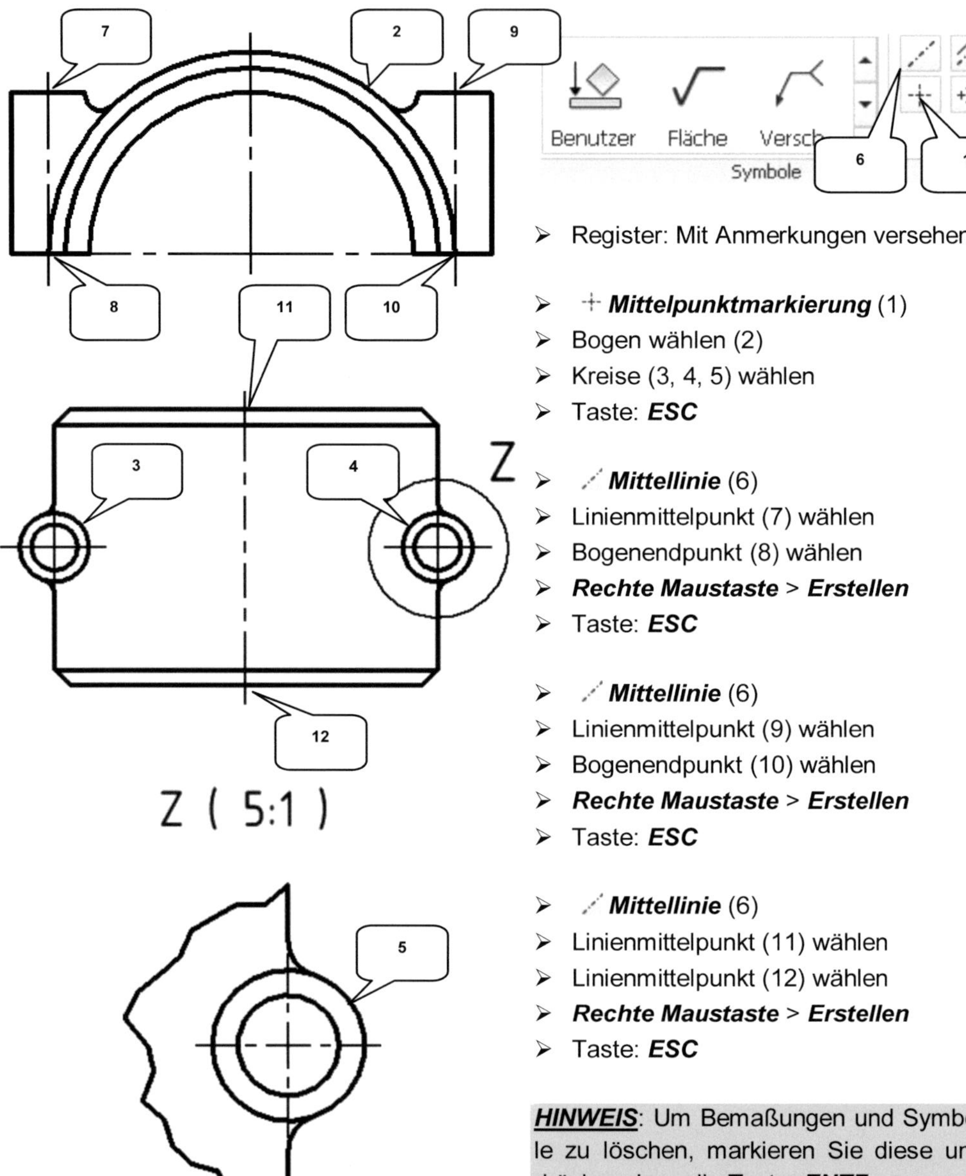

> ➢ Register: Mit Anmerkungen versehen

> ➢ ⊹ **Mittelpunktmarkierung** (1)
> ➢ Bogen wählen (2)
> ➢ Kreise (3, 4, 5) wählen
> ➢ Taste: **ESC**

> ➢ ⁄ **Mittellinie** (6)
> ➢ Linienmittelpunkt (7) wählen
> ➢ Bogenendpunkt (8) wählen
> ➢ **Rechte Maustaste > Erstellen**
> ➢ Taste: **ESC**

> ➢ ⁄ **Mittellinie** (6)
> ➢ Linienmittelpunkt (9) wählen
> ➢ Bogenendpunkt (10) wählen
> ➢ **Rechte Maustaste > Erstellen**
> ➢ Taste: **ESC**

> ➢ ⁄ **Mittellinie** (6)
> ➢ Linienmittelpunkt (11) wählen
> ➢ Linienmittelpunkt (12) wählen
> ➢ **Rechte Maustaste > Erstellen**
> ➢ Taste: **ESC**

HINWEIS: Um Bemaßungen und Symbole zu löschen, markieren Sie diese und drücken dann die Taste: **ENTF**.

5.5.5 Bemaßen der Ansichten

Die drei Ansichten können jetzt vollständig ⊓ **bemaßt** werden.

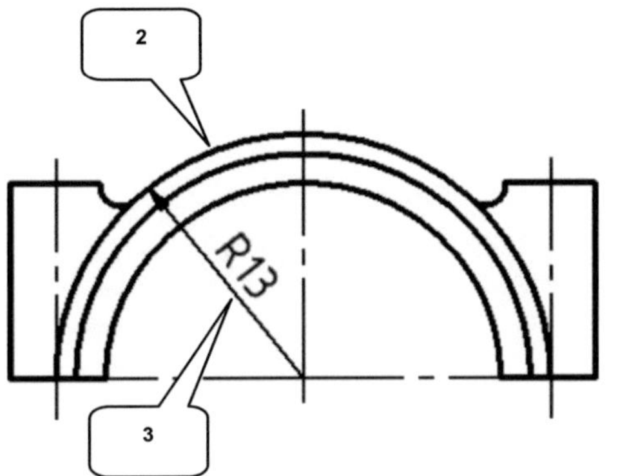

> ⊓ **Bemaßung** (1)
> Markierten Bogen wählen (2)
> Maß an Pos. (3) ablegen
> Deaktivieren: Bemaßung...bearbeiten (4)
> OK **OK**

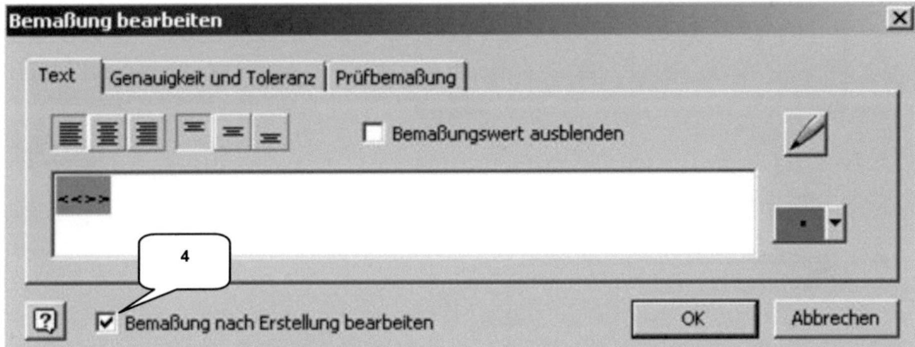

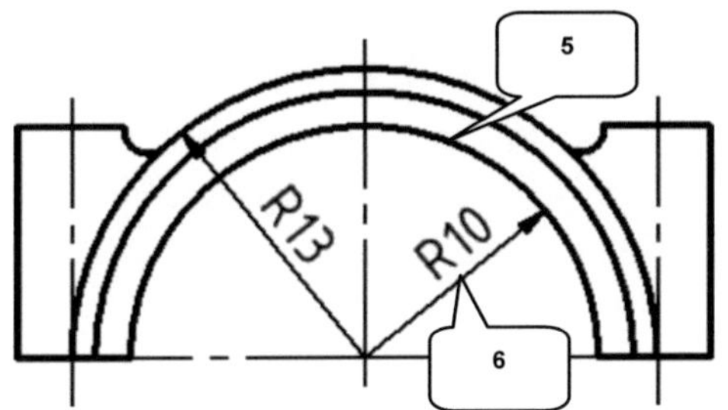

> ⊓ **Bemaßung** (1)
> Markierten Bogen wählen (5)
> Maß an Pos. (6) ablegen
> Taste: **ESC**

HINWEIS: Das Fenster **Bemaßung bearbeiten** wird nach dem Setzen einer Bemaßung automatisch geöffnet. Da es oft nicht benötigt wird, sollte dieser Automatismus deaktiviert werden. Per Doppelklick auf ein vorhandenes Maß öffnet das Fenster dann bei Bedarf.

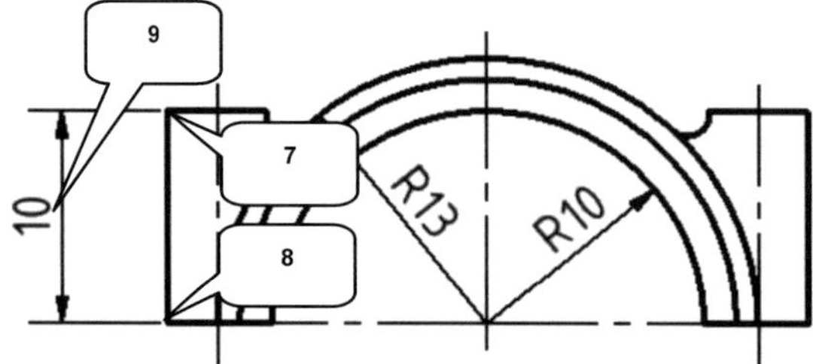

- ➢ ⊓ **Bemaßung** (1)
- ➢ Punkt (7) wählen
- ➢ Punkt (8) wählen
- ➢ Maß nach links ziehen, bis es gestrichelt dargestellt wird, dann ablegen (9)

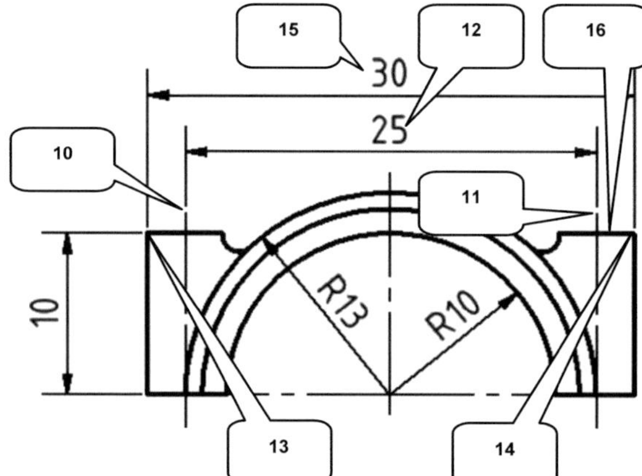

- ➢ Punkt (10) wählen
- ➢ Punkt (11) wählen
- ➢ Maß an Pos. (12) ablegen

- ➢ Punkt (13) wählen
- ➢ Punkt (14) wählen
- ➢ Maß an Pos. (15) ablegen
- ➢ Taste: **ESC**

- ➢ Bei gedrückter Taste: **STRG** die Maße (12, 15) mit der linken Maustaste markieren
- ➢ **Rechte Maustaste > Bemaßung anordnen**
- ➢ Linie (16) wählen

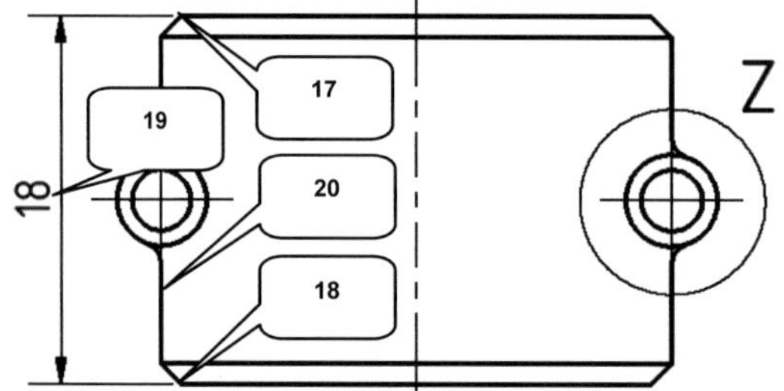

- ➢ ⊓ **Bemaßung** (1)
- ➢ Punkt (17) wählen
- ➢ Punkt (18) wählen
- ➢ Maß an Pos. (19) ablegen
- ➢ Taste: **ESC**
- ➢ **Rechte Maustaste** auf das Maß > **Bemaßung anordnen**
- ➢ Linie (20) wählen

HINWEIS: Um Bemaßungen korrekt nach DIN auszurichten (10 mm Abstand zur Körperkante und 7 mm Abstand zum nächsten Maß), kann ein Maß entweder <u>vor</u> dem Ablegen manuell gezogen werden, bis es gestrichelt dargestellt wird (sehr ungenaue Methode), oder nach dem Ablegen ausgerichtet werden. Hierfür sind die Maße zu markieren und die Option **Bemaßung anordnen** der **rechten Maustaste** ist zu wählen. Die Einstellungen können im Pfad **Register: Verwalten > Stil-Editor > Bemaßung > Standard (DIN)** kontrolliert werden.

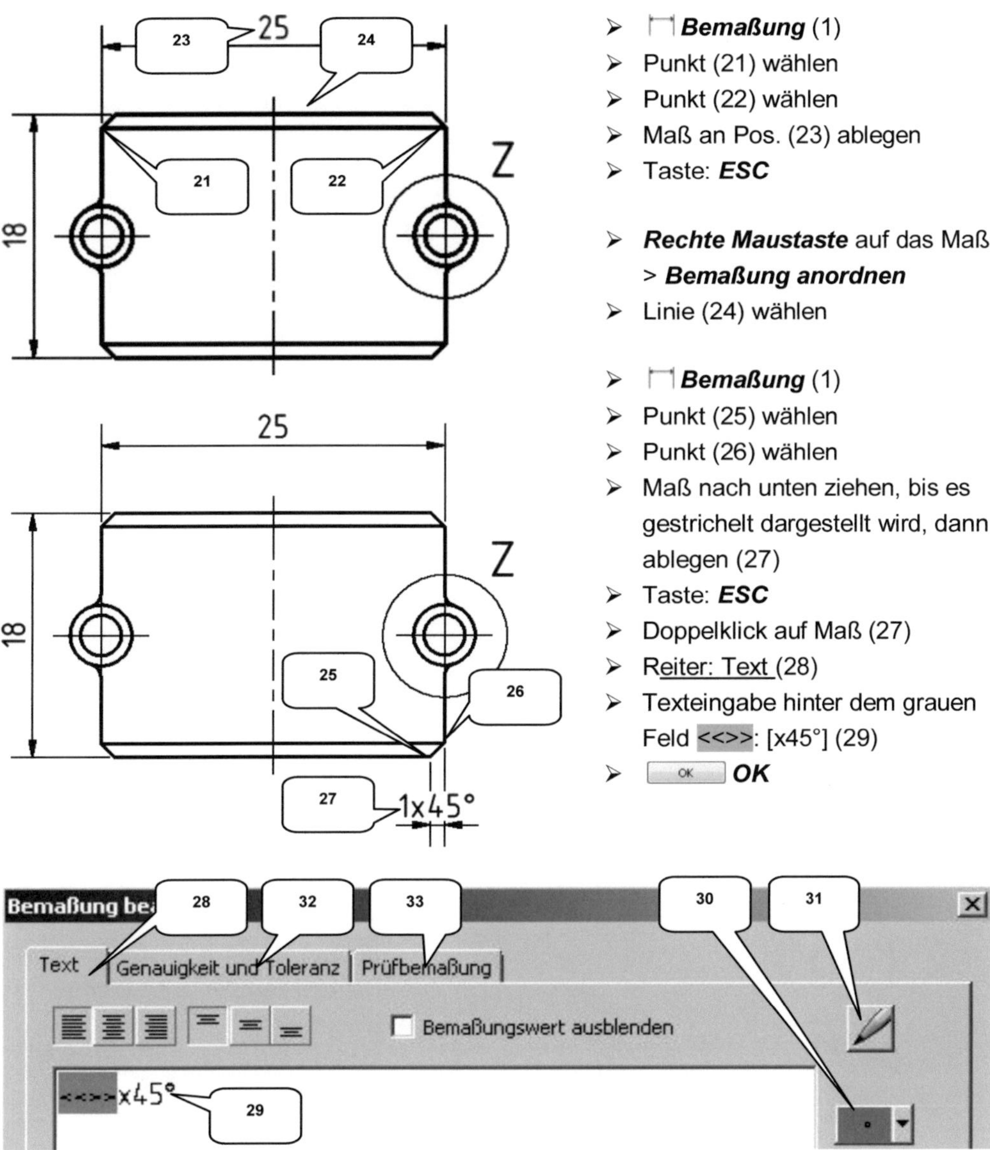

- ⊓ **Bemaßung** (1)
- Punkt (21) wählen
- Punkt (22) wählen
- Maß an Pos. (23) ablegen
- Taste: **ESC**

- **Rechte Maustaste** auf das Maß
  > **Bemaßung anordnen**
- Linie (24) wählen

- ⊓ **Bemaßung** (1)
- Punkt (25) wählen
- Punkt (26) wählen
- Maß nach unten ziehen, bis es gestrichelt dargestellt wird, dann ablegen (27)
- Taste: **ESC**
- Doppelklick auf Maß (27)
- Reiter: Text (28)
- Texteingabe hinter dem grauen Feld <<>>: [x45°] (29)
- ⬜ OK **OK**

HINWEIS: Im Fenster **Bemaßung bearbeiten** können mit der Option **Symbol einfügen** (30) Symbole und Sonderzeichen eingefügt werden. Die Option **Texteditor starten** (31) öffnet ein Fenster zur Formatierung des Bemaßungstextes. Im Reiter **Genauigkeit und Toleranz** (32) können Passungen und Toleranzen definiert werden und im Reiter **Prüfbemaßung** (33) das Maß um eine Prüfbemaßung ergänzt werden.

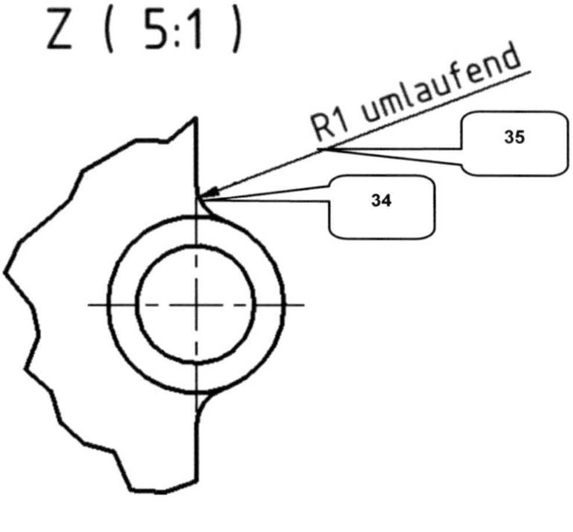

> ⌐ *Bemaßung* (1)
> Bogen (34) wählen
> Maß an Pos. (35) ablegen
> Taste: *ESC*

> Doppelklick auf Maß (35)
> Reiter: Text
> Texteingabe hinter dem grauen Feld <<>>: [umlaufend]
> ⟦ OK ⟧ *OK*

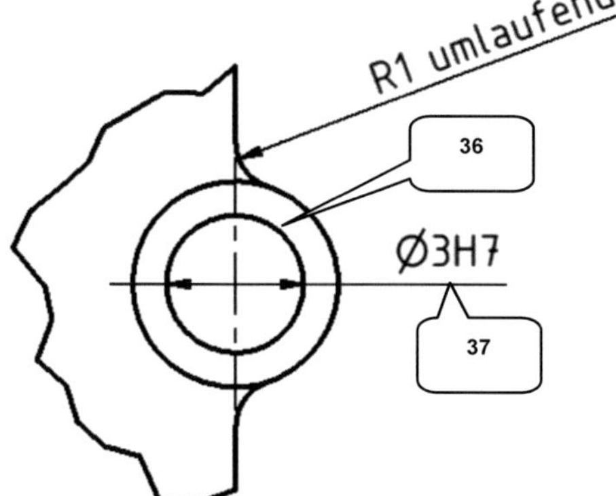

> ⌐ *Bemaßung* (1)
> Kreis (36) wählen
> **Rechte Maustaste > Optionen**
> Deaktivieren: Einfache Bema-ßungslinie
> Maß an Pos. (37) ablegen
> Taste: *ESC*
> Doppelklick auf Maß (37)
> Reiter: Text
> Texteingabe hinter dem grauen Feld <<>>: [H7]
> ⟦ OK ⟧ *OK*

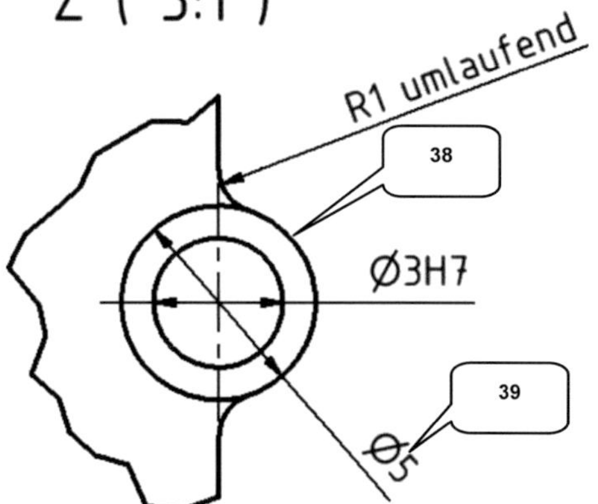

> ⌐ *Bemaßung* (1)
> Kreis (38) wählen
> **Rechte Maustaste > Optionen**
> Deaktivieren: Einfache Bema-ßungslinie
> Maß an Pos. (39) ablegen
> Taste: *ESC*

HINWEIS: Bei der Bemaßung des Bogens (34) muss darauf geachtet werden, sehr nah an diesen Bereich heranzuzoomen. Hier ist der Bogen selbst zu wählen, nicht einer der Bo-genpunkte!

5.5.6   Platzieren von Oberflächenangaben

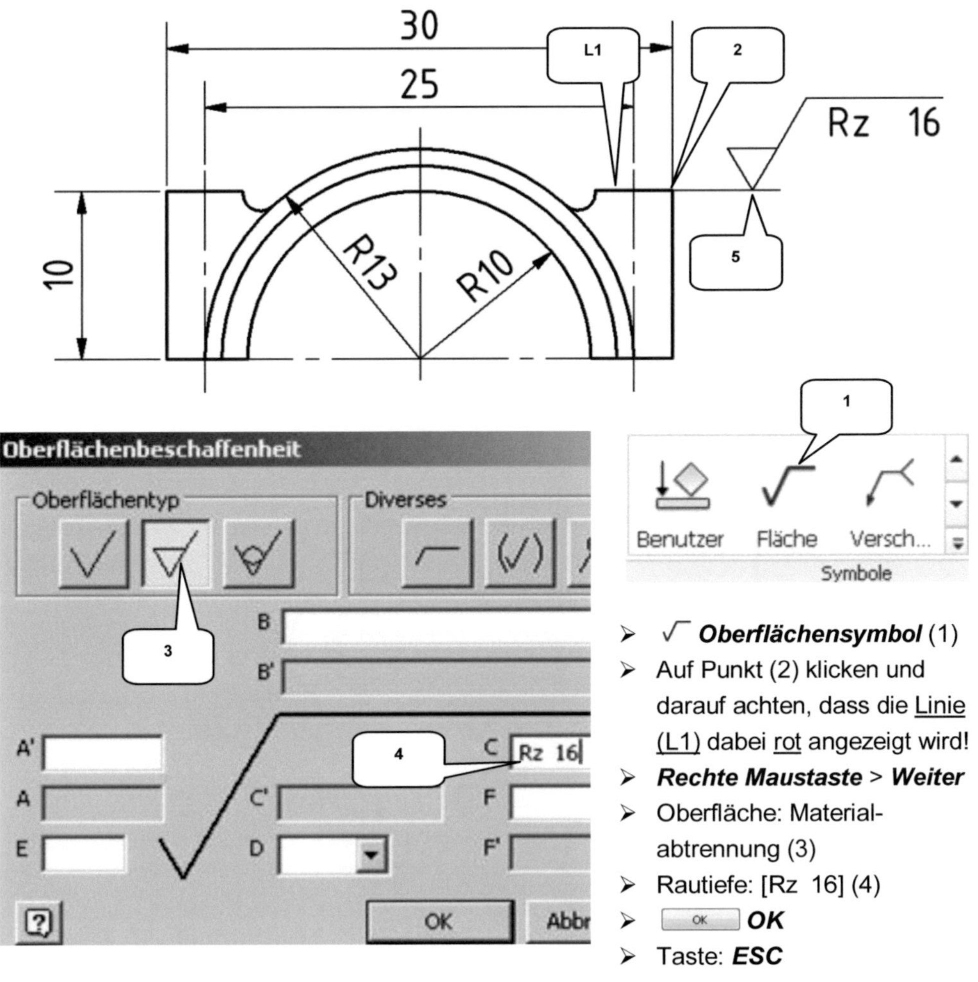

> ✓ **Oberflächensymbol** (1)
> Auf Punkt (2) klicken und darauf achten, dass die <u>Linie</u> <u>(L1)</u> dabei <u>rot</u> angezeigt wird!
> **Rechte Maustaste > Weiter**
> Oberfläche: Material-abtrennung (3)
> Rautiefe: [Rz 16] (4)
> ⬚ OK **OK**
> Taste: **ESC**

> OF-Angabe am grünen Punkt (5) bei gedrückter linker Maustaste nach rechts ziehen

Setzen Sie auch die restlichen drei Oberflächenangaben wie in den folgenden Abbildungen dargestellt. Platzieren Sie anschließend allgemeine Angaben wie Kantenangaben, Hinweise zu den Oberflächen und das Symbol der Projektionsmethode.

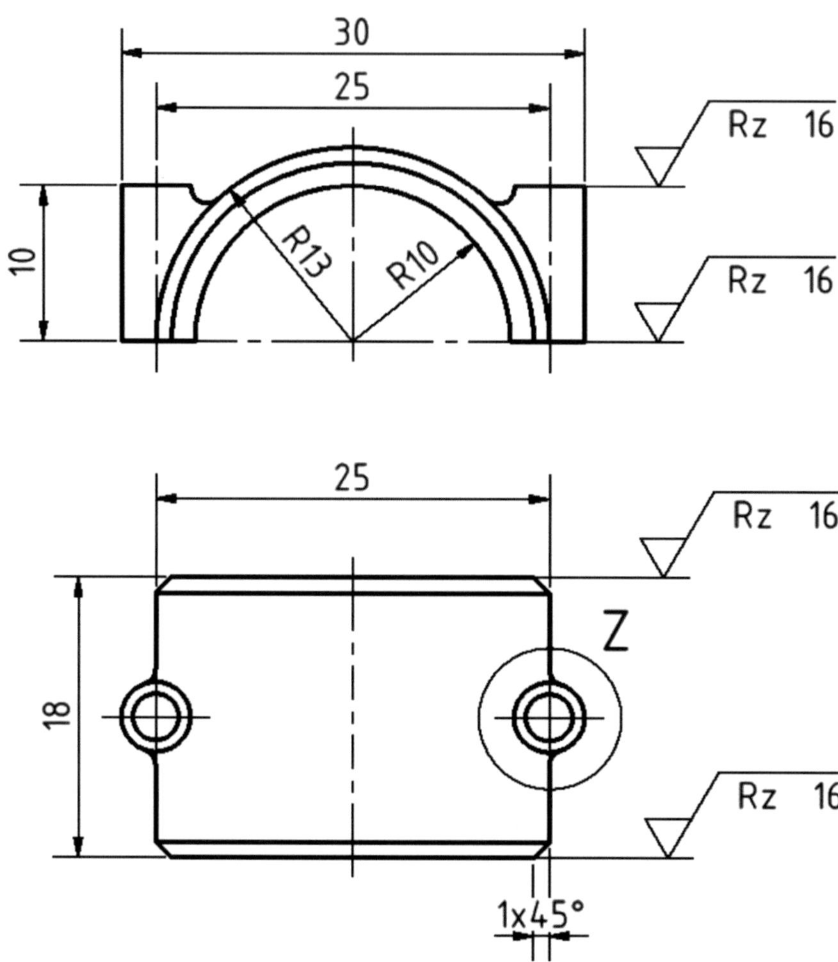

5.5.7 Allgemein- und Kantenangaben sowie Projektionsmethode einfügen

SIZE ISO 14405 (E)
Kanten ISO 13715
Oberflächen ISO 1302
Allgemeintoleranzen ISO 2768-mK

Rz 32

Projekt	Material/ Werkstoff	Dokumentenart	Maßstab		
4-Takt-Motor	42CrMO4	Bauteilzeichnung	2:1		
	Erstellt durch	Bezeichnung/ Benennung	Zeichnungsnummer		
	Ihr Name	Pleuel-Unterseite	01-01-03		
	Genehmigt von	Zugehörige Baugruppe	Änd.	Ausgabedatum	Spr.	Blatt
	Ihr Name	4-Takt-Motor	A	Datum	DE	2 / 2

Die gekennzeichneten vier Oberflächen sind also mit einer gemittelten Rautiefe: Rz 16 zu bearbeiten. Alle anderen Oberflächen sollen eine gemittelte Rautiefe: Rz 32 erhalten.

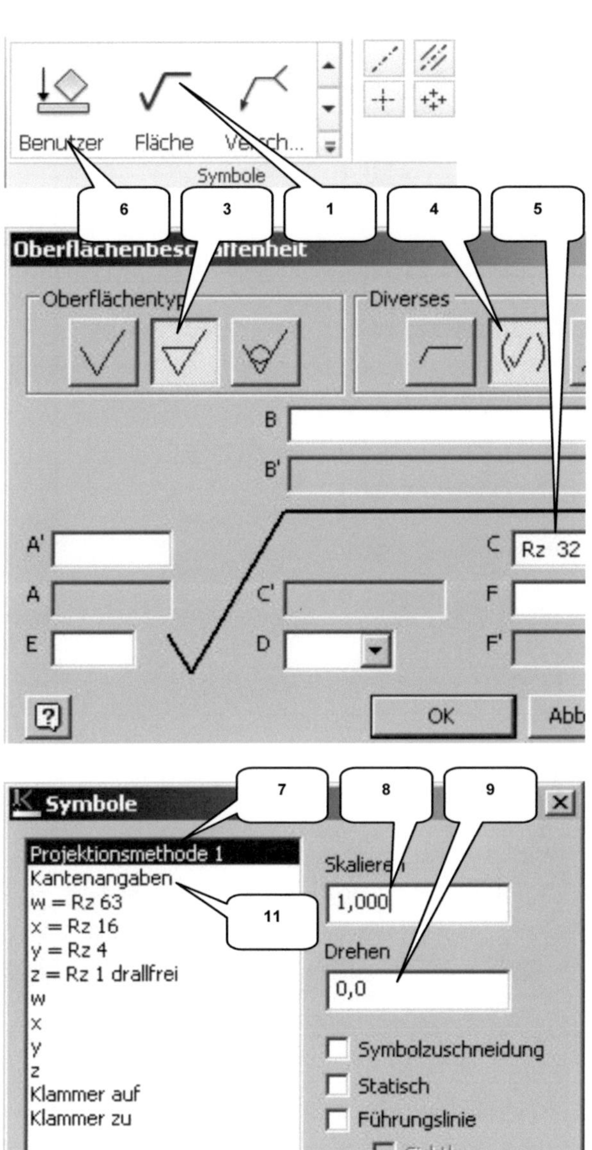

- ➢ √ *Oberflächensymbol* (1)
- ➢ Mit linker Maustaste ca. auf Pos. (2) klicken
- ➢ *Rechte Maustaste* > *Weiter*
- ➢ Oberfläche: Material-abtrennung (3)
- ➢ Zusatz: Allgemeine Ober-flächengüte (4)
- ➢ Rautiefe: [Rz 32] (5)
- ➢ ⬚ OK *OK*
- ➢ Taste: *ESC*

Fügen Sie abschließend die bereits vorgefertigten Symbole der Projektionsmethode 1 und die Kantenangaben ein.

- ➢ ⬚ *Benutzerdefiniertes Symbol* (6)
- ➢ Projektionsmethode 1 (7)
- ➢ Skalieren: [1] (8)
- ➢ Drehen: [0°] (9)
- ➢ ⬚ OK *OK*
- ➢ Auf Pos. (10) klicken
- ➢ Taste: *ESC*

- ➢ ⬚ *Benutzerdefiniertes Symbol* (6)
- ➢ Kantenangaben (11)
- ➢ Skalieren: [1] (8)
- ➢ Drehen: [0°] (9)
- ➢ ⬚ OK *OK*
- ➢ Auf Pos. (12) klicken
- ➢ Taste: *ESC*

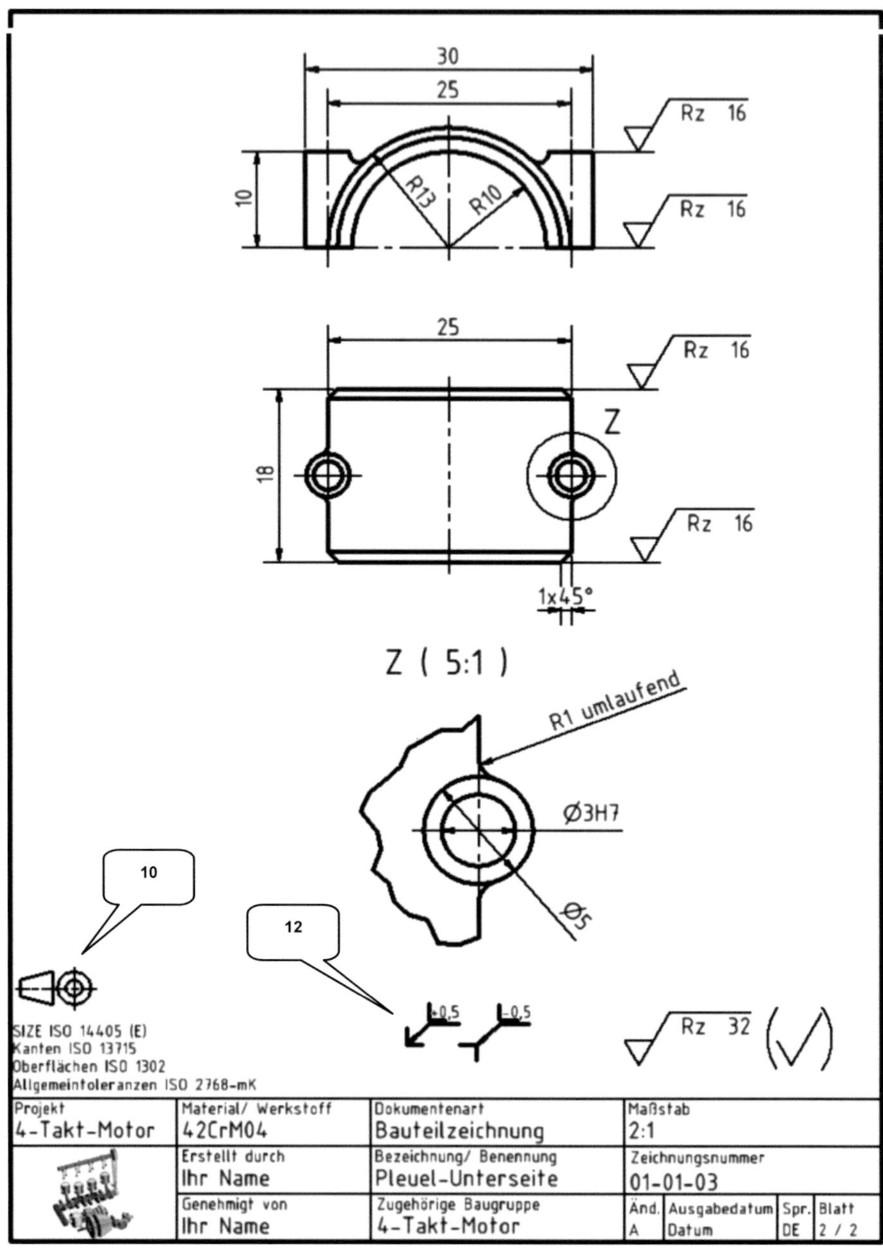

Projekt	Material/ Werkstoff	Dokumentenart	Maßstab		
4-Takt-Motor	42CrM04	Bauteilzeichnung	2:1		
	Erstellt durch	Bezeichnung/ Benennung	Zeichnungsnummer		
	Ihr Name	Pleuel-Unterseite	01-01-03		
	Genehmigt von	Zugehörige Baugruppe	Änd.	Ausgabedatum	Spr.	Blatt
	Ihr Name	4-Takt-Motor	A	Datum	DE	2 / 2

Der Bereich der Zeichnungsableitung kann jetzt verlassen werden. **Speichern** Sie die Datei und schließen Sie diese abschließend.

6 PRÄSENTATION / SPRENGBILD

6.1 Erstellen einer neuen Präsentation

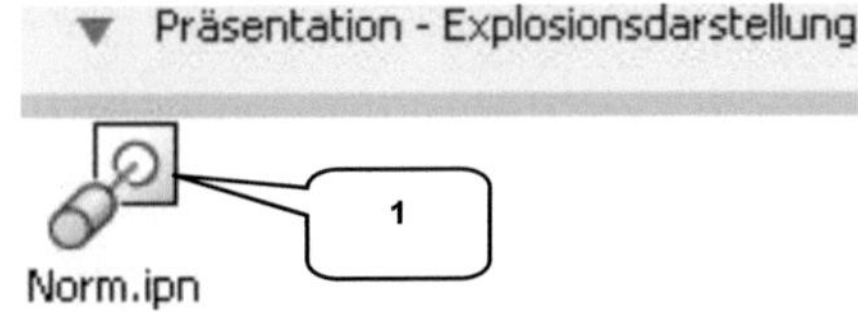

Erstellen Sie eine 🔧 **Präsentation** (Norm.ipn) und speichern Sie diese als **BG_Nockenwelle**.

> 📄 **Neu**
> 🔧 **Norm.ipn** (1)
> [Erstellen] **Erstellen**
> **Speichern** [BG_Nockenwelle]

6.2 Das Register PRÄSENTATION im Überblick

OPTIONEN

1) Einfügen einer Baugruppe/ Verwalten der Sprengbilddarstellung/ Animation

6.3 Einfügen der Baugruppe: BG_Nockenwelle

Starten Sie den Befehl 📇 **Ansicht erstellen** (1) und fügen Sie die Baugruppe **BG_Nockenwelle** ein. Verwenden Sie die manuelle Explosionsmethode, um alle Bewegungsabläufe erst anschließend festzulegen.

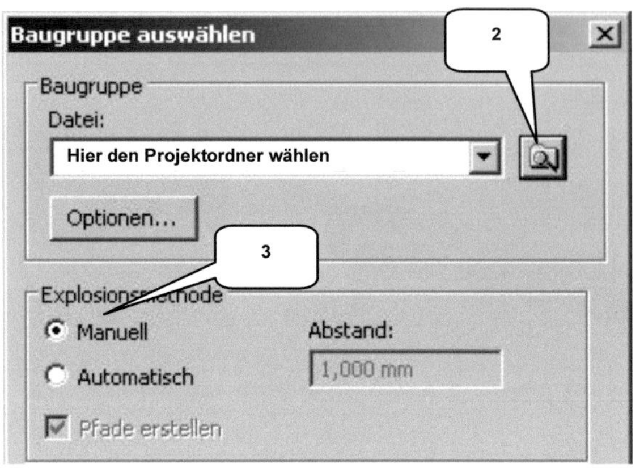

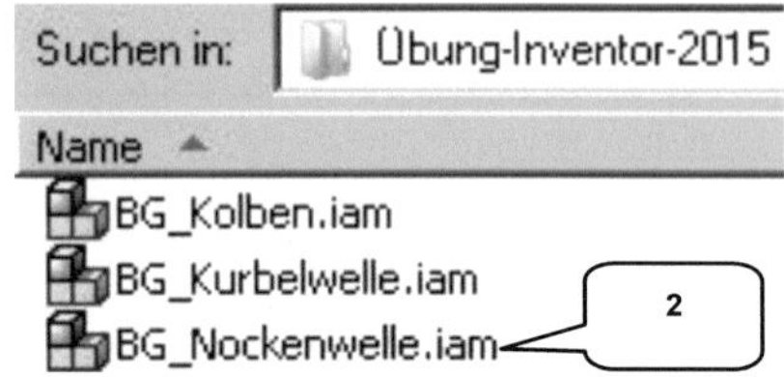

- 🔲 *Ansicht erstellen* (1)
- Datei: BG_Nockenwelle wählen (2)
- Explosionsmethode: Manuell (3)
- OK

6.4 Komponentenposition ändern

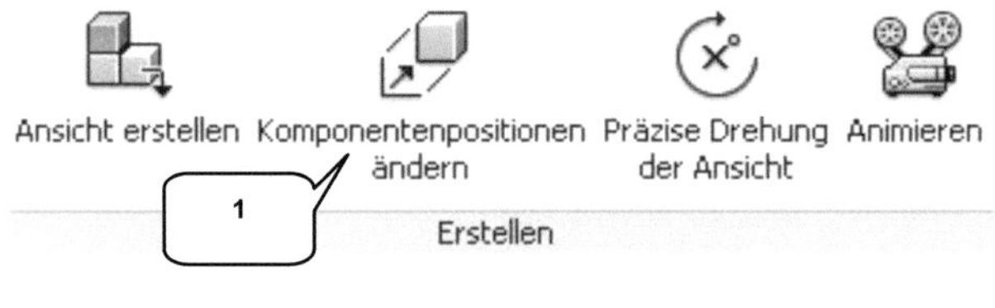

Starten Sie den Befehl 🔲 *Komponentenposition ändern* (1), um die Bewegungsabläufe der einzelnen Komponenten festzulegen.

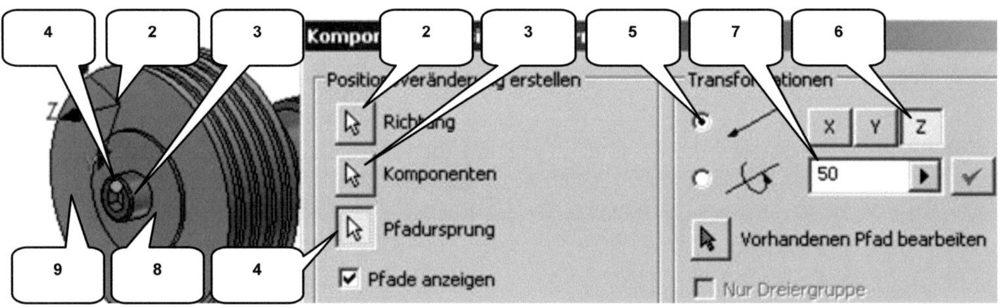

- 🔲 *Komponentenposition...* (1)
- Richtung: Koordinatenursprung an Pos. (2) ablegen
- Komponenten: Schraube wählen (3)
- Pfadursprung: Punkt (4) klicken
- Transformation: Linear (5)
- Referenzachse: Z-Achse (6)

- Wert: [50 mm] eintragen (7)
- ✔ *Anwenden*
- Komponenten: Scheibe wählen (8)
- ✔ *Anwenden*
- Komponenten: Riemenrad wählen (9)
- ✔ *Anwenden*
- Schließen *Schließen*

Um die Passfeder aus Ihrer Position zu bewegen, muss die Ansicht etwas gedreht werden.

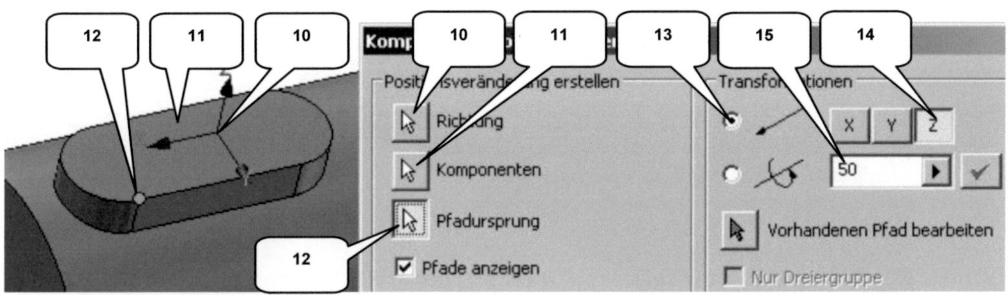

> ➤   *Komponentenposition...* (1)
> ➤   Richtung: Koordinatenursprung an
>   Pos. (10) ablegen
> ➤   Komponenten: Passfeder wählen (11)
> ➤   Pfadursprung: Punkt (12) anklicken

> ➤   Transformation: Linear (13)
> ➤   Referenzachse: Z-Achse (14)
> ➤   Wert: [50 mm] eintragen (15)
> ➤   *Anwenden*
> ➤   Schließen *Schließen*

6.5   *Animation der Explosionsdarstellung*

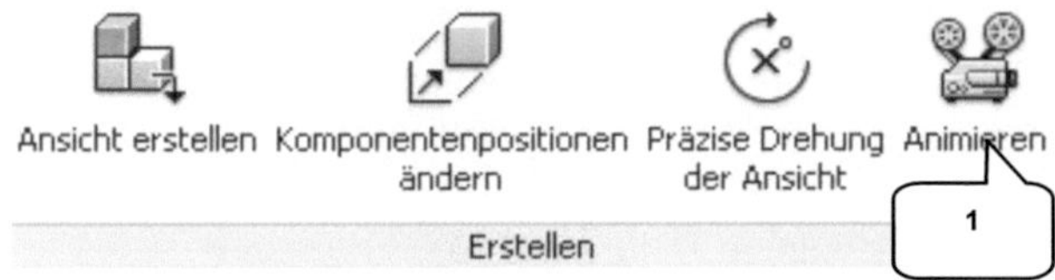

Der Befehl 🎬 *Animieren* (1) simuliert die Explosionsdarstellungen anhand der festgelegten Bewegungsabläufe.

> ➤   🎬 *Animieren* (1)
> ➤   ▶ Wiedergabe vor-
>   wärts (2)
> ➤   <u>Nach dem Ablauf:</u>
> ➤   Taste: *ESC*

Speichern und schlie-
ßen Sie die Datei.

7 RENDERN eines BILDES

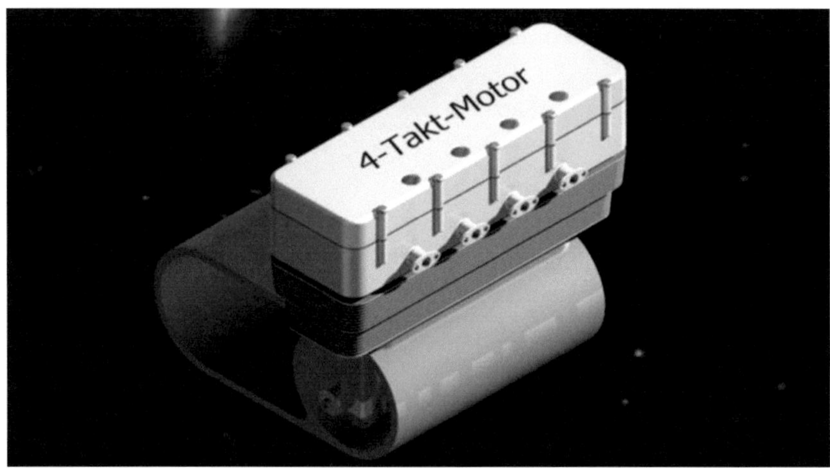

7.1 Inventor Studio

Rendern ist die fotorealistische Berechnung eines Bildes durch den PC, unter Beachtung der vorgegebenen Parameter (Licht, Farben, Hintergrund). Öffnen Sie die Hauptbaugruppe, starten Sie den Befehl 🐞 *Inventor Studio* (3) und dann den Befehl 🫖 *Bild rendern* (4).

> 📂 **Öffnen** (1)
> Datei: BG_4_Takt-Motor (2)
> Öffnen | *Öffnen*
> Register: Umgebungen
> 🐞 *Inventor Studio* (3)
> 🫖 *Bild rendern* (4)

Wählen Sie am *ViewCube* die Ecke zwischen den Ansichten UNTEN, LINKS und HINTEN.

> **ViewCube**-Ansicht: *Ecke* zwischen den Ansichten *UNTEN*, *LINKS* und *HINTEN* wählen (5)

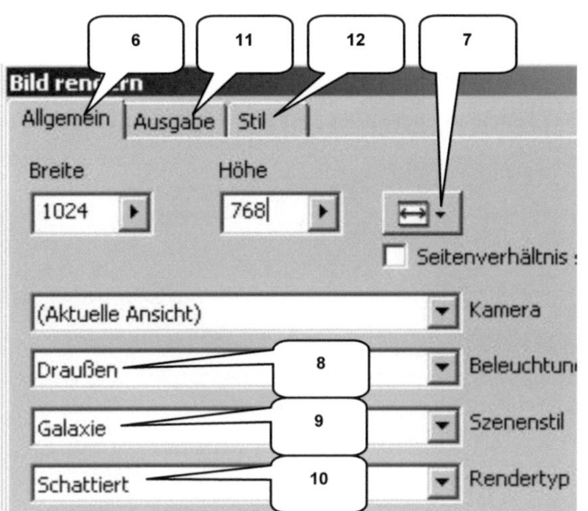

- ➢ Reiter: Allgemein (6)
- ➢ Größe: 1024 x 768 wählen (7)
- ➢ Beleuchtung: Draußen (8)
- ➢ Szenenstil: Galaxie (9)
- ➢ Rendertyp: Schattiert (10)
- ➢ Reiter: Ausgabe (11)
- ➢ Antialias: Höchstes
- ➢ Reiter: Stil (12)
- ➢ Aktivieren: Spiegelung - wahr
- ➢ Rendern **Rendern**

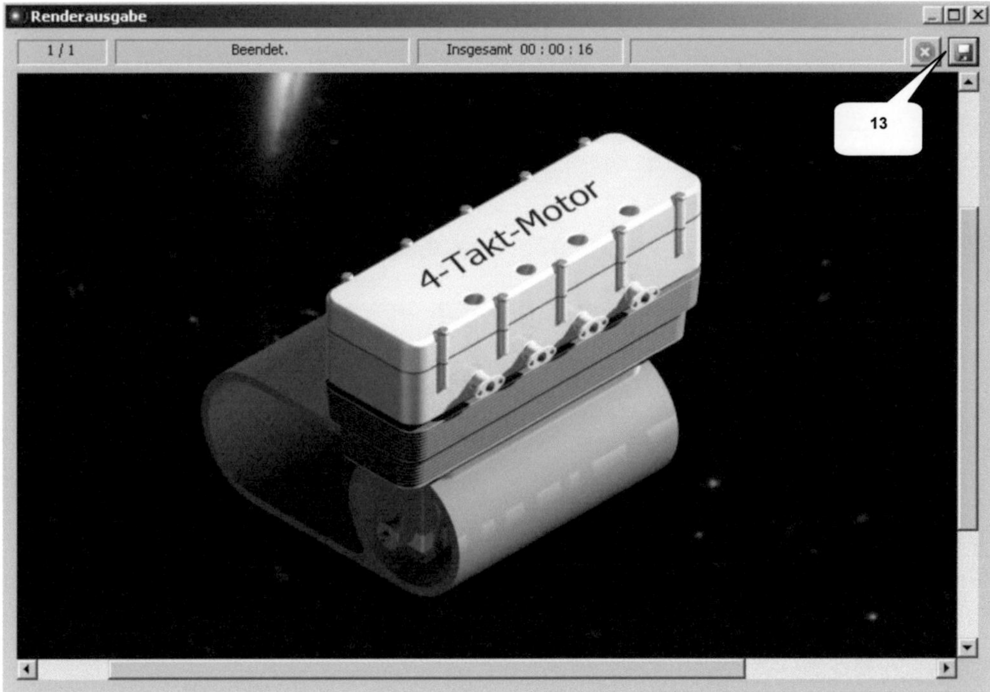

Speichern (13) Sie das Bild und testen Sie weitere Einstellungen. Blenden Sie z. B. Bauteile wie den Ventildeckel aus, um auch einen Blick in das Innere der Hauptbaugruppe zu bekommen. **Speichern** Sie die Hauptbaugruppe und schließen Sie sie anschließend.

8   BLECHBEARBEITUNG

8.1   Erstellen einer neuen Datei

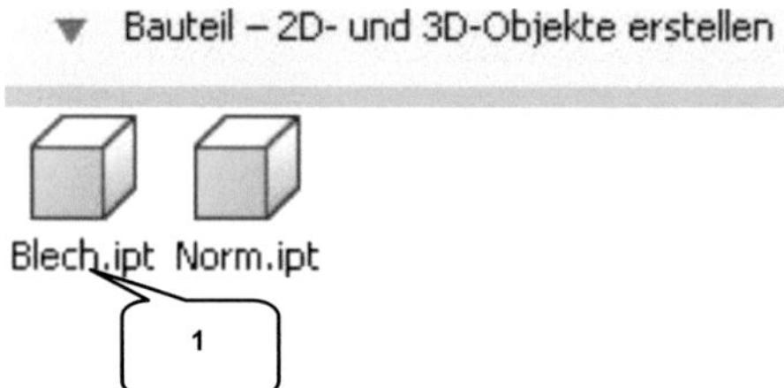

Erstellen Sie ein neues ⬚ **Blechteil** (Blech.ipt) und **speichern** Sie dieses als **Blechwanne**.

- ➢ ⬚ **Neu**
- ➢ ⬚ **Blech.ipt** (1)
- ➢ [Erstellen] **Erstellen**
- ➢ **Speichern** [Blechwanne]

8.2   Das Register BLECH im Überblick

1) Neue Skizzen erstellen
2) Skizze in Blechkörper konvertieren
3) Vorhandene Bleche bearbeiten
4) Ebenen, Achsen, Punkte erzeugen
5) Muster (rechteckig, polar, gespiegelt) erstellen

6) Blechstandards bearbeiten
7) Blechabwicklungen erstellen
8) Parameter
9) Abstände, Winkel, Konturen, Flächen messen

8.3 Die Blechwanne

Die folgende Übung soll eine kleine Einführung in den Blechbereich darstellen. Für den Motor soll eine Blechwanne konstruiert werden, die während Montagearbeiten (bspw. zum Auffangen von Flüssigkeiten) unter den Motor geschoben werden kann.

8.3.1 Zeichnen der Basisskizze

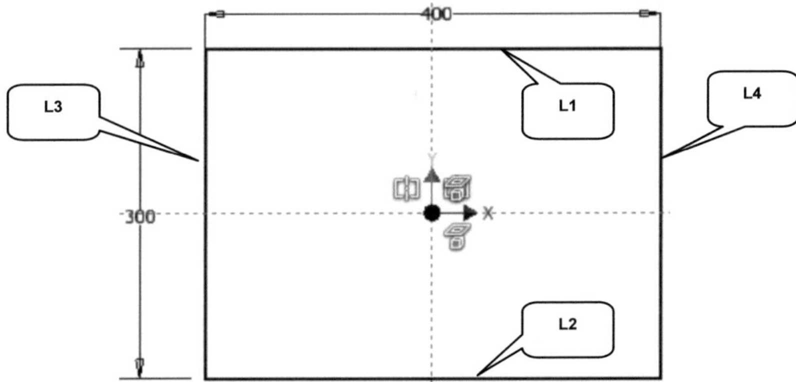

> 🖹 **Geometrie projizieren**
> ⟍ **Konstruktion** aktivieren
> Ordner: Ursprung öffnen
> 3 Achsen anklicken
> ⟍ **Konstruktion** deaktivieren
> Taste: **ESC**

> ▢ **Rechteck**
> Oben dargestelltes Rechteck (400 x 300 mm) zeichnen
> Taste: **ESC**

> **Abhängigkeit Symmetrie**
> Nacheinander Linie (L1), Linie (L2), X-Achse wählen
> Taste: **ESC**

> **Abhängigkeit Symmetrie**
> Nacheinander Linie (L3), Linie (L4), Y-Achse wählen
> Taste: **ESC**

> ✔ **Skizze fertig stellen**

8.3.2 Fläche extrudieren

Der Befehl 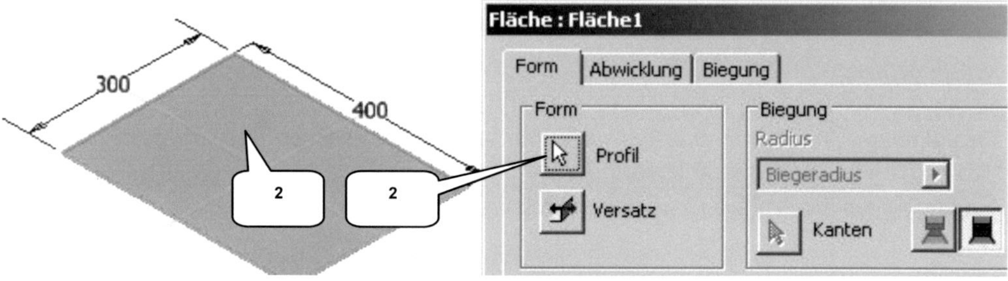 **Fläche** (1) fügt einer geschlossen Kontur aus einer 2D-Skizze Material hinzu und konvertiert diesen dadurch in einen Blechkörper.

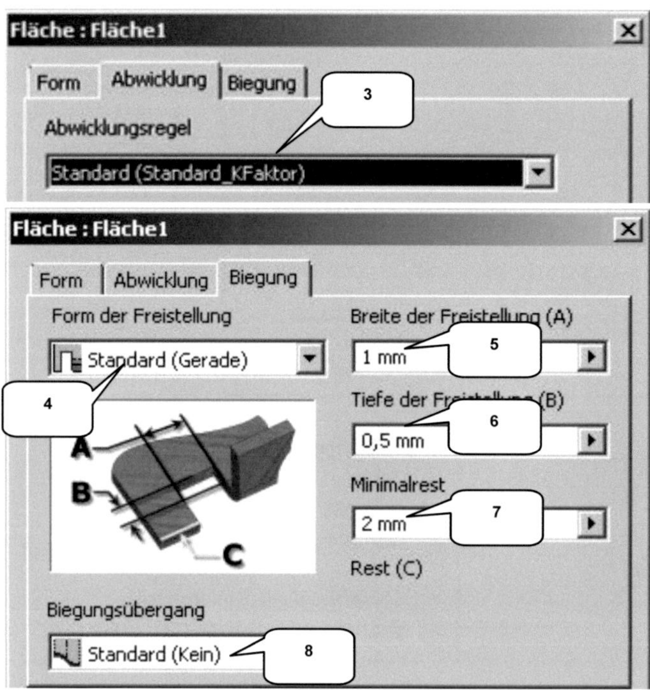

➢ **Fläche** (1)

➢ Reiter: Form
➢ Profil: Rechteck (2)

➢ Reiter: Abwicklung
➢ Regel: Standard (3)

➢ Reiter: Biegung
➢ Form: Standard (4)
➢ Breite: [1 mm] (5)
➢ Tiefe: [0,5 mm] (6)
➢ Rest: [2 mm] (7)
➢ Übergang: Standard (8)
➢ ___OK___ **OK**

HINWEIS: Die Blechstärke (Materialstärke) selbst kann in diesem Befehl nicht festgelegt werden. Diese ist in den ▦ Blechstandards zu definieren.

8.3.3 Definition der Blechstärke in den Blechstandards

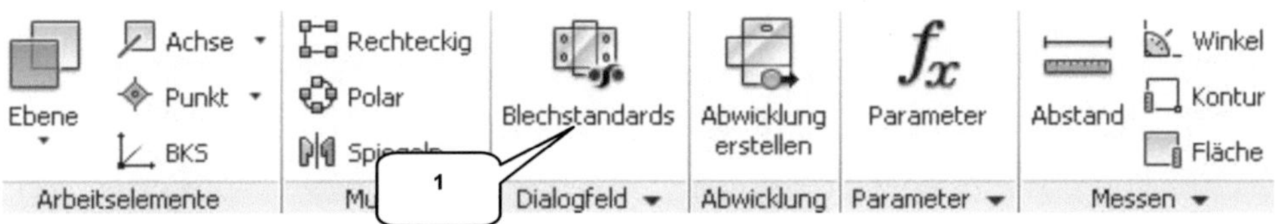

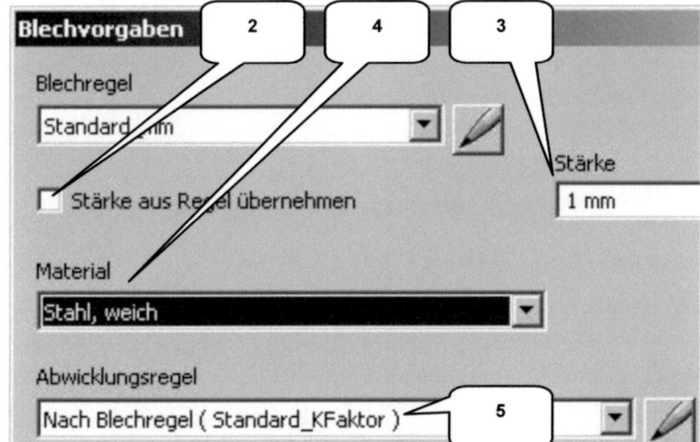

In den **Blechstandards** (1) kann die Materialstärke (Blechstärke) geändert werden.

> **Blechstandards** (1)
> Deaktivieren: Stärke aus Regel übernehmen (2)
> Stärke: [1 mm] (3)
> Material: Stahl, weich (4)
> Abwicklungsregel: Nach Blechregel (5)
> ОК **OK**

8.3.4 Hinzufügen von Laschen an den oberen vier Blechkanten

In der folgenden Übung soll den vier Seiten des Bleches jeweils eine ⌐ **Lasche** (1) hinzugefügt werden.

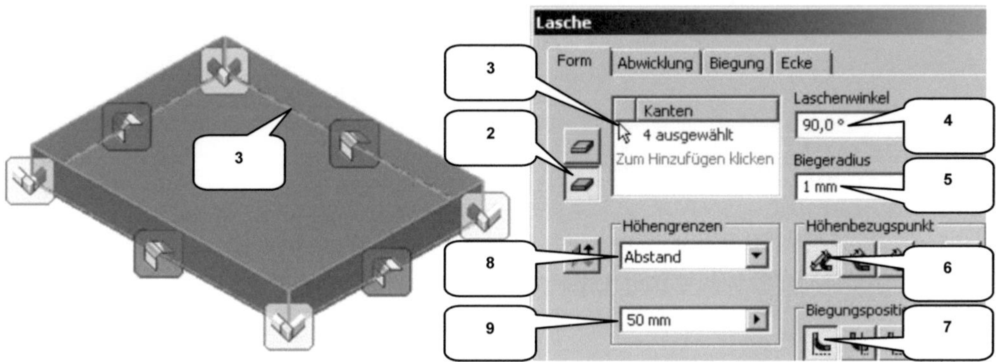

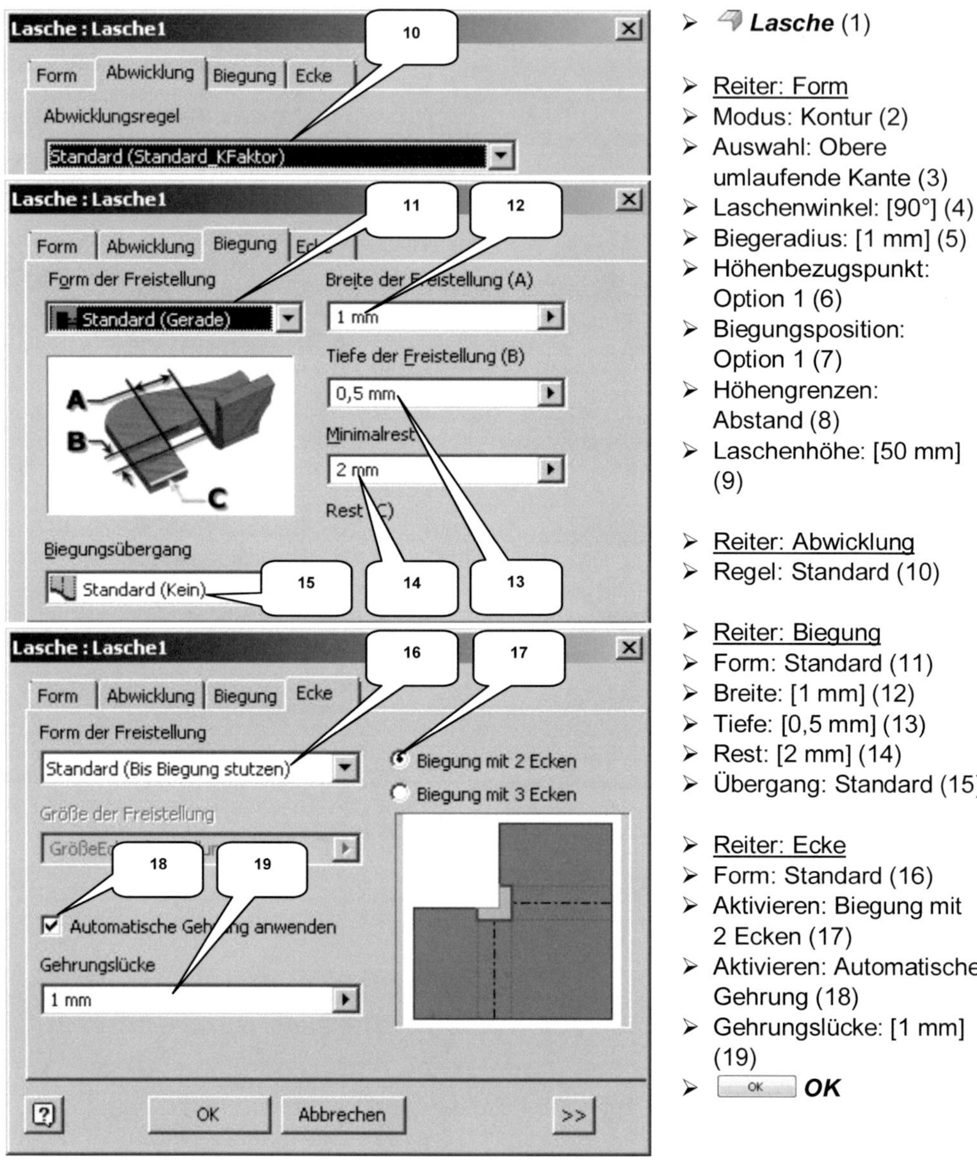

- ⬐ *Lasche* (1)

- Reiter: Form
- Modus: Kontur (2)
- Auswahl: Obere umlaufende Kante (3)
- Laschenwinkel: [90°] (4)
- Biegeradius: [1 mm] (5)
- Höhenbezugspunkt: Option 1 (6)
- Biegungsposition: Option 1 (7)
- Höhengrenzen: Abstand (8)
- Laschenhöhe: [50 mm] (9)

- Reiter: Abwicklung
- Regel: Standard (10)

- Reiter: Biegung
- Form: Standard (11)
- Breite: [1 mm] (12)
- Tiefe: [0,5 mm] (13)
- Rest: [2 mm] (14)
- Übergang: Standard (15)

- Reiter: Ecke
- Form: Standard (16)
- Aktivieren: Biegung mit 2 Ecken (17)
- Aktivieren: Automatische Gehrung (18)
- Gehrungslücke: [1 mm] (19)
- OK *OK*

Die Enden der soeben erzeugten Laschen sollen zusätzlich mit einem Falz versehen werden. In der Praxis werden solche Maßnahmen getroffen, um z. B. einer Verletzungsgefahr an Kanten vorzubeugen.

8.3.5 Falzen

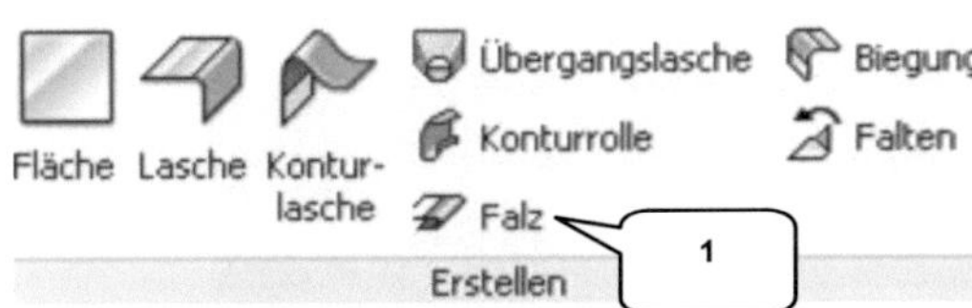

Starten Sie den Befehl ✏ **Falz** (1) und fügen Sie den vier Kanten nacheinander jeweils einen Falz hinzu.

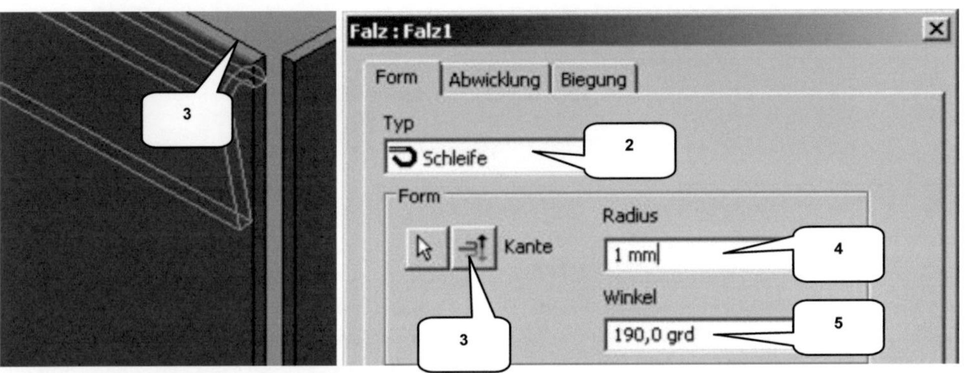

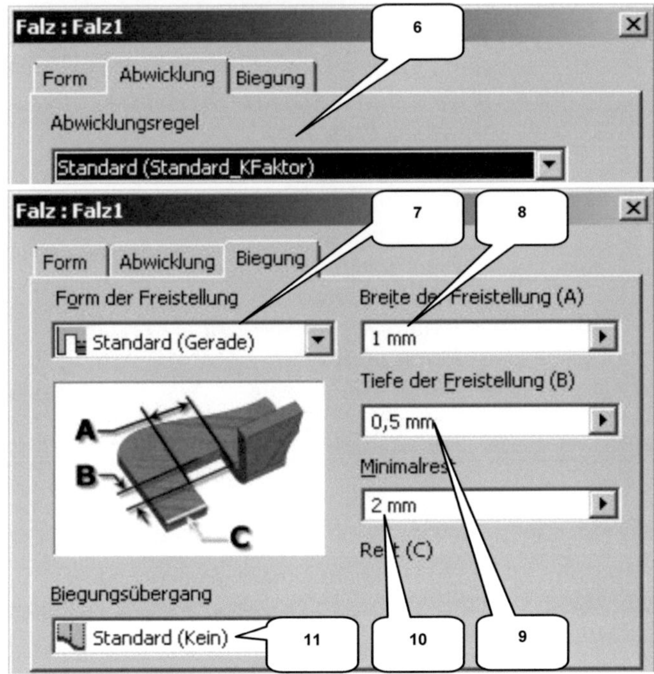

> ✏ **Falz** (1)

> <u>Reiter: Form</u>
> Typ: Schleife (2)
> Auswahl: Außenkante einer der vier Laschen (3)
> Radius: [1 mm] (4)
> Winkel: [190°] (5)

> <u>Reiter: Abwicklung</u>
> Regel: Standard (6)

> <u>Reiter: Biegung</u>
> Form: Standard (7)
> Breite: [1 mm] (8)
> Tiefe: [0,5 mm] (9)
> Rest: [2 mm] (10)
> Übergang: Standard (11)
> OK **OK**

Falzen Sie die restlichen 3 Laschen, **speichern** und schließen Sie die Datei.

9 SCHWEISSKONSTRUKTION

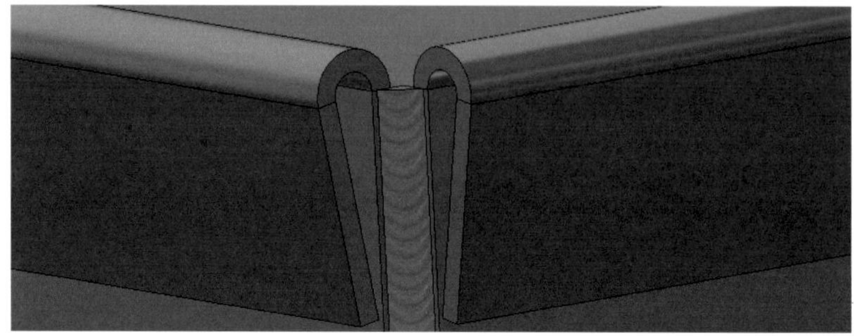

9.1 Erstellen einer neuen Schweißbaugruppe

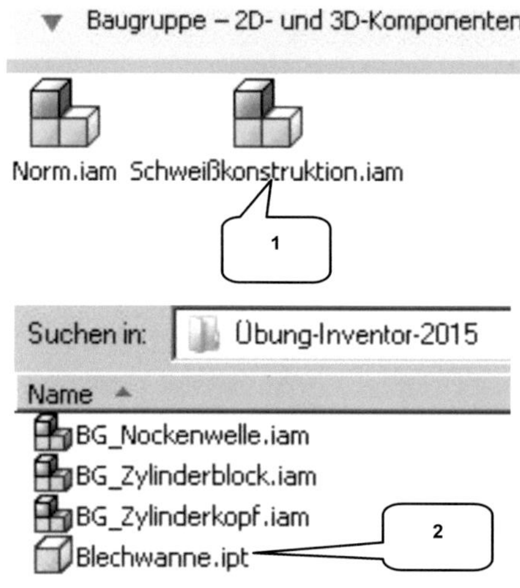

Erstellen Sie eine neue 🗋 **Schweißbaugruppe** (Schweißkonstruktion.iam) und speichern Sie diese als **Blechwannegeschweißt**. Fügen Sie anschließend das Bauteil Blechwanne ein.

> 🗋 **Neu**
> 🗋 **Schweißkonstruktion.iam** (1)
> [Erstellen] **Erstellen**
> **Speichern** [Blechwanne-geschweißt]
> Register: Zusammenfügen
> 🗋 **Platzieren**
> Blechwanne wählen (2)
> [Öffnen] **Öffnen**
> **Rechte Maustaste > Am Ursprung fixiert platzieren**
> Taste: **ESC**

9.2 Das Register SCHWEISSEN im Überblick

OPTIONEN

1) Schweißnähte erzeugen, Vorarbeiten	5) Ebenen, Achsen, Punkte erstellen
2) Schweißnahtdefinition, -berechnung	6) Muster (rechteckig, polar, gespiegelt)
3) Skizzen erstellen	7) Parameter
4) Volumenkörperbearbeitung	8) Abstände, Winkel, Konturen, Flächen

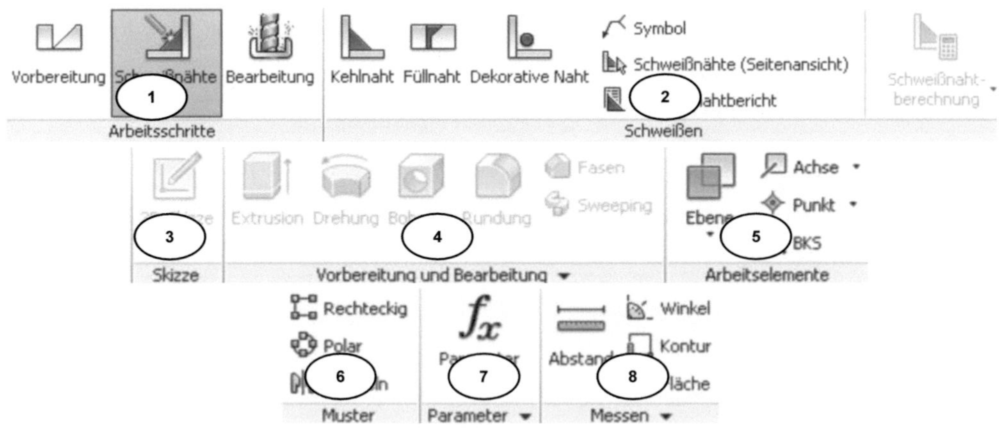

9.3   Einfügen der Schweißverbindungen

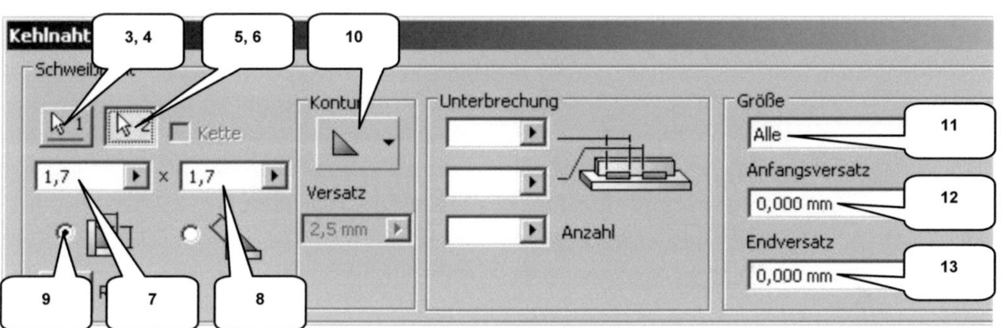

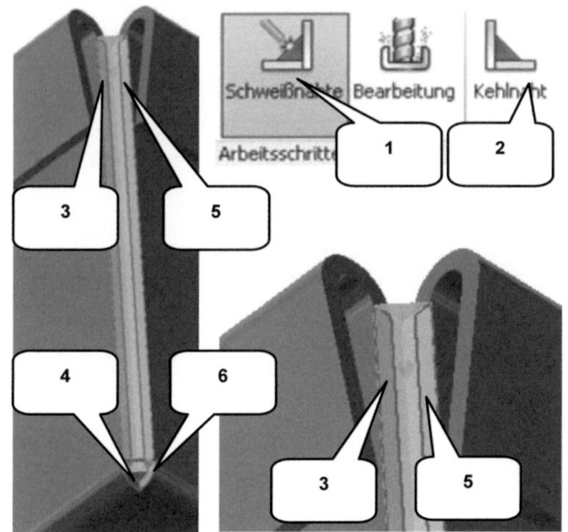

> **Register: Schweißen**
>
> ⚞ **Schweißnähte** (1)
>
> ⌐ **Kehlnaht** (2)
>
> Auswahl 1: Flächen (3, 4) wählen
>
> Auswahl 2: Flächen (5, 6) wählen
>
> Schenkel 1: [1,7 mm] eingeben (7)
>
> Schenkel 2: [1,7 mm] eingeben (8)
>
> Aktivieren: Schenkellängen (9)
>
> Kontur: Flach (10)
>
> Größe: Alle (11)
>
> Anfangsversatz: [0 mm] (12)
>
> Endversatz: [0 mm] (13)
>
> ◻ OK   **OK**

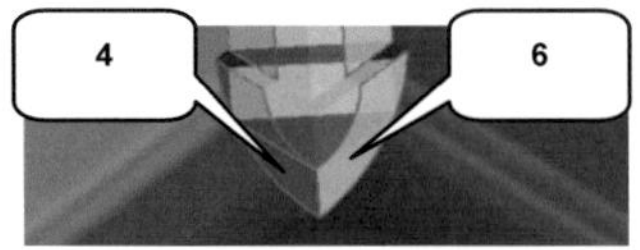

Wiederholen Sie den Befehl ∟ **Kehlnaht** bei den restlichen drei Ecken des Blechteils. Achten Sie auf die korrekte Zuordnung der Flächen zu den jeweiligen Auswahl-Buttons (1, 2).

HINWEIS: Bei der Auswahl der miteinander zu verschweißenden Flächen sollte darauf geachtet werden, dass das Programm nach der Markierung der ersten Fläche (z. B. Fläche 3) automatisch zur zweiten Auswahl wechselt. Sind also in einem Schritt mehrere Flächen zu wählen (z. B. Flächen 3 und 4), muss im Befehlsfenster erneut die Auswahl 1 aktiviert werden.

9.4 Generieren eines Schweißnahtberichtes

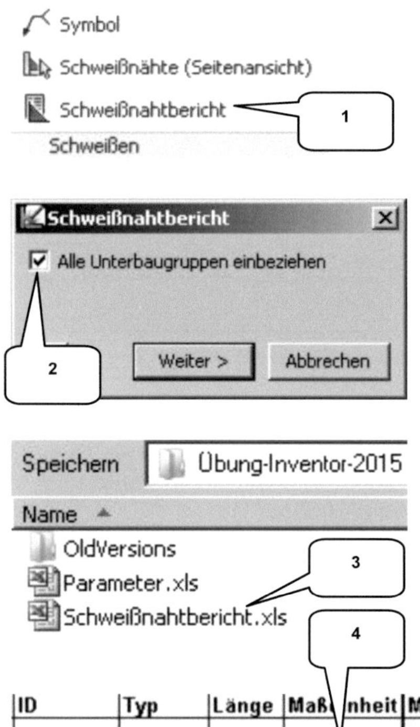

Schweißen ist eine sehr kostenintensive Bearbeitungsmethode, da sie in der Praxis oft von Hand durchgeführt werden muss und viel Zeit für Vor- und Nacharbeit erfordert. Um die Kostenkalkulation einer Schweißbaugruppe möglichst präzise gestalten zu können, werden genaue Angaben über Längen, Flächen und Volumen der einzelnen Schweißnähte benötigt. Hier bietet das Programm eine gute Lösung: Den ▮ **Schweißnahtbericht** (1).

➢ ▮ **Schweißnahtbericht** (1)
➢ Aktivieren: Alle Unterbaugruppen einbeziehen (2)
➢ Weiter > **Weiter**
➢ Dateiname: [Schweißnahtbericht] (3)

Die Tabelle (4) enthält alle in der Baugruppe vorhandenen Schweißnähte, mit einigen wichtigen, für eine Kostenkalkulation notwendigen Berechnungsgrundlagen.

ID	Typ	Länge	Maßeinheit	Masse	Maßeinheit	Fläche	Maßeinheit	Volumen	Maßeinheit
Kehlnaht 1	Kehlnaht	47,468	mm	1,84E-04	kg	277,645	mm^2	67,992	mm^3
Kehlnaht 3	Kehlnaht	47,468	mm	1,84E-04	kg	277,645	mm^2	67,992	mm^3
Kehlnaht 4	Kehlnaht	47,468	mm	1,84E-04	kg	277,645	mm^2	67,992	mm^3

Schließen Sie die Tabelle, **speichern** Sie die Schweißbaugruppe und schließen Sie auch diese Datei.

10 PARAMETRISCHE ABHÄNGIGKEITEN

10.1 Parameter - Grundlagen

Alle bisher erzeugten Skizzen, Bauteile und Baugruppen wurden mit festen Werten (Konstanten) bemaßt. Eine andere Möglichkeit der Konstruktion ist das Arbeiten mit Parametern. Wenn konstante Maße durch Gleichungen (Variablen) ersetzt werden, entstehen kleine Prozessketten. Diese können verwendet werden, um z. B. wiederkehrende logische Schritte vom Programm automatisch berechnen zu lassen.

In der folgenden Übung soll eine Basisskizze mit einigen Konturen und konstanten Bemaßungen parametrisiert werden. Diese Konturen sollen aus der Skizze heraus exportiert und in eigenständige Bauteile konvertiert werden. Hier soll die Möglichkeit aufgezeigt werden, verschiedene Bauteile aus einer Skizze heraus zu steuern.

10.2 Parametrisieren und Ableiten von Konturen einer Skizze
10.2.1 Basisskizze

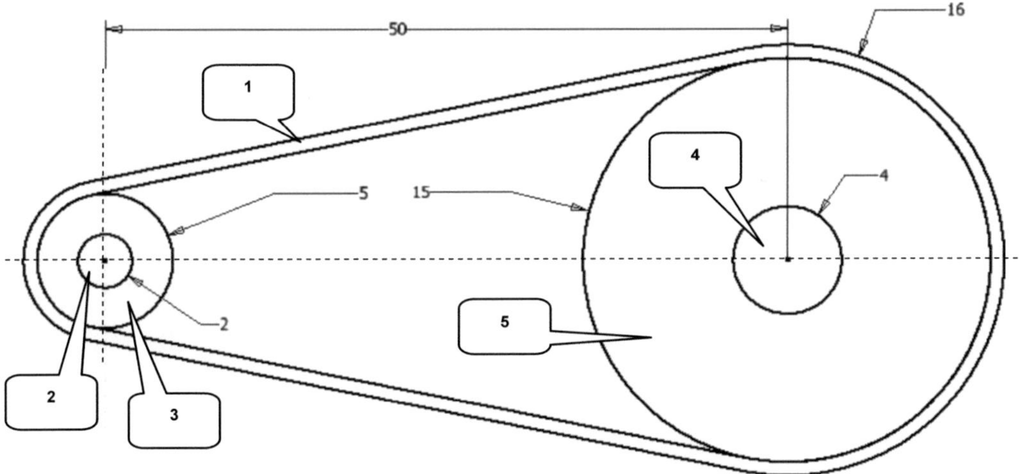

1) Riemen   2) Antriebswelle   3) Antriebsrad   4) Abtriebswelle   5) Abtriebsrad

Öffnen Sie die Bauteildatei **Parameter-Basisskizze** (vorhandene Übungsdatei, siehe Kapitel 1.2). Sie enthält eine Skizze mit einem vereinfacht dargestellten Riementrieb, bestehend aus Antriebswelle, Antriebsrad, Riemen, Abtriebsrad und Abtriebswelle. Die bereits vorhandenen (konstanten) Maße sollen durch Gleichungen ersetzt und dadurch parametrisiert werden.

10.2.2 Parameter bearbeiten

Starten Sie den Befehl f_x **Parameter** (2). In der ersten Spalte (Parametername) finden Sie die Modellparameter. Hier wurde vom Programm jedem Skizzenmaß eine Kurzbezeichnung zugewiesen (d2...d11), die zuerst geändert werden müssen. In der dritten Spalte (Gleichung) finden Sie die zugeordneten Bemaßungen, die durch Gleichungen zu ersetzen sind.

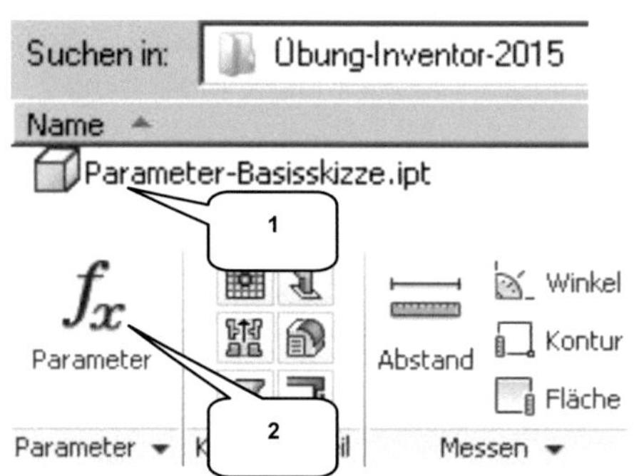

> **Öffnen**
> Dateiname: Parameter-Basisskizze (1)
> Öffnen **Öffnen**

> f_x **Parameter** (2)
> Parameternamen (d2...d11) der ersten Spalte ändern wie in der folgenden Tabelle dargestellt

Parametername (ALT) (3)	Parametername (NEU) (4)
d2	Abstand
d7	Radius_Riemen
d8	Radius_Abtriebsrad
d9	Radius_Antriebsrad
d10	Radius_Abtriebswelle
d11	Radius_Antriebswelle

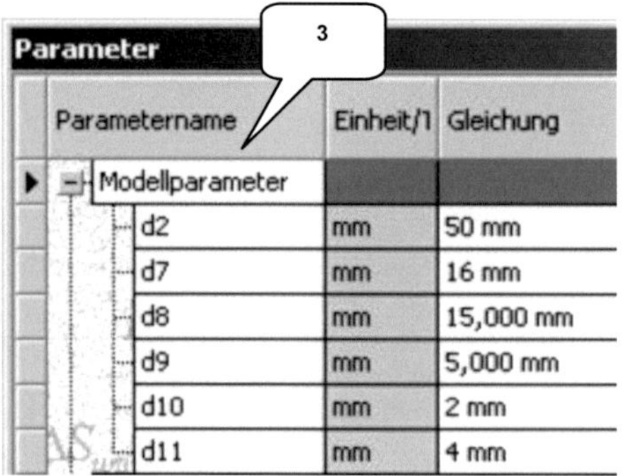

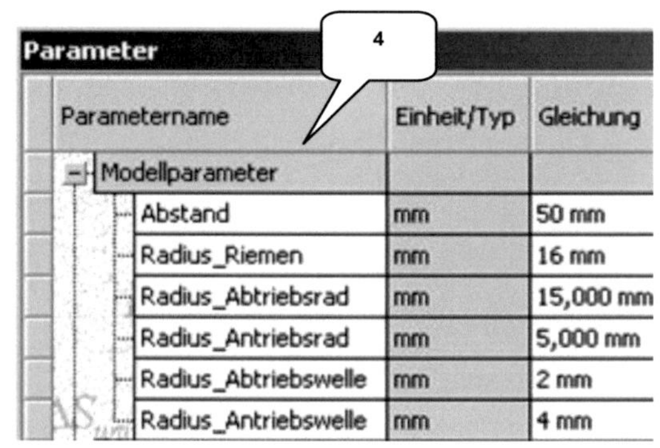

Fügen Sie jetzt weitere Benutzerparameter hinzu. Diese werden benötigt, um auch im späteren Modellbereich parametrische Abhängigkeiten erzeugen zu können. Sie dienen als Schnittstelle zwischen Skizzen- und Modellbereich.

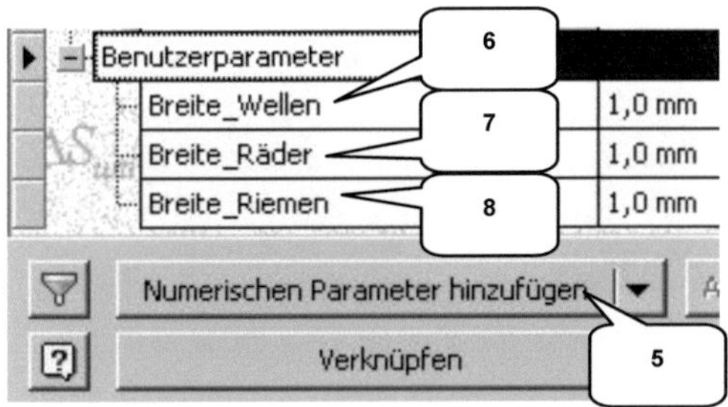

> *Numerischen Parameter...* (5)
> Name: [Breite_Wellen] (6) eintragen
> Taste: *ENTER*
> *Numerischen Parameter...* (5)
> Name: [Breite_Räder] (7) eintragen
> Taste: *ENTER*
> *Numerischen Parameter...* (5)
> Name: [Breite_Riemen] (8) eintragen
> Taste: *ENTER*

Um die Bemaßungen durch *Gleichungen* (9) zu ersetzen, sind die in der folgenden Tabelle dargestellten Änderungen schrittweise zu übernehmen:

Parametername	Gleichung *(NEU)* (9)
Breite_Wellen	Radius_Abtriebsrad * 2 oE
Breite_Räder	Radius_Abtriebsrad
Breite_Riemen	Radius_Abtriebsrad - 1 mm
Abstand	10 oE * Radius_Antriebsrad
Radius_Riemen	(0,5 oE * Radius_Abtriebswelle) + Radius_Abtriebsrad
Radius_Abtriebsrad	2,5 oE * Radius_Abtriebswelle
Radius_Antriebsrad	2,5 oE * Radius_Antriebswelle
Radius_Antriebswelle	2 mm
Radius_Abtriebswelle	2 oE * Radius_Antriebswelle

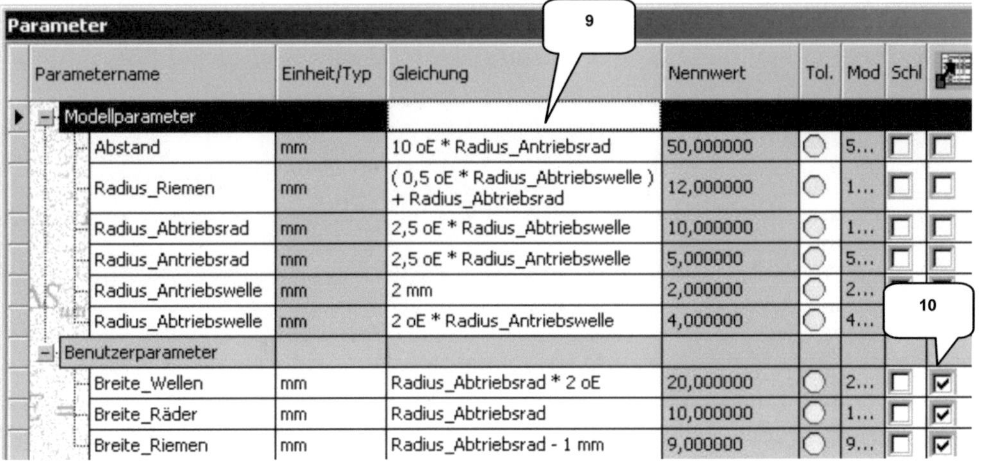

Parametername	Einheit/Typ	Gleichung	Nennwert	Tol.	Mod	Schl	
Modellparameter							
Abstand	mm	10 oE * Radius_Antriebsrad	50,000000	○	5...		
Radius_Riemen	mm	(0,5 oE * Radius_Abtriebswelle) + Radius_Abtriebsrad	12,000000	○	1...		
Radius_Abtriebsrad	mm	2,5 oE * Radius_Abtriebswelle	10,000000	○	1...		
Radius_Antriebsrad	mm	2,5 oE * Radius_Antriebswelle	5,000000	○	5...		
Radius_Antriebswelle	mm	2 mm	2,000000	○	2...		
Radius_Abtriebswelle	mm	2 oE * Radius_Antriebswelle	4,000000	○	4...		
Benutzerparameter							
Breite_Wellen	mm	Radius_Abtriebsrad * 2 oE	20,000000	○	2...		✓
Breite_Räder	mm	Radius_Abtriebsrad	10,000000	○	1...		✓
Breite_Riemen	mm	Radius_Abtriebsrad - 1 mm	9,000000	○	9...		✓

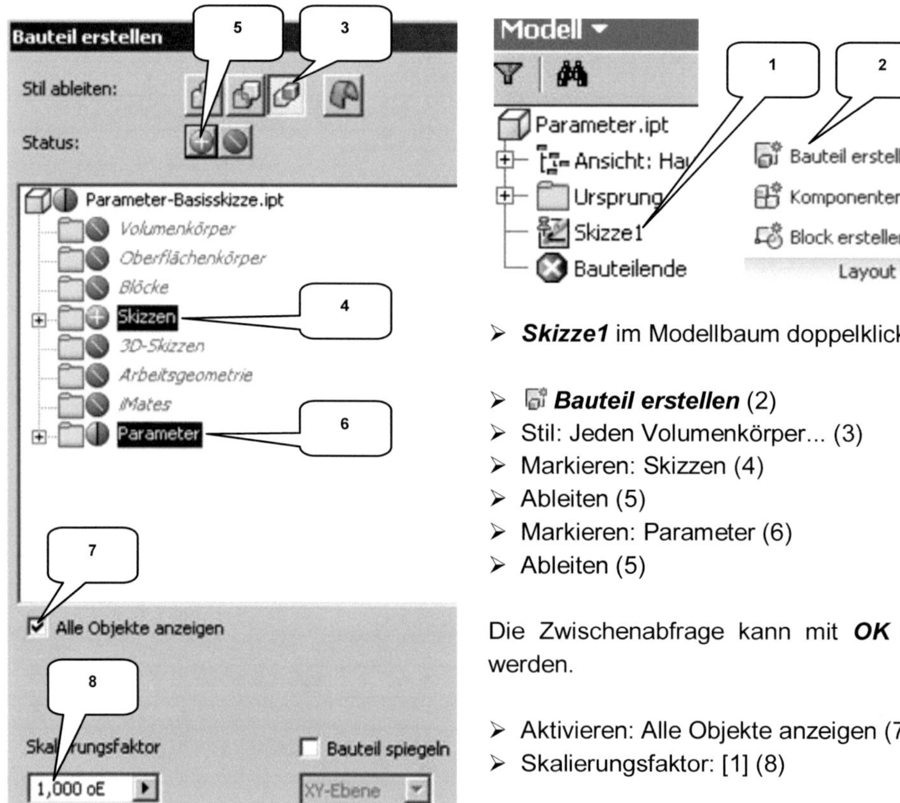

> Gleichungen der dritten Spalte ändern, wie in der Tabelle dargestellt (9)
> Exportparameter (letze Spalte) der unteren drei Benutzerparameter aktivieren (10)
> **Fertig** *Fertig*

10.2.3 Bauteile aus der Basisskizze heraus exportieren

In der folgenden Übung soll die Skizze samt parametrischer Abhängigkeiten exportiert und als vollwertiges Bauteil gespeichert werden. Dieser Vorgang soll insgesamt drei Mal durchgeführt und die drei resultierenden Bauteile zeitgleich in einer gemeinsamen Baugruppe platziert werden.

> **Skizze1** im Modellbaum doppelklicken (1)

> **Bauteil erstellen** (2)
> Stil: Jeden Volumenkörper... (3)
> Markieren: Skizzen (4)
> Ableiten (5)
> Markieren: Parameter (6)
> Ableiten (5)

Die Zwischenabfrage kann mit **OK** bestätigt werden.

> Aktivieren: Alle Objekte anzeigen (7)
> Skalierungsfaktor: [1] (8)

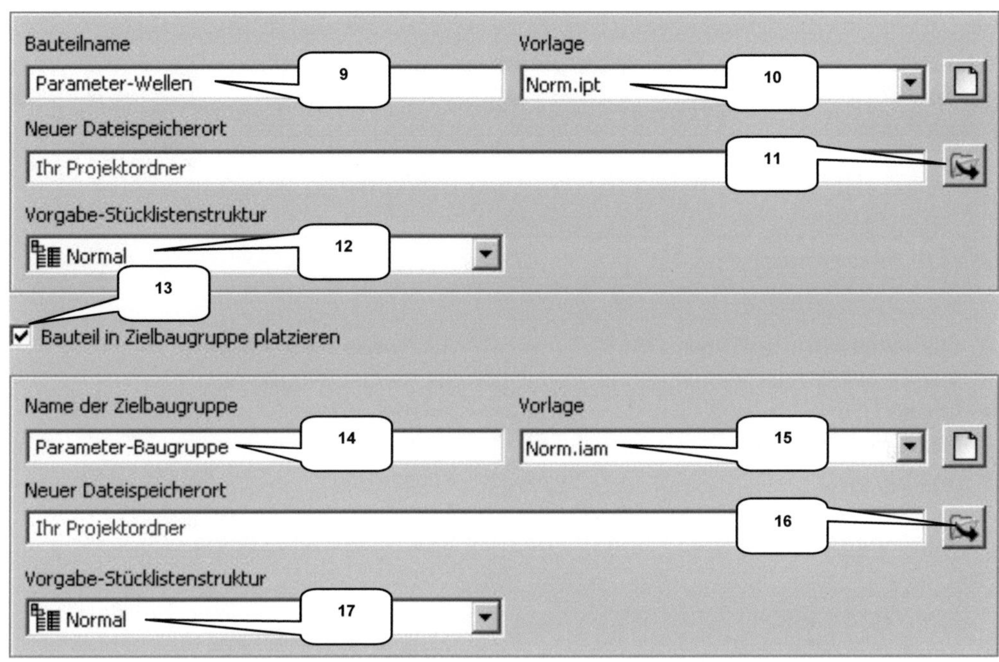

- ➢ Bauteilname: [Parameter-Wellen] (9)
- ➢ Vorlage: Norm.ipt (10)
- ➢ Speicherort: (Ihr Projektordner) (11)
- ➢ Stücklistenstruktur: Normal (12)
- ➢ Aktivieren: Bauteil in Zielbaugruppe platzieren (13)

- ➢ Name der Zielbaugruppe: [Parameter-Baugruppe] (14)
- ➢ Vorlage: Norm.iam (15)
- ➢ Speicherort: (Ihr Projektordner) (16)
- ➢ Stücklistenstruktur: Normal (17)
- ➢ Anwenden **Anwenden** (<u>nicht</u> **OK**!)

Wiederholen Sie diese Prozedur zwei weitere Male. Der Befehl darf erst <u>nach dem letzen Schritt</u> durch OK **OK** beendet werden!

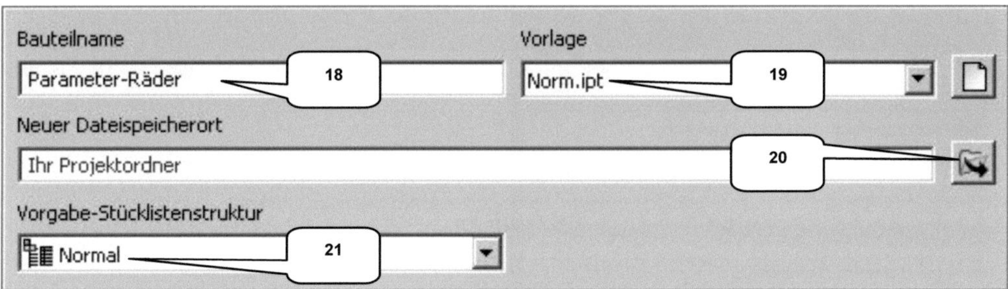

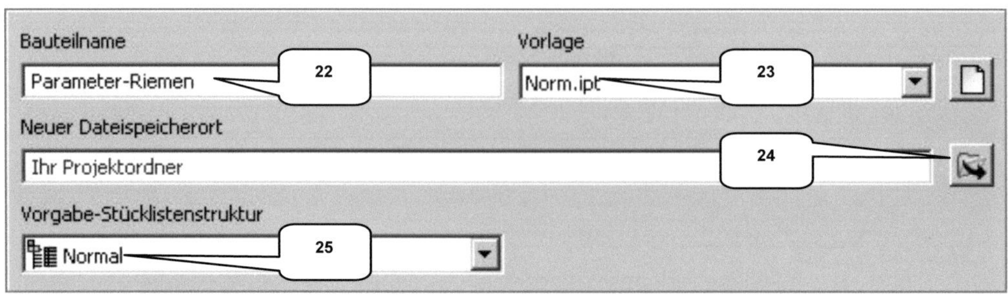

➢ Stil: Jeden Volumenkörper... (3)	➢ Stil: Jeden Volumenkörper... (3)
➢ Markieren: Skizzen (4)	➢ Markieren: Skizzen (4)
➢ Ableiten (5)	➢ Ableiten (5)
➢ Markieren: Parameter (6)	➢ Markieren: Parameter (6)
➢ Ableiten (5)	➢ Ableiten (5)
➢ Aktivieren: Alle Objekte anzeigen (7)	➢ Aktivieren: Alle Objekte anzeigen (7)
➢ Skalierungsfaktor: [1] (8)	➢ Skalierungsfaktor: [1] (8)
➢ Bauteilname: [Parameter-Räder] (18)	➢ Bauteilname: [Parameter-Riemen] (22)
➢ Vorlage: Norm.ipt (19)	➢ Vorlage: Norm.ipt (23)
➢ Speicherort: (Ihr Projektordner) (20)	➢ Speicherort: (Ihr Projektordner) (24)
➢ Stücklistenstruktur: Normal (21)	➢ Stücklistenstruktur: Normal (25)
➢ Anwenden **Anwenden**	➢ OK **OK**

Das Programm eröffnet im Hintergrund die neue Baugruppe **Parameter-Baugruppe**, die im unteren Bereich des Zeichnungsfensters angezeigt wird (26). Wechseln Sie über diese Registerkarte in die neue Baugruppe.

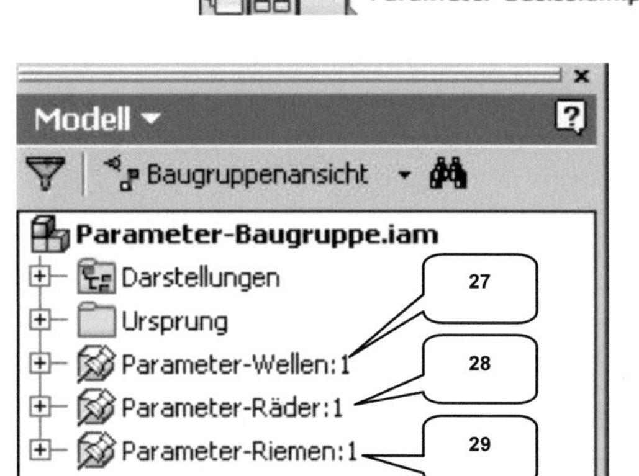

➢ **Parameter-Baugruppe** öffnen (26)

Hier finden Sie im Modellbaum die drei Bauteile:

➢ **Parameter-Wellen** (27)

➢ **Parameter-Räder** (28)

➢ **Parameter-Riemen** (29)

10.3 Parametrische Extrusion der Bauteile

Doppelklicken Sie im Modellbaum das Bauteil *Parameter-Wellen* und starten Sie im Modellbereich den Befehl 🔲 *Extrusion*. Diesmal soll der Wert der Größe nicht über eine Länge bemaßt, sondern über die Parameter definiert werden.

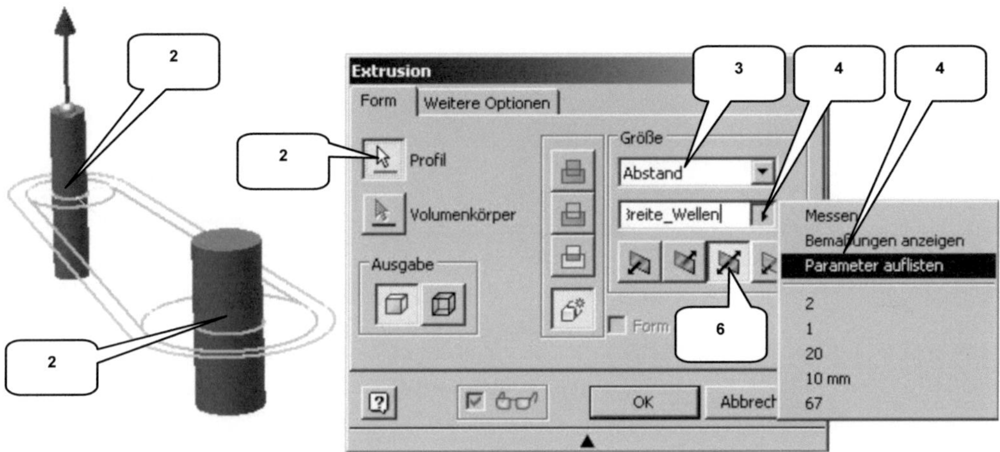

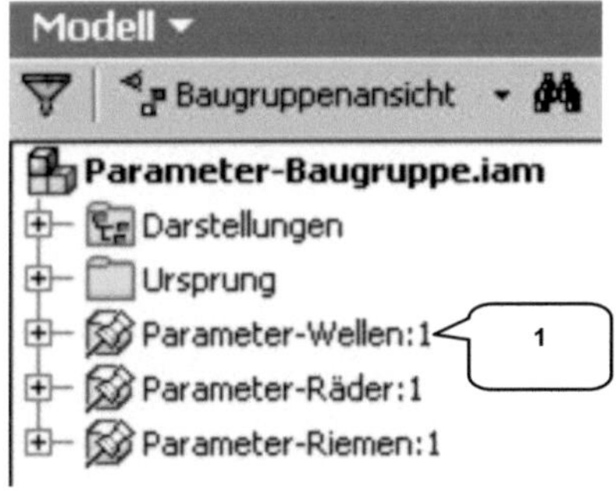

> Doppelklick auf *Parameter-Wellen* im Modellbaum (1)

> 🔲 *Extrusion*
> Profil: Beide Kreise (2)
> Verfahren: (Automatisch)
> Größe: Abstand (3)
> Wert: Parameter auflisten (4)
> Parameter: Breite_Wellen (5)
> Richtung: Symmetrisch (6)
> ⬛ OK

> ◀⚫ *Zurück* (Modellbereich verlassen)

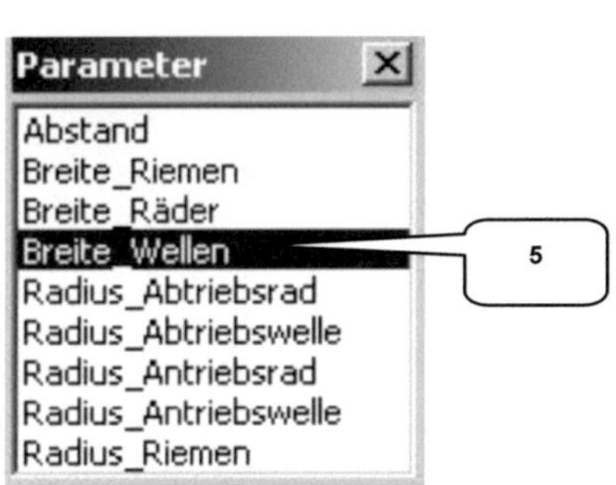

Zurück in der Baugruppe, kann im Modellbaum das Bauteil **Parameter-Räder** per Doppel-klick geöffnet und bearbeitet werden.

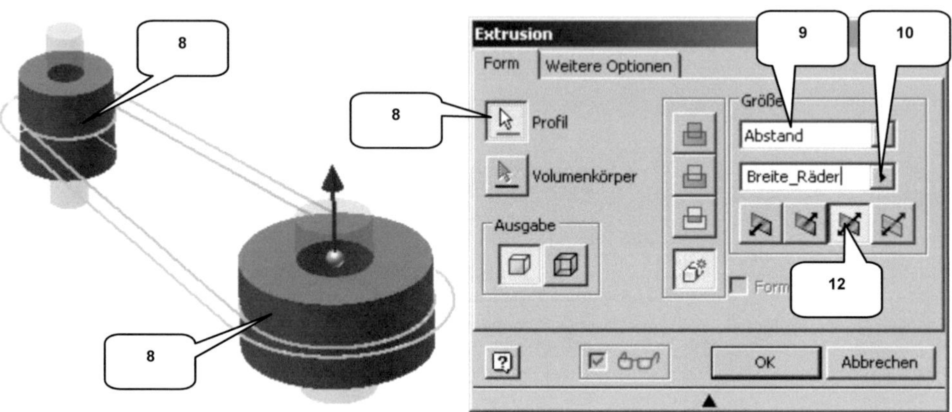

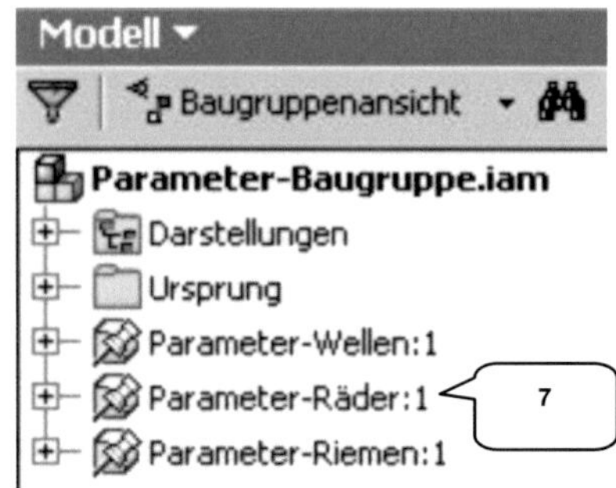

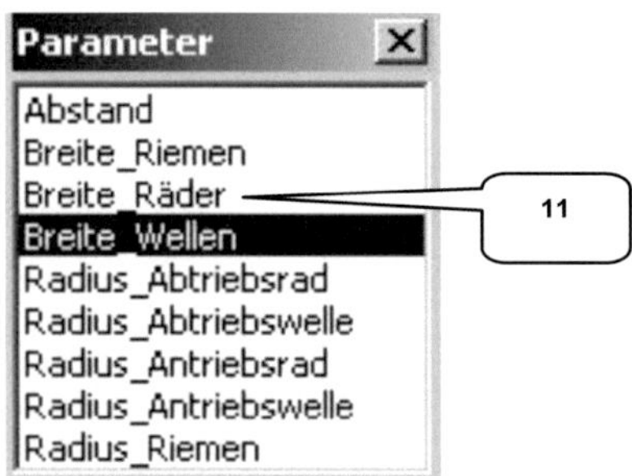

➢ Doppelklick auf **Parameter-Räder** im Modell-baum (7)

➢ 🗋 **Extrusion**
➢ Profil: Beide Kreisringe (8)
➢ Verfahren: (Automatisch)
➢ Größe: Abstand (9)
➢ Wert: Parameter auflisten (10)
➢ Parameter: Breite_Räder (11)
➢ Richtung: Symmetrisch (12)
➢ OK **OK**

➢ ← **Zurück** (Modellbereich verlassen)

Zurück in der Baugruppe, kann im Modellbaum das Bauteil **Parameter-Riemen** per Doppelklick geöffnet und bearbeitet werden.

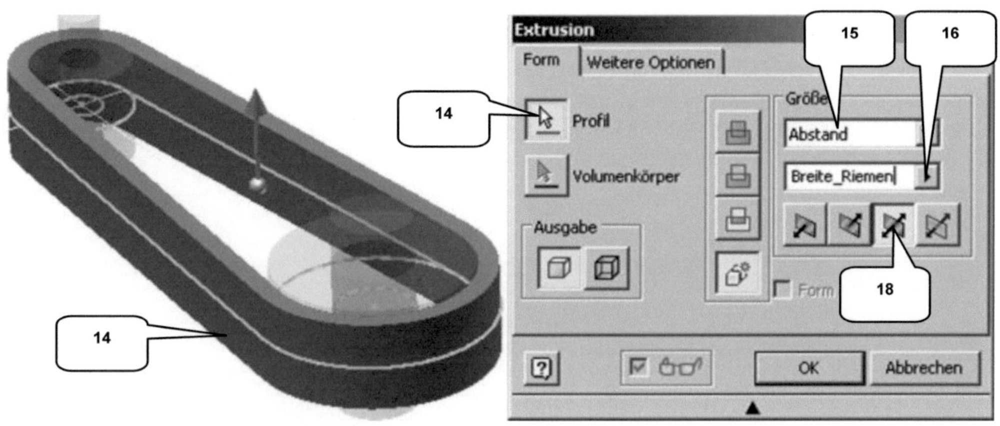

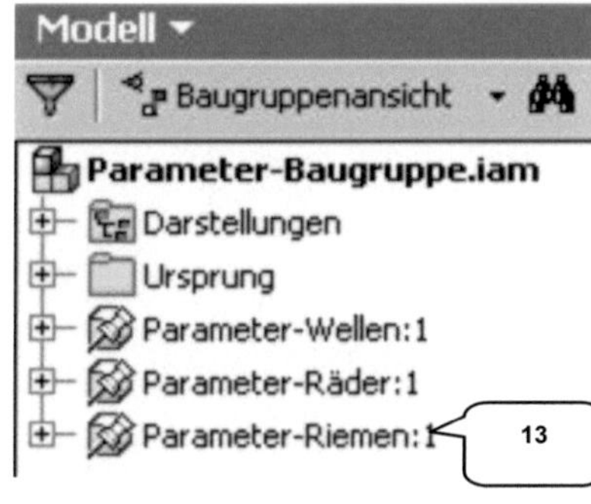

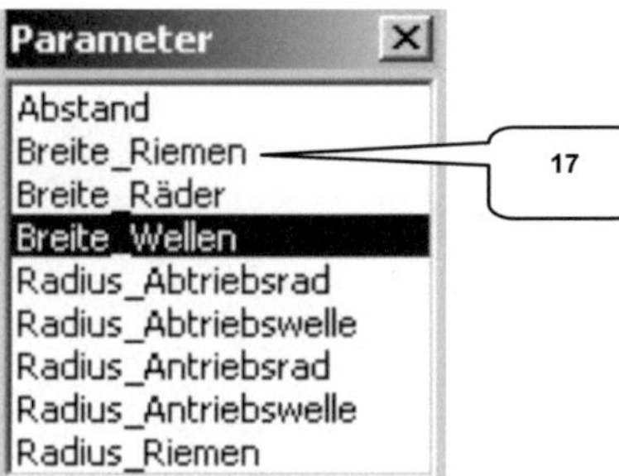

➤ Doppelklick auf **Parameter-Riemen** im Modellbaum (13)

➤ ▣ **Extrusion**
➤ Profil: Riemenkontur (14)
➤ Verfahren: (Automatisch)
➤ Größe: Abstand (15)
➤ Wert: Parameter auflisten (16)
➤ Parameter: Breite_Riemen (17)
➤ Richtung: Symmetrisch (18)
➤ ▭ **OK**

➤ ◄ **Zurück** (Modellbereich verlassen)
➤ **Speichern** Sie die Baugruppe

Da die Skizzen der drei Bauteile und auch die jeweiligen Extrusionshöhen von der Basisskizze des Bauteils **Parameter-Basisskizze** abhängig sind, wird jede Änderung in der Basisskizze auch auf die drei Bauteile übertragen.

In der folgenden Übung sollen das Bauteil **Parameter-Basisskizze** und die drei von ihm abhängigen Bauteile von einer externen Tabelle gesteuert werden.

10.4 Parametrische Steuerung der Baugruppe
10.4.1 Materialien zuweisen

Um die Auswirkungen der parametrischen Änderungen besser sichtbar zu machen, sollten Wellen, Räder und Riemen mit einem Material versehen werden.

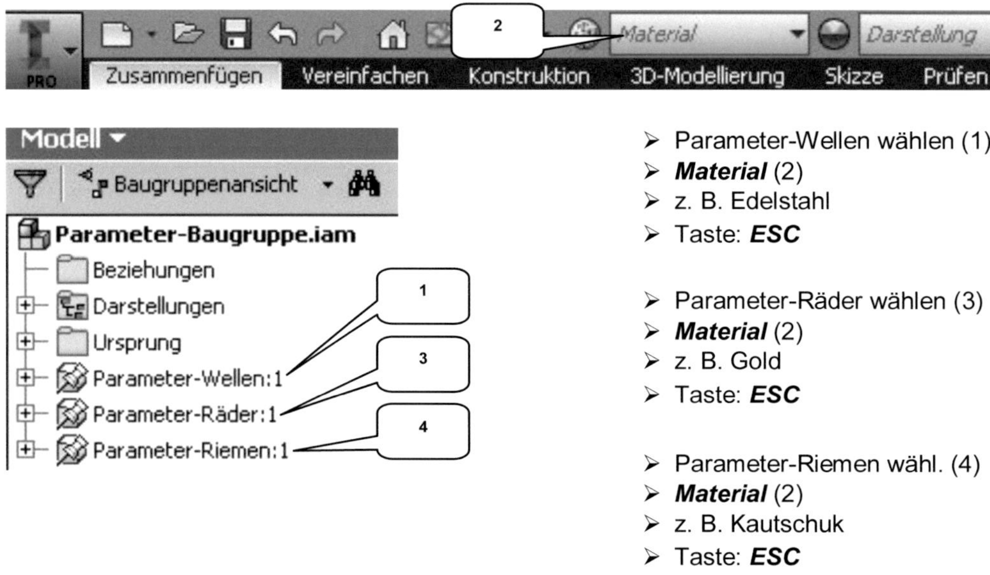

> Parameter-Wellen wählen (1)
> *Material* (2)
> z. B. Edelstahl
> Taste: *ESC*

> Parameter-Räder wählen (3)
> *Material* (2)
> z. B. Gold
> Taste: *ESC*

> Parameter-Riemen wähl. (4)
> *Material* (2)
> z. B. Kautschuk
> Taste: *ESC*

10.4.2 Fenster nebeneinander anordnen

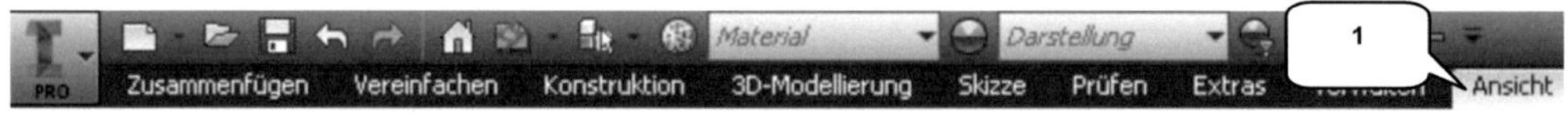

Bauteil *Parameter-Basisskizze* und Baugruppe *Parameter-Baugruppe*, welche beide noch immer geöffnet sein sollten, sind jetzt zur bessere Übersicht nebeneinander anzuordnen. Wechseln Sie ins Register: *Ansicht* (1) und starten Sie den Befehl ▯▯ *Nebeneinander anordnen* (2). Dieser befindet sich hinter dem Befehl ⊞ *Alle anordnen*.

> Register: *Ansicht* (1)

> ⊞ *Alle anordnen* erweitern
> ▯▯ *Nebeneinander anordnen* (2)

10.4.3 Ändern des Ausgangswertes

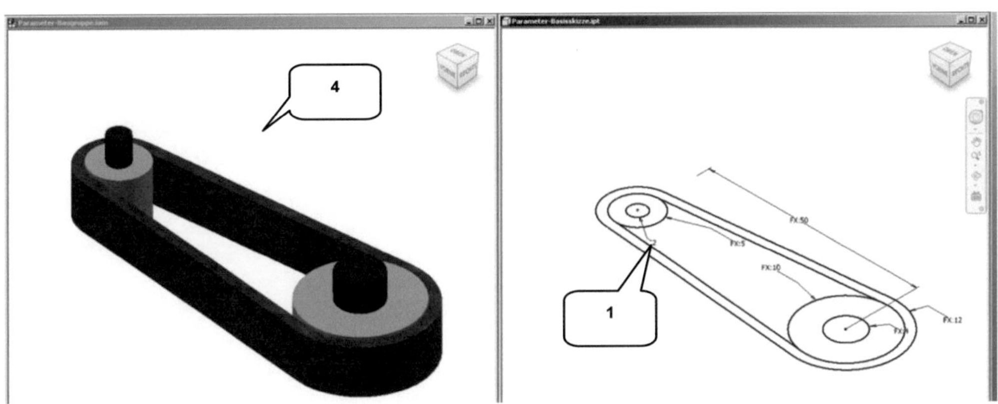

Doppelklicken Sie im Zeichenbereich des Bauteils **Parameter-Basisskizze** auf das Maß **2 mm** (1) und ändern Sie es auf **5 mm** (2). Nachdem die Änderung ✔ **bestätigt** wurde (3), aktualisiert sich die Skizze automatisch.

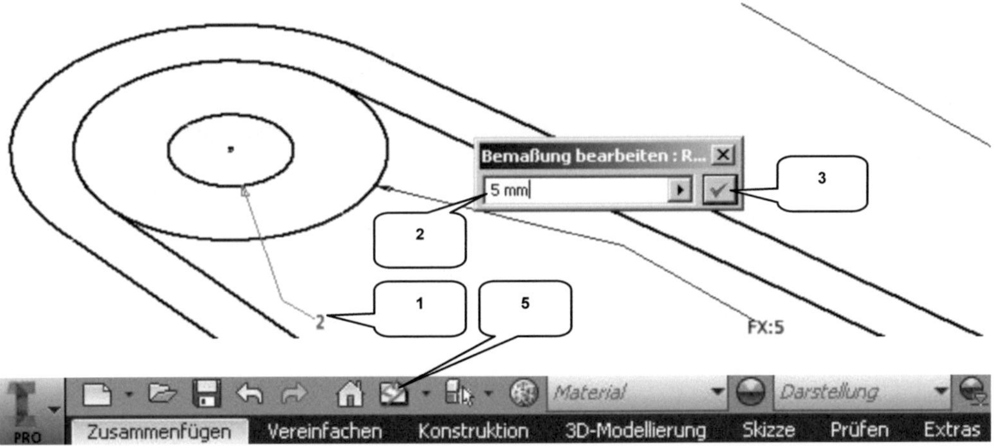

Klicken Sie anschließend mit der linken Maustaste einmal in den Zeichenbereich der Baugruppe **Parameter-Baugruppe** (4) um diese zu aktivieren. Die Änderung in der Basisskizze des Bauteils wird unter Umständen nicht automatisch in die Baugruppe übernommen. Eine manuelle Aktualisierung ist erforderlich. Dies wird durch ein kleines Blitzsymbol (**Lokale Aktualisierung**) angezeigt (5). Klicken Sie darauf, und die Baugruppe passt sich den Änderungen der referenzierten Basisskizze an.

Wiederholen Sie diese Übung mit den Werten: *10 mm*, *20 mm* und *30 mm*.

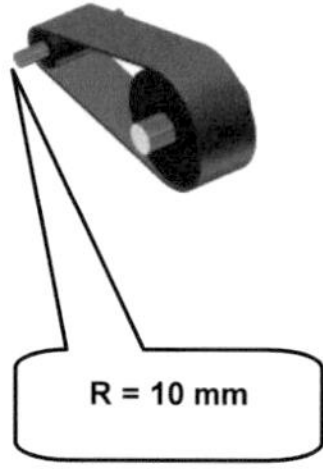

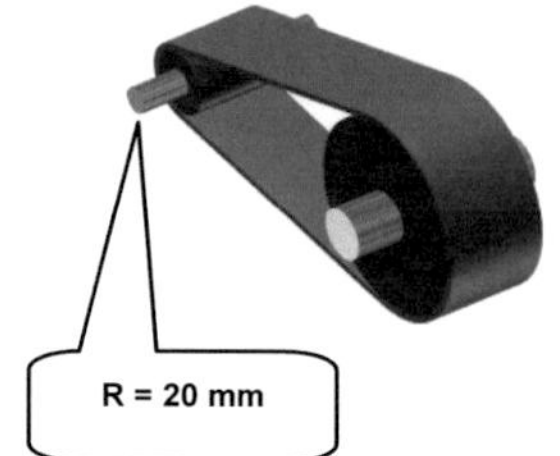

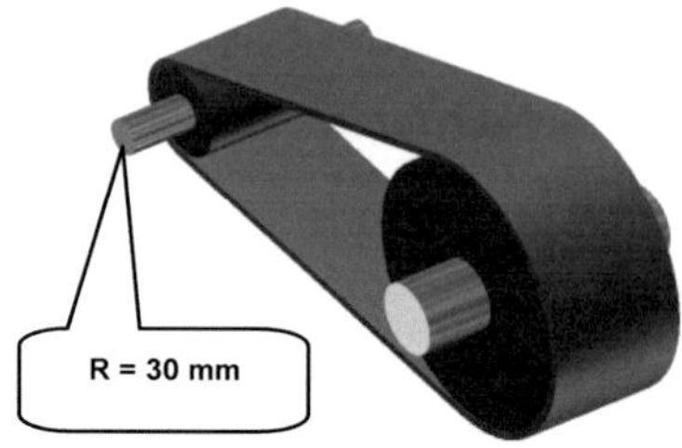

10.5 Parametrische Steuerung mit externen Datenquellen

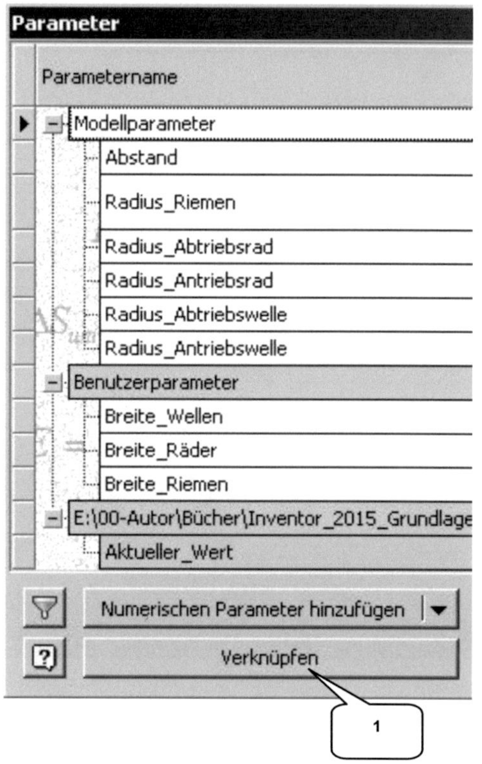

Die gesamte Baugruppe ist jetzt von einem einzigen Wert abhängig: dem Radius der Antriebswelle. Dieser soll zusätzlich durch eine externe Tabelle gesteuert werden.

Das Programm bietet die Möglichkeit, parametrische Werte mit einer externen Datei (Inventor®-Datei oder MS-Excel-Tabelle) zu verknüpfen.

Klicken Sie mit der linken Maustaste in den Zeichenbereich des Bauteils *Parameter-Basisskizze*, starten Sie den Befehl f_x *Parameter* und aktivieren Sie die Option Verknüpfen *Verknüpfen*.

Wählen Sie die Tabelle *Parameter.xls* aus, die sich im Projektordner befindet. Tragen Sie in die Startzelle den Wert *A1* ein und aktivieren Sie die Option *Verknüpfen*. Die Eingaben sind abschließend mit Öffnen *Öffnen* zu bestätigen.

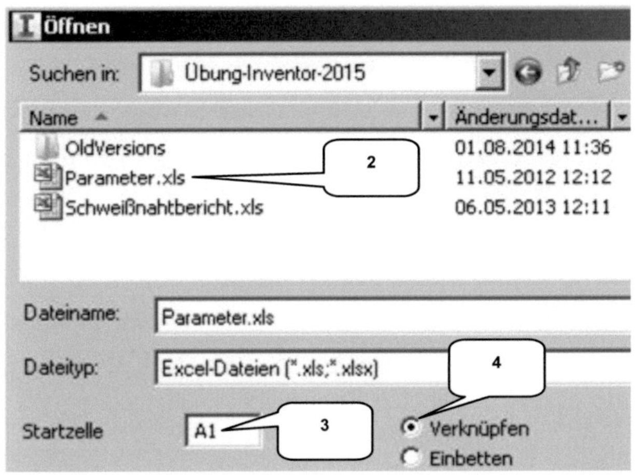

> Mit der linken Maustaste einmal in den Zeichenbereich des Bauteils **Parameter-Basisskizze** klicken

> f_x **Parameter**
> Option: Verknüpfen (1)

> <u>Fenster: Öffnen</u>
> Dateiname: Parameter.xls (2)
> Startzelle: [A1] eintragen (3)
> Aktivieren: Verknüpfen (4)
> Öffnen **Öffnen**

HINWEIS: Wenn eine Inventor®-Datei mit einer Excel-Tabelle verknüpft wird, sollte möglichst die Option **Verknüpfen** (4) aktiviert werden. Dadurch wird sichergestellt, dass auch spätere Änderungen an der Tabelle kontinuierlich ins Programm übertragen werden. Mit der Option **Einbetten** werden Daten hingegen nur einmalig übernommen.

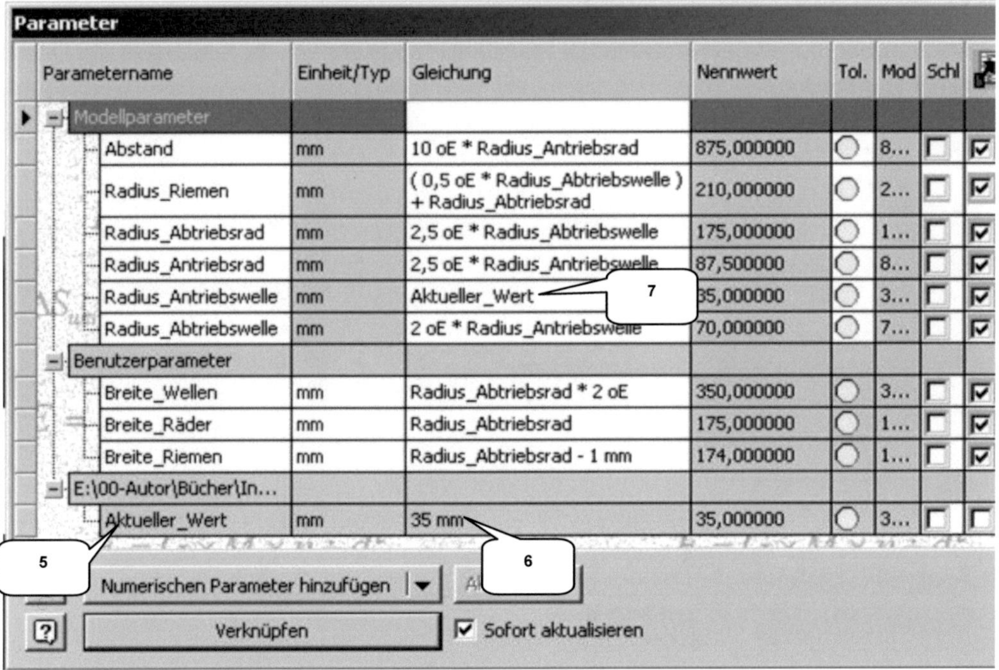

Parametername	Einheit/Typ	Gleichung	Nennwert	Tol.	Mod	Schl	
– Modellparameter							
Abstand	mm	10 oE * Radius_Antriebsrad	875,000000	○	8...	☐	☑
Radius_Riemen	mm	(0,5 oE * Radius_Abtriebswelle) + Radius_Abtriebsrad	210,000000	○	2...	☐	☑
Radius_Abtriebsrad	mm	2,5 oE * Radius_Abtriebswelle	175,000000	○	1...	☐	☑
Radius_Antriebsrad	mm	2,5 oE * Radius_Antriebswelle	87,500000	○	8...	☐	☑
Radius_Antriebswelle	mm	Aktueller_Wert	35,000000	○	3...	☐	☑
Radius_Abtriebswelle	mm	2 oE * Radius_Antriebswelle	70,000000	○	7...	☐	☑
– Benutzerparameter							
Breite_Wellen	mm	Radius_Abtriebsrad * 2 oE	350,000000	○	3...	☐	☑
Breite_Räder	mm	Radius_Abtriebsrad	175,000000	○	1...	☐	☑
Breite_Riemen	mm	Radius_Abtriebsrad - 1 mm	174,000000	○	1...	☐	☑
– E:\00-Autor\Bücher\In...							
Aktueller_Wert	mm	35 mm	35,000000	○	3...	☐	☐

Numerischen Parameter hinzufügen | ▼

? | Verknüpfen | ☑ Sofort aktualisieren

Zurück im Eingabefenster der Parameter finden Sie im unteren Bereich der Tabelle die neue Zeile **Aktueller_Wert** (5). Diese Bezeichnung bezieht das Programm aus der verknüpften Tabelle, ebenso den Wert **35 mm** (6).

Um die Skizze endgültig mit der Tabelle verknüpfen zu können, muss der Wert **2 mm** des Modellparameters **Radius_Antriebswelle** geändert werden.

Parametername	Gleichung *(NEU)* (7)
Radius_Antriebswelle	Aktueller_Wert

Starten Sie Ihren Windows-Explorer (Arbeitsplatz) und öffnen Sie die MS-Excel-Tabelle **Parameter.xls** (im Projektordner) mit einem geeigneten Tabellenbearbeitungsprogramm. Ändern Sie den Wert der Zelle **A2** auf **50 mm** und **speichern** Sie die Tabelle. Wechseln Sie zu Inventor®, um dort zu 🖼 **aktualisieren**; die Änderungen sollten dann übernommen werden. Die Skizze des Bauteils Parameter-Basisskizze, die drei Bauteile Parameter-Wellen, Parameter-Räder und Parameter-Riemen und auch die Baugruppe Parameter-Baugruppe werden jetzt von der Tabelle gesteuert.

10.5.1 Speichern mehrerer Dateien

Um alle derzeit geöffneten Dateien im Programm gleichzeitig zu schließen, öffnen Sie das ▮ **Hauptmenü** und wählen dort in der erweiterten Auswahl von 🖫 **Speichern** die Option 🖫 **Alle speichern**. Das Programm sichert alle geöffneten Dateien. Verwenden Sie die Option 🗎 **Alle schließen** im Bereich 🗎 **Schließen**, um auch alle offenen Dateien in einem Schritt zu schließen.

> ▮ **Hauptmenü** (1)
> 🖫 **Speichern** erweitern (2)
> 🖫 **Alle speichern** (3)

> ▮ **Hauptmenü** (1)
> 🗎 **Schließen** erweitern (4)
> 🗎 **Alle schließen** (5)

11 Archivierung mit dem Befehl PACK AND GO

Das gesamte Projekt *4-Takt-Motor* soll in der letzten Übung als komplettes Paket gespeichert werden. Hier bietet das Programm die Möglichkeit, alle Baugruppen, Bauteile, Normteile, Texturen und Abhängigkeiten eines Projekts in einem einzigen Schritt zu sammeln und in einen Ordner zu kopieren.

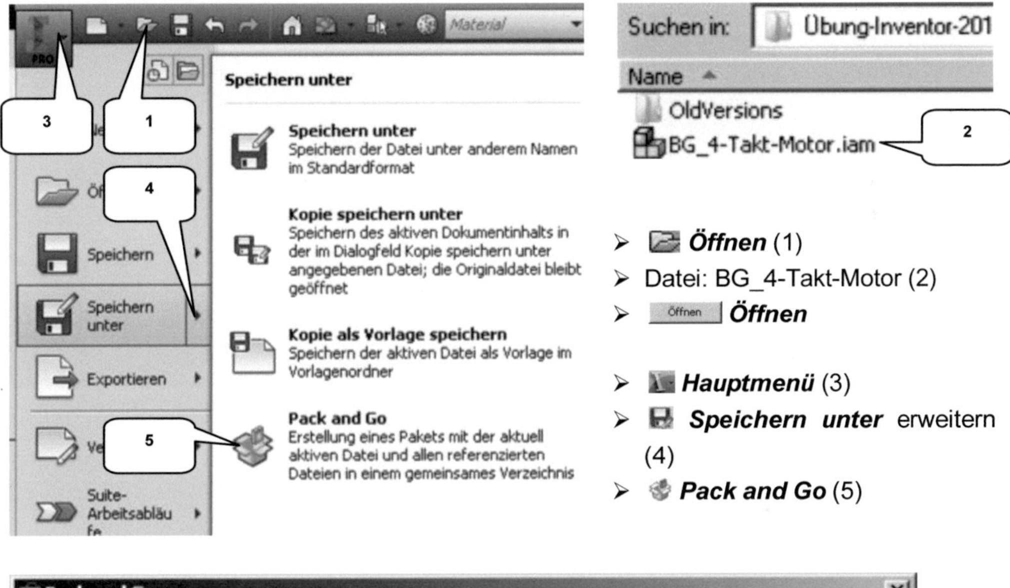

> 📂 **Öffnen** (1)
> Datei: BG_4-Takt-Motor (2)
> Öffnen **Öffnen**

> **Hauptmenü** (3)
> 💾 **Speichern unter** erweitern (4)
> 🪆 **Pack and Go** (5)

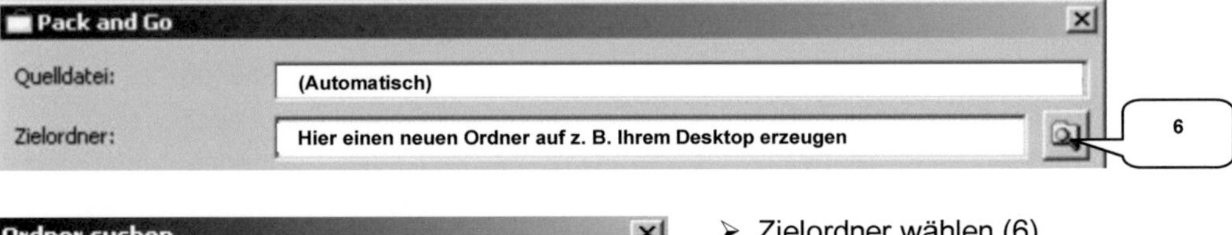

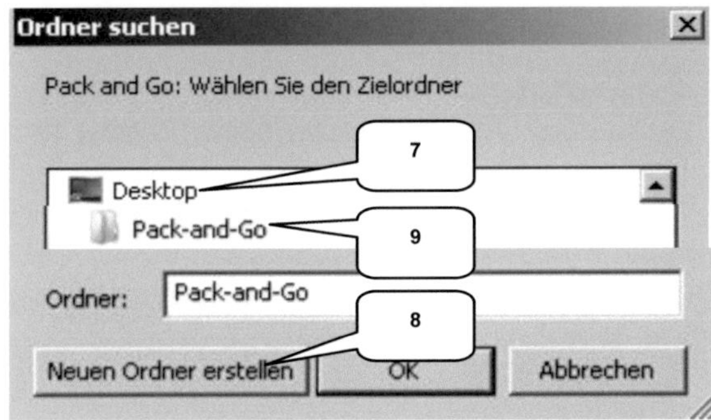

> Zielordner wählen (6)
> Desktop anklicken (7)
> Neuen Order erstellen (8)
> Name: [Pack-and-Go] (9)
> OK **OK**

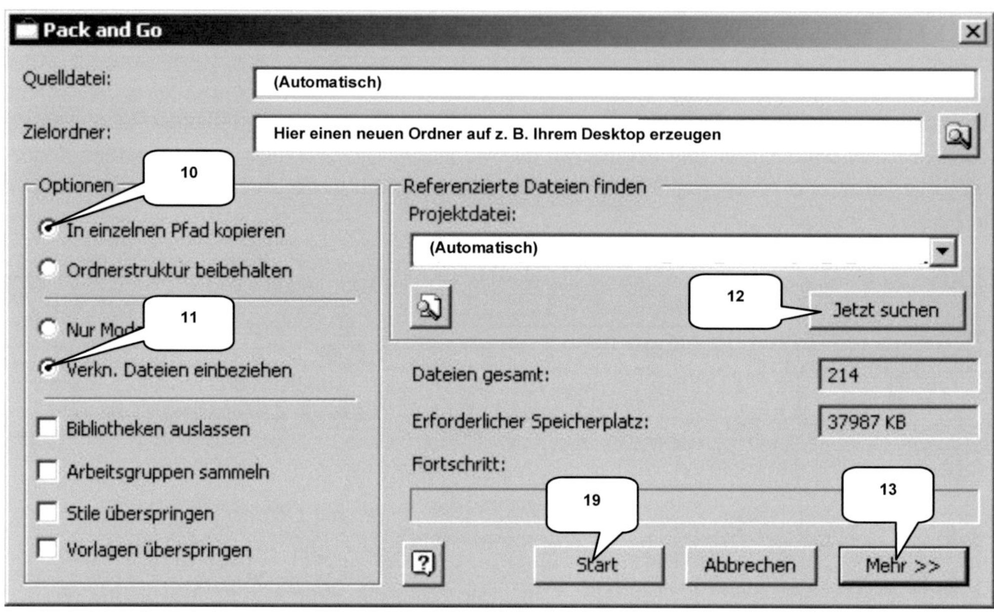

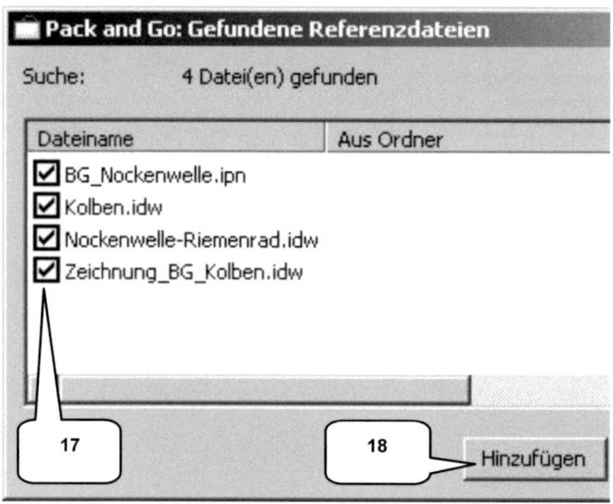

> Aktivieren: In einzelnen Pfad kopie-
  ren (10)
> Aktivieren: Verknüpfte Dateien ein-
  beziehen (11)
> Jetzt suchen **Jetzt suchen** (12)

> Mehr >> **Mehr** (13)
> Aktivieren: Speicherorte der Pro-
  jektdateien durchsuchen (14)
> Aktivieren: Untergeordnete Ordner
  einbeziehen (15)
> Jetzt suchen **Jetzt suchen** (16)

> Alle Dateien im neuen Fenster akti-
  vieren (17)
> Hinzufügen **Hinzufügen** (18)
> Start **Start** (19)

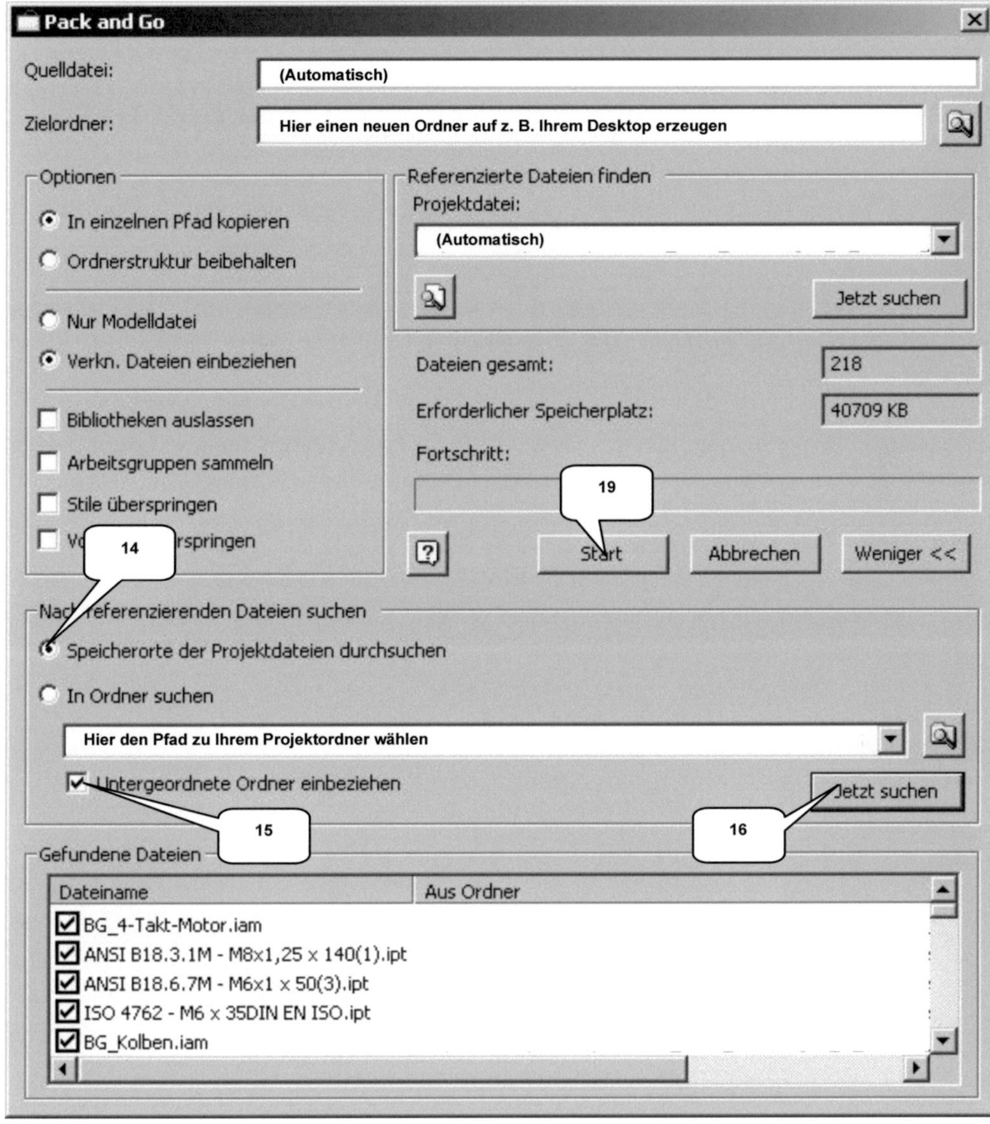

Öffnen Sie den Ordner **Pack-and-Go** auf Ihrem Desktop. Darin finden Sie alle Bauteile, Normteile, Baugruppen, die Zeichnungsableitung und die Präsentation.

HINWEIS: Der Ordner **Pack-and-Go** kann jetzt auf jeden beliebigen PC mit installiertem Inventor® kopiert werden. Um die Baugruppe auch dort vollständig öffnen zu können, ist nach Programmstart die im Pack-and-Go-Ordner enthaltene Projektdatei zu aktivieren.

Der Autor des Buches hofft, dass Sie bei der Arbeit mit dem Programm und dem Übungs-projekt viel Spaß hatten.

Der Inhalt des Buches wurde sorgfältig geprüft. Leider können Fehler nicht ausgeschlossen werden.

Wenn Ihnen während der Arbeit mit dem Buch Fehler auffallen sollten, oder wenn Sie Ideen zur Verbesserung des Inhaltes haben, ist Ihnen der Autor für jeden Hinweis per E-Mail dankbar.

Konstruktive Anmerkungen können jederzeit an **_schlieder@cad-trainings.de_** gesendet werden.

Vielen Dank.

S

U

V

W

Z

Auszug aus dem Aufbaukurs KONSTRUKTION

Die folgenden Seiten zeigen Auszüge aus dem Buch:

> ***Autodesk® Inventor® 2015 - Aufbaukurs KONSTRUKTION***

Inventor® verfügt im Baugruppenbereich über einen Reiter ***Konstruktion*** welcher im Grundlagenbuch nicht behandelt wird.

Die Befehle hier wurden an die speziellen Bedürfnisse der Konstruktion im Maschinenbau angepasst. Sie sind teilweise sehr komplex und erfordern ein gewisses Grundwissen zum Programm.

Der ***Aufbaukurs KONSTRUKTION*** erweitert das Übungsbeispiel 4-Takt-Motor um viele neue Komponenten.

Die folgenden Befehle werden in diesem Buch behandelt:

> ***Druckfeder-Generator***
> ***Gehrungen erzeugen***
> ***Gestell-Generator***
> ***Kegelräder-Generator***
> ***Keilwellen-Generator***
> ***Lager-Generator***

> ***Rollenketten-Generator***
> ***Schraubenverbindungs-Generator***
> ***Stirnräder-Generator***
> ***Wellen-Generator***
> ***Zahnriemen-Generator***
> ***Zugfeder-Generator***

Weitere Informationen zu diesem und anderen Büchern erhalten Sie auf der Webseite:

> ***http://www.cad-trainings.de/html/Literatur.html***

Christian Schlieder

Autodesk® Inventor® 2015

Aufbaukurs KONSTRUKTION

Vierte, vollständig überarbeitete Auflage

Viele praktische Übungen am Konstruktionsobjekt GETRIEBE

Konstruieren von Druckfedern, Gehrungen, Gestellen, Kegelrädern, Keilwellen, Lagern, Rollenketten, Stirnrädern, Schraubenverbindungen, Wellen, Zahnriemen und Zugfedern mit dem Inventor-Konstruktionstool

INHALTSVERZEICHNIS

1 Der Umgang mit dem Buch

1.1 Zielgruppe & Aufbau des Buches

Dieses Buch ist ein Aufbaukurs für Fortgeschrittene, die mit den Grundlagen von **Autodesk® Inventor® 2015** bereits vertraut sind. Das Programm verfügt im Baugruppenbereich über ein Register *Konstruktion* welches zur Berechnung und Konstruktion, speziell im Maschinenbau verwendeter Komponenten dient. In einem komplexen Übungsbeispiel wird der Leser theoretische Grundlagen einiger Befehle aus diesem Register erlernen und anschließend praktisch umsetzen.

Das verwendete Übungsbeispiel baut auf das Grundlagenbuch **Autodesk® Inventor® 2015 – Grundlagen in Theorie und Praxis** auf, in welchem ein vereinfachter 4-Takt-Motor erstellt wurde. Dieser Motor wird im vorliegenden Buch um ein Getriebe erweitert.

In diesem Buch werden die folgenden Befehle des Reiters *Konstruktion* behandelt:

- ➢ **Druckfeder-Generator**
- ➢ **Gehrungen erzeugen**
- ➢ **Gestell-Generator**
- ➢ **Kegelräder-Generator**
- ➢ **Keilwellen-Generator**
- ➢ **Lager-Generator**
- ➢ **Rollenketten-Generator**
- ➢ **Schraubenverbindungs-Generator**
- ➢ **Stirnräder-Generator**
- ➢ **Wellen-Generator**
- ➢ **Zahnriemen-Generator**
- ➢ **Zugfeder-Generator**

Das Übungsbeispiel bietet genügend Möglichkeiten, die Befehlsketten sporadisch zu verlassen und eigene Versuche mit den Befehlen zu starten.

1.2 Digitales Zubehör zum Buch

Um die Übungen aus diesem Buch durchführen zu können, benötigen Sie das vorgefertigte Übungsprojekt, welches von der folgenden Webseite heruntergeladen werden kann:

http://www.cad-trainings.de/html/Download.html

Erstellen Sie auf Ihrem PC an einem geeigneten Speicherort einen neuen Ordner **Übung-Konstruktion-2015**. Speichern Sie die heruntergeladene ZIP-Datei in diesem Ordner und entpacken Sie diese darin.

2.2 Öffnen des Projektes

Inventor® arbeitet grundsätzlich in Projekten, was die Koordination zusammenhängender Dateien und Einstellungen vereinfacht. Eine Projektdatei (*.ipj) sichert alle Informationen und Querverweise eines Projektes. Das ist wichtig, wenn später komplexe Projekte archiviert oder von einem PC auf einen anderen übertragen werden sollen.

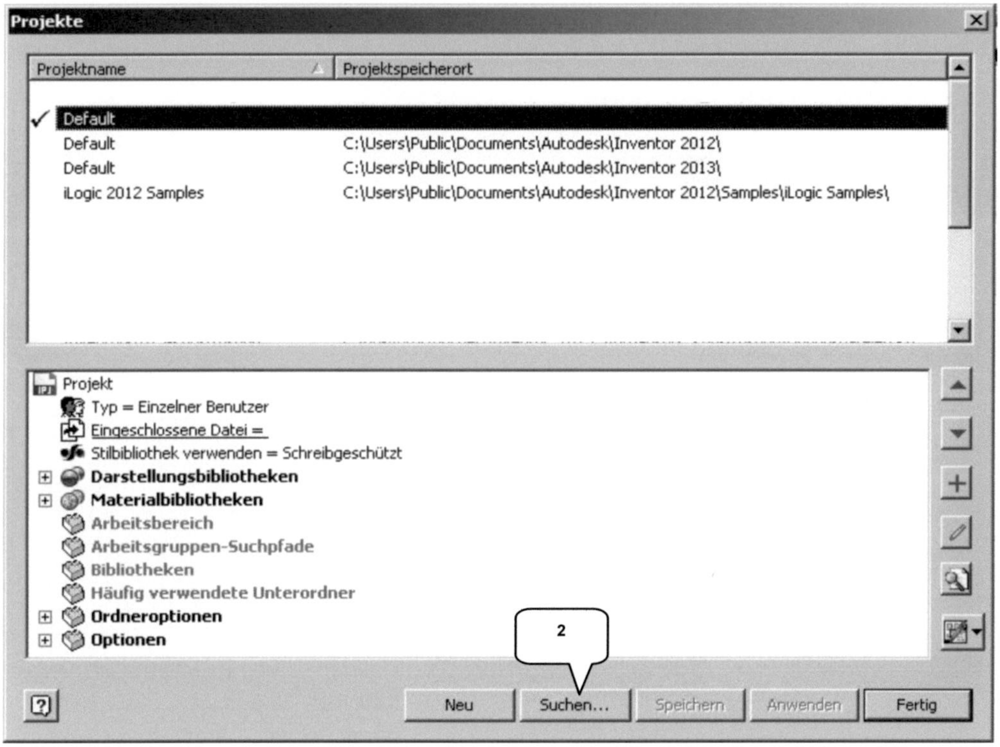

Starten Sie im Register *Erste Schritte* den Befehl ⬚ *Projekte* (1). Mit der Option *Suchen* (2) soll in Ihrem Projektordner die Projektdatei *Übung-Konstruktion-2015.ipj* (3) aktiviert werden, welche sich bereits bei den extrahierten Dateien befindet.

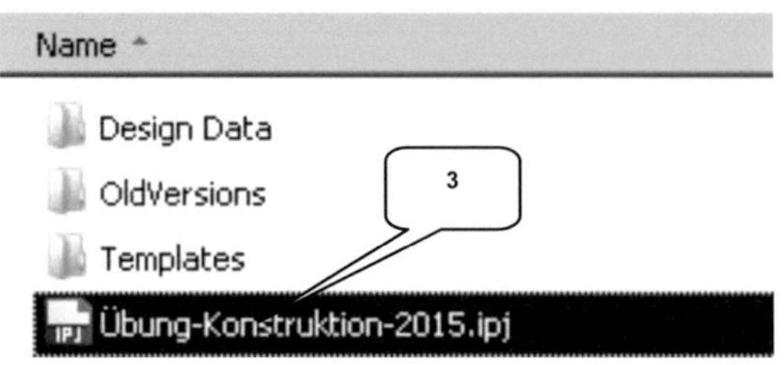

Das neue Projekt wird automatisch aktiviert, was durch einen kleinen Haken in der entsprechenden Zeile signalisiert wird. Bei der späteren Arbeit mit dem Programm sollte das jeweils aktive Projekt nach Programmstart stets kontrolliert werden.

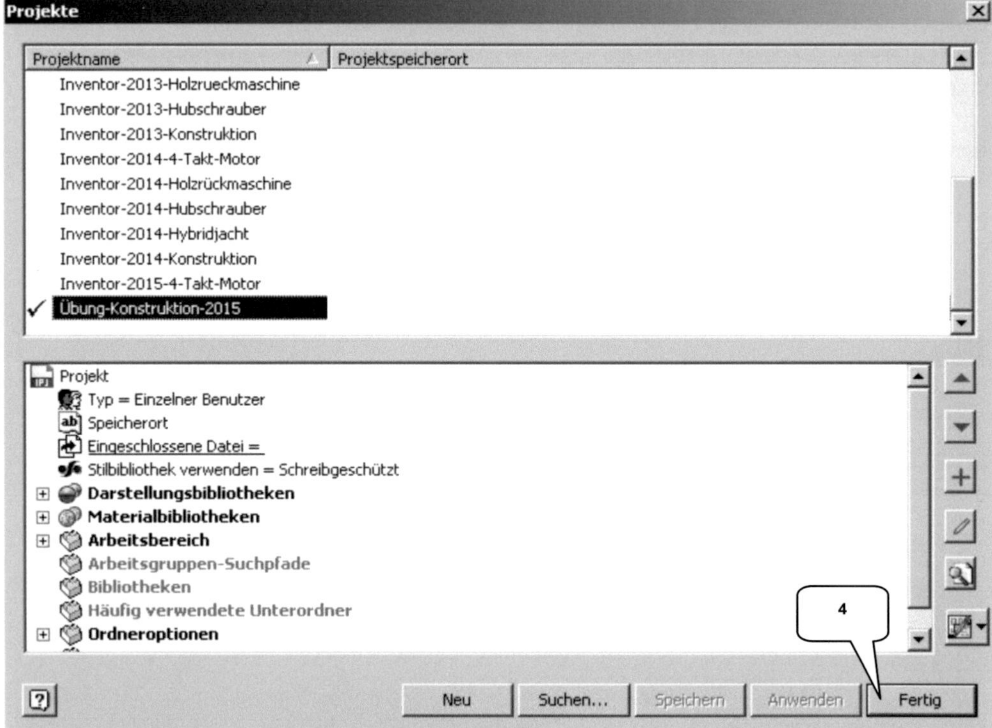

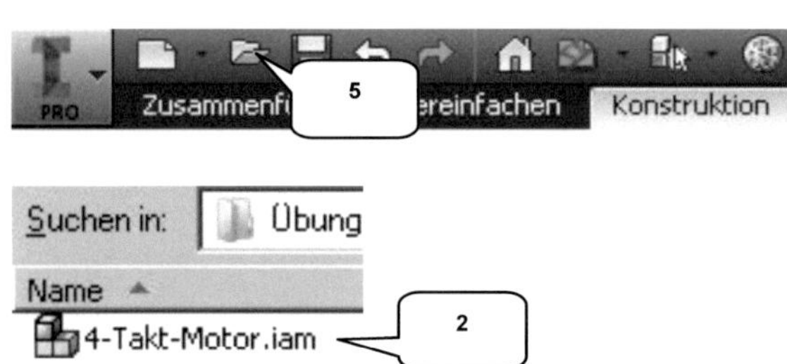

So kann vermieden werden, dass Dateien unbeabsichtigt an einem falschen Speicherort gesichert und damit einem anderen Projekt zugeordnet werden. *Fertig* (4) beendet den Befehl. *Öffnen* (5) Sie jetzt die vorhandene Baugruppe *4-Takt-Motor.iam* (6).

3 Komplettierung des Kurbeltriebes

3.1 Theoretische Grundlagen zum Zahnriemenantrieb

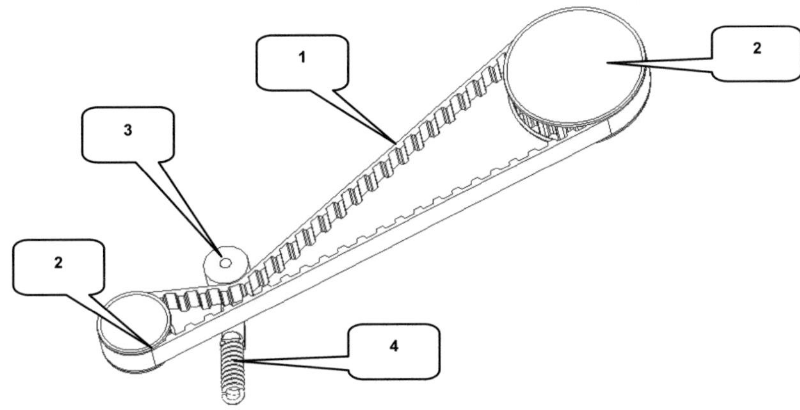

Die Nockenwelle des Motors soll durch die Drehbewegung der Kurbelwelle angetrieben werden. Diese Verbindung kann durch Zahnriemen-, Ketten- oder Zahnradantriebe realisiert werden. Häufig werden Zahnriemenantriebe verwendet. Diese sind, bedingt durch ihren Aufbau (Kunststoffgewebe mit innenliegenden Zugdrähten aus Metall), geräuscharm während des Betriebes und kostengünstig in ihrer Herstellung. Der Zahnriemen (1) wird über Zahnräder geführt (2). Um ihn konstant auf Spannung zu halten, wird er mit einer zusätzlichen Spannrolle (3) bestückt, welche von einer Zugfeder (4) gespannt wird. Zahnriemen müssen nicht gewartet werden, unterliegen allerdings regelmäßigen Austausch-Intervallen.

3.2 Konstruktion eines Zahnriemenantriebes
3.2.1 Befehlsgrundlagen ZAHNRIEMEN-GENERATOR

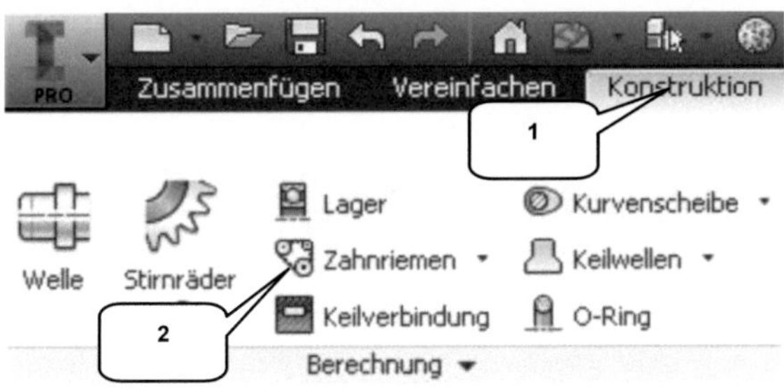

Aktivieren Sie das Register **Konstruktion** (1). Mit dem **Zahnriemen-Generator** (1) können Zahnriemenantriebe (bestehend aus Zahnriemen, Riemenscheiben und Spannrollen) berechnet und konstruiert werden.

Das Inhaltscenter beinhaltet eine Auswahl an Riementypen, welche entsprechend der zugehörigen Norm bearbeitet werden können. Der Zahnriemenantrieb kann auf bereits vorhandene geometrische Elemente bezogen werden, die Darstellung kann als Skizze, Volumenkörper oder detailliert erfolgen.

3.2.1.1 Reiter KONSTRUKTION

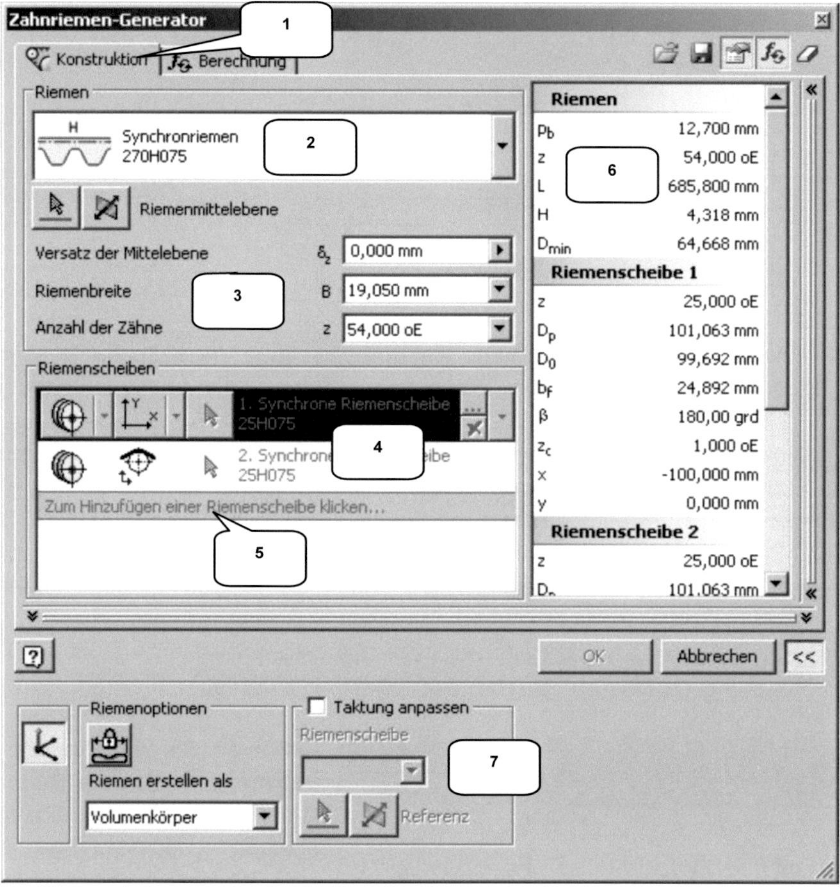

Der Reiter *Konstruktion* ermöglicht die Auswahl eines vordefinierten Riemens aus dem Inhaltscenter, welcher anschließend bearbeitet werden kann. Riemenscheiben und Spannrollen können hinzugefügt oder bearbeitet werden, die Zusammenstellung kann anschließend als Vorlage exportiert, bzw. eine externe Vorlage importiert werden.

1) Reiter: Konstruktion/ Berechnung

2) Riementyp

3) Riemenmittelebene, Versatz der Mittelebene, Riemenbreite und Anzahl der Zähne

4) Riemenscheiben/ Spannrollen bearbeiten

5) Riemenscheiben/ Spannrollen hinzufügen

6) Berechnungsergebnisse

7) Riementrieb als Skizze, Volumenkörper oder detailliert darstellen

3.2.1.2   Reiter BERECHNUNG

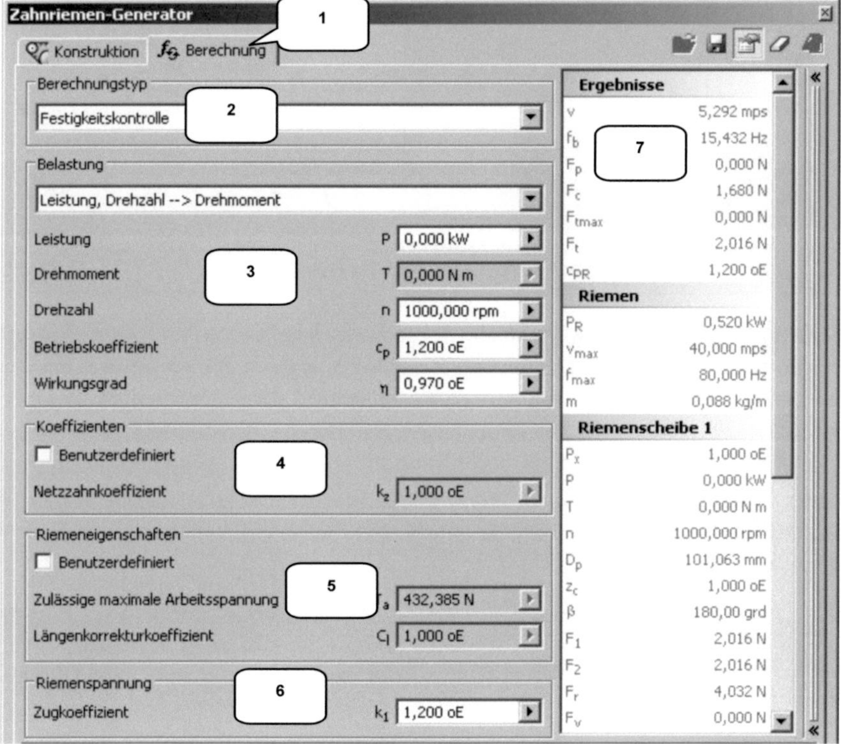

Der Reiter **Berechnung** ermöglicht die Auswahl von Berechnungstyp, Belastung, Koeffizienten, Riemeneigenschaften und Riemenspannung.

OPTIONEN

1) Reiter: Konstruktion/ Berechnung
2) Berechnungstyp
3) Belastung
4) Koeffizienten

5) Riemeneigenschaften
6) Riemenspannung
7) Berechnungsergebnisse

3.2.2 Zahnriemenantrieb zwischen Nocken-und Kurbelwelle erzeugen

Starten Sie in der Befehlsgruppe **Berechnung** den Befehl 🗲 **Zahnriemen**.

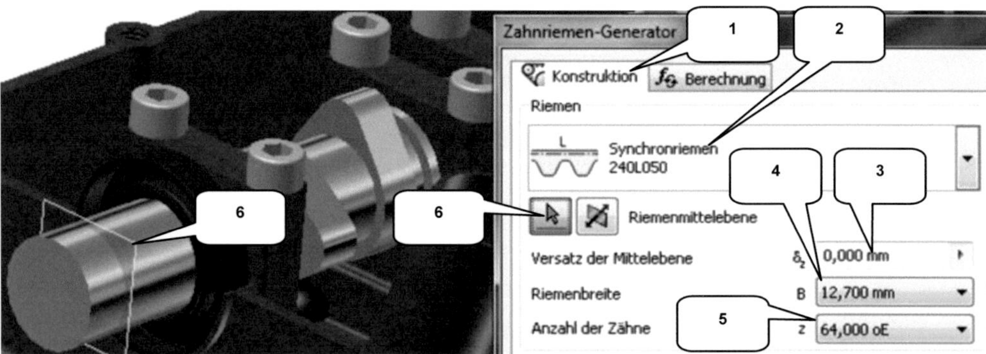

Ändern Sie im Register 🗲 **Konstruktion** (1) die Form des Riemens auf **Synchronriemen L** (hierfür bitte auf das 〜 **Riemensymbol** (2) klicken), wählen Sie einen Versatz von **0 mm** (3) eine Riemenbreite von **12,7 mm** (4) und **64 Zähne** (5). Der Zahnriemen-Generator bietet die Möglichkeit, Riemen und Riemenscheiben auf bereits vorhandene geometrische Elemente der Baugruppe zu platzieren. Hierfür sind Nockenwelle und Kurbelwelle zu verwenden. Vorab muss der Riemenkonstruktion allerdings eine Referenzebene (**Riemenmittelebene**) zugewiesen werden. Wählen Sie hierfür die Ebene (6), welche sich auf der Nockenwelle befindet.

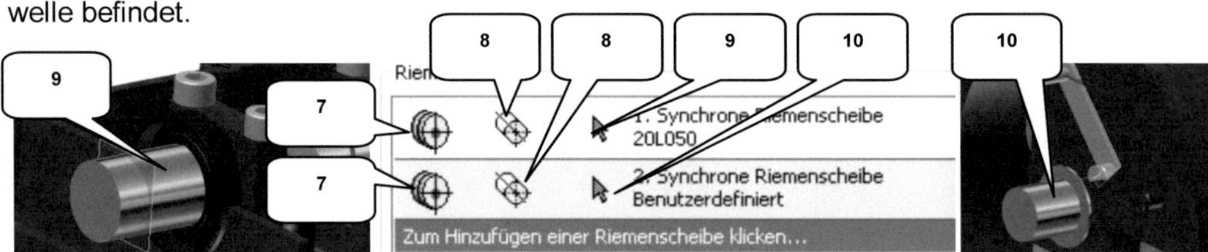

Nach der Definition der Mittelebene können die Riemenscheiben ihren Referenzen zugewiesen werden. Im Auswahlfeld **Riemenscheiben** sollten bereits zwei Riemenscheiben voreingestellt sein. Achten Sie darauf, dass in beiden Zeilen die Optionen ⊕ Komponente **Komponente** (7) und 🗐 Feste Position **Feste Position über ausgewählte Geometrie** (8) eingestellt sind.

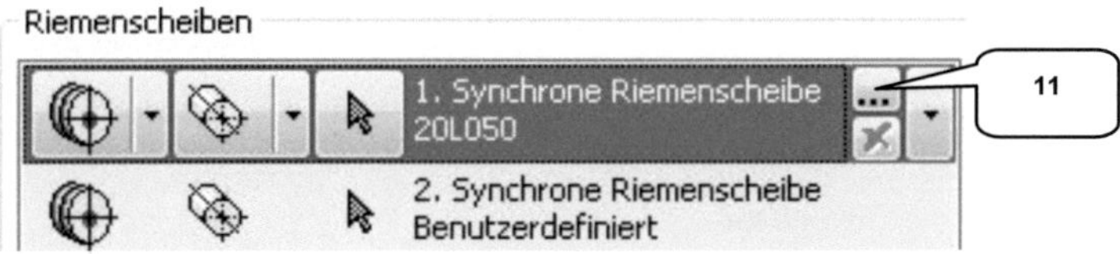

Verwenden Sie die ▸ *Pfeile*, um der ersten Riemenscheibe die Zylinderfläche der Nocken-welle (9) und der zweiten Riemenscheibe die Zylinderfläche der Kurbelwelle (10) zuzuwei-sen.

HINWEIS: Sollte es Probleme dabei gegeben die Referenzen der Riemenscheiben auszu-wählen (der ▸ *Pfeil* bleibt grau hinterlegt und lässt sich nicht aktivieren), aktivieren Sie zuerst die Option ⊕ Vorhanden *Vorhanden*, wählen dann die Referenzen und aktivieren an-schließend die Option ⊕ Komponente *Komponente*.

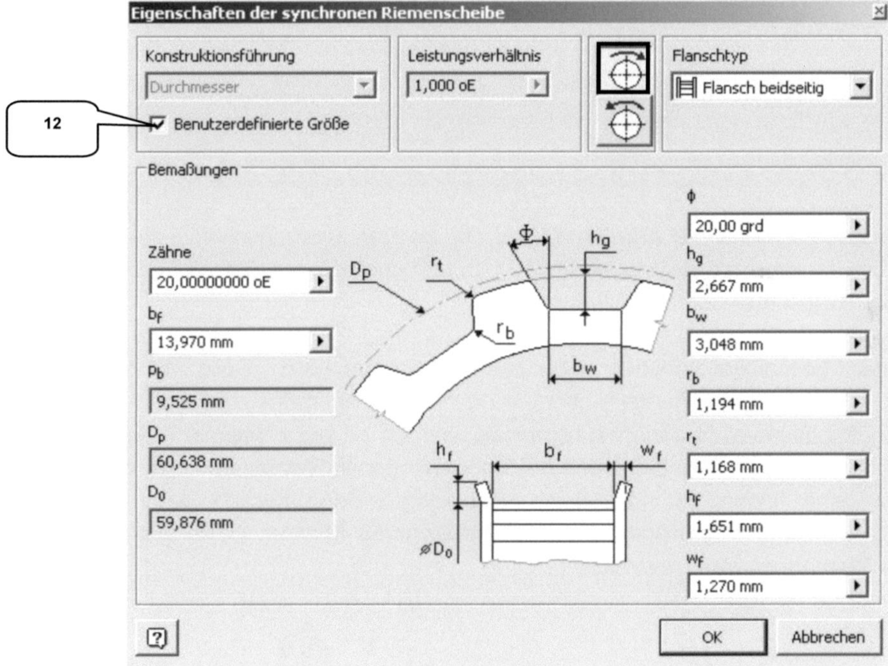

Klicken Sie auf die Zeile des ersten Riemenrades und öffnen Sie die ⋯ *Eigenschaften* (11). Aktivieren Sie die *Benutzerdefinierte Größe* (12) und übernehmen Sie die Einstellun-gen der oberen Abbildung. Beenden Sie den Befehl anschließend mit OK *OK*.

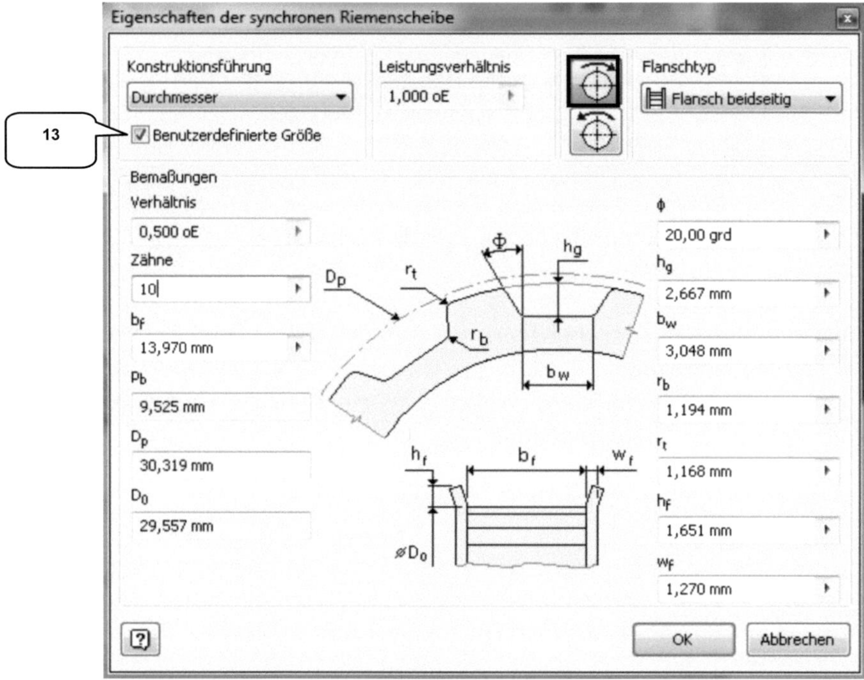

Im Anschluss daran sind die **Eigenschaften** der zweiten Riemenscheibe zu bearbeiten. Aktivieren Sie die **Benutzerdefinierte Größe** (13) und übernehmen Sie auch hier alle in der oberen Abbildung dargestellten Einstellungen.

Aufgrund der Materialeigenschaften eines Zahnriemens kann sich dieser mit der Zeit längen, was ein Rutschen des Riemens über die Zähne des Zahnrades zur Folge haben könnte. Um den Zahnriemen dauerhaft zu spannen, werden oft automatische Riemenspanner verwendet. Im folgenden Schritt soll den beiden vorhandenen Riemenscheiben eine Spannrolle in Form einer flachen Riemenscheibe hinzugefügt werden. Klicken Sie hierfür auf die markierte Option **Zum Hinzufügen einer Riemenscheibe klicken...** (14) und wählen Sie die **Flache Riemenscheibe (metrisch)** (15).

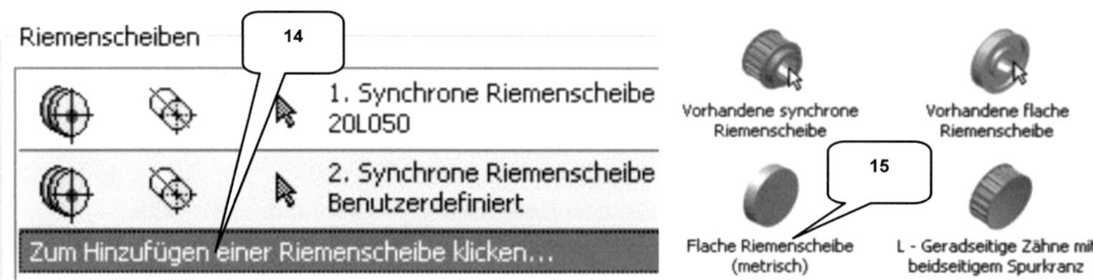

Aktivieren Sie in der neuen Zeile die Optionen ⊕ Komponente **Komponente** (16) sowie ⚒ **Richtungsorientierte verschiebbare Position** (17) und als ▲ **Richtungsreferenz** (18) die markierte Ebene am Bauteil **Führung-Spannrolle-Zahnriemen**.

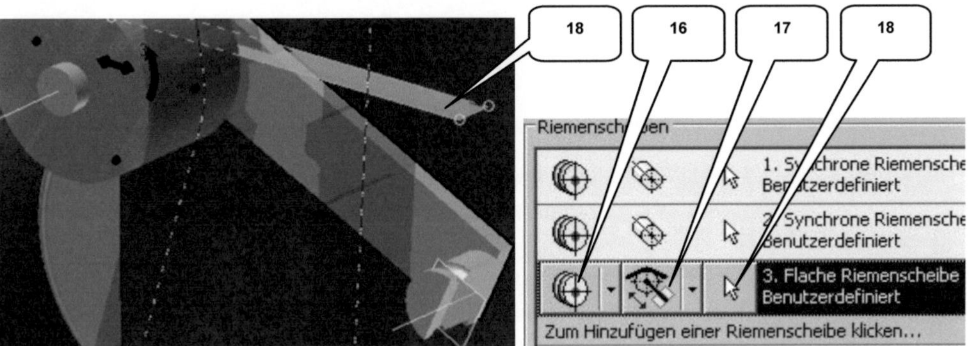

HINWEIS: Zahnriemenantriebe unterliegen strengen Berechnungsvorschriften. Um dem Programm zu ermöglichen, die Riemenlänge unter Beachtung aller Parameter korrekt errechnen zu können, ist es notwendig, eine der drei Riemenscheiben mit einem zusätzlichen Freiheitsgrad zu versehen (⚒ **Richtungsorientierte verschiebbare Position**).

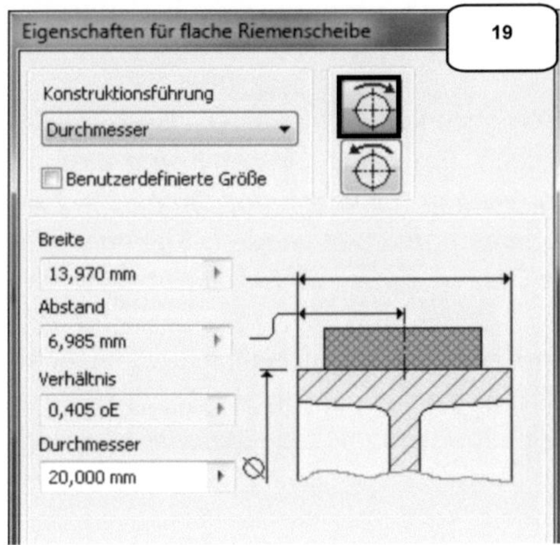

Die Option ⚒ **Richtungsorientierte verschiebbare Position** gibt der flachen Riemenscheibe die Möglichkeit, sich auf einer definierten Ebene frei bewegen zu können. Hierdurch kann die Position der Riemenscheibe auf der Ebene frei verschoben, die Zahnriemenlänge korrekt berechnet und der Zahnriemenantrieb fehlerfrei erzeugt werden. Öffnen Sie die ⸬ **Eigenschaften** der flachen Riemenscheibe und übernehmen Sie die Einstellungen der linken Abbildung (19). Auf der simulierten Spannrolle befinden sich Punkte, Doppelpfeile und ein gebogener Pfeil. Mithilfe dieser

Markierungen können die geometrischen Eigenschaften der Spannrolle und des Riemens parallel zu den Auswahloptionen im Befehlsfenster bearbeitet werden. Der Zahnriemen verläuft derzeit noch links neben der Spannrolle (20), was aufgrund der konstruktiven Eigenschaften des Zahnriemens (außen glatt, innen gezahnt) falsch ist. Zur Korrektur klicken Sie auf den **gebogenen Pfeil** (21), um den Zahnriemenverlauf zu ändern .

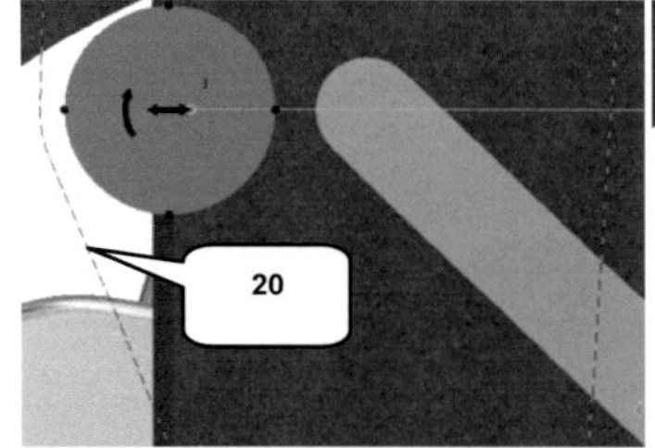

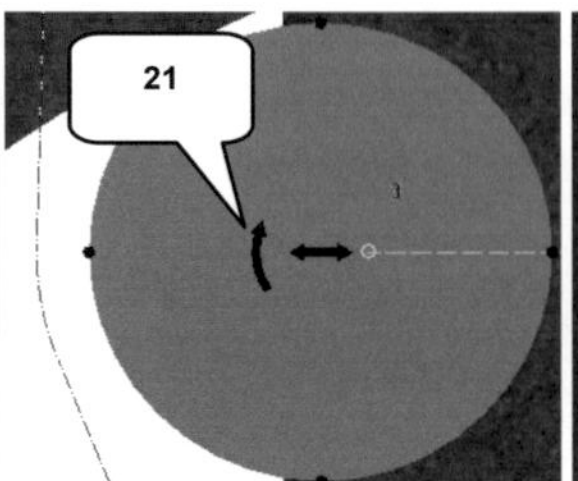

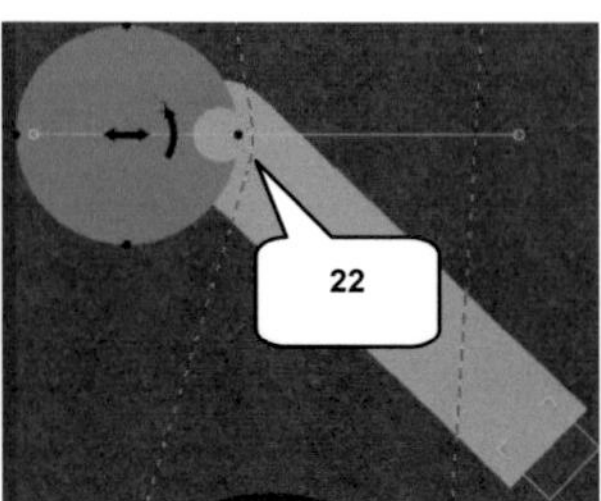

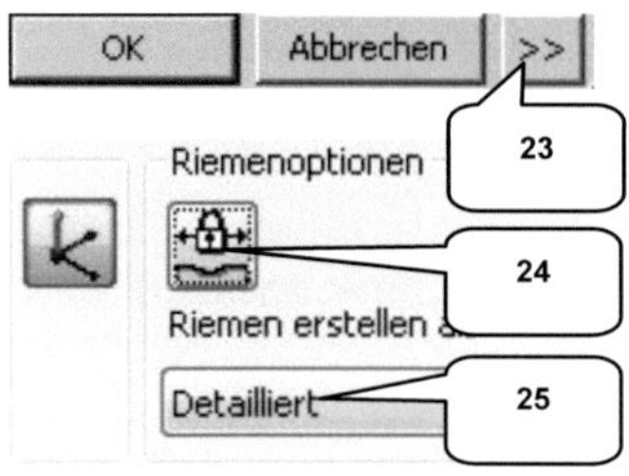

Das korrigierte Ergebnis sollte dann wie in der oberen, rechten Abbildung (22) dargestellt angezeigt werden. Abschließend kann der Riementrieb berechnet werden. >> Erweitern (23) Sie das Befehlsfenster, deaktivieren Sie im unteren Bereich des Zahnriemen-Generators die *Riemenlängensperre* (24) und stellen Sie die Option *Detailliert* (25) ein. Wechseln Sie in den Reiter *Berechnung* **Berechnung**, starten Sie dort den Befehl Berechnen **Berechnen** und anschließend OK **OK**.

HINWEIS: Sollten nach der Berechnung Fehlermeldungen angezeigt werden, bestätigen Akzeptieren Sie diese und berechnen den Riemen trotzdem. Leider reagiert das Programm auf kleine Abweichungen oft sehr sensibel. Die Berechnung erfolgt trotzdem.

Die Abfrage nach dem Speicherort der neuen Komponenten (Zahnriemen, Riemenräder, Spannrolle) kann durch OK *OK* bestätigt werden. Ein neuer Ordner **Konstruktions-Assistent** wird automatisch in Ihrem Projektordner erzeugt (innerhalb des Ordners **4-Takt-Motor** im Projektordner), worin die neuen Komponenten gesichert werden. **Speichern** Sie die gesamte Baugruppe und achten Sie darauf, die Option Ja für alle **Ja für alle** zu aktivieren.

HINWEIS: Um ein Konstruktionselement aus dem Reiter **Konstruktion** zu bearbeiten, klicken Sie mit der rechten Maustaste darauf und wählen dann die Option **Mit Konstruktions-Assistent bearbeiten**. Um es zu löschen, muss die Option **Konstruktions-Assistent-Komponente löschen** verwendet werden.

3.2.3 Befehlsgrundlagen ZUGFEDER-KOMPONENTEN-GENERATOR

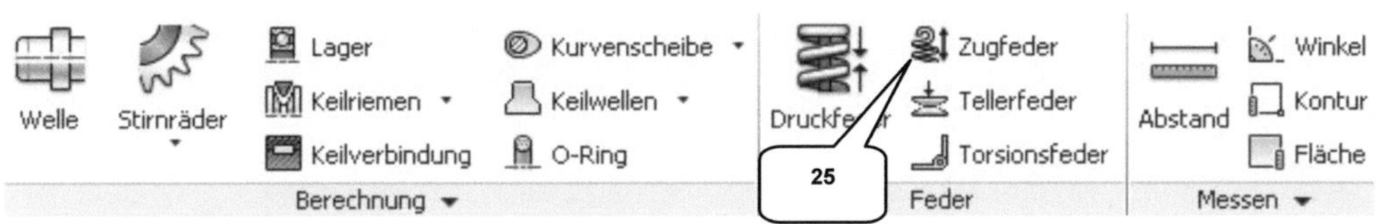

Der **Zugfeder-Komponenten-Generator** dient zur Berechnung und Konstruktion von Zug-federn. Im Gegensatz zum vorherigen Befehl kann die Feder nicht auf bereits vorhandene geometrische Elemente der Baugruppe bezogen werden, sondern muss komplett konstruiert und anschließend manuell mit Abhängigkeiten versehen werden.

3.2.3.1 Reiter KONSTRUKTION

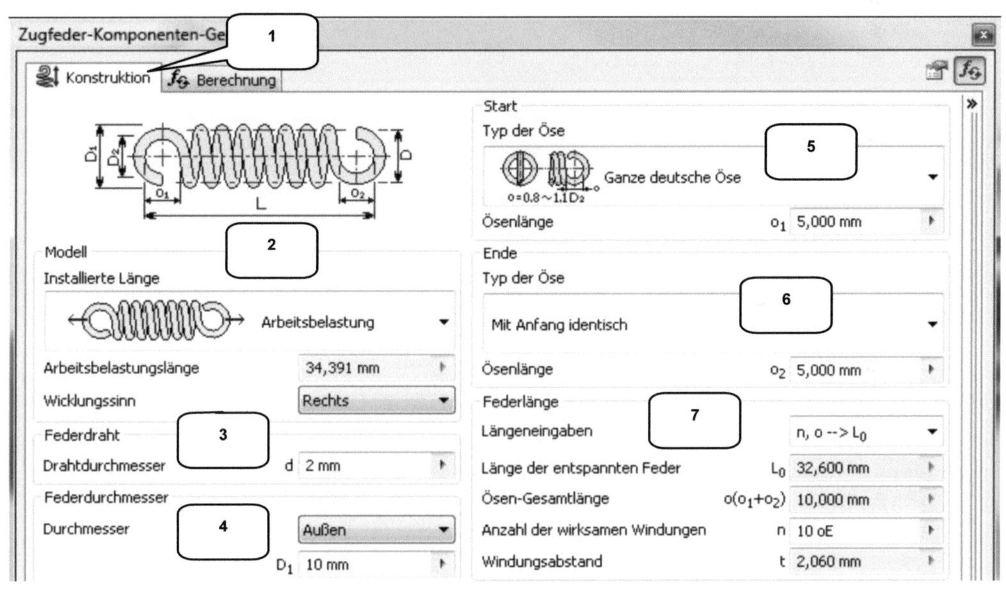

INHALT

Im Reiter **Konstruktion** können Darstellung der Feder (Belastungszustand, Wirkungssinn), Drahtdurchmesser, Ösentyp und Federlänge definiert werden.

1) Reiter: Konstruktion/ Berechnung
2) Darzustellende Belastung
3) Durchmesser Federdraht
4) Durchmesser Feder

5) Typ der ersten Öse
6) Typ der zweiten Öse
7) Federlänge

3.2.3.2   Reiter BERECHNUNG

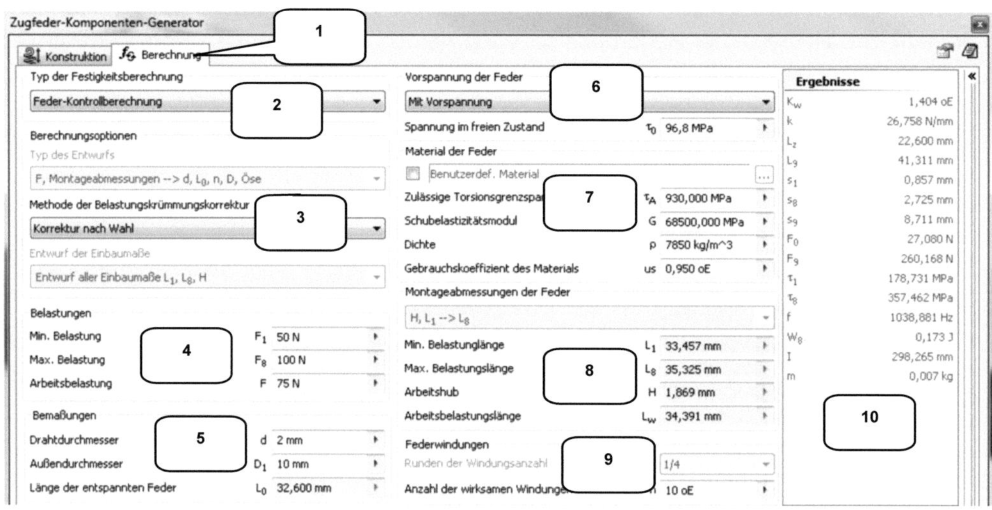

Im Reiter **Berechnung** werden der Typ der Festigkeitsberechnung definiert (Zugfederentwurf, Feder-Kontrollberechnung, Berechnung der Arbeitskräfte), sowie Belastungen, Bemaßungen, Vorspannungen, Material, Windungen und Montageabmessungen der Feder festgelegt.

1) Reiter: Konstruktion/ Berechnung
2) Typ der Festigkeitsberechnung
3) Berechnungsoptionen
4) Belastungen
5) Bemaßungen

6) Vorspannung der Feder
7) Federmaterial
8) Montageabmessungen der Feder
9) Federwindungen
10) Berechnungsergebnisse

3.2.4 Spannrolle des Zahnriemens mit einer Zugfeder beaufschlagen

Der Zahnriemen in unserem Übungsbeispiel wird durch eine flache Spannrolle gespannt, um ein Springen des Zahnriemens über die Zähne der Zahnräder zu verhindern. Diese Spannrolle muss zusätzlich mit einer Zugfeder versehen werden, um Sie mit einer konstanten Zugkraft auf den Riemen zu ziehen.

Starten Sie den 🐛 **Zugfeder-Komponenten-Generator** und übernehmen Sie alle Werte und Einstellungen aus den folgenden beiden Abbildungen der Register **Konstruktion** (1) und **Berechnung** (2).

Berechnen **Berechnen** (3) Sie die Ergebnisse danach und beenden Sie den Befehl mit
OK **OK**.

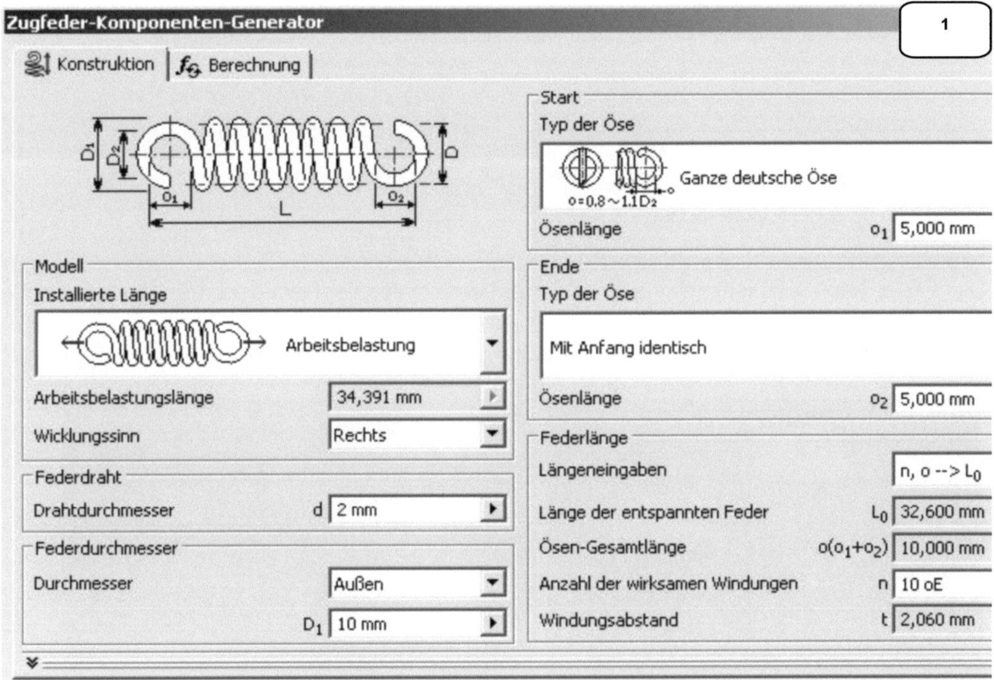

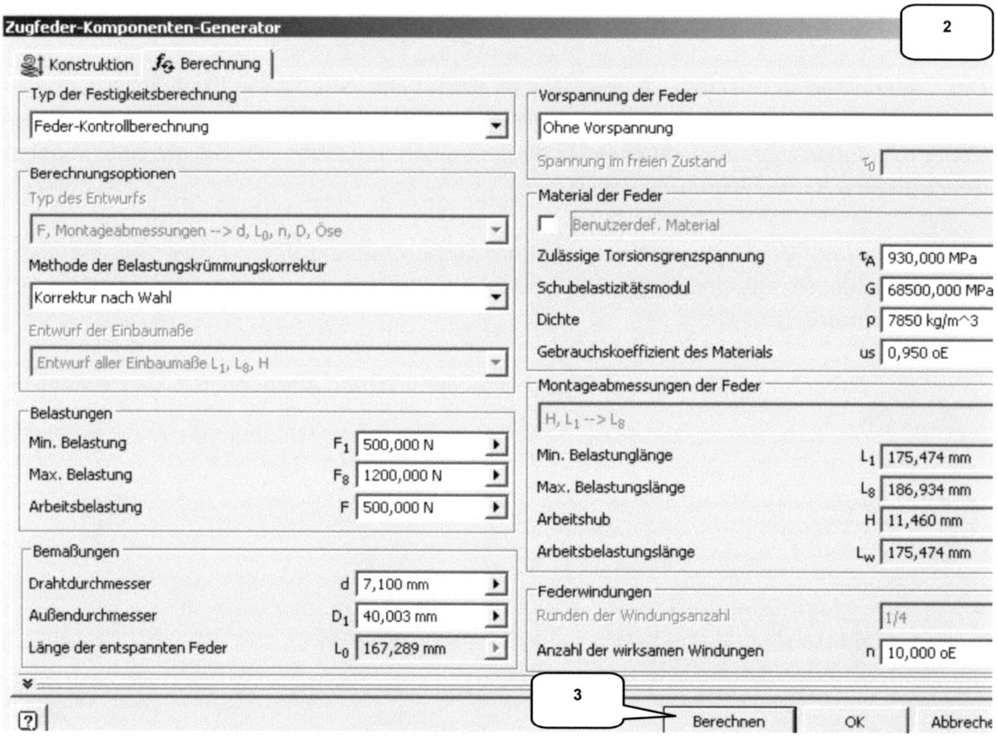

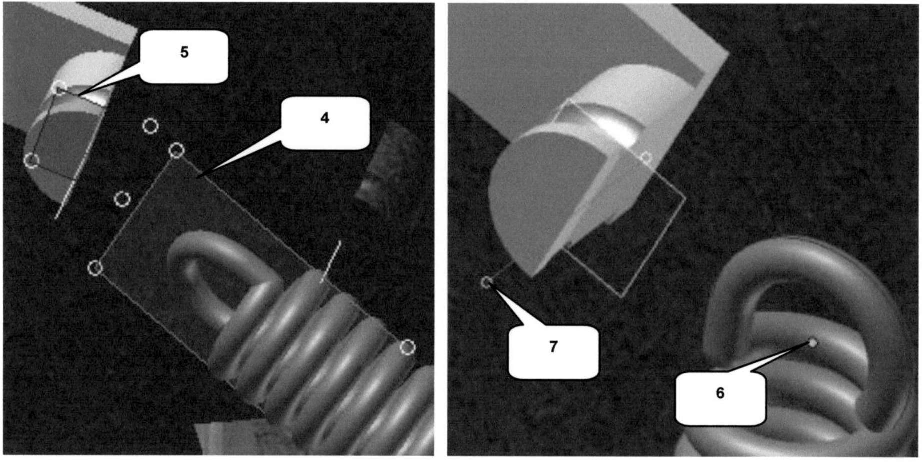

Die Feder kann jetzt einmal frei im Zeichenbereich abgelegt werden. Verwenden Sie die folgenden drei Abhängigkeiten (Register **Zusammenfügen**, Befehl **Abhängig machen**), um die Feder mit Motorgehäuse und Bauteil Führung-Spannrolle-Zahnriemen zu verbinden.

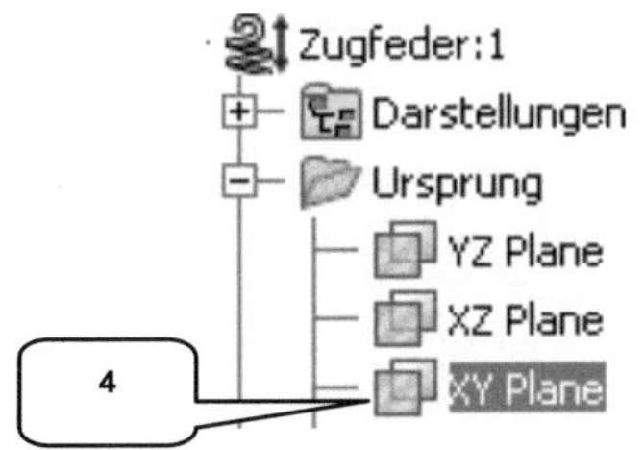

Platzieren Sie hierfür die XY-Ebene der Zugfeder (4), auf die markierte Ebene des Bauteils Führung-Spannrolle-Zahnriemen (5). Die Mittelpunkte der Federösen (6, 8) können anschließend auf die markierten Achsen (7, 9) gelegt werden. Position (10) zeigt die endgültige Lage und Ausrichtung der Feder.

Speichern Sie die gesamte Baugruppe. Achten Sie darauf, im Abfragefenster für alle Bauteile und Baugruppen die Option `Ja für alle` **Ja für alle** zu aktivieren.

3.3 Konstruktion einer Druckfeder
3.3.1 Erzeugen einer geschnitten dargestellten Ansicht

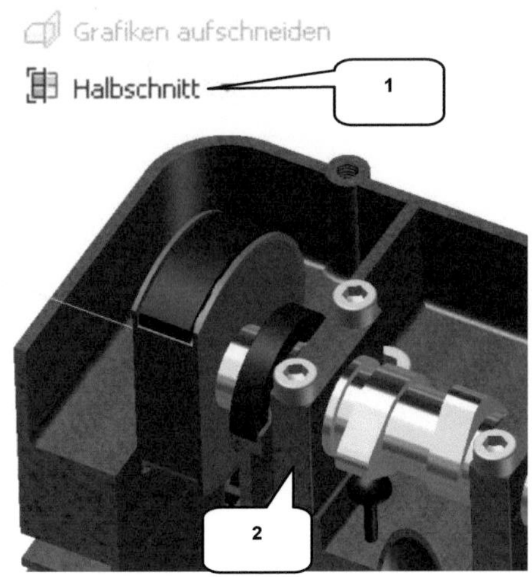

In der folgenden Übung soll zwischen den Bauteilen Ventil und Zylinderkopf eine Druckfeder konstruiert werden. Sie wird das Ventil konstant gegen die Nockenwelle drücken. Zur besseren Ansicht soll die Baugruppe geschnitten dargestellt werden.

Wechseln Sie hierfür ins Register **Ansicht**, starten Sie den Befehl **Halbschnitt** (1) in der Befehlsgruppe **Darstellung** und wählen Sie die markierte Fläche (2) des Zylinderkopfes. Bestätigen Sie die Auswahl mit **OK** und kehren Sie ins Register **Konstruktion** zurück.

3.3.2 Befehlsgrundlagen DRUCKFEDER-GENERATOR

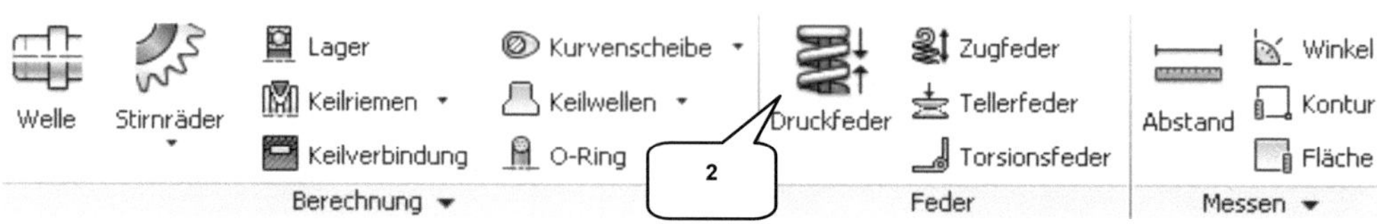

Der **Druckfeder-Generator** berechnet und konstruiert Druckfedern. Im Gegensatz zum Zugfeder-Komponenten-Generator kann die Druckfeder bereits während des Befehls auf vorhandenen geometrischen Elementen der Baugruppe platziert werden. Eine nachträgliche Platzierung von Abhängigkeiten ist daher nicht notwendig.

3.3.2.1 Reiter KONSTRUKTION

INHALT

Der Reiter **Konstruktion** bietet eine Platzierung der Druckfeder, die Auswahl der installierten Länge und die Definition der geometrischen Federeigenschaften (Federanfang, Federende, Federlänge und Federdurchmesser) an.

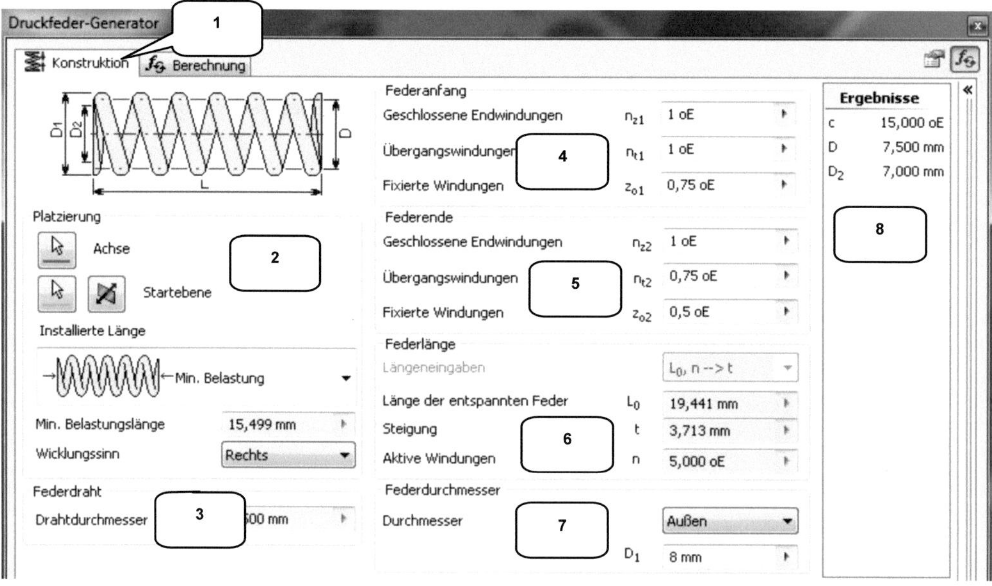

OPTIONEN

1) Reiter: Konstruktion/ Berechnung
2) Platzierung (Achse, Ebene), Federbelastung
3) Federdrahtdurchmesser
4) Federanfang

5) Federende
6) Federlänge
7) Federdurchmesser
8) Berechnungsergebnisse

3.3.2.2 Reiter BERECHNUNG

INHALT

Im Reiter **Berechnung** werden Berechnungstyp, Berechnungsoptionen, Federmaterial und Federbelastung festgelegt.

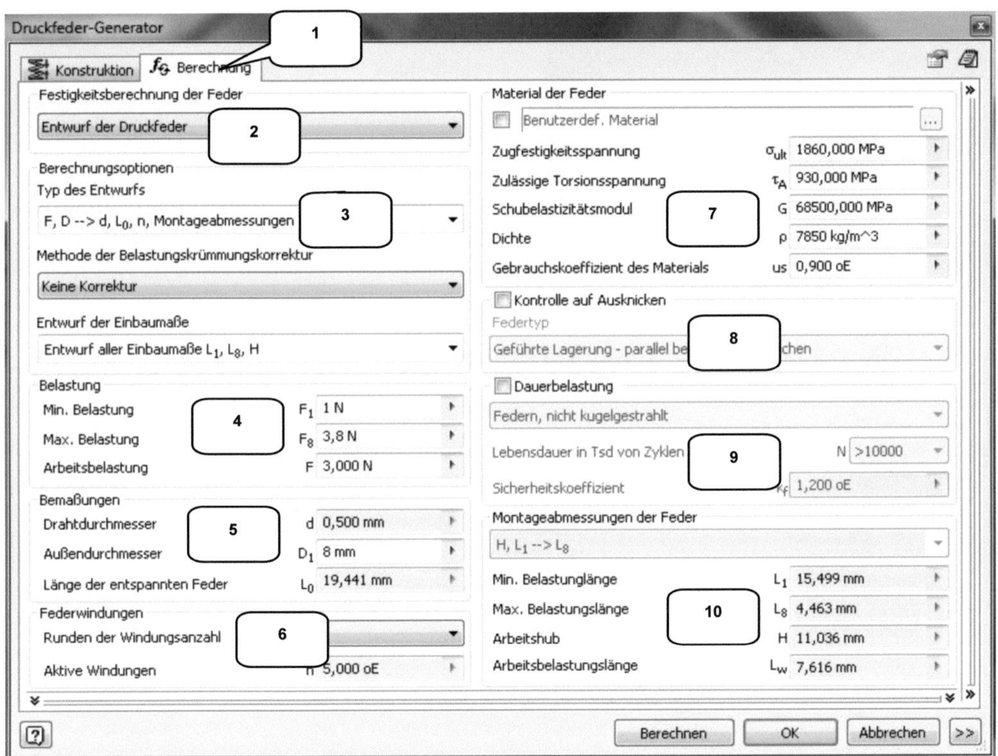

1) Reiter: Konstruktion/ Berechnung
2) Berechnungstyp
3) Berechnungsoptionen
4) Belastung
5) Bemaßungen

6) Windungen
7) Federmaterial
8) Kontrolle auf Ausknicken
9) Dauerbelastung
10) Montageabmessungen der Feder

3.3.3 Druckfeder zwischen Ventil und Zylinderkopf erzeugen

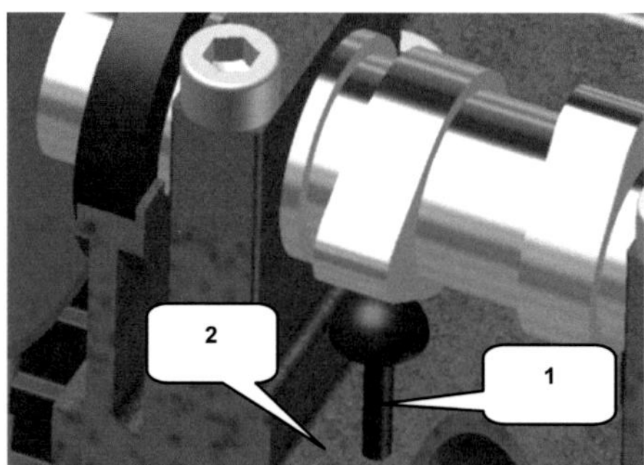

Starten Sie den 🗟 *Druckfeder-Generator*. Im Reiter *Konstruktion* ist im Bereich *Platzierung* als 🔲 *Achse* die Zylinderfläche des Ventils (1) zu wählen. Als 🔲 *Startebene* soll die Oberfläche des Zylinderkopfes (2) verwendet werden. Übernehmen Sie die restlichen Werte und Einstellungen der beiden Reiter *Konstruktion* (3) und *Berechnung* (4).

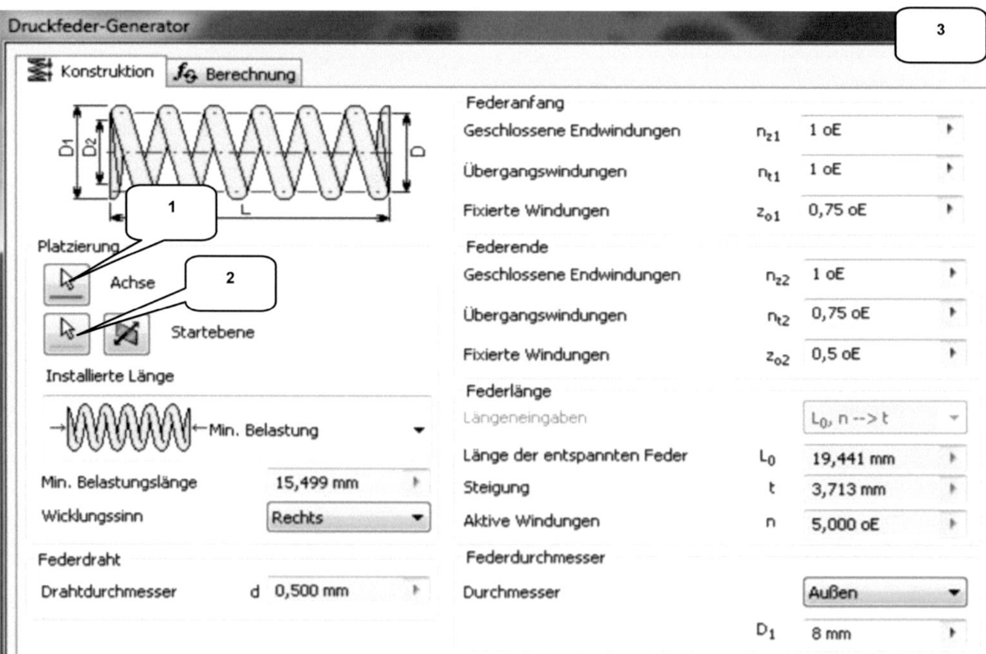

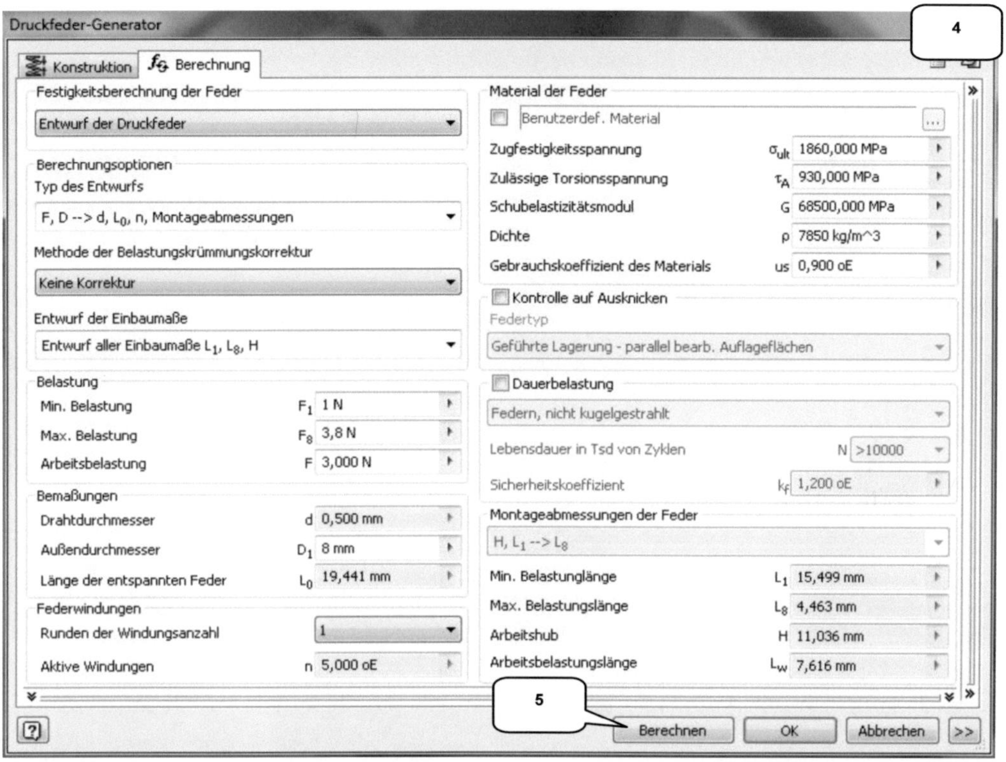

Druckfeder-Generator **4**

Konstruktion f_G Berechnung

Festigkeitsberechnung der Feder

Entwurf der Druckfeder

Berechnungsoptionen

Typ des Entwurfs

F, D --> d, L$_0$, n, Montageabmessungen

Methode der Belastungskrümmungskorrektur

Keine Korrektur

Entwurf der Einbaumaße

Entwurf aller Einbaumaße L$_1$, L$_8$, H

Belastung

Min. Belastung	F_1	1 N
Max. Belastung	F_8	3,8 N
Arbeitsbelastung	F	3,000 N

Bemaßungen

Drahtdurchmesser	d	0,500 mm
Außendurchmesser	D_1	8 mm
Länge der entspannten Feder	L_0	19,441 mm

Federwindungen

Runden der Windungsanzahl	1
Aktive Windungen	n 5,000 oE

Material der Feder

Benutzerdef. Material

Zugfestigkeitsspannung	σ_{ult}	1860,000 MPa
Zulässige Torsionsspannung	τ_A	930,000 MPa
Schubelastizitätsmodul	G	68500,000 MPa
Dichte	ρ	7850 kg/m^3
Gebrauchskoeffizient des Materials	us	0,900 oE

Kontrolle auf Ausknicken

Federtyp

Geführte Lagerung - parallel bearb. Auflageflächen

Dauerbelastung

Federn, nicht kugelgestrahlt

Lebensdauer in Tsd von Zyklen	N	>10000
Sicherheitskoeffizient	k_f	1,200 oE

Montageabmessungen der Feder

H, L$_1$ --> L$_8$

Min. Belastunglänge	L_1	15,499 mm
Max. Belastungslänge	L_8	4,463 mm
Arbeitshub	H	11,036 mm
Arbeitsbelastungslänge	L_w	7,616 mm

5

Berechnen OK Abbrechen >>

HINWEIS: Der Wert für die **minimale Belastungslänge** errechnet sich automatisch anhand der Eingaben im Reiter **Berechnung**.

Nachdem alle Werte übernommen wurden, kann die Berechnen **Berechnung** (5) gestartet und der Befehl mit OK **OK** bestätigt werden. Die Schnittansicht kann jetzt wieder Schnitt beenden **beendet** werden (Register **Ansicht**). Wiederholen Sie diesen Schritt, bis alle 8 Ventile mit einer Feder versehen sind.

Speichern Sie die gesamte Baugruppe. Achten Sie darauf, im Abfragefenster für alle Bauteile und Baugruppen die Option Ja für alle **Ja für alle** zu aktivieren.

Christian Schlieder

Autodesk® Inventor® 2015

Aufbaukurs KONSTRUKTION
Vierte, vollständig überarbeitete Auflage

Viele praktische Übungen am Konstruktionsobjekt GETRIEBE

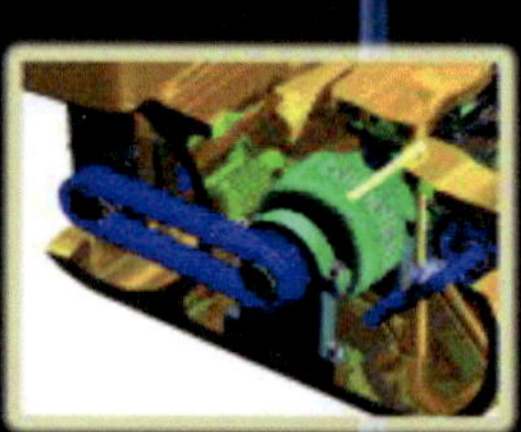

Dieses Buch ist ein Aufbaukurs für Fortgeschrittene, die mit den Grundlagen von Autodesk® Inventor® 2015 bereits vertraut sind. Das Programm verfügt im Baugruppenbereich über ein Register Konstruktion, welches zur Berechnung und Konstruktion von speziell im Maschinenbau verwendeten Komponenten dient. In einem komplexen Übungsbeispiel erlernt der Leser theoretische Grundlagen einiger Befehle aus diesem Register, die er anschließend praktisch umsetzt.

Das verwendete Übungsbeispiel baut auf das Grundlagenbuch „Autodesk® Inventor® 2015 – Grundlagen in Theorie und Praxis" auf, in welchem ein vereinfachter 4-Takt-Motor erstellt wurde. Dieser Motor wird im vorliegenden Buch um ein komplettes Getriebe erweitert.

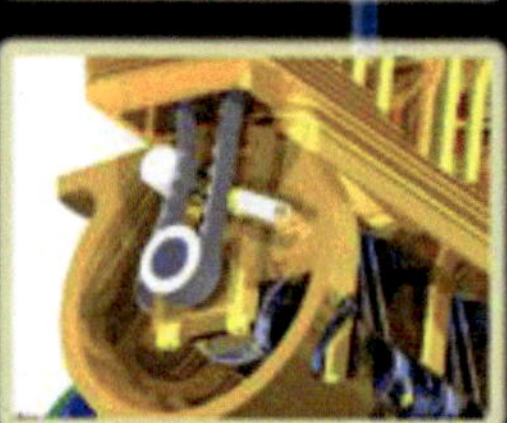

In diesem Buch werden folgende Befehle behandelt:

- Druckfeder-Generator
- Gehrungen erzeugen
- Gestell-Generator
- Kegelräder-Generator
- Keilwellen-Generator
- Lager-Generator
- Rollenketten-Generator
- Schraubenverbindungs-G.
- Stirnräder-Generator
- Wellen-Generator
- Zahnriemen-Generator
- Zugfeder-Generator

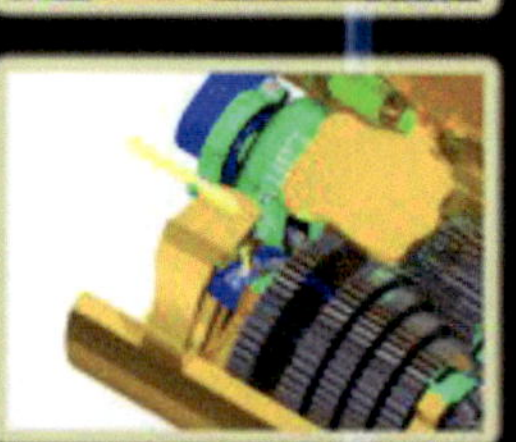

ISBN 978-3-7357-6321-1

18,95 Eur

9 783735 763211